"十二五"普通高等教育本科国家级规划教材

普通高等教育"十一五"国家级规划教材

# 天然产物化学

# Natural Products Chemistry

（第二版）

刘 湘 汪秋安 编著



化学工业出版社

·北京·

**图书在版编目（CIP）数据**

天然产物化学/刘湘，汪秋安编著．—2版．—北京：化学工业出版社，2010.1（2022.6重印）
普通高等教育“十一五”国家级规划教材
ISBN 978-7-122-07008-1

Ⅰ．天…　Ⅱ．①刘…②汪…　Ⅲ．天然有机化合物-高等学校-教材　Ⅳ．O629

中国版本图书馆CIP数据核字（2009）第200032号

责任编辑：赵玉清　宋林青　　文字编辑：刘　畅
责任校对：洪雅姝　　装帧设计：史利平

出版发行：化学工业出版社（北京市东城区青年湖南街13号　邮政编码100011）
印　　装：北京建宏印刷有限公司
787mm×1092mm　1/16　印张14　字数361千字　　2022年6月北京第2版第17次印刷

购书咨询：010-64518888　　售后服务：010-64518899
网　　址：http://www.cip.com.cn
凡购买本书，如有缺损质量问题，本社销售中心负责调换。

**定　　价：25.00元**

# 前 言

天然产物是指从动物、植物、海洋生物及微生物中分离出来的生物二次代谢产物，自从发现来自天然界的有机化合物具有特殊的生理活性后，已经开发出许多具有治疗和保健作用的药物。有的天然产物能作为先导化合物，通过适当的结构改造，成为新一代药物。一些天然产物还具有重要的经济价值，如可作为农药、食品添加剂、日化原料和其他精细化工产品等。

天然产物化学是以各类生物为研究对象，以有机化学为基础，以化学和物理方法为手段，研究生物二次代谢产物（如生物碱、黄酮类、萜类和挥发油、强心苷、甾体类、皂苷、醌类、香豆素、木脂素、糖类、氨基酸和蛋白质、动植物激素、海洋天然有机物等）的提取、分离、结构、功能、生物合成、化学合成和用途的一门科学，是生物资源开发利用的基础。天然产物化学的研究对整个有机化学的发展起着重要的推动作用，并可导致从分子水平认识并揭示生命的奥秘，同时也为生物化学、药物化学和有机合成提供日益深化的研究内容。

天然产物化学是化学、应用化学、化学工程与工艺、生物技术、生物工程、食品科学与工程、制药工程和药学等专业高年级本科生和研究生的一门重要课程。通过本课程的学习，要求学生掌握天然有机化合物主要类型成分的结构特征、理化性质，提取、分离、精制、鉴定的基本理论和技能，初步掌握天然有机化合物结构测定的谱学方法，了解天然有机化合物的合成和生物转化的一般方法，熟悉具有代表性的天然有机化合物的生物活性。

《天然产物化学》（第二版）是在第一版的基础上编写的，第二版全书共分 12 章，其中：第 1 章、第 2 章、第 3 章、第 9 章、第 10 章和第 12 章由湖南大学汪秋安编写；第 4 章、第 5 章、第 6 章、第 7 章、第 8 章和第 11 章由江南大学刘湘编写。各章均附有习题，书后附有测试题和习题参考答案。

本书第一版出版以来，得到了兄弟院校同行的关心与支持。在第二版编写过程中，根据我们在教学中的体会和各兄弟院校使用本教材中提出的宝贵意见和建议，我们对第一版进行了修订：一方面从取材的深度和广度上，继承了第一版的长处，对某些章节进行了调整，每章新增了习题并附有参考答案；另一方面通过参考国内外最新的教材及有关文献资料，编入了一些新的研究内容和成果。尽管我们做了种种努力，但因编者水平有限，欠缺和不妥之处在所难免，恳请广大师生和读者不吝指正。

编者<br>2009 年 8 月

# 第一版前言

天然产物是指从动物、植物及微生物中分离出来的生物二次代谢产物，自从发现来自天然界的有机化合物具有特殊的生理活性后，已经开发出许多具有治疗和保健作用的药物。有的天然产物能作为先导化合物，通过适当的结构改造，成为新一代药物。一些天然产物还具有重要的经济价值，如可作为食品添加剂、日化原料和其他精细化工产品等。

天然产物化学是以各类生物为研究对象，以有机化学为基础，以化学和物理方法为手段，研究生物二次代谢产物（生物碱、醌类和蒽衍生物、黄酮、萜类和挥发油、强心苷、甾体、皂苷、香豆素、木脂素、糖类、氨基酸和蛋白质、动植物激素、海洋天然有机物等）的提取、分离、结构、功能、生物合成，化学合成和用途的一门科学，是生物资源开发利用的基础。天然产物化学的研究对整个有机化学的发展起着重要的推动作用，同时也为生物化学、药物化学和有机合成提供日益深化的研究内容。

天然产物化学是化学、化工、生物技术、食品工程和药学等专业高年级本科生和研究生的一门重要课程。通过本课程的学习，要求学生掌握天然有机化合物主要类型成分的结构特征、理化性质，提取、分离、精制、鉴定的基本理论和技能，初步掌握天然有机化合物结构测定的波谱学方法，了解天然有机化合物的合成和生物转化的一般方法，熟悉具有代表性的天然有机化合物的生物活性。

全书共分 12 章，其中：第 1 章、第 2 章、第 3 章、第 8 章、第 10 章和第 12 章由湖南大学汪秋安编写；第 4 章、第 5 章、第 6 章、第 7 章、第 9 章和第 11 章由江南大学刘湘编写。书后附有习题和测试题。

在本书编写过程中，一方面要考虑到取材的深度和广度；另一方面要避免篇幅上过于冗长，为此作了大量的选编工作，通过参考国内外最新的教材及有关文献资料，尽可能将一些新的内容和例子写入书中。因为天然产物化学是一门集基础与应用于一体的课程，在使学生既获得足够的基本知识，又能不断获得扩展和运用这些知识的能力方面，我们还缺少更多的经验，再加上编者水平有限，欠缺和不妥之处在所难免，恳请读者指正。

**编者**

**2004 年 8 月**

# 目 录

# 第1章 绪 论

## 1.1 天然产物化学的研究内容

广义地讲，自然界的所有物质都应称为天然产物。但在化学学科内，天然产物专指由动物、植物及海洋生物和微生物体内分离出来的生物二次代谢产物及生物体内源性生理活性化合物，这些物质也许只在一个或几个生物物种中存在，也可能分布极为广泛。

天然产物化学是以各类生物为研究对象，以有机化学为基础，以化学和物理方法为手段，研究生物二次代谢产物的提取、分离、结构、功能、生物合成、化学合成与修饰及其用途的一门科学，是生物资源开发利用的基础研究。目的是希望从中获得医治严重危害人类健康疾病的防治药物、医用及农用抗菌素、开发高效低毒农药以及植物生长激素和其他具有经济价值的物质。

有机化学是从研究天然产物开始的，发展至今，天然产物化学仍是这门学科中非常重要和富有活力的研究领域，天然产物化学的研究为有机化合物新的分离分析方法、新的专一性和立体选择性合成方法、立体化学等方面做出了重要贡献。近年来已全合成了不少复杂结构的天然产物，这些全合成方法大大丰富了有机合成化学理论和方法；对内源性生理活性物质的发现及其生理活性研究，又开辟了天然产物化学研究的新领域。

天然产物化学是植物化学、药物化学、生物化学、农业化学的基础，它与生物学、药物学、农艺学等学科密切相关。它的成果可广泛应用于医药、食品、轻工、化工等领域。中国自然资源丰富，又有几千年传统防止疾病的经验积累，在中国大力发展天然产物化学的研究有着重要的现实意义。充分利用开发中国动植物资源包括海洋生物资源和微生物资源，努力发展新的生理活性物质，为国民经济和人类健康服务是天然产物化学的重要任务。

## 1.2 天然产物的生物合成

### 1.2.1 一次代谢与二次代谢

一次代谢（primary metabolism）指在植物、昆虫或微生物体内的生物细胞通过光合作用、碳水化合物代谢和柠檬酸代谢，生成生物体生存繁殖所必需的化合物，如糖类、氨基酸、脂肪酸、核酸及其聚合衍生物（多糖类、蛋白质、酯类、RNA、DNA）、乙酰辅酶A等的代谢过程，这些化合物称为一次代谢产物。一次代谢过程对于各种生物来说，基本上是相同的，其代谢产物广泛分布于生物体内；而二次代谢是从某些一次代谢产物作为起始原料，通过一系列特殊生物化学反应生成表面上看来似乎对生物本身无用的化合物，如萜类、甾体、生物碱、多酚类等，这些二次代谢产物就是人们熟知的天然产物。二次代谢及其产物对于不同族、种的生物来说，常具有不同的特征，而且二次代谢产物的体内分布具有局限性，不像一次代谢产物那样分布广泛。目前对于一次代谢及其产物的研究归属于生物化学的领域，而对二次代谢及其产物的研究已扩展到天然产物化学、化学生态学、植物分类学等学科。事实上，对一次代谢产物和二次代谢产物的区分，有时也不很明显，如已被生化学家广泛研究的葡萄糖、果糖和甘露糖是一次代谢产物，而结构上与其密切相关的其他糖类如 D-查尔糖（D-chalcose）、L-链霉糖（L-streptose）和 D-麦氨糖（D-mycaminose）都被划为二次代谢产物，又如 L-脯氨酸（L-proline）是一次代谢产物，而同样广泛分布的六元环类似物哌啶酸（L-pipecolic acid）却被认为是一个二次代谢产物。

极大多数二次代谢产物对生成它们的生物有哪些影响或直接作用，尚有待于进行深入探讨。近十年来的研究表明，二次代谢产物的生成与生物所处的外界环境（生长期、植物开花期、季节、温度、产地、光照等）密切相关。如幼嫩的栎树叶含很少的鞣酸，随着栎树的迅速生长，树叶中鞣酸量增加，到秋季栎树叶含鞣酸的量达最高。鞣酸具有收敛和难以消化等性质，是幼虫生长的抑制剂。因此，坚韧成熟的叶子中的高含量的鞣酸，可保护植物的生长。为此，二次代谢产物可成为非滋养性化学物质，它能控制周围环境中其他生物的生态学，在生物群的共同生存、演变过程中发挥着重要作用。

### 1.2.2 二次代谢产物的生物合成途径

二次代谢产物是一次代谢的继续，二者又是互相联系的。一次代谢生成的乙酸、甲羟戊酸、莽草酸是二次代谢的原料，成为二次代谢产物的前体，通常又是某些一次代谢的前体，如，芳香氨基酸同为多肽、蛋白质和生物碱的前体，多酮同为脂肪酸和黄酮类的前体。二次代谢的主要途径，根据不同的起始原料，可分为以下五类。

① 莽草酸（shkimic acid）途径 生成芳香化合物（aromatics），如酚、氨基酸等。

② *β*-多酮（polyketides）途径 生成多炔类（polyalkynes）、多元酚（polyphenol）、前列腺素（prostaglandins，PGs）、四环素（tetracyclins）、大环抗生素（macrolide）。

③ 甲羟戊酸（mevolonic acid）途径 生成萜类（terpenoids）、甾体（steroids）。

④ 氨基酸（amonoacid）途径 生成青霉素（peniciline）、头孢菌素（cephloxine）、生物碱（alkaloids）。

⑤ 混合途径 如由氨基酸和甲羟戊酸生成吲哚生物碱（indole alkaloids），由 *β*-多酮和莽草酸生成黄酮类（flavonoids）。

上述二次代谢途径，可归纳如图 1-1 所示：

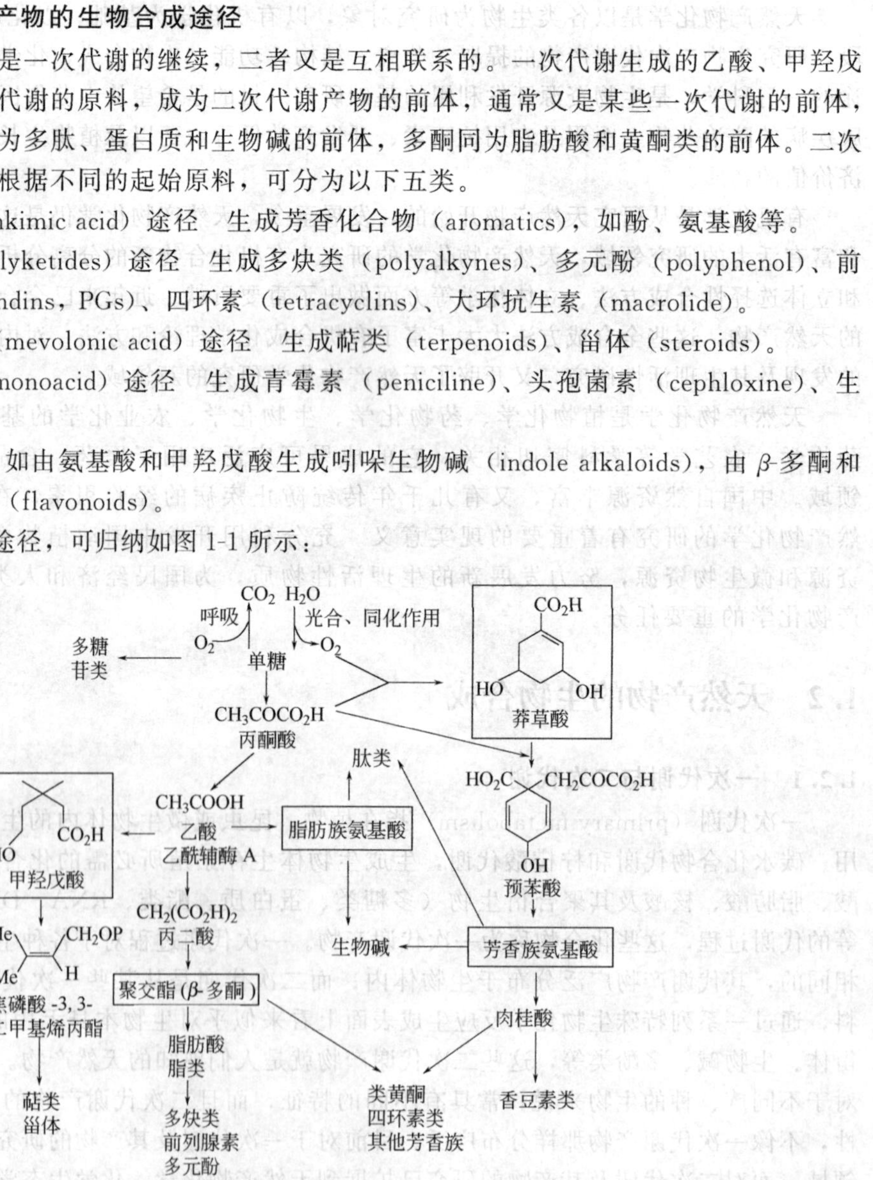


图 1-1 二次代谢的主要途径

## 1.3 天然产物化学与药物开发

天然产物自古以来就为人类健康服务，人类在与疾病作斗争的过程中，通过以身试药，日积月累，对天然药物的应用积累了丰富的经验，早在东汉时期，我们的祖先就汇编了第一本有关天然药物的著作《神农本草经》。到公元1596年，医药学家李时珍编著了规模宏大的天然药物专著《本草纲目》，它记载了1892种天然药物，其中57.8%来自植物，23.6%属于动物，14.5%则为矿物；清代赵敏学编著的《本草纲目拾遗》，又补充了1021种。在中国，天然药物又称为中草药，它与中医一起构成了中华民族文化的瑰宝，也是全人类的宝贵遗产。

天然药物之所以能够防病治病，其物质基础在于所含的有效成分。研究中草药的有效成分，目的在于研究有效成分的化学结构、理化性质与生物活性之间的关系，逐步阐明其防病治病的原理；寻找新药物、新药源或开发利用对国民经济有价值的资源；同时，对探索中草药加工工艺，改进药物剂型，控制中药及其制剂的质量，提高临床疗效，都有重要的意义。

由于天然药物往往含有结构、性质不同的多种成分，且有效成分的含量一般较低。为了研究和开发天然药物，必须从复杂的中草药组成成分中提取、分离和鉴定出有活性的单体纯成分。有时，为了增强疗效，克服毒副作用，通过改变有效成分的结构，如制备其类似物或衍生物，以创制出更好更新的药物。以中草药或动、植物，微生物和海洋生物等天然产物为主要研究目标的工作，已经成为中国寻找新药的重要研究途径。

许多有效药剂或其母体的发现基本上源于天然产物，天然药物（包括它们的衍生物和类似物）占临床使用药物的50%以上，而来源于高等植物的约占25%。由于天然产物研究所提供的活性物质结构新颖，疗效高，副作用小，所以它们始终是医药行业中新药的主要来源之一。在现代药物研究中，每一次具有轰动效应的药物的出现都伴随着一种或一类新型天然产物的发现，倾注着天然产物化学家的研究成果。如鸦片中镇痛活性成分和金鸡纳树皮中抗疟活性成分的研究分别发现了吗啡（Morphine，1）和奎宁（Quinine，2），青霉菌中抗菌活性成分的研究得到了青霉素（Penicillin G，3），解热镇痛药阿司匹林（Asparin，4）首先发现于一种杨树，降压药利血平（Reserpine，5）首先来自萝芙木，对牛胰腺分泌物中化学成分的研究获得了胰岛素，美登木素（Maytansine，6）、长春碱（Vinblastine，7）、喜树碱（Camptothecin，8）、三尖杉酯碱（Harringtonine，9）、鬼臼毒素（Podophyllotoxin，10）、紫杉醇（Taxol，11）和搏来霉素（Bleomycin，12）等天然产物化学的研究，导致了一系列抗癌药物的出现，许多已用于临床的天然产物的相关研究仍然十分活跃。另外，天然产物化学的研究为分子药理学的发展做出了巨大贡献，许多药理学的分子机制是在对强活性天然产物作用机理的研究中建立的；同时不少强活性天然产物作为分子药理学的生物探针被广泛应用。

在天然产物中寻找有生理活性的化合物，从中筛选生理活性强的、有典型结构的化合物作为模型，并依此模型通过结构改造合成出具有更好效果的药物或农药，这是医药研究和农药开发的常规思路之一，商业上已取得很大成功：如以古柯碱为先导化合物的麻醉药普鲁卡因（Procaine），以水杨苷为先导化合物的解热镇痛药阿司匹林（Aspirin），以青蒿素为先导化合物的抗疟疾药蒿甲醚（Methylarteannuin），以鬼臼毒素为先导化合物的抗肿瘤药依托泊苷（Etoposide）等；在农药方面，如以天然菊酯为模型的除虫菊酯类化合物，以海洋沙蚕毒素为先导化合物的农药巴丹（Padan）等，都是这方面的例子。所谓先导化合物（Lead compound），是指具有特征结构和生理活性并可通过结构改造优化其生理活性的化合物。

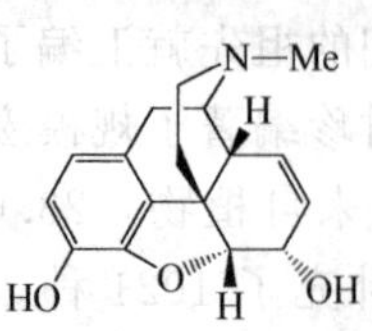

1 Morphine

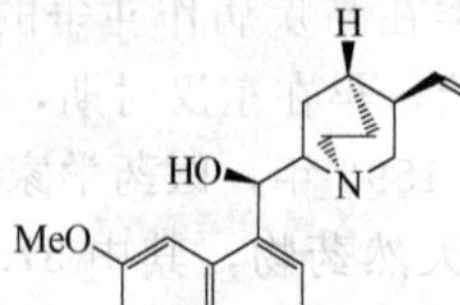

2 Quinine

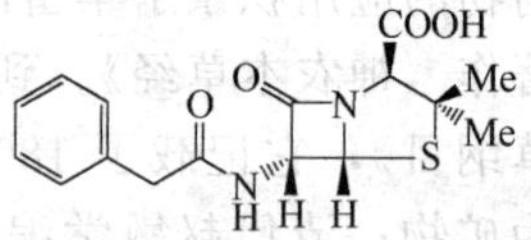

3 Penicillin G

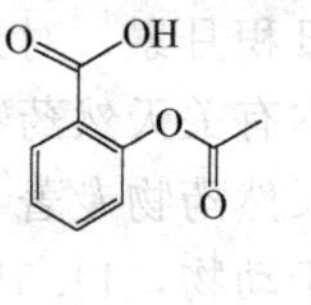

4 Asparin

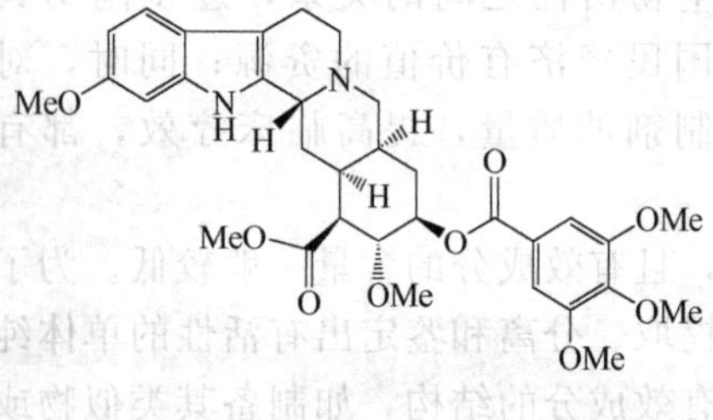

5 Reserpine

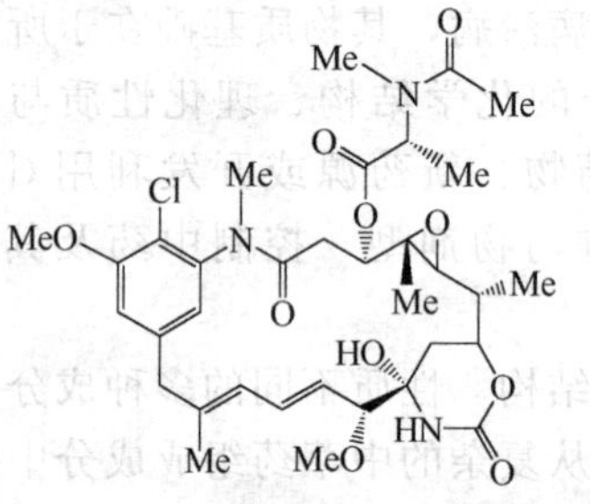

6 Maytansine

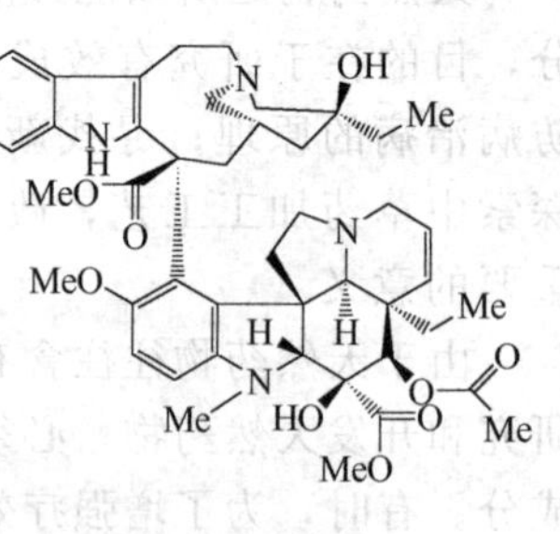

7 Vinblastine

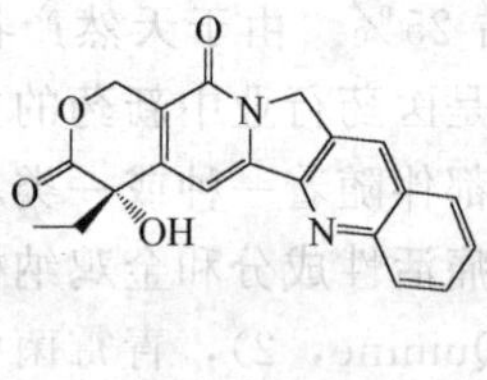

8 Camptothecin

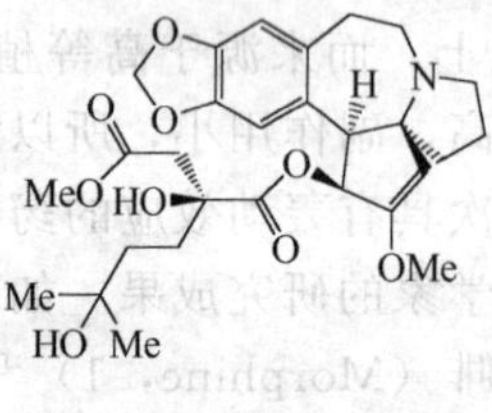

9 Harringtonine

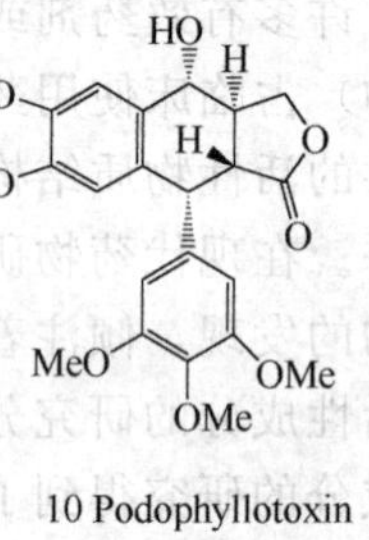

10 Podophyllotoxin

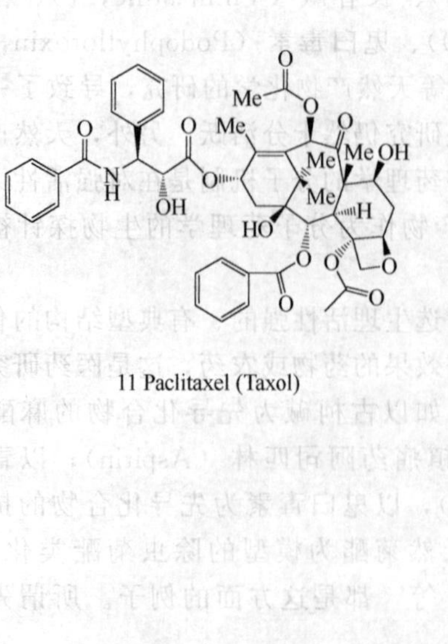

11 Paclitaxel (Taxol)

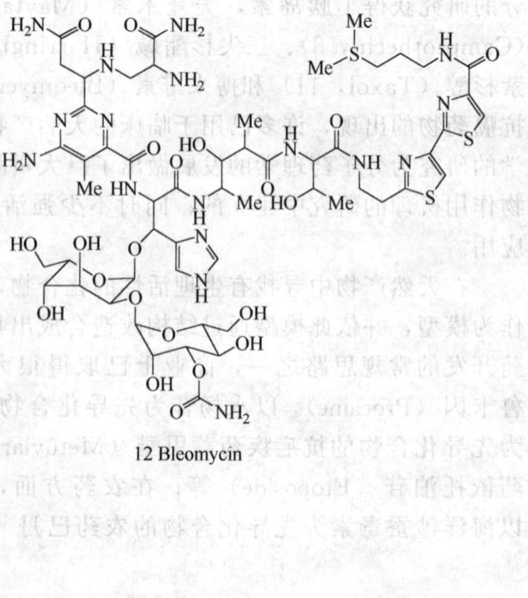

12 Bleomycin

天然产物 —化学衍化→ 商业产品

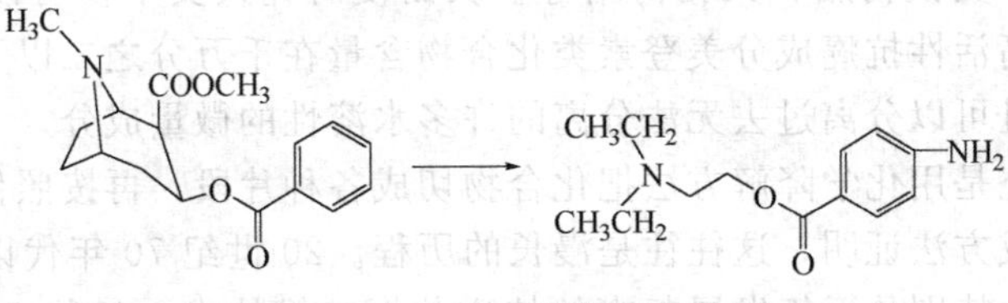


古柯碱 (Cocain)　　　　普鲁卡因 (Procaine)
(来自古柯树)　　　　(局部麻醉剂)

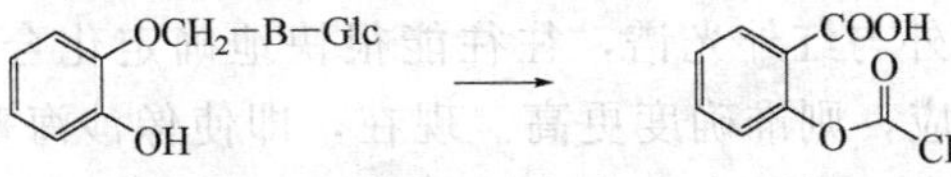


水杨苷 (Salicin)　　　　阿司匹林 (Aspirin)
(来自柳树皮)　　　　(解热镇痛药)

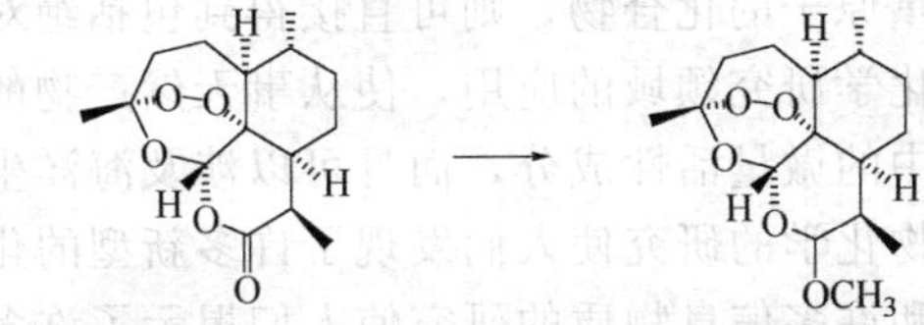


青蒿素 (Arteannuin)　　　　蒿甲醚 (Methylteannuin)
(来自黄花蒿)　　　　(抗疟疾药)

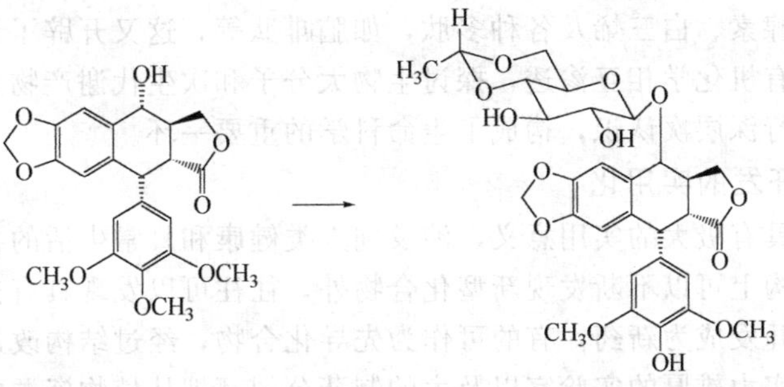


鬼臼毒素 (Podophyllotoxin)　　　　依托泊苷 (Etoposide)
(来自美洲鬼臼、桃儿七)　　　　(抗肿瘤药)

## 1.4 天然产物化学发展动向

### 1.4.1 研究方法和手段向高、新方向发展

天然产物往往含量甚微，例如新一代植物生长激素油菜素内酯（brassinolide）在油菜花中的含量仅为 $10^{-12}$左右，这就使得新的分离技术的不断产生和发展。天然产物往往结构复杂，例如沙海葵毒素（palytoxin，$C_{130}H_{229}N_3O_{53}$，相对分子质量为 2679），分子内共有 64 个手性中心，这就推动了结构测定方法的不断革新。结构复杂的天然产物合成困难，用经典方法难以成功，这就促进了有机合成方法学上的不断创新，天然产物往往具有独特的生理活性，这就为药物化学以及生物科学提供了广泛的研究基础。

随着科学的发展，新技术的应用促使科学家们发明了许多精密、准确的分离方法，各种色谱分离方法先后应用于天然产物的分离研究，由常规的柱色谱发展到应用低压的快速色谱、逆流液滴分溶色谱（DCCC）、高效液相色谱（HPLC）、离心色谱、气相色谱等，应用的载体有氧化铝、正相与反相色谱用的各种硅胶，用于分离大分子的各种凝胶，用于分离水溶性成分的各种离子交换树脂、大孔树脂等，从而使研究人员不仅可以分离含量极微的成分，如美登木中的高活性抗癌成分美登素类化合物含量在千万分之二以下，昆虫中的昆虫激素含量则更微，而且可以分离过去无法分离的许多水溶性的微量成分。

经典的结构研究是用化学降解方法把化合物切成各种片段，再按照化学原理逻辑地推断其结构，最后经合成方法证明，这往往是漫长的历程。20 世纪 70 年代以来，质谱与核磁共振技术的推广应用，特别是近年发展起来的核磁共振二维技术，各种$^{1}H$-$^{1}H$ 与$^{1}H$-$^{13}C$ 相关谱等，以及质谱中的快原子轰击（FAB-MS）技术，次级电离质谱（SIMS）技术，场解吸质谱（FD-MS）等，结合紫外与红外光谱，往往能很快地确定化合物的结构，如能配合一些必要的化学转化或降解反应，则准确度更高。现在，即使像沙海葵毒素那样的复杂结构，也能运用上述光谱与波谱技术，再配合一些降解反应，在较短时间内确定其结构，其全合成也已完成。而一个好的单晶，运用最新的四圆 X 衍射仪，则仅用几天时间就可得到准确的结构，如分子量较大并带有重原子的化合物，则可直接得到包括绝对构型在内的结构信息。

上述新技术在天然产物化学研究领域的应用，使从事天然产物的研究人员的研究领域不仅可以涉及动植物与微生物中的微量活性成分，而且可以涉及海洋生物、昆虫及其他各种生物的微量成分化学。海洋生物化学的研究使人们发现了许多新型的化学物结构，其中不少有着特殊的生物活性。对昆虫和许多信息物质的研究使人们揭示了许多生物奥秘，人们开始了解到使蚂蚁群居与集体行动的信息物质与它们的化学结构，昆虫雌雄相吸引的性信息素，从而可用于虫情预测与诱杀昆虫。而对动物与人体内源性化学物质的研究，导致发现大量的各种甾体激素、前列腺素、白三烯及各种多肽，如脑啡肽等，这又开辟了天然产物化学新的研究领域。它和生物有机化学相互渗透，探讨生物大分子和次生代谢产物之间的关系，对生命现象和生命过程进行深层次认识，构成了生命科学的重要一环。

### 1.4.2 偏重资源开发的实用化

天然产物化学具有极大的实用意义，涉及到人类健康和日常生活的各个方面。天然产物来源广泛，除在结构上可以不断发现新型化合物外，往往可以发现具有独特生理活性的化合物，有的可以直接开发成为新药，有的可作为先导化合物，经过结构改造，发展为新一类的药物。目前，一些实力雄厚的实验室以及大的制药公司都把从植物资源中筛选新药作为新药的主要来源之一。例如美国国立卫生研究院每年从世界各地搜集植物样本达几千种，进行抗癌活性筛选；许多世界知名制药公司也都进行类似工作，而且活性筛选的指标更多，从中筛选出有希望的品种，再作进一步的分离、合成以及结构改造工作。此外，天然产物化学的研究成果已在农业和工业生产中得到运用，如除虫菊酯类系列化合物乃是公害较少的较满意的农药，昆虫保幼激素已用于蚕业增产。鉴于对化学物质致癌因素的考虑，食品工业已转向应用天然色素与香料，甜叶菊中的甜叶菊苷及其他天然甜味剂已开始逐步替代糖精，瓜豆中的一种瓜胶多糖已用于石油工业作压裂液等。

中国地域辽阔，天然产物资源丰富，仅植物就有四万多种，祖国医药学为中草药的应用积累了丰富的经验，因此中国天然产物的研究有着得天独厚的基础。我国有机化学家赵承嘏早在 20 世纪 30 年代即从事麻黄、钩吻、延胡索等常用中药有效成分的化学研究；老一辈科学家黄鸣龙、汪猷、邢其毅、梁晓天、黄量、陈耀祖等都为中国天然产物化学的研究与发展做出了卓越的贡献。多年来，中国科学家独立完成的新结构研究至少在 1000 个以上，并发现了一批有生物活性的新型结构。有些已投入实用阶段或显示很好的应用前景，如莲心碱、芫花酯、利血平、一叶秋碱、羟基喜树碱、三尖杉酯碱、青蒿素、包公藤素、丹参酮、四氢巴马汀、长春新碱、结晶天花粉蛋白、银杏素、黄皮酰胺、番荔枝内酯等。结晶牛胰岛素等天然产物的全合成，为保障我国人民的生命健康做出了巨大的贡献。

全世界约有高等植物25万种，仅有5%～10%进行过化学活性物质研究，况且大多只进行过单一生物活性检测。中国的中草药品种有5000多种，常用的也有700～800种，目前绝大多数尚未进行过充分的研究，只是应用其原材料及其水煎剂、丸剂、散剂、片剂，少数是注射液。现在生产的中药及其制剂（药品）均无标明其中的化学成分或有效成分的种类和含量，无法推向国际市场，只能在国内推销。因此，结合中医药理论和现代科学技术方法，继续从药用植物中提取、分离和测定有效成分，进行多方面的生物活性筛选，特别是寻找治疗威胁人类最大的心血管疾病、癌症、艾滋病等药物的有效成分，并用现代有机合成结合分子生物学方法创制新药、发掘新药源、改善药剂型，是摆在科学工作者面前的重要任务。

目前，人类"回归大自然"的呼声高涨，不少中草药除了可以防病治病，调整人体机能，还可以药食兼用，保健护肤。国际上正在形成一个与中草药有密切联系的庞大市场，总容量超过400亿美元，其中包括天然药物（植物、动物、微生物、海洋生物药物），功能食品（或保健食品、健康食品）及保健饮料和药茶、天然香料、天然甜味剂、酸味剂、天然色素、天然化妆品、沐浴剂、天然杀虫剂、植物生长调节剂等。中草药的研究与开发面临着国际竞争，也面对着新的挑战与机遇。因此，除了继续注重对中草药有效成分和药理活性的研究外，多途径开发我国丰富的天然药物资源，具有巨大的市场潜力和广阔的应用前景。

### 1.4.3 基于生物技术的天然产物化学研究

当人类走向21世纪之际，世界高新技术发展突飞猛进，基于迅速发展起来的生物技术（或相关技术）来生产新的天然化合物的方法应运而生，对于天然产物研究（提取、分离、鉴定、合成），尽管目前可以运用现代高效分离和分析手段（HPLC、毛细管气相色谱、FT-NMR等）来分离和确定一个天然化合物的结构，并且可以全合成它，有机化学家们也可以毫不夸张地说能够合成任意复杂结构的化合物；但是，目前尚不能以一种非常有效、真正低花费的方式大量制备人们最需要的有效成分。而基于生物技术的分子天然化合物研究，却能提供产生天然化合物更加成熟的方法和策略。因此，这是天然产物概念上和实际研究内容上的一场革命，其实际价值将表现在于以有效、实用、简便的方法生产某些十分有价值的重要天然产物（如药物、农药）以及与生命活动过程十分密切的化合物。

(1) 植物细胞组织培养生产天然产物

具有生理活性的天然产物，许多是以微量形式存在，加之不同生物的特殊生态环境，这些来自于生物的天然产物易受生物种类、产地、季节、气候等因素影响。利用植物细胞组织培养方式来大量生产天然产物，这是一种可靠、有效、并值得研究开发的方法。

植物细胞组织培养是指从植物体取下部分的组织或细胞，在无菌条件下利用人工培养基维持其生长，以达到大量繁殖或生产某些天然产物。其一般常用的方法是先选择适当的培植体（explant），例如一段叶、茎、根、花、果实或叶柄，经过消毒，切取其无菌部分放置于固体营养培养基中，这个培养基即长出一团新的细胞，称之为愈伤组织（callus），这些愈伤组织经由一连串转移，至新的培养基，直到长成一个较大宽松的细胞团块，再将这些松散的愈伤组织移至液体的培养基中，再经振荡成较小的细胞集团，即一般所谓的悬浮培养（suspension cultures），这种悬浮培养的细胞可很快的大量繁殖，如果将它置于合适的环境中，可促进其产生人们想要的物质，但如果要进一步提升到生物反应器（bioreactor）的阶段，则需找到培养环境等因素的最适合条件。

世界各国对于植物细胞组织培养的研究很活跃，美国夏威夷大学已进行了多年的海洋藻类培养制取生物活性物质的工作。日本的海洋生物研究公司，以单细胞杜氏盐生藻生产$\beta$-胡萝卜素，以海洋菌生产二十碳五烯酸（DHA），还有人研究了植物细胞组织培养生产黄连素、穿心莲内酯、黄酮类和醌类化合物。利用这种技术，第一个商品化成功的例子是由日本三井石化公司利用紫草细胞生产红色萘醌类的染料 shikonin，后者可用作口红原料和治疗痔疮。

(2) 天然产物的基因工程合成

随着分子生物学的发展，基因分析、基因克隆和基因表达的方法和技术已经建立。近年来，天然产物在生物体内形成过程中，各步骤催化酶（功能大分子）的分离，功能鉴定以及酶编码基因的克隆、测序和表达等研究取得了较大进展，尤其是微生物体内聚酮类抗生素化合物和动物体内与多种疾病相关的甾体类化合物（胆固醇、甾体激素、胆酸、维生素 $D_3$ 等）的生物合成研究进展显著。微生物代谢产物生物合成研究中，在掌握微生物中聚酮类化合物生物合成途径的基础上，通过对微生物体内控制聚酮类化合物生物合成的酶基因进行的克隆和表达；同时，通过改变聚酮类化合物合成酶的基因编码和再表达，合成了一系列“非天然的天然产物”，为快速筛选非耐药和抗药性新型聚酮类抗生素奠定了基础。同时，对紫杉醇生物合成过程中相关的基因和酶也有了一定认识。动物代谢产物生物合成研究中，对乙酰辅酶 A-异戊烯焦膦酸酯-角鲨烯环氧化物-羊毛甾醇-胆固醇-甾体激素，这一生物合成链不同环节的多种催化酶和相关基因已有了较系统的认识，完成了大部分酶的分离、功能研究和相关基因的克隆与表达。在阐明甾体化合物在生物体中的作用和功能的同时，也为与其相关的人类疾病治疗提供了理论基础。同时，有关真菌、霉菌、昆虫和海洋生物中，与酶和基因相关的甾体和三萜类化合物生物合成和结构转化研究已有了一定的积累。通过生物工程的方法进行天然的生物转化、调控及其生物合成途径的研究，为天然产物化学的生物研究方法注入了新的活力，开辟了更广阔的前景。

天然产物基因工程合成途径如下。

底物 A→中间体 B→C→D——→靶分子 T

底物 A 在生物合成酶的作用下经过中间体 B、C、D 等合成出靶分子 T，其程序如下：

① 首先要分离纯化出活性酶；

② 建立检测该活性酶的方法；

③ 决定该酶的氨基酸序列；

④ 由此得到的氨基酸序列信息用来设计并合成出相应的寡核苷酸；

⑤ 该寡核苷酸用作探针来筛选 cDNA 库，鉴定出该酶的 cDNA 克隆并决定其核酸序列；

⑥ 将 cDNA 克隆与质粒 DNA 组合杂交，然后转移到其他微生物（如酵母、大肠杆菌）中进行表达，产生大量的活性酶。

以上技术可以解决复杂天然产物的合成，现今引人注目的抗癌药物紫杉醇和喜树碱都可以用此法合成出来，此法不仅可行，而且作为一个新的方向弥补了现行合成化学的不足。

(3) 微生物发酵和酶法生产天然产物

微生物及酶作为生物催化剂具有很高的催化功能、底物特异性和反应特异性。近十多年来，随着生物技术的发展，微生物及酶催化反应越来越多地被有机化学家作为一种手段用于有机合成，特别是催化不对称合成反应，进行光活性化合物（包括天然产物）的合成，目前，超过 2000 种以上的酶已被人们认识，其中约 200 多种在市场上有出售，尤以脂肪酶和蛋白酶在合成上常用。

从葡萄糖经酵母发酵与化学转化制备 D(一) 麻黄碱是酶法与化学法结合的第一个成功例子，利用生物酶催化反应进行活性天然产物结构选择性修饰、改造、转化、全合成，以及有机化合物合成的研究已有很多成功的实例，尤其在核酸、核苷酸和碳水化合物的酶催化领域，近年来取得了显著进展。该研究领域的主要发展方向是在组合化学和分子生物学推动下诞生的组合生物催化（或生物催化组合合成）。组合生物催化是利用酶的组合进行大量有机衍生物的合成，是分子生物学研究成果在组合化学中的应用，其特点是在衍生物合成过程中应用了生物合成步骤的组合而不是化学反应试剂的组合，体现了生物体中化学反应的特性（化学、位点和立体选择性）。天然产物是活性先导化合物的主要来源之一，天然先导化合物通常不但具有比较复杂的结构，而且含有多个官能团。在天然先导化合物结构优化方面，组合生物催化可减少官能团的保护和去保护步骤，具有潜在的优势；通过组合生物催化已成功地建立了一些活性天然产物的组合化学库，如基于黄酮类化合物岩白莱素（bergenin）和紫杉醇的组合生物合成库。总之，分子生物学和生物工程技术的快速发展对天然产物生物合成及相关研究产生了巨大的推动作用，天然产物研究与分子生物学和生物工程技术研究的结合将越来越紧密，如具有抗癌活性的天然产物大环内酯，环肽类等都可以用此法生产。

（4）天然产物的仿生合成

生物在自然界中长期进化，发展成为一个能十分有效地进行化学反应、能量转化和物质输送的完整体系，生物体内的这些过程都是在温和条件下、高效、专一地进行，这就吸引了人们从分子水平上模拟生物的这些功能。仿生有机合成就是模拟生物体内的反应来进行有机合成，以制取人们需要的物质。例如，虎皮楠（*Daphuiphyllam mauopodum*）的树皮和树叶在东方国家一直用作民间药物来治疗哮喘，日本有机化学家 Yagi 1909 年从中分离到一种生物碱，直到 1960 年才测定了它的结构，其后相继从中分离鉴定出 30 余种生物碱，其中有一含量大的生物碱——methyl homodaphniphyllate，该化合物含有 5 个环、8 个手性碳，全合成相当复杂，要用很多步化学反应且收率很低。美国加州大学的 Heathcock 教授运用仿生合成的观点去分析，他看到该化合物的结构骨架与角鲨烯（squalene）的骨架存在着某种相似性，他选择并试验成功一个非常有趣的反应，该反应一步形成 5 个环、7 个键，并且是高度立体选择性的，反应条件温和，只需使用普通的试剂，产率达 65%。

人们曾经幻想在一个试管中通过一系列酶的作用合成出天然产物或它们的中间体，这个梦想正在变成现实，采用分子生物学技术生产天然有机化合物的基本框架和方法已经形成，存在的应用前景和商业价值也不言而喻，然而，该技术还有许多环节和内容有待成熟，有大量的研究工作需要去做。

## 习　题

1. 什么是天然产物？什么是天然产物化学？
2. 二次代谢产物的生物合成途径主要有哪些？
3. 什么是“先导化合物”？举例说明“先导化合物”在药物研究开发中的重要作用。

# 第 2 章　天然产物的提取分离和结构鉴定

## 2.1　天然产物化学成分的预试验与提取

中国幅员辽阔，天然资源不仅为人类提供治疗疾病的药物，还为很多领域提供着有价值的材料。但要充分开发利用天然资源，首先必须从复杂的天然资源组成成分中提取分离出具有价值的单纯成分，才能更好地加以研究和利用。所以，提取分离是天然产物化学研究的起点，亦是这一学科的重要任务。

植物体内的成分是由复杂的化学成分所组成，主要有生物碱、黄酮类、萜类、甾体、苷类、蒽醌、香豆素、有机酸、氨基酸、单糖、低聚糖、多糖、蛋白质、酶及鞣质等，一般认为这类物质具有药用价值；而纤维素、叶绿素、蜡、油脂、树脂和树胶等，被认为是具有经济价值的成分。本章将重点讨论具有药用价值的天然产物的提取分离。

### 2.1.1　天然产物化学成分的预试验

天然产物化学成分十分复杂，当这些成分混合在一起时，要想对它们进行比较全面的分析和正确了解是有一定困难的，特别是在无资料可循的情况下。一般应先进行预试验以初步了解所含成分情况，然后再进行有计划有针对性的提取和分离。

天然产物成分预试验方法的基本原理是根据各成分极性的不同，先系统地分成几个不同部分，然后利用显色反应或沉淀反应，或结合纸色谱、薄板色谱，定性判断各部分中可能含有的化合物类型。各类化合物特征的显色反应或沉淀反应，将在后面各章中介绍。

根据相似相溶的原理，极性大的成分在极性溶剂中溶解度大，极性小的成分则易溶于非极性溶剂。选择适当的溶剂，极性由小到大，或由大到小，可顺次将极性比较相近的成分分开。常用溶剂的极性次序为（从小到大）：

石油醚＜环己烷＜苯＜氯仿（二氯甲烷）～乙醚＜乙酸乙酯＜正丁醇＜丙醇、乙醇＜甲醇＜水＜含盐水

溶剂和有效成分极性相似对照可见表 2-1。

**表 2-1　溶剂和有效成分极性相似对照**

| 极性强弱 | 溶剂名称 | 有效成分类型 |
|---|---|---|
| 非极性(亲脂性)溶剂 | 石油醚、环已烷、汽油、苯、甲苯等 | 油脂、挥发油、植物甾醇(游离态)、某些生物碱、亲脂性强的香豆素等 |
| 弱极性溶剂 | 乙醚 | 树脂、内酯、黄酮类化合物的苷元、醌类、游离生物碱及醚溶性有机酸等 |
| 弱极性溶剂 | 氯仿 | 游离生物碱等 |
| 中等极性溶剂 | 乙酸乙酯 | 极性较小的苷类(单糖苷) |
| 中等极性溶剂 | 正丁醇 | 极性较大的苷类(二糖和三糖苷)等 |
| 极性溶剂 | 丙酮、甲醇、乙醇 | 生物碱及其盐、有机酸及其盐、苷类、氨基酸、鞣质和某些单糖等 |
| 强极性溶剂 | 水 | 氨基酸、蛋白质、糖类、水溶性生物碱、胺类、鞣质、苷类、无机盐等 |

表 2-1 仅适用于极性从小到大的预试验，实际工作中，根据水可提取极性物质，石油醚

可提取非极性物质，醇能提取大部分成分的特点，采用石油醚、水、95％乙醇的三段法进行粗分，提高工作效率。

天然产物化学成分的预试验流程如图 2-1 所示。

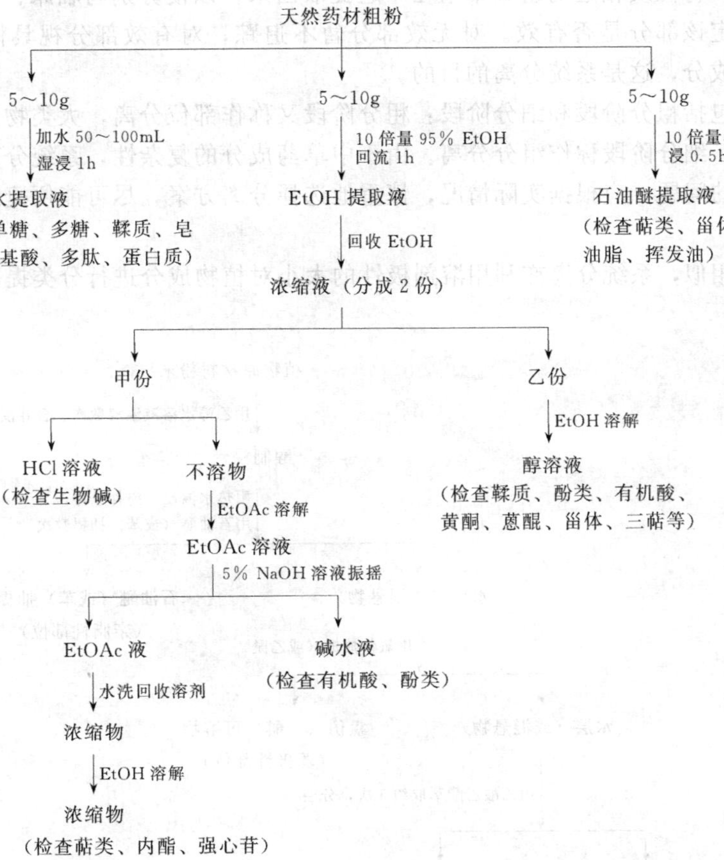


图 2-1　天然产物化学成分的预试验流程

一般定性试验可初步验证有无上述各类物质。

① 生物碱　常用碘化铋钾（Dragendorff 试剂），它与生物碱试液显棕黄色或橘红色沉淀，反应在滤纸上试验更为敏感和清晰。

② 黄酮　将乙醇液加 Mg 粉，滴入浓盐酸后振荡在泡沫处呈桃红色，或与 1％ $AlCl_3$ 乙醇溶液呈有色荧光。

③ 皂苷、强心苷、甾体　在乙酐溶液中与浓 $H_2SO_4$ 反应后显各种红紫色，皂苷水溶液振荡时能产生大量泡沫。沾有强心苷的滤纸上先喷 2％ 3,5-二硝基苯甲酸乙醇液，再喷 4％ NaOH 乙醇液，呈紫红色。

④ 氨基酸和肽　与茚三酮反应显蓝紫色。

⑤ 蛋白质　以双缩脲反应（$NaOH+CuSO_4$）显紫红色。

⑥ 有机酸　与溴酚蓝反应呈黄色。

⑦ 酚类　与 $FeCl_3$ 显紫色、蓝色。

⑧ 糖和苷　与斐林试剂作用有砖红色 $Cu_2O$ 沉淀。

⑨ 内酯和香豆素　与异羟肟酸铁反应呈蓝色、紫色。

⑩ 醌类　沾有醌类化合物的滤纸上喷 5% KOH 试剂呈红色。

### 2.1.2　天然产物化学成分的系统分离

通过预试验，大致了解了所含成分的类型，为系统分离做了准备。系统分离是选择一系列的分离措施，将性质相近的组分集中在一起提取出来，以便分别与临床、动物试验、检测等相配合，确定该部分是否有效。对无效部分暂不追踪，对有效部分视具体情况再进行分离，找出关键成分，这是系统分离的目的。

系统分离包括粗分阶段和细分阶段：粗分阶段又称作部位分离，大类物质的分离，如皂苷、蛋白质等；细分阶段称作组分分离。由于中草药成分的复杂性，系统分离实际上也是一个系统工程学的问题，应根据实际情况，慎重地选择分离方案，尽可能便捷地确定有效部位和有效成分。

同预试验相似，系统分离亦利用溶剂极性的大小对植物成分进行分类提取，其流程大致如图 2-2 所示。

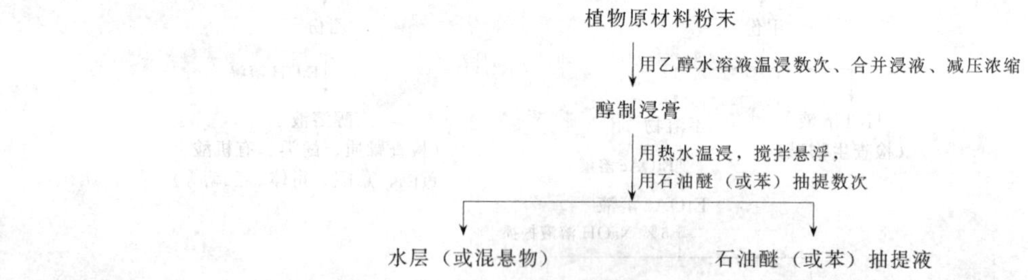

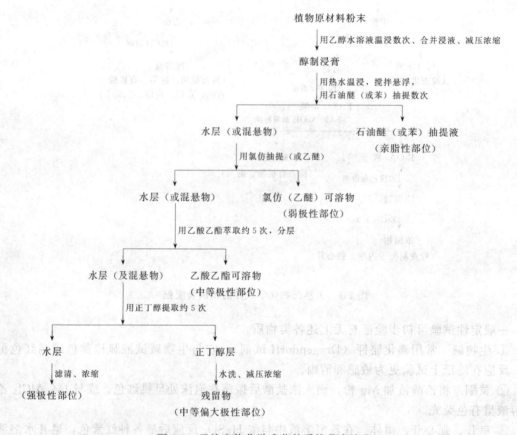


图 2-2　天然产物化学成分的系统分离流程

上述提取法操作程序较繁，且耗费溶剂和时间，但对无资料可循的中草药，往往先采用这个方法确定有效成分，然后根据实践中的体会和有效成分的理化性质，再改进、简化分离方法。对有一定了解的中草药，常常是选择其中一个或两个部分进行分析，而不是对其做全面的考察。应该注意的是，中草药中的化学成分较复杂，有的以结合状态存在，有的以游离状态存在，各成分之间又可互相影响而改变其原有的溶解性能。同一有效成分可能出现在几个提取部分内，所以在操作过程中应仔细观察和分析。

对于水提取液，可采用离子交换树脂将它分为碱、酸和中性三部分，如图 2-3 所示。

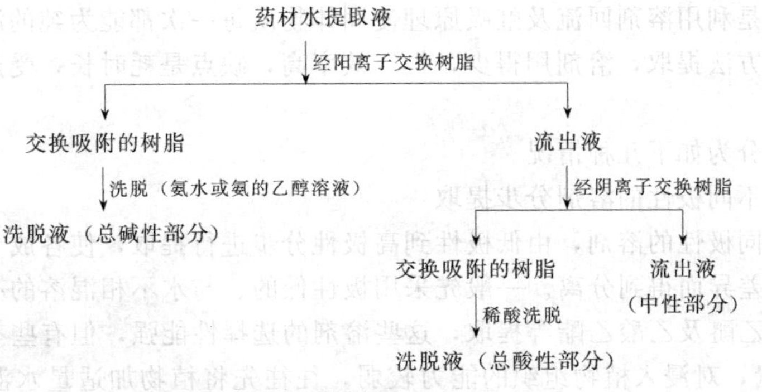


图 2-3　水提取液的有效成分系统分离流程

如水提取液中的有效成分可能是蛋白质、多糖、单糖或氨基酸等，可选用以下系统分离，如图 2-4 所示。

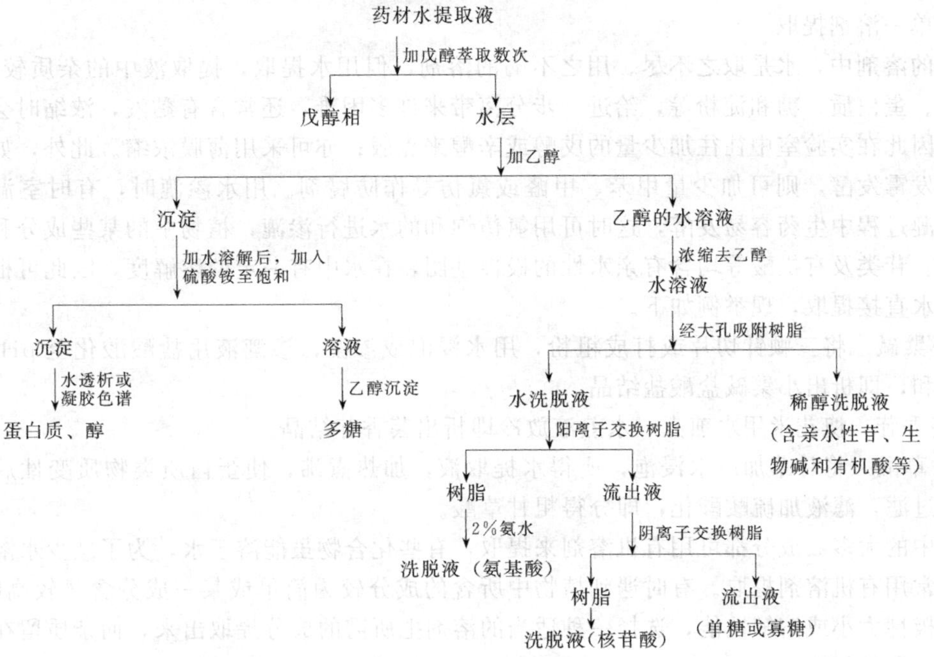


图 2-4　水提取液的蛋白质、糖或氨基酸等系统分离流程

## 2.1.3　提取天然产物的常用方法

### 2.1.3.1　溶剂法

用溶剂提取植物有效成分时，常用浸渍法、渗漉法、煎煮法、回流提取法和连续回流提取法等。因原料的粉碎度、提取时间、温度以及设备条件等因素都能影响提取效率，所以必须加以综合考虑。所用容器一般为玻璃或搪瓷器皿。

从固体混合物中萃取所需要的物质，最简单的方法是把固体混合物先进行研细，放在容器里，加以适当溶剂，让其在常温或加热下浸泡，经常振荡或搅拌，到一定时间后，将浸出液滤出，残渣加以压榨使浸渍液和残渣分开。必要时残渣可再加入溶剂反复浸渍。若被提取的物质特别容易溶解，也可以把固体混合物放在有滤纸的锥形玻璃漏斗中，用溶剂洗涤。这样，所要萃取的物质就可以溶解在溶剂里而被滤取出来。如果萃取物质的溶解度很小，用洗涤方法要消耗大量的溶剂和很长的时间，在这种情况下，一般用索氏（Soxhlet）提取器来萃取，索氏提取器是利用溶剂回流及虹吸原理使固体物质每一次都能为纯的溶剂所萃取，因而效率高。用这种方法提取，溶剂用得少，提取效率高，缺点是耗时长，受热易分解和变质的物质不宜采用。

溶剂萃取法可分为如下几种情况。

(1) 采用几种不同极性的溶剂分步提取

选择三四种不同极性的溶剂，由低极性到高极性分步进行提取，使各成分依其在不同极性溶剂中溶解度的差异而得到分离。一般先采用极性低的、与水不相混溶的有机溶剂，如石油醚、苯、氯仿、乙醚及乙酸乙酯等提取，这些溶剂的选择性能强，但有些有毒，易燃（氯仿除外），价格较贵，对浸入植物组织的能力较弱，往往先将植物加适量水湿润，晾干后再提取；再用能与水相溶的有机溶剂，如丙酮、甲醇、乙醇等，最后用水提取，对含有淀粉量多的植物，不宜磨成细粉后加水煎煮，以避免糊化。目前常用的两种系统为：①己烷→乙醚→甲醇→水；②己烷→二氯甲烷→甲醇→水。在室温条件下依次提取，这样可使植物中非极性与极性化合物得到初步分离，本法常用作提供生物试验的样品用。

(2) 单一溶剂提取

常用的溶剂中，水是取之不尽、用之不竭的溶剂，但用水提取，提取液中的杂质较多，如无机盐、蛋白质、糖和淀粉等，给进一步分离带来许多困难，还常含有黏液，浓缩时会产生泡沫，因此在实验室中往往加少量的戊醇或辛醇来克服；亦可采用薄膜浓缩。此外，如提取物容易发霉发酵，则可加少量甲苯、甲醛或氯仿等作防腐剂。用水渗漉时，有时室温较高，在渗漉过程中生药容易发酵，这时可用氯仿饱和的水进行渗漉，植物中的某些成分和胺型生物碱、苷类及有机酸等均含有亲水性的极性基团，在水中有一定的溶解度，因此可根据此性质用水直接提取，现举例如下。

① 小檗碱　将三颗针切片或打成粗粉，用水浸泡或渗漉，渗漉液用盐酸酸化至 pH 3，加食盐饱和，即析出小檗碱盐酸盐结晶。

② 芸香苷　槐花米用水煎煮，水煎液放冷即析出芸香苷结晶。

③ 甘草酸　将甘草加冷水浸泡，所得水提取液，加热煮沸，使蛋白质类物质变性后沉淀分出，过滤，滤液加硫酸酸化，即分得粗甘草酸。

植物中的大多数成分都可用有机溶剂来提取，有些化合物虽能溶于水，为了减少水溶性杂质，也常用有机溶剂提取。有时遇到植物中所含的成分较为简单或某一成分含量较高时，可根据其极性大小或溶解性能，选择一种适当的溶剂把所需的成分提取出来，而杂质留在植物残渣里。举例如下。

① 细辛素　细辛中含有一种中性物质细辛素［(－)asarinin］为麻油中芝麻素（sesamin）的光学异构体。当细辛用石油醚回流，提取液浓缩即析出细辛素结晶，得量高，被石油醚一起提出的挥发油则留在母液中。

② 橙皮苷　橘皮粗粉置于索氏提取器中，用甲醇或乙醇热回流提取，即析出橙皮苷结晶。

提取可以在室温下进行，亦可用蒸汽浴加热提取，一般来说，冷提杂质较少，而热提效率较高，但杂质亦多，在不了解有效成分性质之前，一般采用冷渗或室温浸渍，提取液在60℃以下浓缩；如溶剂沸点超过 70℃则采用减压浓缩，有时在浓缩时析出固体或结晶，则应放冷，使其完全析出后滤出，滤液再浓缩。若有固体或结晶，可再滤出，与母液分开后再进一步分离纯化其中的成分。在提取分离过程中，应该注意，复杂的混合物在其各成分之间具有助溶的作用，经提纯后往往难溶或不溶于原来的提取溶剂中。

(3) 两种或两种以上溶剂（即多种溶剂处理）

利用植物中所含成分在某种溶剂中溶解度的差异而达到分离的目的。举例如下。

① 川楝素　川楝素为川楝皮中驱蛔的有效成分，将苦楝皮磨粉，用苯热回流提取，苯液浓缩后加入少量石油醚溶解其中油脂类化合物，川楝素难溶而分出。另可采用60%乙醇代替苯提取，醇液减压浓缩，水液用氯仿提取，氯仿液浓缩即析出川楝素结晶。

② 七叶苷和七叶苷内酯　木犀科的梣属植物 *Fraxinus rhynchophylla Hance* 茎皮用95%乙醇加热回流提取，醇提取液减压浓缩，残渣加水，先用氯仿提取，后用乙酸乙酯提取，乙酸乙酯提取部分用 $Na_2SO_4$ 干燥，浓缩，加甲醇即析出七叶苷内酯，水部分浓缩析出七叶苷。

(4) 液-液分配萃取

利用混合物中的各成分在两种互不相溶的溶剂中，由于分配系数不同而达到分离的目的。萃取时如果各成分在两相溶剂中分配系数相差越大，则分离效率越高，若所需成分是脂溶性，可用有机溶剂如苯、氯仿或乙醚与水进行液液萃取，可除去水溶性物质糖类、无机盐等。若所需成分是亲水性物质，其水溶液用弱亲脂性溶剂，如乙酸乙酯、丁醇、戊醇等萃取。有时可在氯仿或二氯甲烷中加少量甲醇或乙醇进行萃取。在分离生物碱时常采用 pH 梯度萃取，可使强碱性生物碱与弱碱性生物碱得到初步分离，美国国家肿瘤研究所采用液-液萃取，将所得各部分用于抗肿瘤筛选。

(5) 反应溶剂萃取

通常内酯类化合物不溶于水，其内酯环遇碱水解成为羧酸盐而溶于水，再加酸酸化，可重新形成内酯环，回复原物不溶于水，从而与其他杂质分开，从蛔蒿中提取驱蛔有效成分山道年就利用此性质。

将蛔蒿粉末用石灰乳调匀，加热水提取，山道年成为山道年酸钙被水提出，水提取液过滤浓缩后，加酸酸化，山道年沉淀析出，滤集，用乙醇重结晶可得纯品，但有的内酯类化合物用这种方法处理时会发生异构化作用，应引起注意。

为了提高天然产物化学成分的提取效率，目前人们又提出了一些新的方法以强化溶剂提取率，这些新的方法有植物细胞膜真空破碎法，酶浸渍提取法，超声波强化提取法，微波加热提取法，超临界流体提取法等。

(1) 超临界流体萃取技术

超临界流体萃取（简称 SCFE）是一种以超临界流体（简称 SCF）代替常规有机溶剂对天然产物有效成分进行萃取和分离的新型技术，其原理是利用流体（溶剂）在临界点附近某区域（超临界区）内与待分离混合物中的溶质具有异常相平衡行为和传递性能，且对溶质的溶解能力随压力和温度的改变而在相当宽的范围内变动，利用这种 SCF 作溶剂，可以从多种液态或固态混合物中萃取出待分离成分。常用的 SCF 为 $CO_2$，原因是因为 $CO_2$ 无毒，不易燃易爆，价廉，有较低的临界压力和温度，易于安全地从混合物中分离出来。超临界 $CO_2$ 萃取法与传统提取方法相比，最大的优点是可以在近常温的条件下提取分离，几乎保留产品中全部有效成分，无有机溶剂残留，产品纯度高，操作简单，节省能源。

利用 SCFE 技术对中草药的研究，目前已经有所研究的中草药有：银杏叶、金银花、紫草、紫杉、沙棘油、怀牛膝、乳香、没药、月见草、黄花蒿、白芍、生姜、当归、珊瑚姜、石菖蒲、飞龙掌血、常春藤、茵陈、大蒜、木香等近 30 种。从东北野生月见草种子中提取月见草油，结果表明其月见草精油的色泽和透明度，$\gamma$-亚麻酸的含量均优于溶剂法。SCFE 技术对于提取分离挥发性成分、脂溶性物质、高热敏性物质以及贵重药材的有效成分显示出独特的优点，但 SCFE 的高压设备，初期投资较大，运行成本高，因此这一技术目前在工业生产中还难以普及。

(2) 超声波强化提取技术

超声波提取技术的基本原理，主要是利用超声波的空化作用加速植物有效成分的浸出提取，另外超声波的次级效应，如机械振动、乳化、扩散、击碎、化学效应等，也能加速欲提取成分的扩散释放并充分与溶剂混合，利于提取。与常规提取法相比，具有提取时间短、产率高、无需加热等优点。

例如：用 20kHz 以上的超声波频率提取 10min 以上，从黄芩中提取黄芩苷，其黄芩苷提出率，比煎煮法提取 3h 时的提取率高，且两种方法所提取的黄芩苷的结构是一致的。

超声波提取技术能避免高温高压对有效成分的破坏，但它对容器壁的厚薄及容器放置位置要求较高，否则会影响药材浸出效果。而且目前实验研究都是处于小规模，要用于大规模生产，还有待于进一步解决有关工程设备的放大问题。

(3) 微波萃取技术

微波萃取是利用微波来提高萃取率的一种最新技术。它的原理是在微波场中，利用吸收微波能力的差异，使得被提取物质的某些区域，或萃取体系中的某些成分被选择性加热，从而使得被萃取物质从体系中分离，进入到介电常数较小、微波吸收能力相对差的萃取剂中；微波萃取具有设备简单、选用范围广、萃取效率高、重现性好、节省时间、节省试剂、污染小等特点。目前，除主要用于环境样品预处理外，还用于生化、食品、工业分析和天然产物提取等领域。

(4) 酶法萃取技术

天然药物制剂的杂质大多为淀粉、果胶、蛋白质等，针对杂质可选用合适的酶予以分解除去。酶温和地反应将植物组成分解，可以较大幅度提高收率，故酶解不失为一种最大限度从植物体内提取有效成分的方法之一。这是一项很有前途的新技术。目前，用于中药提取方面研究较多的是纤维素酶，大部分的中药材的细胞壁是由纤维素组成，植物的有效成分往往包裹在细胞壁内；纤维素则是由 β-D-葡萄糖以 1,4-β 葡萄糖苷键连接，用纤维素酶酶解可以破坏 β-D-葡萄糖苷键连接，使植物细胞壁破坏，有利于对有效成分的提取。

纤维素酶用于以纤维素为主的中药材提取有效成分，的确能提高有效成分的收率，但要拓宽其应用领域，还需要进一步深入探讨酶的浓度、底物的浓度、温度、酸度、抑制剂和引发剂等对提取物有何影响。酶法目前在动物类药材提取方面应用得较为广泛。

2.1.3.2 水蒸气蒸馏法

此法适用于能随水蒸气蒸馏而不被破坏的植物成分的提取，这些化合物与水不相混溶或仅微溶，且在约 100℃时有一定的蒸汽压，当水蒸气加热沸腾时，能将该物质一并随水蒸气带出。譬如植物中的挥发油，某些小分子生物碱如麻黄碱、烟碱、槟榔碱等，以及某些小分子的酸性物质如丹皮酚等均可应用本法提取，对一些在水中溶解度较大的挥发性成分可采用蒸馏液重新蒸馏的办法，收集最先馏出部分，使挥发油分层，或用盐析法将蒸馏液中挥发性成分用低沸点非极性溶剂如石油醚、乙醚抽提出来，举例如下。

① 大蒜素 (allicin) 大蒜用酒精浸泡，酒精抽提液减压蒸去大部分酒精后，剩余液加水稀释，继续减压蒸馏，这时大蒜素随水一起蒸出，蒸出液用乙醚抽提，醚液浓缩干，即得油状的大蒜素。

② 丹皮酚 (paeonol) 将徐长卿加水浸泡，然后水蒸气蒸馏。蒸馏液用乙醚提取，醚提取液浓缩即析出丹皮酚结晶。

③ 麻黄碱 麻黄用水提取，水提液加氢氧化钙，然后水蒸气蒸馏，蒸馏液加草酸，析出麻黄碱草酸盐结晶，用 $CaCl_2$ 处理可得麻黄碱盐酸盐。

2.1.3.3 分馏法

利用沸点不同进行分馏，然后精制纯化，在分离毒芹总碱中的毒芹碱和羟基毒芹碱以及石榴皮中的伪石榴皮碱、异石榴碱和甲基异石榴皮碱时，均可利用它们的沸点不同进行常压或减压分馏，然后再精制纯化，又如植物 *Anabcsis aphylla L* 中的总生物碱的主要成分新烟碱（anabasine，沸点270～272℃）亦可用此法获得。

2.1.3.4 吸附法

吸附的目的，一种是吸附除去杂质，这常指鞣质色素；一种是吸附所需物质。常用的吸附剂有氧化铝、氧化镁，酸性白土和活性炭等，举例如下。

① 羊角拗苷　羊角拗种子用石油醚脱脂后，再用95%乙醇提取，提取液减压蒸干，加热水溶解，经乙酸铅和碱式乙酸铅处理除去杂质，滤液脱铅后加硫酸铵饱和，析出棕色胶质的粗强心苷，用乙醇和丙酮混合溶剂处理，除去无机物，再加乙醚，析出粗苷。将此粗苷干燥后溶于少量甲醇，加新煅烧的氧化镁拌匀，低于60℃烘干，置索氏提取器中用乙醇回流抽提，乙醇液浓缩加丙酮，即析出白色粉末为总苷，它具有类似毒毛旋花子苷K的强心作用。

② 毛莨苷（ranunculin）　取新鲜植物 *Ranunculus arvensis* 用稀酸磨匀，压榨取汁，加活性炭吸附，然后加适量硅藻土，使与炭混合均匀，滤过，加水洗涤，以除去过剩的酸和没有吸附的杂质，然后用50%乙醇脱吸附，稀醇洗脱液减压蒸干，再加甲醇分步结晶，即可获得纯毛莨苷，熔点为141～142℃。

2.1.3.5 沉淀法

利用某些植物成分与某些试剂产生沉淀的性质而得到分离或除去“杂质”的方法即为沉淀法。对所需成分来讲，这种沉淀反应是可逆性的，最常用的是铅盐法，利用中性乙酸铅或碱式乙酸铅在水或稀醇溶液中能与许多物质生成难溶性的铅盐或铬盐沉淀，故可利用这种性质使所需成分与杂质分离，脱铅方法通常用硫化氢气体，使分解并转为不溶性硫化铅沉淀而除去，但溶液中可能有多余的硫化氢存在，可通入空气或二氧化碳让气泡带出多余的硫化氢气体。若对热稳定的化合物，可将溶液置于蒸发皿内，水浴上加热，浓缩除去，脱铅时生成的硫化铅有吸附性，可用有机溶剂萃取回收被吸附的物质，但在一般情况下不进行回收处理。脱铅的方法也可使用硫酸、磷酸、硫酸钠等物质，但生成的硫酸铅及磷酸铅在水中有一定的溶解度，所以脱铅不彻底，由于方法比较简便，故实验室中仍常采用，阳离子交换树脂虽可脱铅，但植物中离子性化合物也同时被交换而损失，并促使离子交换树脂老化，因此不常采用。

几种实验室常用的沉淀剂如表2-2所示。

**表 2-2　几种实验室常用的沉淀剂**

| 常用沉淀剂 | 化　合　物 |
|---|---|
| 中性乙酸铅 | 酸性、邻位酚羟基化合物，有机酸、蛋白质、黏液质、鞣质、树脂、酸性皂苷、部分黄酮苷 |
| 碱式乙酸铅 | 除上述物质外，还可沉淀某些苷类、生物碱等碱性物质 |
| 明矾 | 黄芩苷 |
| 雷氏铵盐 | 生物碱 |
| 碘化钾 | 季铵生物碱 |
| 苷咖啡碱、明胶、蛋白 | 鞣质 |
| 胆固醇 | 皂苷 |
| 苦味酸、苦酮酸 | 生物碱 |
| 氯化钙、石灰 | 有机酸 |

此外还有乙酸钾、氢氧化钡、磷钨酸、硅钨酸等沉淀剂；对多糖体、蛋白质等常加丙酮、乙醇或乙醚沉淀，举例如下。

① 油茶皂苷　油茶饼用乙醇提取，乙醇提取液减压浓缩，残渣加乙醚脱脂，不溶物再溶于乙醇中加乙醚使其中皂苷析出，沉淀物溶于乙醇，加胆固醇的乙醇溶液沉淀，过滤，沉淀干燥后置于索氏抽提器中用苯回流，不溶物为皂苷，苯液浓缩后可回收胆固醇，此皂苷对麦胚芽的生长具有明显的抑制作用。

② 倍半萜内酯　100g植物加500mL氯仿提取，氯仿提取液浓缩，残渣加250mL 95%乙醇溶解，再加250mL 4%乙酸铅水溶液，并加适量硅藻土过滤，滤液减压浓缩除去乙醇，加250mL水，氯仿提取3次，每次25mL，合并氯仿液用$MgSO_4$干燥，浓缩，即得。

③ 益母草碱（stachydrine）　益母草叶的乙醇提取物加水或2%盐酸溶解，溶液加雷氏铵盐水溶液使沉淀完全，褐色沉淀溶于丙酮，在丙酮溶液中加入硫酸银溶液至没有沉淀为止，离心分离取上清液加氯化钡溶液至无沉淀为止，过滤，滤液减压蒸干，用无水乙醇溶解，除去无机盐类，醇液再减压蒸干，用甲醇及丙酮结晶即得益母草碱盐酸盐。

#### 2.1.3.6　盐析法

盐析法通常是往植物水提取液中加入易溶性无机盐至一定浓度或达到饱和状态，使某些成分在水中的溶解度降低，沉淀析出或被有机溶剂提取出，常用的化合物如氯化钠、氯化铵、硫酸铵、硫酸钠、硫酸镁等，例如，三颗针根粉用稀酸浸泡，稀酸液加氯化钠近饱和即析出小檗碱盐酸盐，又如滇三七粉先用戊醇提取得三七皂苷甲，残渣用乙醇提取，醇提物加水溶解，滤去不溶物加硫酸镁饱和即析出三七皂苷乙。

#### 2.1.3.7　透析法

透析法是利用小分子物质在溶液中可通过半透膜，而大分子物质不能通过半透膜的性质而达到分离的方法，常用于纯化皂苷、蛋白质、多肽和多糖等化合物。用透析法可以除去其中无机盐、单糖、双糖等。也可将大分子的杂质留在半透膜内，而小分子物质通过半透膜进入膜外溶液，从而加以分离精制，透析是否成功与膜孔的大小密切相关，根据欲分离成分分子的大小选择适当规格的透析膜，常用的有动物膜（如猪、牛的膀胱），火棉胶膜、蛋白质胶膜和玻璃纸膜等。在进行透析时应经常更换膜外清水，增加透析膜内外溶液的浓度差，必要时可适当加温并加以搅拌，以利于加快透析速度。也可在电场中进行，带有正电荷的阳离子物质向阴极移动，而带负电荷的阴离子物质向阳极移动，中性化合物及高分子化合物留在膜内，市场有透析膜管成品出售，举例如下。

天花粉蛋白质的分离：天花粉是葫芦科植物栝楼（*Trichosanthes kirilowii Maximo-Wicz*）的新鲜根，刨去表皮，压汁放置过夜后离心除去淀粉，上清液加硫酸铵分级沉淀，饱和度分别为40%、50%及75%，最后所得蛋白质沉淀，加水溶解置于半透膜袋中进行透析，透析液无硫酸根反应为止，将袋内液体冷冻干燥即得，本品用于中期妊娠引产，并用以治疗恶性葡萄胎和绒癌。

#### 2.1.3.8　升华法

固体物质加热时，直接变成气态，遇冷凝结成原来的固体，此现象称为升华，植物中凡具有升华性质的化合物，均可用此法进行纯化，例如樟木中樟脑（camphor），茶叶中的咖啡碱以及存在于植物中的苯甲酸等成分。升华法简单易行，但往往不完全，常伴有分解现象，产率低，操作时采用减压下加热升华则可避免不足，该法很少用于大规模制备。

### 2.1.4　天然产物的分离与精制

上述方法提取得到的有些混合物尚需进一步分离及精制。常用方法及原理如下。

(1) 根据物质溶解度差别进行分离

许多分离物质的操作需要在溶液中进行，实践中可以采用下列方法。

① 利用不同温度可引起物质溶解度的改变的性质以分离物质，如常见的结晶及重结晶等方法。

② 在溶液中加入另一种溶剂以改变混合剂的极性，使一部分物质沉淀析出，从而实现分离。如在药材浓缩水提取液中加入数倍量高浓度乙醇，使沉淀而除去多糖、蛋白质等水溶性杂质（水提醇沉法）；或在浓缩乙醇提取液中加入数倍量水稀释，放置使沉淀而除去树脂、叶绿素等水不溶性杂质（醇提水沉法）；或在乙醇浓缩液中加入数倍量乙醚（醇提醚沉法）或丙酮（醇提丙酮沉法），可使皂苷沉淀析出，而脂溶性的树脂等杂质则留在母液中。

③ 对酸性、碱性或两性有机化合物来说，常可通过加入酸、碱以调节溶液的 pH 值，改变分子的存在状态（游离型或解离型），从而改变溶解度而实现分离。例如，一些生物碱类用酸水从药材中提出后，加碱调至碱性即可从水中沉淀析出（酸提碱沉法）。至于提取黄酮、蒽醌类酚酸性成分时采用的碱提酸沉法，以及调节 pH 值至等电点使蛋白质沉淀的方法等也均属于这一类型。这种方法因为简便易行，在工业生产中用得很广。

④ 酸性或碱性化合物还可通过加入某种沉淀试剂使之生成不溶水性的盐类沉淀析出。例如酸性化合物可生成钙盐，钡盐、铅盐等；碱性化合物如生物碱等，可生成苦味酸盐、苦酮酸盐等有机酸盐或磷钼酸盐、磷钨酸盐、雷氏盐等无机酸盐。得到的有机酸金属盐类（如铅盐）沉淀悬浮于水或含水乙醇中，通入硫化氢气体进行复分解反应，使金属硫化物沉淀后，即可回收得到纯化的游离的有机酸类化合物。至于生物碱等碱性有机化合物的有机酸盐类则可悬浮于水中，加入无机酸，使有机酸游离后先用乙醚萃取除去，然后再进行碱化、有机溶剂萃取，回收有机溶剂即可得到纯化了的碱性化学成分。

(2) 根据物质在两相溶剂中的分配比不同进行分离

常见的方法有简单的液-液萃取法及液-液分配色谱等。以下重点就液-液萃取的基本原理及方法作简单介绍。

① 液-液萃取与分配系数 $K$ 值　两种相互不能任意混溶的溶剂（如氯仿与水）置于分液漏斗中进行充分振摇，放置后即可分成两相。此时其中如含有溶质，则溶质在两相溶剂中的分配比（$K$）在一定温度及压力下为一常数，可用式（2-1）表示：

$$K=C_U/C_L \tag{2-1}$$

式中，$K$ 为分配系数；$C_U$ 为溶质在上相溶剂中的浓度；$C_L$ 为溶质在下相溶剂中的浓度。

假定有 A、B 两种溶质用的氯仿及水进行分配，如 A、B 均为 1.0g，$K_A=10$，$K_B=0.1$，两相溶剂体积比 $V_{CHCl_3}:V_{H_2O}=1$，则用分液漏斗作一次振摇分配平衡后，90%以上的溶质 A 将分配在上相溶剂（水）中，不到 10%的溶质 A 则分配到下相溶剂（氯仿）中。同理，$K_B=0.1=1/10$，则振摇平衡后，溶质 B 的分配将与溶质 A 相反。留在水中的不到 10%，90%以上分配在氯仿中。这说明，在上述条件下，A、B 两种溶质在氯仿及水中仅作一次分配就可实现 90%以上程度的分离。

② 分离难易与分离因子 $\beta$　可以用分离因子 $\beta$ 值来表示分离的难易，分离因子 $\beta$ 定义为 A、B 两种溶质在同一溶剂系统中分配系数的比值。即：

$$\beta=K_A/K_B\ (注：K_A>K_B) \tag{2-2}$$

上例中，$\beta=K_A/K_B=10/0.1=100$。

就一般情况而言，$\beta \geqslant 100$，仅作一次简单萃取就可实现基本分离；但 $100>\beta \geqslant 10$，则须萃取10～12次；$\beta \leqslant 2$时，要想实现基本分离，须作100次以上萃取才能完成；$\beta \cong 1$时，则$K_A \cong K_B$，意味着两者性质极其相近，即使作任意次分配也无法实现分离。而实际工作中，总是希望选择分离因子$\beta$值大的溶剂系统，以求简化分离过程，提高分离效率。

③ 分配比与pH值　对酸性、碱性及两性有机化合物来说，分配比还受溶剂系统pH值的影响。因为pH值的变化可以改变它们的存在状态（游离型或解离型），从而影响在溶剂系统中的分配比。

以酸性物质（HA）为例，pH＜3时，酸性物质多呈非解离状态（HA）、碱性物质则呈解离状态（$BH^+$）存在；但pH＞12，则酸性物质呈解离状态（$A^-$）、碱性物质则呈解离状态（B）存在。据此，可采用图2-5所示，在不同pH值的缓冲溶液与有机溶剂中进行分配的方法，使酸性、碱性、中性及两性物质得以分离。

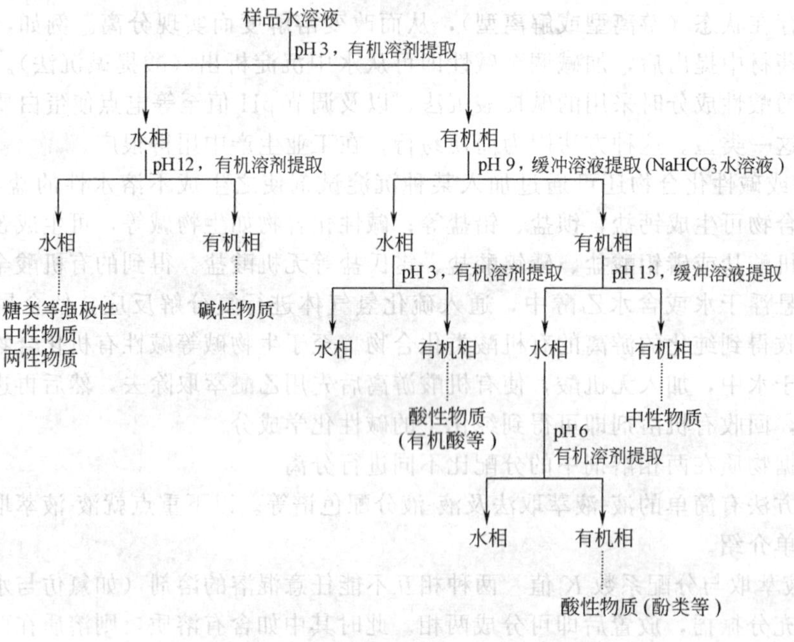


图2-5　利用pH梯度萃取分离物质的模式

④ 液-液萃取与纸色谱　前已叙及，分离因子$\beta$是液-液萃取时判断物质分离难易的重要参数。一般$\beta > 50$时，简单萃取即可解决问题，但$\beta < 50$时，则宜采用逆流分溶法。如不知道混合物中各个组分在同一溶剂系统中的分配比可以借助纸色谱（PPC）的帮助求得$\beta$值。可用PPC选择设计液-液萃取分离物质的最佳方案。

⑤ 液-液分配柱色谱　液-液分配柱色谱是将两相溶剂中的一相涂覆在硅胶等多孔载体上，作为固定相，填充在色谱管中，然后加入与固定相不相混溶的另一相溶剂（流动相）冲洗色谱柱。这样，物质同样可在两相溶剂相对作逆流移动，在移动过程中不断进行动态分配而得以分离。这种方法称之为液-液分配柱色谱法。

• 正相色谱与反相色谱　液-液分配柱色谱用的载体主要有硅胶、硅藻土及纤维素粉等。通常，分离水溶性或极性较大的成分如生物碱、苷类、糖类、有机酸等化合物时，流动相多采用强极性溶剂，如水、缓冲溶液等，分离脂溶性或极性较小的成分，流动相则用氯仿、乙酸乙酯、丁醇等弱极性有机溶剂，称之为正相色谱；但当分离脂溶性化合物，如高级脂肪酸、油脂、游离甾体等时，则两相可以颠倒，固定相可用石蜡油，而流动相则用水或甲醇等强极性溶剂，故称之为反相分配色谱（reverse phase partition chromatography）。

除色谱柱外，液-液分配色谱也可在硅胶薄层色谱上进行，因此液-液分配柱色谱的最佳分离条件可以根据相应的薄层色谱结果（正相柱用正相板，反相柱用反相板）进行选定。

常用反相硅胶薄层及柱色谱的填料系普通硅胶经下列方式进行化学修饰，键合上长度不同的烃基（—R）、形成亲油表面而成。根据烃基（—R）长度为乙基（$—C_2H_5$）还是辛基（$—C_8H_{17}$）或十八烷基（$—C_{18}H_{37}$），分别命名为 RP（reverse phase)-2、RP-8 及 RP-18。三者亲脂性强弱顺序为：RP-18＞RP-8＞RP-2。

• 加压液相柱色谱　经典的液-液分配柱色谱中用的载体（如硅胶）颗粒直径较大（100～150μm），流动相仅靠重力作用自上向下缓缓流过色谱柱，流出液用人工分段收集后再进行分析，因此柱效较低，费时较长，近来已逐渐被各种加压液相色谱所代替。加压液相色谱用的载体多为颗粒直径较小、机械强度及比表面积均大的球形硅胶微粒，如 Zipax 类薄壳型或表面多孔型硅球以及 Zorbax 类全多孔硅胶微球，其上并键合不同极性的有机化合物以适应不同类型分离工作的需要，因而柱效大大提高。按加压强弱可以分为快速色谱（flash chromatography，约 $2.02\times10^5$Pa）、低压液相色谱（LPLC，＜$5.05\times10^5$Pa）、中压液相色谱（MPLC，$5.05\times10^5$～$20.2\times10^5$Pa）及高压液相色谱（HPLC，＞$20.2\times10^5$Pa）等。近年来，中低压液相柱色谱装置及 E. Merck 公司生产的配套用 Lobar 柱因分离规模较大（可达克数量级）、分离效果较好（有时不亚于 HPLC 所得结果）、分离速度较快（填充剂颗粒较大，约 40～60μm）、分离条件可由相应的 TLC 结果直接选用，价格比较便宜、操作简便的特点，而很受用户欢迎。

(3) 根据物质的吸附性差别进行分离

在天然产物分离及精制工作中，吸附原理利用得十分广泛。其中又以固-液吸附用得最多，并有物理吸附、化学吸附及半化学吸附之分。物理吸附也叫表面吸附，是因构成溶液的分子（含溶质及溶剂）与吸附剂表面分子的分子间力的相互作用所引起，其特点是无选择性，吸附与解吸附过程可逆，且可快速进行，故在实际工作中用得最多，如采用硅胶、氧化铝及活性炭为吸附剂进行的吸附色谱即属于这一类型。化学吸附，如黄酮等酚酸性物质被碱性氧化铝的吸附，或生物碱被酸性硅胶的吸附等，因为具有选择性，吸附十分牢固，有时甚至不可逆，故用得较少。半化学吸附，如聚酰胺对黄酮类、醌类等化合物之间的氢键吸附，力量较弱，介于物理吸附与化学吸附之间，有一定应用。以下重点围绕物理吸附进行讨论。

① 物理吸附基本规律——相似者易于吸附　固液吸附时，吸附剂、溶质、溶剂三者统称为吸附过程中的三要素。

以静态吸附来说，当在某中药提取液中发生吸附时，在吸附剂表面即发生溶质分子与溶剂分子以及溶质分子相互间对吸附剂表面的争夺。物理吸附过程一般无选择性，但吸附强弱及先后顺序都大体遵循“相似者易于吸附”的经验规律。硅胶、氧化铝因均为极性吸附剂，故有以下特点。

• 对极性物质具有较强的亲和能力，故极性强的溶质将被优先吸附。

• 溶剂极性越弱，则吸附剂对溶质的吸附能力越强；溶剂极性增强，则吸附剂对溶质的吸附能力减弱。

• 溶质即使被硅胶、氧化铝吸附，但加入极性较强的溶剂时，又可被后者置换洗脱出来。

活性炭因为是非极性吸附剂，故与硅胶、氧化铝相反，对非极性物质具有较强的亲和能力，在水中对溶质表现出强的吸附能力。溶剂极性降低，则活性炭对溶质的吸附能力也随之降低，故从活性炭上洗脱被吸附物质时，洗脱溶剂的洗脱能力将随溶剂极性的降低而增强。

② 极性及其强弱判断　综上所述，极性强弱是支配物理吸附过程的主要因素。极性是一种抽象概念，用以表示分子中电荷不对称（asymmetry）的程度，并大体上与偶极矩（dipole moment）、极化度（polarizability）及介电常数（dielectrie constant）等概念相对应。极性判断如下。

表 2-3　官能团的极性

| 官能团 | 极性 |
|---|---|
| R—COOH | 大 ↑ |
| Ar—OH | |
| $H_2O$ | |
| R—OH | |
| $R—NH_2$，R—NH—R′，R—N(R′)—R″ | |
| R—CO—N(R′)—R″ | 极性 |
| R—CHO | |
| R—CO—R′ | |
| R—CO—OR′ | |
| R—O—R′ | |
| R—X | |
| R—H | 小 ↓ |

• 官能团的极性强弱按表 2-3 顺序排列。

• 化合物的极性由分子中所含官能团的种类、数目及排列方式等综合因素所决定。以氨基酸为例，分子结构中既有正电基团，又有负电基团，故极性很强。高级脂肪酸，如硬脂酸，虽也含有如羧基这样的强极性基团，但因分子的主体是由长链烃基所组成，故极性依然很弱。又如葡萄糖，因分子中含有许多—OH，故为极性化合物，但鼠李糖（6-去氧糖）及加拿大麻糖（2，6-二去氧糖）因分子中—$CH_2OH$及—CHOH分别脱去氧变成—$CH_3$及—$CH_2$—，故极性降低。

应当指出，酸性、碱性及两性中药化学成分的极性强弱及吸附能力主要由其存在状态（游离型或解离型）所决定，并受溶剂 pH 值的影响。以生物碱而言，游离型为非极性化合物，易被活性炭所吸附；但解离型则为极性化合物，不易被活性炭所吸附。因此实践中常可通过改变溶剂 pH 值以改变酸性、碱性及两性化合物的存在状态，进而影响其吸附或色谱能力，达到分离精制的目的。

• 溶剂的极性可以根据介电常数（ε）的大小来判断。

③ 简单吸附法进行物质的浓缩与精制　简单吸附，如在结晶及重结晶过程中加入活性炭进行的脱色、脱臭等操作，在物质精制过程中应用很广。但要注意，有时拟除去的色素不一定是亲脂性的，故活性炭脱色不一定总能收到良好的效果。一般须根据预试结果先判断色素的类型，再决定选用什么吸附剂处理。

此外，从大量稀水溶液中浓缩微量物质时，有时也采用简单吸附方法。例如，黎莲娘等曾采用活性炭吸附法成功地从一叶萩水浸液中提取一叶萩碱。方法为：将水浸液 pH 值调至碱性（pH 8.5），分次加入活性炭，搅拌，静置，直到上清液检查无生物碱反应时为止。滤集吸碱炭末，干燥后，与苯回流，回收苯液即得一叶萩碱。

④ 吸附柱色谱法用于物质的分离　吸附色谱法中硅胶、氧化铝柱色谱均属同一类型，在实际工作中用得最多。有关注意事项如下。

• 硅胶、氧化铝吸附柱色谱过程中，吸附剂的用量一般为样品量的 30～60 倍。样品极性较小、难以分离者，吸附剂用量可适当提高至样品量的 100～200 倍。

吸附柱色谱用的硅胶及氧化铝目前均有市售品供应。通常以 100～300 目左右为宜，如采用加压柱色谱，还可以采用更细的颗粒，甚至直接采用薄层色谱用规格，其分离效果可以大大提高。

• 硅胶、氧化铝吸附柱色谱，应尽可能选用极性小的溶剂装柱和溶解样品，以利样品在吸附剂柱上形成狭窄的原始谱带。如样品在所选装柱溶剂中不易溶解，则可将样品用少量极性稍大溶剂溶解后，再用少量吸附剂拌匀，并在60℃下挥尽溶剂，置于 $P_2O_5$ 真空干燥器中减压干燥，研粉后再小心铺在吸附剂柱上。

• 洗脱所用溶剂的极性宜逐步增加，跳跃不能太大。实践中多用混合溶剂，并通过调节比例以改变溶剂极性，达到梯度洗脱分离物质的目的。一般混合溶剂中强极性溶剂一方的影响比较突出，故不可随意将极性差别很大的两种溶剂组合使用。实验室中常用的混合溶剂如表 2-4 所示。

**表 2-4　吸附柱色谱常用的混合溶剂**

| 极性 | 溶　剂 |
|---|---|
| 极性递增 | 己烷-苯 |
| | 苯-乙醚 |
| | 石油醚-乙酸乙酯 |
| | 氯仿-乙醚 |
| | 氯仿-乙酸乙酯 |
| | 氯仿-甲醇 |
| | 丙酮-水 |
| | 甲醇-水 |

• 为避免发生化学吸附，酸性物质宜用硅胶作吸附剂、碱性物质则宜用氧化铝作吸附剂进行分离。当然，用适当方法处理硅胶、氧化铝成中性时，化学吸附现象会有所缓解。通常在分离酸性（或碱性）物质时，洗脱溶剂中分别加入适量醋酸（如氨、吡啶、二乙胺），可收到防止拖尾、促进分离的效果。

• 如液-液分配色谱中所述，吸附柱色谱也可用加压方式进行，溶剂系统也可通过 TLC 进行筛选。但因 TLC 用吸附剂的表面积一般为柱色谱用的两倍左右，故一般 TLC 展开时使组分 $R_f$ 值达到 0.2～0.3 的溶剂系统可选用为柱色谱分离该相应组分的最佳溶剂系统。

⑤ 聚酰胺吸附色谱法　聚酰胺（polyamide）吸附属于氢键吸附，是一种用途十分广泛的分离方法，极性物质与非极性物质均可适用，但特别适合分离酚类、醌类、黄酮类化合物。

商品聚酰胺均为高分子聚合物质，不溶于水、甲醇、乙醇、乙醚、氯仿及丙酮等有机溶剂，对碱较稳定，对酸尤其是无机酸稳定性较差，可溶于浓盐酸、冰醋酸及甲酸。

一般认为系通过分子中的酰胺羰基与酚类、黄酮类化合物的酚羟基，或酰胺键上的游离氨基与醌类、脂肪羧酸上的羰基形成氢键缔合而产生吸附。至于吸附强弱则取决于各种化合物与之形成氢键缔合的能力。通常在含水溶剂中大致有下列规律。

• 形成氢键的基团数目越多，则吸附能力越强。

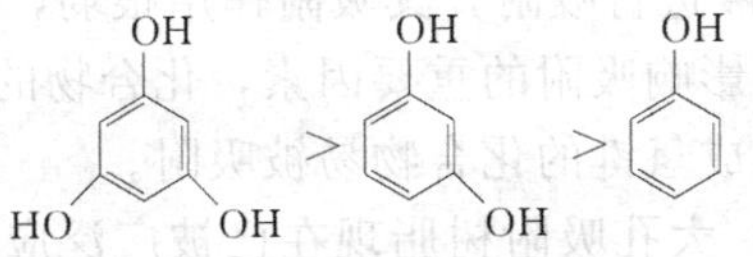

• 成键位置对吸附力也有影响。易形成分子内氢键者，其在聚酰胺上的吸附相应减弱。

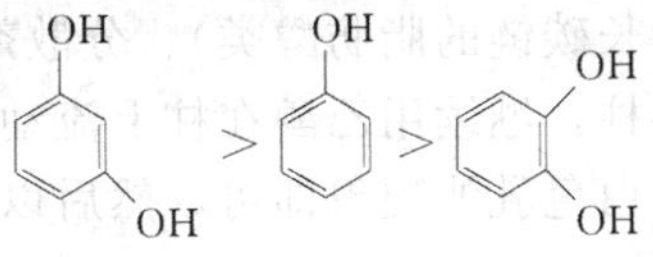

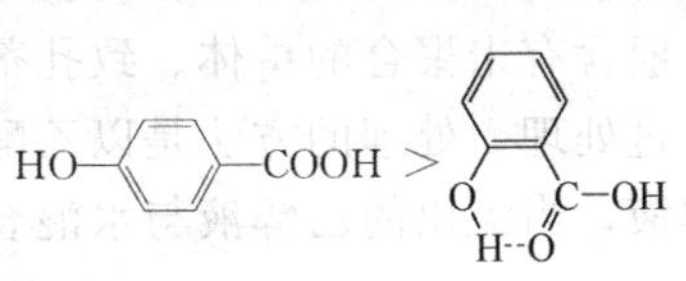

• 分子中芳香化程度高者，则吸附性增强；反之，则减弱。

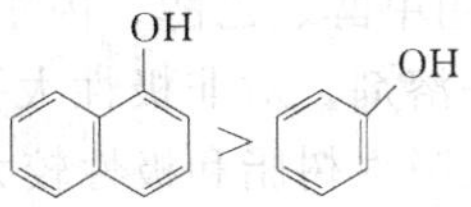

以上规律仅就化合物本身对聚酰胺的亲和力而言，但因为吸附是在溶液中进行，故溶剂也会参与吸附剂表面的争夺，或通过改变聚酰胺对溶质的氢键结合能力而影响吸附过程。

一般情况下，各种溶剂在聚酰胺柱上的洗脱能力由弱至强，可大致排列成下列顺序：

水→甲醇→丙酮→氢氧化钠水溶液→甲酰胺→二甲基甲酰胺→尿素水溶液

从聚酰胺柱上洗脱被吸附的化合物是通过种溶剂分子取代酚性化合物来完成的，即以一种新的氢键代替原有氢键的脱吸附而完成。如黄酮体苷元与苷的分离，当用稀醇作洗脱剂时，黄酮体苷比其苷元先洗脱下来，而非极性溶剂洗脱其结果恰恰相反，即黄酮体苷元比苷先洗脱下来，这表明聚酰胺具有“双重色谱”的性能，因聚酰胺分子中既有非极性的脂肪键，又有极性的酰胺基团。当用含水极性溶剂为流动相时，聚酰胺作为非极性固定相，其色谱行为类似反相分配色谱，所以黄酮体苷比苷元容易洗脱。当用非极性氯仿-甲醇为移动相时，聚酰胺则作为极性固定相，其色谱行为类似正相分配色谱，所以苷元以苷容易洗脱。

聚酰胺对一般酚类、黄酮类化合物的吸附是可逆的（鞣质例外）。因为分离效果好，吸附容量大，故聚酰胺色谱特别适合于该类化合物的制备分离。此外，对生物碱、萜类、甾体、糖类、氨基酸等其他极性与非极性化合物的分离也有着广泛的用途；因为其对鞣质的吸附特强，近乎不可逆，故用于植物粗提取物的脱鞣质处理特别适宜。

聚酰胺薄膜色谱是检出上述化合物的重要手段，它是将聚酰胺溶于甲酸中涂布在涤纶片基上所制成的膜片，待甲酸挥发干燥后即可使用。可用作聚酰胺柱色谱探索分离条件，又可检查柱色谱各流分的成分和纯度。若往各种溶剂系统中加入少量酸或碱，可克服色谱中拖尾现象，使斑点清晰。

⑥ 大孔吸附树脂　大孔吸附树脂一般为白色球形颗粒状，通常分非极性和极性两类。因其理化性质稳定，不溶于酸、碱及有机溶剂，对有机物选择性好，不受无机盐等离子和低分子化合物的影响，所以在中药化学成分的分离与富集过程中被广泛应用。

• 大孔吸附树脂的吸附原理　大孔吸附树脂是吸附性和分子筛性原理相结合的分离材料，它的吸附性是由于范德华引力或产生氢键的结果，分子筛性是由于其本身多孔性结构所决定的。

• 影响吸附的因素　大孔吸附树脂本身的性质是重要的影响因素之一，如，比表面积、表面电性、能否与化合物形成氢键等。一般非极性化合物在水中易被非极性树脂吸附，极性物质在水中易被极性树脂吸附。糖是极性水溶性化合物，与D型非极性树脂吸附作用很弱，据此经常用大孔吸附树脂将中药的其他化学成分和糖分离。溶剂的性质是另一个影响因素，物质在溶剂中的溶解度大，树脂对此物质的吸附力就小，反之就大，例如用非极性大孔吸附树脂对生物碱的0.5%盐酸溶液进行吸附，其吸附作用很弱，极易被水洗脱下来，生物碱回收率很高，化合物的性质也是影响吸附的重要因素，化合物的分子量、极性、能否形成氢键等都影响其与大孔吸附树脂形成氢键的化合物易被吸附。

• 大孔吸附树脂的应用　大孔吸附树脂现在已被广泛应用于天然化合物的分离和富集工作中，如苷与糖类的分离，生物碱的精制，多糖、黄酮、三萜类化合物的分离等。市售大孔吸附树脂一般含有未聚合的单体、致孔剂（多为长碳链的脂肪醇类）、分散剂和防腐剂等，使用前必须经过处理。处理的方法是以乙醇湿法装柱，继续用乙醇在柱上流动清洗，经常检查流出的乙醇液，当流出的乙醇液与水混合不呈现白色乳浊现象即可，然后以大量的蒸馏水洗去乙醇。

• 洗脱液的选择　洗脱液可使用甲醇、乙醇、丙酮、乙酸乙酯等。根据吸附作用强弱选用不同的洗脱液或不同浓度的同一溶剂。对非极性大孔吸附树脂来说，洗脱液极性越小，洗脱能力越强。对于中等极性的大孔吸附树脂和极性较大的化合物来说，选用极性较大的溶剂为宜。

(4) 根据物质分子大小进行分离

天然产物分子大小各异，相对分子质量从几十到几百万。可根据这一特性，用透析法、凝胶过滤法、超滤法、超速离心法等将其分离，前两者是利用半透膜的膜孔或凝胶的三维网状结构的分子筛的过滤作用；超滤法是利用因分子大小不同引起的扩散速度的差别；超速离心法则是利用溶质在超速离心作用下具有不同的沉降性或浮游性。以上方法主要用于水溶性大分子化合物，如蛋白质、核酸、多糖类的脱盐精制及分离工作，对分离小分子化合物则不太适用。但凝胶过滤法可用于分离相对分子质量1000以下的化合物，以下仅就凝胶过滤法进行说明。

① 凝胶过滤法分离物质的原理　凝胶过滤法（gel filtration）也叫凝胶渗透色谱（gel permeation chromatography）、分子筛过滤（molecular filtration）、排阻色谱（exclusion chromatography），系利用分子筛分离物质的一种方法。其所用载体，如葡聚糖凝胶，是在水中不溶、但可膨胀的球形颗粒，具有三维空间的网状结构。当在水中充分膨胀后装入色谱柱中，加入样品混合物，用同一溶剂洗脱时，由于凝胶网孔半径的限制，大分子将不能渗入凝胶颗粒内部（即被排阻在凝胶粒子外部），故在颗粒间隙移动，并随溶剂一起从柱底先行流出，小分子因可自由渗入并扩散到凝胶颗粒内部，较通过色谱柱时阻力增大，流速变缓，将较晚流出。样品混合物中各个组分因分子大小各异，渗入至凝胶颗粒内部的程度也不尽相同，故在经历一段时间流动并达到动态平衡后，即按分子由大到小顺序先后流出并得到分离。

② 凝胶的种类与性质　凝胶的种类很多，常用的有葡聚糖凝胶（Sephadex G）以及羟丙基葡聚糖凝胶（Sephadex LH-20）。Sephadex G只适于在水中应用，且不同规格适合分离不同分子量的物质。Sephadex LH-20为Sephadex G-25经羟丙基化后得到的产物，除保留有Sephadex G-25原有的分子筛特性，可按相对分子质量大小分离物质外，在由极性与非极性溶剂组成的混合溶剂中常常起到反相分配色谱的作用，适用于不同类型有机物的分离，在天然产物成分的分离中具有广泛的应用。

(5) 根据物质解离程度不同进行分离

中药化学成分中，具有酸性、碱性及两性基因的分子，在水中多呈解离状态，据此可用离子交换法或电泳技术进行分离，以下简单介绍离子交换法。

① 离子交换法分离物质的原理　离子交换法系以离子交换树脂作为固定相，以水或含水溶剂作为流动相。当流动相流过交换柱时，溶液中的中性分子及与离子交换树脂不能发生交换的离子将通过柱子从柱底流出，而可发生交换的离子则与树脂上的交换基团进行离子交换并吸附到柱上，随后改变条件，用适当溶剂将其从柱上洗脱下来，即可实现物质分离。

② 离子交换树脂的结构及性质　离子交换树脂外观均为球形颗粒，不溶于水，但可在水中膨胀。以强酸性阳离子交换树脂为例其基本结构如下：

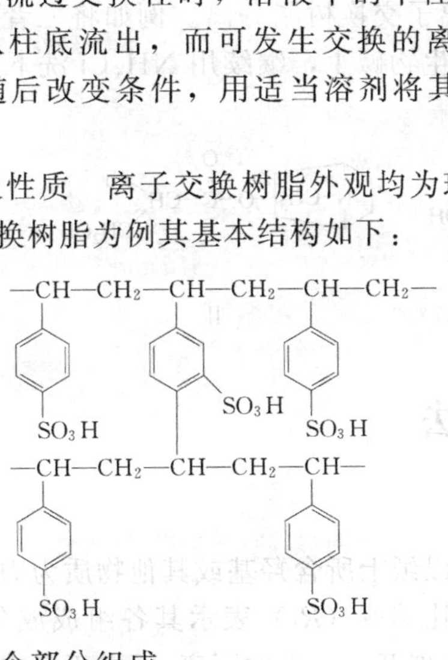

显然，离子交换树脂由以下两个部分组成。

• 母核部分　母核部分为苯乙烯通过二乙烯苯（DVB）交联而成的大分子网状结构。网孔大小用交联度（即加入交联剂的百分比）表示。交联度越大，则网孔越小，质地越紧密，在水中越不易膨胀；交联度越小，则网孔越大，质地疏松，在水中易于膨胀，不同交联度适于分离不同大小的分子。

• 离子交换基团　如上列结构式中的磺酸基（$—SO_3H$），此外，还可能有$—N^+(CH_3)_3Cl^-$、—COOH及$—NH_2$、—NHR、$—NR_2$等基团，根据交换基团的不同，离子交换树脂分为：

阳离子交换树脂

强酸性（$-SO_3^- H^+$）

弱酸性（$-COO^- H^+$）

阴离子交换树脂

强碱性 [$-N^+(CH_3)_3Cl^-$]

弱碱性（$-NH_2$、$-NHR$、$-NR_3$）

③ 离子交换法应用

• 用于不同电荷离子的分离　天然药物水提取物中的酸性、碱性及两性化合物可按图 2-6 进行有效的分离，这在分离、追踪有效部位时很有用处。

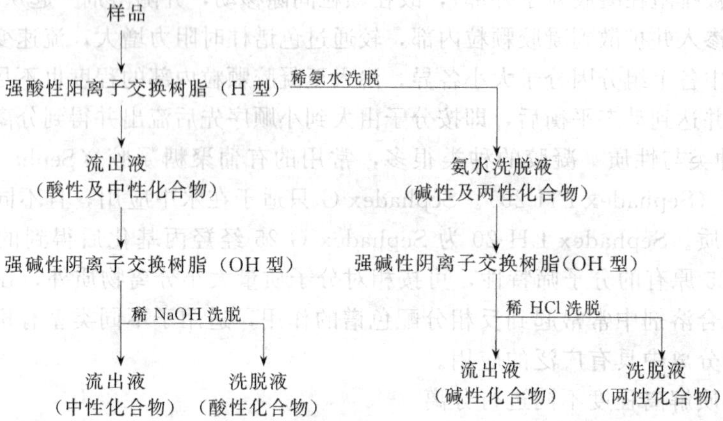


图 2-6　离子交换树脂法分离物质的模式

• 用于相同电荷离子的分离　以下列三种化合物为例，虽然均为生物碱，但碱性强弱不同（Ⅲ＞Ⅱ＞Ⅰ），仍可用离子交换树脂分离。例如将三者混合物的水溶液通过 $NH_4^+$ 型弱酸性树脂。随后先用水洗下生物碱Ⅰ，继续用 $NH_4Cl$ 洗下生物碱Ⅱ，最后用 $Na_2CO_3$ 洗下生物碱Ⅲ。

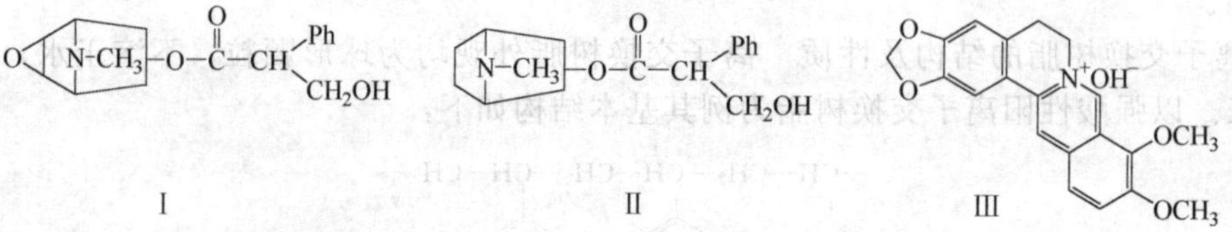


Ⅰ　　　Ⅱ　　　Ⅲ

## 2.2　色谱分离分析方法

### 2.2.1　纸色谱法

纸色谱法系以纸为载体，以纸上所含羟基或其他物质为固定相，用展开剂进行展开的分配色谱。样品经展开后，可用比移值（$R_f$）表示其各组成成分的位置（比移值＝原点中心至斑点中心的距离/原点中心至展开剂前沿的距离），由于影响比移值的因素较多，因而一般采用在相同实验条件下与对照物质对比以确定其异同。作为化合物的鉴别时，样品在色谱中所显主斑点的位置与颜色（或荧光），应与对照品在色谱中所显的主斑点相同。作为化合物的纯度检查时，可取一定量的样品，经展开后，检视其所显杂质斑点的个数或呈色（或荧光）的强度。作为化合物的含量测定时，将主色谱斑点剪下洗脱后，再用适宜的方法测定。操作方法如下。

① 下行法　将样品溶解于适当的溶剂中制成一定浓度的溶液，用微量吸管或微量注射器吸取溶液，点于点样基线上，溶液宜分次点加，每次点加后，使其自然干燥、低温烘干或

经温热气流吹干，样点直径为2～4mm，点间距离约为1.5～2.0cm，样点通常应为圆形。

将点样后的色谱滤纸上端放在溶剂槽内并用玻璃棒压住，使色谱纸通过槽侧玻璃支持棒自然下垂，点样基线在支持棒下数厘米处。展开前，展开缸内用各种展开剂的蒸气使之饱和，一般可在展开缸底部放一装有展开剂的平皿或将浸有展开剂的滤纸条附着在展开缸内壁上，放置一定时间，展开剂挥发使缸内充满饱和蒸汽。然后添加展开剂使浸没溶剂槽内的滤纸，展开剂即经毛细管作用沿滤纸移动进行展开，展开至规定的距离后，取出滤纸，标明展开剂前沿位置，待展开剂挥散后按显色检出色谱斑点。

② 上行法　点样方法同下行法。展开缸内加入展开剂适量；放置待展开剂蒸气饱和后，再下降悬钩，使色谱滤纸浸入展开剂约0.5cm，展开剂即经毛细管作用沿色谱滤纸上升，除另有规定外；一般展开至约15cm后，取出晾干，显色检视。

展开可以向一个方向进行，即单向展开；也可进行双向展开，即先后一个方向展开，取出，待展开剂完全挥发后，将滤纸转动90°，再用原展开剂或另一种展开剂进行展开；亦可多次展开、连续展开或径向展开等。

### 2.2.2　薄层色谱法

薄层色谱法，系将适宜的固定相涂布于玻璃板、塑料或铝基片上，形成均匀薄层。待点样、展开后与适宜的对照物按同法所得的色谱图作对比，用以进行化合物的鉴别、杂质检查或含量测定的方法。

固定相或载体常用硅胶G、硅胶GF、硅胶H、硅胶$HF_{254}$，其次用硅藻土、硅藻土G、氧化铝、氧化铝G、微晶纤维素、微晶纤维素$F_{254}$等，颗粒大小一般要求直径为10～40μm。薄层涂布，一般可分无胶黏剂和含胶黏剂两种：前者系将固定相直接涂布于玻璃板上，后者系在固定相中加入一定量的胶黏剂，一般常用10%～15%煅石膏（$CaSO_4 \cdot 2H_2O$在140℃加热4h），混匀后加水适量使用，或用羧甲基纤维素钠水溶液（0.5%～0.7%）适量调成糊状，均匀涂布于玻璃板上。也有含一定固定相或缓冲液的薄层。操作方法如下。

① 薄层板制备　将1份固定相和3份蒸馏水在研钵中沿一方向研磨混合；去除表面的气泡后，倒入涂布器中，在玻璃板上平稳地移动涂布器进行涂布（厚度为0.2～0.3mm），取下涂好薄层的玻璃板，置水平台上于室温下晾干，在110℃烘30min，置有干燥剂的干燥箱中备用。

② 点样　用点样器点样于薄层板上，一般为圆点，点样基线距底边2.0cm，样点直径及点间距离同纸色谱法，点间距离可视斑点扩散情况以不影响检出为宜。点样时必须注意勿损伤薄层表面。

③ 展开　展开缸如需预先用展开剂饱和，可在缸中加入足够量的展开剂，并在壁上贴两条与缸一样高、宽的滤纸条，一端浸入展开剂中，密封缸顶的盖，使系统平衡将点好样品的薄层板放入展开缸的展开剂中，浸入展开剂的深度为距薄层板底边0.5～1.0cm（切勿将样点浸入展开剂中），密封缸盖，待展开至规定距离（一般为薄层板的4/5左右），取出薄层板，晾干，按各品种项下的规定检测。

④ 显色和$R_f$值　显色剂是多种多样的，表2-5是实验室常用的几种。

$R_f$值是样品在流动相与固定相中运动的状况，也就是溶质移动和流动相移动的关系。

$$R_f = 展开后原点与斑点的距离/原点与溶剂前沿间距离$$

一种纯净的物质在相同溶剂，相同吸附剂的条件下，其$R_f$值是一常数，故在生物化学或天然产物的研究中，可根据某一物质的$R_f$值和斑点颜色来判断其存在。

⑤ 如需要薄层扫描仪对色谱斑点作扫描检出，或直接在薄层上对色谱斑点作扫描定量，则可用薄层扫描法。

表 2-5　常见的薄层色谱显色剂

| 显色剂 | 制备方法 | 使用方法 | 特征 |
|---|---|---|---|
| 浓硫酸 | 直接使用浓硫酸，有时稀释使用 | 喷雾后在通风橱内加热到100～120℃（有时加热到120～300℃）碳化 | 适用于所有的有机化合物（斑点成为褐色～黑色） |
| $KMnO_4$-硫酸 | 将 0.5g $KMnO_4$ 溶解在 15mL 硫酸中（具有爆炸性，在使用前少量制备） | 将展开剂加热去除后，冷却到50℃喷雾 | 适用于所有的有机化合物（在蔷薇色底上有白色斑点） |
| $Na_2Cr_2O_7$-硫酸 | 将 3g $Na_2Cr_2O_7$ 溶解于 3g 水，10mL 硫酸中 | 喷雾后在 100～110℃ 加热数分钟（常温也可） | 适用于所有的有机化合物（黑色）。在常温下是红色底上有绿点 |
| 碘 | 结晶（用 0.5% 碘的三氯甲烷溶液也可） | 在密闭容器的底部放入少量结晶，用碘蒸气进行显色（喷雾碘溶液） | 适用于全部有机化合物（褐色）。放置后会褪色 |
| $SbCl_3$ | 25%三氯甲烷溶液 | 喷雾后在 100～110℃ 加热数分钟 | 适用于萜烯、甾类化合物、苷、维生素等（依样品而呈现独特的颜色）。放置后会变色 |
| 茚三酮 | 在 95mL 0.2% 茚三酮丁醇溶液中，加入 5mL 10% 乙酸水溶液 | 喷雾后在 120～150℃ 加热 10～15min | 氨基酸、氨基糖类（蓝色）、类脂物（红紫色），维生素类物质（深紫色） |
| 溴甲酚绿 | 在 80% 甲醇水溶液中溶解 0.3%，滴加数滴 30% NaOH | 利用酸性溶剂时，溶剂完全去除后喷雾 | 羧酸（在绿色底上有黄色） |
| 2，4-二硝基苯肼 | 把 0.5% 2,4-二硝基苯肼溶解在 2mol/L HCl 中 | 喷雾 | 醛、酮（黄色～红色） |
| Dragendorff 试剂 | a. 将 1.7g 碱式硝酸铋溶解在 100mL 20% 乙酸溶液中；<br>b. 将 40g 碘化钾溶解在 100mL 水中<br>使用时：a. 20mL，b. 5mL，加 70mL 水混合 | 喷雾，显色弱时稍加热 | 生物碱、有机碱（橙色） |

## 2.2.3　柱色谱法

（1）吸附柱色谱

色谱柱为内径均匀、下端缩口的硬质玻璃管，下端用棉花或玻璃纤维塞住，管内装入吸附剂，如硅胶氧化铝。吸附剂的颗粒应尽可能保持大小均匀，以保证良好的分离效果。除另有规定外，通常多采用直径为 0.07～0.15mm 的颗粒。

① 吸附剂的填装　干法：将吸附剂一次加入色谱柱，振动管壁使其均匀下沉，然后沿管壁缓缓加入洗脱剂；或在色谱柱下端出口处连接活塞，加入适量的洗脱剂，旋开活塞使洗脱剂缓缓滴出，然后自管顶缓缓加入吸附剂，使其均匀地润湿下沉，在管内形成松紧适度的吸附层。操作过程中应保持有充分的洗脱剂留在吸附层的上面。

湿法：将吸附剂与洗脱剂混合，搅拌除去空气泡，缓缓倾入色谱柱中，然后加入洗脱剂将附着管壁的吸附剂洗下，使色谱柱平整。

待填装吸附剂所用洗脱剂从色谱柱自然流下，液面和柱表面相平时，即加供试品溶液。

② 样品的加入　将样品溶于开始洗脱时使用的洗脱剂中，再沿色谱管壁缓缓加入，注意勿使吸附剂翻起；或将样品溶于适当的溶剂中，与少量吸附剂混匀，再使溶剂挥发去尽使呈松散状，加在已制备好的色谱柱上面。如样品在常用溶剂中不溶，可将样品与适量的吸附剂在乳钵中研磨混匀后加入。

③ 洗脱　通常按洗脱剂洗脱能力大小递增变换洗脱剂的品种和比例，分别分部收集流出液，至流出液中所含成分显著减少或不再含有时，再改变洗脱剂的品种和比例。操作过程中应保持有充分的洗脱剂留在吸附层的上面。

（2）分配柱色谱

方法和吸附柱色谱基本一致：装柱前，先将载体和固定液混合，然后分次移入色谱柱中并用带有平面的玻璃棒压紧；样品可溶于固定液，混以少量载体，加在预制好的色谱柱上端。

洗脱剂需先加固定液混合使之饱和，以避免洗脱过程中两相分配的改变。

### 2.2.4 快速柱色谱法

柱色谱技术是有机化学实验室必不可少的分离手段。但一般的柱色谱非常费时，而高效（压）液相色谱（HPLC）则需昂贵的设备、特殊处理的溶剂，目前也难于在一般实验室普遍使用。近年来出现的 Flash Chromatography 或其他类型的加压色谱技术，克服了这些缺点，既快速简便，又有相当分离效果。这里介绍一种在实验室常用的快速色谱方法。

（1）装置

烧结玻璃可用棉花、砂子代替，聚四氟乙烯活塞可用普通玻璃活塞代替。玻璃磨口连接处用弹簧或橡皮圈扣紧。橡皮管连接处一般在压力为 $1kgf/cm^2$[1] 以下不会脱开，如图 2-7 所示。

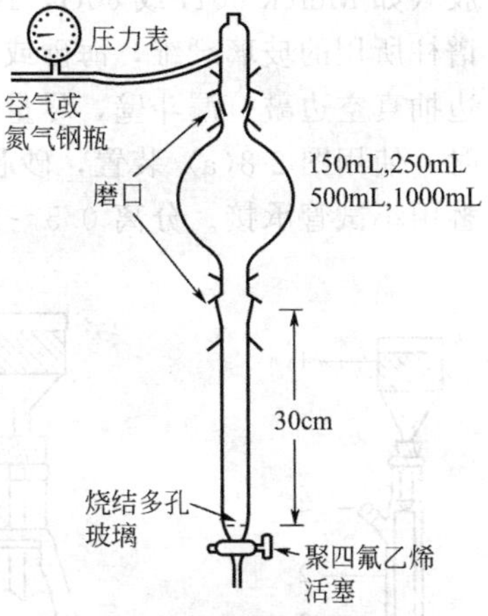

图 2-7 快速柱色谱装置图

（2）操作步骤

① 装柱　将硅胶 H（300～400 目左右）干装入柱，敲紧或在出口处抽真空吸紧，使硅胶层高约 16～18cm，上部再加 0.5～1cm 高的纯净砂层。然后加入洗脱用溶剂，加压除去硅胶内气泡，溶剂压至硅胶层顶面，此时硅胶层高约 13～15cm。

② 加样　样品的加入有两种方法：湿法加样是用尽可能少的溶剂溶解样品，然后加入柱中，加压压入硅胶层；干法加样是将样品溶解于溶剂中，加入少量硅胶，拌匀后抽干溶剂，将吸附有样品的硅胶干粉加入柱中。一般认为干法加样有利于减轻拖尾现象，能得到较窄的样品带，效果较好，特别是适用于在洗脱剂体系或其他弱极性溶剂中溶解度较小的样品。

③ 洗脱　洗脱剂可根据 TLC 分离情况选择，一般使样品的 $R_f$ 值在 0.3～0.4 之间为宜。若有多个组分且 $R_f$ 值相差较小，可使中间组分的 $R_f$ 值落在这个范围内，对 $R_f$ 值相差较大的两三个组分，可使其中的 $R_f$ 值最小的一个在 0.3 左右。最常用的洗脱剂为不同比例的乙酸乙酯/石油醚。

先小心加入少量洗脱剂，加压至液面与柱顶面相齐，然后再加入大量洗脱剂这样可防止部分样品扩散到洗脱剂中。选择一合适的压力来洗脱，分批收集洗脱液。有色的样品可直接观察检测，无色的样品，有紫外吸收的可用 $GF_{254}$ TLC 检验。最后将含有同一组分的洗脱液合并、浓缩。整个过程约需 1～2h。

压力可由压缩空气或 $N_2$ 气钢瓶提供，压力大小根据所需流速在 $0.5～0.8kgf/cm^2$ 范围内选择。

### 2.2.5 真空液相色谱法

近年来在国外有机化学实验室流行真空液相色谱（Vacuum Liquid Chromatography，以下简称 VLC）。VLC 法具有操作快速简便、高效价廉、样品处理量大等优点，特别适用于天然有机化合物以及多量有机反应产物的纯化与分离。VLC 是有机化学家不满意经典柱色谱方法分离操作费时，固定相、洗脱剂用量过大等缺点而改进提出的新方法。它最早由澳大利亚的 Coll 等成功地用来分离天然萜类化合物，而后美国的 Targett 报道了详细的实验装置与操作方法，并将此技术起名为 VLC，后来又有一些应用技术分离萜类、生物碱等天然物

[1] $1kgf/cm^2 = 98.0665kPa$。

的论文发表。

常压与快速柱色谱的特点是：溶剂洗脱是连续性的，绝对不能使柱内溶剂液面低于固定相表面（即操作过程中不能使固定相“干掉”）。而VLC法在进行溶剂洗脱时，是将溶剂在真空下全部抽出，使固定相“干”后才加入新的洗脱剂作下一回组分的收集，其原理如薄层色谱的多次展开。

实验装置如图2-8所示，砂芯漏斗充当“色谱柱”使用。固定相通常使用薄层色谱用硅胶（如Merck 60H或60G，10μm）或薄层色谱用氧化铝。漏斗内的烧结砂芯板代替通常色谱柱所用的玻璃纤维，海砂或塑料孔板，以防止硅胶微粒穿透。干法装填固定相，用流水泵边抽真空边敲打漏斗壁，尽量使固定相压紧和避免空气进入。当分离100mg以下小量样品时，使用图2-8(a)装置，砂芯漏斗的内径为0.5～1cm，固定相高度不超过4cm，洗脱剂交替用小试管承接。分离0.5～1g样品时，使用内径为2.5～3cm的砂芯漏斗，硅胶层厚度4～5cm。当处理大量样品时可用图2-8(b)装置，洗脱剂用烧瓶轮换在减压过滤钟罩中承接。砂芯漏斗内径视样品量而定，而固定相高度始终不要超过5～6cm。固定相用量为待分离样品量的10～15倍以内就能得到很好的分离效果。为防止固定相表面塌陷不平，可在已装填好的固定相表面仔细铺一层海砂或一张滤纸。将待分离样品溶解于有机溶剂，浓度一般以样品（$W$）/溶剂（$V$）比1/10～1/5为好，再稀也可（通常柱色谱与快速柱色谱则要求配制尽可能高的浓度）。将溶液小心均匀滴入固定相表面后，使吸滤瓶通过三通阀与水流泵相连接，控制三通阀，将吸滤瓶抽为真空（20～80mmHg[1]），溶剂迅速流至吸滤瓶内的收集瓶，而待分离的有机化合物则被吸附于固定相内。待溶剂被抽干后，转动三通阀，使吸滤瓶恢复到常压，换入新的收集瓶后，将下一个收集份额的洗脱剂倒入砂芯漏斗内固定相表面，然后在真空下将洗脱剂全部抽至吸滤瓶内的收集瓶内，如此反复上述操作，并可不断变化洗脱剂极性梯度，并用薄层色谱跟踪检查每个收集份内化合物分离流出状况。例如下面是利用此法分离海洋腔肠动物正己烷提取物的实验。

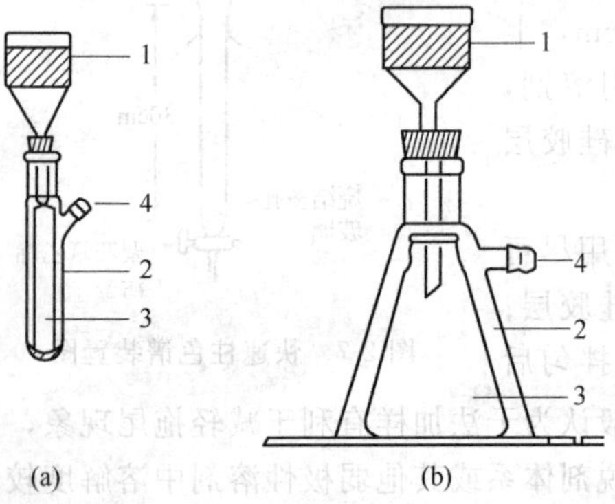


图2-8　真空液相色谱装置图
1—烧结砂芯漏斗；2—吸滤瓶；
3—洗脱剂收集器；4—流水泵

在日本冲绳近海采集到的一种软珊瑚腔肠动物 *Anemonia sulcata*，切碎后用丙酮浸出浓缩后的正己烷提取物12.5g溶解于70mL正己烷∶乙酸乙酯（$V/V$）为8∶2的混合溶剂，并用滴管将此溶液均匀添加到预先装填好的硅胶层上（Merck silica gel H 60，砂蕊漏斗内径7cm，硅胶层高度5cm），接通流水泵，抽干硅胶层的溶剂。从100%正己烷开始直至最后的100%乙酸乙酯，梯度改变洗脱剂极性，每次收集份为200mL，用时2h，收集10份，共用2L溶剂，经薄层色谱与核磁共振谱测定，分离得到10余种萜类，脂肪酸及其酯，甾体化合物。

### 2.2.6　制备薄层色谱法

制备色谱一般采用柱色谱法。但对毫克级少量物质的制备色谱常用分离效果好且简便的薄层色谱法。

由分析用薄层板中取下所需的斑点，如果量太少，可反复几次同样的实验，收集足够量的斑点，从中洗脱欲提取的成分。如果旨在制备，可直接用制备薄层色谱法更为方便。

[1] 1mmHg＝133.322Pa。

① 把固定相的厚度调节到0.75～2mm左右。特别必要时可用大薄层板（20cm×20cm）。薄层板太厚干燥时会产生龟裂，一般以2mm为限。

② 条状加样。如样品量过多，带幅变宽，不利分离。用厚度1mm，20cm×20cm的硅胶层可分离5～25mg的样品。

③ 按如图2-9所示的原理，利用二维展开法可浓缩欲制备的物质。

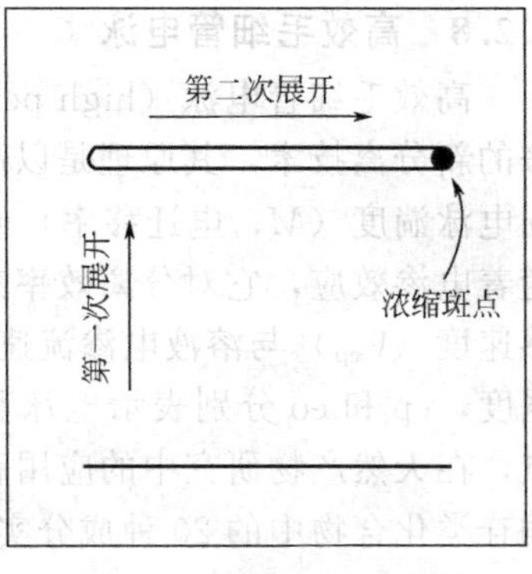

图2-9　二维展开法

④ 分离、浓缩的连续馏出法。

把板的薄层表面，用贴滤纸的盖板以数毫米间隔盖住。展开溶剂从上端边蒸发边展开。溶剂连续蒸发，分离成分A以线条状浓缩在盖板上端附近。A成分在上端充分浓缩之后，将盖板稍往下移动，继续展开。这时B成分在A成分的下面接着被展开。反复此种操作，相继被浓缩的成分以线条状并排展开。薄层表面总是被饱和蒸气覆盖，有利分离。也有把板倾斜成30°左右进行展开的商品装置。

传统的制备型薄层色谱具有一些不足之处，主要包括：需将被分开的化合物色带从薄层板上刮下，并将其从吸附剂上提取出来，分离所需时间较长；在用溶剂对色带内化合物进行提取后，可能混入来自于吸附剂的杂质。为克服上述缺点，人们发明了离心薄层色谱法。离心薄层色谱技术主要是在传统的PTL基础上运用离心力，促使流动相加速流经固定相。在加入样品后，随着洗脱液的洗脱，可得到各组分的同心圆状色带。圆的色谱板被置于覆盖石英玻璃的色谱室内，这样可借助紫外灯对无色但有紫外吸收的色带进行观察。在色谱板的边缘，色带快速旋转脱离色谱板，并经色谱室内的流出管收集。然后可利用薄层色谱对所收集的流分进行分析。

制备型离心薄层色谱可用于分离100mg左右的样品。其分辨能力低于制备型HPLC，但操作简单，分离所需时间短，它与制备型薄层色谱相比，主要优点为：上样方便；产物可被洗脱下来，而无需将吸附剂刮下；可采用梯度洗脱方式；薄层经处理后可反复使用；所用吸附剂除了普通薄层色谱用硅胶、氧化铝外，还可采用离子交换剂，葡聚糖凝胶等。

### 2.2.7　逆流色谱

逆流色谱（counter-current chromatography）的分离原理是基于某一样品在两个互不混溶的溶剂之间的分配作用，溶质中的各个组分在通过两溶剂相的过程中按不同的分配系数得以分离。这是一种不用固态支撑体的全液态的色谱方法。逆流色谱是在逆流分溶法的基础上发展起来的，它具有混合物断续地分流和连续地分流两种方式。逆流分溶法的设备实际上是由数百个单元部件所组成，溶质在每一个单元的两个液相层之间进行分配，然后将其中的一层转移到下一个单元中去再分配。在逆流分溶法工作过程中，相层的转移之前必须充分实现平衡。逆流色谱是一个连续的非平衡过程；逆流色谱同液-固色谱技术相比可避免样品的不可逆吸附现象，并可避免样品因与某些固体固定相相互作用发生的破坏。

银杏 *Gingko biloba*（银杏科）叶的提取物作为治疗脑循环障碍等某些老年病症的药品在全球被广泛使用。可以结合应用逆流色谱和半制备HPLC技术从银杏叶中分离黄酮苷类组分。其中液-液分离步骤采用梯度洗脱方式，用水作固定相，先用乙酸乙酯进行洗脱，然后逐渐在乙酸乙酯中加入异丁醇，直至乙酸乙酯-异丁醇的比例达到3∶2为止。通过分离，能从500mg银杏叶提取物中分离出七种黄酮醇苷。

### 2.2.8 高效毛细管电泳

高效毛细管电泳（high performance capillary electrophoresis，HPCE）是近年来发展起来的新分离技术，其原理是以高压电场为驱动力，以毛细管为分离通道，依据样品各组分之间电泳淌度（$M$，电迁移率）或分配行为的差异而实现分离的液相分离技术。电泳过程中伴随着电渗效应，它对分离效率有很大影响，带电组分的表观迁移速度（$V_s$）为溶质电泳迁移速度（$V_{ep}$）与溶液电渗流速度（$V_{eo}$）的矢量和，即 $V_s=(V_{ep}+V_{eo})\times E$，其中 $E$ 为电场强度，ep 和 eo 分别表示电泳和电渗。高效毛细管电泳具有分辨率高、快速、进样少等优点，在天然产物研究中的应用和发展非常迅速。如用 HPCE 可对 30 多种结构非常相似的黄酮苷类化合物中的 20 种成分实现一次性完全分离。

胶束电动毛细管色谱（micellar electrokinetics capillary chromatography，MECC）是在毛细管电泳的基础上，改用含胶束的电解质溶液作流动相，由于溶质在胶束中分配的差异而得以分离，其优点是：被分离物质既可是荷电物质也可是中性分子，分离效果好，适应面广。如采用 MECC，以 2.5mmol・$L^{-1}$ 十二烷基磺酸钠（SDS）溶液中加入改性剂，在 pH＝10.9 条件下分离测定了大黄中大黄素和大黄酸的含量。又如，用 50mmol・$L^{-1}$ SDS-20mmol・$L^{-1}$ 硼酸作流动相，在 pH＝8.3 条件下分离测定了银杏叶提取物中芦丁等黄酮成分。

### 2.2.9 高效液相色谱法

高效液相色谱法是用高压输液泵将具有不同极性的单一溶剂或不同比例的混合溶剂、缓冲液等流动相泵入装有固定相的色谱柱，经进样阀注入样品，由流动相带入柱内，在柱内各成分被分离后，依次进入检测器，色谱信号由记录仪或积分仪记录。

### 2.2.10 气相色谱法

气相色谱法的流动相为气体，称为载气。色谱柱分为填充柱和毛细管柱两种，填充柱内装吸附剂、高分子多孔小球或涂渍固定液的载体。毛细管柱内壁或载体经涂渍固定液或交联固定液。注入进样口的样品被加热汽化，并被载气带入色谱柱，在柱内各成分被分离后，先后进入检测器，色谱信号用记录仪或数据处理器记录。

## 2.3 结晶和重结晶

结晶的目的是进一步分离纯化，便于进行化学鉴定及结构测定工作，植物成分中大半是固体化合物，且具有结晶的通性，可以根据其溶解度的不同用结晶法来达到精制的目的。一般能结晶的化合物可望得到单纯晶体，纯化合物的结晶有一定的熔点和结晶学特征，这有利于化合物性质的判断，所以结晶是研究分子结构的重要步骤。

由于初析出的结晶总会带有一些杂质，因此需要通过反复结晶，才能得到纯粹的单一晶体，此步骤称为复结晶或重结晶。有时植物中某一成分含量特别高，找到合适的溶剂进行提取，提取液放冷或稍浓缩，便可得到结晶，这种例子很多。

(1) 结晶的条件

需要结晶的溶液，往往呈过饱和状态。通常是在加温的状态下，使化合物溶解过滤除去不溶解杂质，浓缩，放冷，析出。最合适的温度为 5～10℃左右。如果在室温条件下可以析出的结晶，就不一定要放入冰箱中，一般放置对结晶来说是一个重要条件，它可使溶剂自然挥发到适当的浓度，即可析出结晶，特别是在探索过程中，对未知成分的结晶浓度是很难预测的，有时浓度太浓，黏度大就不易结晶。如果浓度适中，逐渐降温，有可能析出纯度较高的结晶，X 射线衍射用的单晶即采用此法。在结晶过程中溶液浓度高则析出的结晶速度快，颗粒较小，夹杂的杂质的可能多些。有时自溶液中析出结晶的速度太快，超过化合物晶核的形成和分子定向排列的速度，往往只能得到无定型粉末。

(2) 结晶溶剂的选择

选择合适的溶剂是形成结晶的关键。最好它能对所需成分的溶解度随温度的不同而有明显的差别，同时不发生化学反应，即热时溶解，冷时析出。对杂质来说，在该溶剂中应不溶或难溶。亦可采用对杂质溶解度大的溶剂而对欲分离的物质不溶或难溶，则可用洗涤法除杂质后再用合适溶剂结晶。

要找到合适的溶剂，一方面可查阅有关资料及参阅同类型化合物的结晶条件，另一方面也可进行少量探索，参考“相似物溶于相似物”的规律加以考虑，如极性的羟基化合物易溶于甲醇、乙醇或水；多羟基化合物在水中比在甲醇中更易溶解；芳香族化合物易溶于苯和乙醚；杂环化合物可溶于醇，难溶于乙醚或石油醚；不易溶解于有机溶剂的化合物，可用冰醋酸或吡啶。常用的结晶溶剂有甲醇、乙醇、丙酮和乙酸乙酯等，但所选择溶剂的沸点应低于化合物的熔点，以免受热分解变质。溶剂的沸点应低于结晶时的温度，以免混入溶剂的结晶，不能选择适当的单一溶剂时可选用两种或两种以上溶剂组成的混合溶剂，要求低沸点溶剂对物质的溶解度大、高沸点溶剂对物质的溶解度小，这样在放置时，沸点低的溶剂较易挥发，而比例逐渐减少易达到过饱和状态，有利于结晶的形成。选择溶剂的沸点要适中，约在60℃左右，沸点太低溶剂损耗大，也难以控制；太高则不便浓缩，同时不易除去。

重结晶用的溶剂一般可参照结晶的溶剂，但也经常改变，因形成结晶后其溶解度和原来在混杂状态下不同，有时需要采用两种不同的溶剂分别重结晶才能达到纯粹的结晶，即在甲溶剂中重结晶以除去杂质后，再用乙溶剂重结晶以除去另外的杂质。

(3) 制备结晶的方法

结晶形成过程包括晶核的形成与结晶的生长两部分，因此选择适当的溶剂是形成晶核的关键。通常将化合物溶于适当溶剂中，过滤、浓缩至适当的体积后，塞紧瓶塞，静置。如果放置一段时间后没有结晶析出，可松动瓶塞，使溶剂自动挥发，可得到结晶；或加入少量晶种，加晶种是诱导晶核形成的有效手段。一般来说，结晶化过程具有高度的选择性，当加入同种分子，结晶便会立即增长。如果是光学异构体的混合物，可依晶种性质优先析出其同种光学异构体。如没有晶种时，可用玻璃棒摩擦玻璃容器内壁（有时用玻璃棒蘸取过饱和液在空气中挥发除去部分溶剂后再摩擦玻璃器壁），产生微小颗粒代替晶核，以诱导方式使形成结晶。还可采用少许干冰，降低温度及自然挥发等条件促使晶核的形成。有时甚至加有机可溶性盐类盐析，上述条件失败后，应考虑所用物质是否纯度不够；或由于杂质的影响所致，需进一步分离纯化，再尝试结晶；或化合物本身就是不能形成晶体的化合物，如菸碱等。

(4) 不易结晶或非晶体化合物的处理

化合物不易结晶，其原因一种是本身的性质所决定，另一种在很大程度上是由于纯度不够，夹杂不纯物质引起的。若是后者就需要进一步分离纯化；若是本身的性质，往往需要制备结晶性的衍生物或盐，然后用化学方法处理回复到原来的化合物，达到分离纯化的目的。

譬如生物碱，常通过成盐方法来达到纯化目的，常用的有盐酸盐、氢溴酸盐、氢碘酸盐、过氯酸盐和苦味酸盐等，如粉末状莲心碱是通过过氯酸盐结晶而纯化的。在分离美登素时首先制备成3-溴丙基美登素结晶后，再经水解除去溴丙基而得到美登素结晶，从而作为晶种得到较多的美登素结晶。羟基化合物可转变成乙酰化物，如治疗肝炎药物的有效成分垂盆草苷，本身是不结晶的，其乙酰化物却是很好的针状晶状。此外，也可利用某些化合物与某种溶剂形成复合物或加成物而结晶，如穿心莲亚硫酸氢钠加成物在稀丙酮中容易结晶，蝙蝠葛碱能和氯仿或乙醚形成加成物结晶。有些结晶性化合物在用不同溶剂结晶时亦可形成溶剂加成物，如汉防己乙素能和丙酮形成结晶的加成物；千金藤素（cepharanthine）能与苯形成加成物结晶。由于复结晶溶剂不同，有时呈双晶现象，熔点可以有很大的差别，如血根碱（sanguinarine）在乙醚、氯仿和乙醇三种溶剂中所析出的结晶熔点不一样，分别为 266℃、242～243℃及 195～197℃。

结晶的形状很多，常见为针状、柱状、棱柱状、板状、片状、方晶、粒状、簇状及多边形棱柱状晶体等。结晶形状随结晶的条件不同而异。

（5）结晶纯度的判断

每种化合物的结晶都有一定的形状、色泽和熔点，可以作为初步鉴定的依据，非结晶物质则不具备上述物理性质。纯结晶性化合物都有一定的晶形和均匀的色泽，通常在同一种溶剂下结晶形状是一致的。单纯化合物结晶的熔点熔距应在 0.5℃左右，但由于晶体结构的原因可允许在 1～2℃内，经典方法判断化合物的纯度是比较复结晶前后结晶的形状和熔点。如果熔距较长表示化合物不纯，但也有例外，特别有些化合物仅有分解点，而熔点不明显。对立体异构体和结构非常类似的混合物，如土槿皮酸，从晶形、熔点、熔距来看，是纯化合物的特征，但薄层检查有三个斑点；三尖杉酯碱与高三尖杉酯碱两者结构中仅差一个 $CH_2$，薄层亦是一个斑点，又如乌头中乌头碱、次乌头碱和新乌头碱的混合物，若仅从晶形、熔点、熔距来看，可误认为纯的，应加以注意。

还要注意有些化合物具有双熔点的特性，即在某一温度已全部熔化，继续升高温度时又固化，在某一更高温度时又熔化或分解，与糖结合的苷类化合物具有此性质。最简便的纯度检查方法是薄层色谱法。通常用数种展开溶剂系统呈现为一个斑点者（比移值在 0.3～0.7 之间），可认为是单纯的化合物，但有时也有例外，如鹿谷草中主要成分高熊果苷和异高熊果苷极难分离，但两者混合物的熔距较长（115～125℃），常用的吸附剂氧化铝、硅胶对一些化合物会发生次级反应，形成复斑。操作不慎亦会引起复斑，造成错误的判断。

## 2.4 天然产物化学成分的结构鉴定

许多天然化合物结构复杂，且不少具有特殊的生理活性，因此天然产物化学结构的研究一直是引起化学家们兴趣的研究领域。在近代物理方法问世前，一个天然产物的结构研究往往经过几代人的努力才得到解决，例如阿片中的吗啡，1804 年分得纯品，1847 年确定分子式，到 1925 年才基本确定了化学结构，现在由于 UV，IR 特别是 MS，NMR，CD 及 X 单晶衍射等近代物理方法的应用，即使比较复杂的结构，一般经过几个月或 1～2 年的努力，即能得到正确的结论，因此有时对一个单体结构确定的时间往往比分离它所花的时间还短。此外，有些化合物往往是一些微量成分，它的分离难度自然比过去分离主要成分要困难得多。

经典的结构研究都是采用各种化学方法将分子降解为几个稳定碎片，它们通常是一些比较易于鉴别或可通过合成证明的简单化合物，而后按降解原理合理地推导出原来可能的化学结构，或用脱氢方法使化合物转为易于鉴别的芳香化合物，再推导其结构。这些方法包括锌粉蒸馏、碱裂解、霍夫曼降解脱胺等方法，各种氧化方法，硒粉或硫磺脱氢及一些水解方法等。

由于近代物理方法的普及及其在结构研究中所显示的优越性，已使许多经典的降解方法失去其应用价值，其中锌粉蒸馏、碱裂解、硒粉脱氢等方法由于反应条件激烈，常伴有分子重排、官能团的位移与断裂，且用量多，得率少，现极少应用。

### 2.4.1 天然产物化学成分的一般鉴定方法

(1) 已知化合物鉴定的一般程序

① 测定样品的熔点，与已知品的文献值对照，比较是否一致或接近。

② 测样品与标准品的混熔点，所测熔点值不下降。

③ 将样品与标准品共薄层色谱或纸色谱，比较其 $R_f$ 值是否一致。

④ 测样品的红外光谱图，与标准品的红外光谱或标准谱图进行比较，是否完全一致。

(2) 未知化合物的结构测定方法

① 测定样品的物理常数，如熔点或沸点，比旋度或折光率等，查有关文献手册，初步判断样品是已知物还是未知物，若是已知物，则按已知物的程序鉴定；若是未知物，则应进行以下程序的结构测定。

② 进行检识反应，确定样品是哪个类型的化合物，如生物碱、黄酮、强心苷等。

③ 分子式的测定　通过元素分析和分子量的测定，计算其分子式。现在一般用高分辨MS法测定分子式。

④ 结构分析　测定样品的紫外光谱（UV）、红外光谱（IR）、质谱（MS）和核磁共振谱（NMR）。紫外光谱用于判断分子结构中是否存在共轭体系；红外光谱用于确定分子结构中的官能团；质谱可根据分子离子峰确定分子量，高分辨质谱可计算分子式，还可根据碎片离子峰解析分子结构；核磁共振谱分质子核磁共振谱（$^{1}$H-NMR）和碳核磁共振谱（$^{13}$C-NMR），从图谱解析中可以得知共振原子的相对数目及其化学环境，因而可推导化合物的基本骨架。综合分析以上四谱数据，可推导出一般化合物的结构。

⑤ 结构验证　化学结构确定后，还应注意将所测得的四谱特别是核磁共振谱的数据进行验证，检查推导出的结构是否与波谱数据相符合。

对于一些复杂的分子结构细节，如键长、键角和相对构型等，尤其是大分子的结构，波谱分析的方法难以解决，必须借助于X射线的衍射，它是通过被测物质的晶体对X射线的衍射，将大量的衍射信息用计算机进行数据处理，再还原为分子中原子的排列关系，最后获得原子在某一坐标系中的分布，分子的结构也就一目了然。这是一种独立有效测定分子结构的方法。

对未知天然产物化学成分来说，结构研究的程序及采用的方法大体如图2-10所示。其中，每个环节的应用方法均各有侧重，且因每个人的经验、习惯及对各种方法熟练掌握、运用的程度而异。对已知化合物的结构鉴定更可大大简化，很难说有一个固定的、一成不变的程序。但是有一点是共同的：即文献检索、调研工作几乎贯彻结构研究工作的全过程。大量事实证明，分类学上亲缘关系相近的动、植物药，如同属、同种或相近属种的动物或植物药，往往含有类型及结构骨架类似或甚至结构相同的化合物，故在进行提取分离工作之前，一般应当先利用中、外文索引按中药名称或拉丁学名查阅同种、同属乃至相近属种的化学研究文献，以利用充分了解、利用前人的工作。不仅要了解前人从该种或相近属种植物的哪个药用部位中分离到过什么成分；还要了解该种或该类成分出现在哪个溶剂提取部位？用什么方法得到？具有什么性质？分子式、m. p.、$[\alpha]_D$、颜色反应、色谱行为及各种谱学数据和它们的生物合成途径等，并最好整理概括成一览表以利检索、比较。通常在确认所得化合物的纯度后，应根据该化合物在提取，分离过程中的行为、物理化学性质及有关测试数据，对比上述文献调研结果，分析推断所得化合物的类型及基本骨架，并可利用如分子式索引或主题索引（如推测为已知化合物）查阅各种专著、手册、综述，或者通过系统查阅《美国化学文摘》，进一步全面比较有关数据以判断所得到的化合物为“已知”或“未知”。

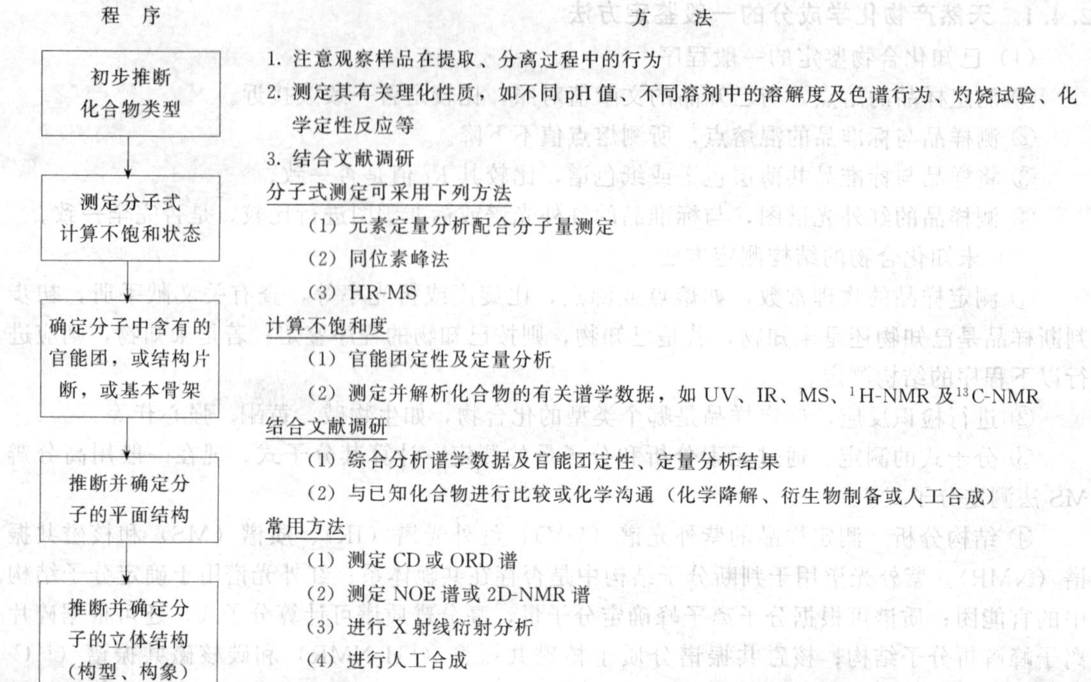
程 序
方 法
初步推断
化合物类型
1. 注意观察样品在提取、分离过程中的行为
2. 测定其有关理化性质，如不同pH值、不同溶剂中的溶解度及色谱行为、灼烧试验、化学定性反应等
3. 结合文献调研
测定分子式
计算不饱和状态
分子式测定可采用下列方法
(1) 元素定量分析配合分子量测定
(2) 同位素峰法
(3) HR-MS
确定分子中含有的
官能团，或结构片
断，或基本骨架
计算不饱和度
(1) 官能团定性及定量分析
(2) 测定并解析化合物的有关谱学数据，如 UV、IR、MS、$^{1}$H-NMR 及 $^{13}$C-NMR
结合文献调研
推断并确定分
子的平面结构
(1) 综合分析谱学数据及官能团定性、定量分析结果
(2) 与已知化合物进行比较或化学沟通（化学降解、衍生物制备或人工合成）
常用方法
推断并确定分
子的立体结构
（构型、构象）
(1) 测定 CD 或 ORD 谱
(2) 测定 NOE 谱或 2D-NMR 谱
(3) 进行 X 射线衍射分析
(4) 进行人工合成

图 2-10　结构研究的程序

### 2.4.2　结构研究中采用的主要方法

（1）确定分子式并计算不饱和度

分子式的测定主要有以下几种方法，可因地制宜加以选用。

① 元素定量分析配合分子量测定。

② 同位数峰度比法。

③ 高分辨质谱（HR-MS）法。

高分辨质谱（HR-MS）仪可将物质的质量精确测定到小数点后第 3 位。因此，表 2-6 中所列 $C_8H_{12}N_4$、$C_{10}H_{12}N_2O$、$C_{10}H_{12}O_2$、$C_{10}H_{16}N_2$ 四种化合物，它们的相对分子质量虽都是 164，但精确质量并不相同，在 HR-MS 仪上可以很容易地进行区别。又如由青蒿素的高分辨质谱得到的分子离子峰（$H^+$）$m/z$ 282.1472 可以直接计算其分子式为 $C_{15}H_{22}O_5$（计算值为 282.1467）。

表 2-6　四种化合物的精确质量

| 序号 | 分子式 | 精确质量 | 序号 | 分子式 | 精确质量 |
|---|---|---|---|---|---|
| 1 | $C_8H_{12}N_4$ | 164.1063 | 3 | $C_{10}H_{12}O_2$ | 164.0837 |
| 2 | $C_{10}H_{12}N_2O$ | 164.0950 | 4 | $C_{10}H_{16}N_2$ | 164.1315 |

分子式确定后，即可按下式求算分子的不饱和度（index of unsaturation，以 $u$ 表示）

$$u=\text{Ⅳ}-\frac{\text{Ⅰ}}{2}+\frac{\text{Ⅲ}}{2}+1$$

式中，Ⅰ为一价原子（如 H、D、X）的数目；Ⅲ为三价原子（如 N、P）的数目；Ⅳ为四价原子（如 C、Si）的数目。O、S 等二价原子与不饱和度计算无关，故不予考虑。

（2）质谱

如前所述，质谱（MS）可用于确定分子量、求算分子式和提供其他结构信息。

一般，MS测定采用电子轰击法（electron impact ionization，简称EI），故称EI-MS。测定EI-MS时，需要先将样品加热汽化，使之进入离子化室，而后才能电离，故容易发生热分解的化合物或难于汽化的化合物，如醇、糖苷、部分羧酸等，往往测不到分子离子峰，看到的只是其碎片峰；而一些大分子物质，如糖的聚合物、肽类等，也因难于汽化而无法测定。故近来多将一些对热不稳定的样品，如糖类、醇类等，进行乙酰化或三甲基硅烷化（TMS化），生成对热稳定性好的挥发性衍生物后再进行测定。另外，还开发了使样品不必加热汽化而直接电离的新方法，如化学电离（chemical ionization，简称CI）、场致电离（field ionization，简称FI）、场解析电离（field desorption ionization，简称FD）、快速原子轰击电离（fast atom bombardment，简称FAB）、电喷雾电离（electrospray ionization，简称ESI）等，为对热不稳定的化合物的研究提供了方便。

（3）红外光谱

分子中价键的伸缩及弯曲振动将在光的红外区域，即4000～625cm$^{-1}$处引起吸收。测得的吸收图谱叫红外光谱（infrared spectra，IR）。其中，4000～1500cm$^{-1}$的区域为特征频率区（functional group region），许多特征官能团，如羟基、氨基以及重键（C═C、C═O、N═O）、芳环等吸收均出现在这个区域，并可据此进行鉴别。1500～600cm$^{-1}$的区域为指纹区（finger print region），其中许多吸收因原子或原子团间的键角变化所引起，形状比较复杂，犹如人的指纹，可据此进行化合物的真伪比较鉴别。

熟练地解析红外光谱要靠长期积累。通常，在分析未知物图谱时，首先要看那些容易辨认的基团是否存在，如羰基、羟基、硝基、氰基、双键等，从而可以初步判断分子结构的基本特征。而对于3000cm$^{-1}$附近C—H键的吸收峰则不必急于分析，因为几乎所有的有机化合物在该区域都有吸收。对于不同化合物分子中的同一基团在红外光谱中所出现的细微差异也不必在意。未知化合物经过初步结构辨析后，就可以查阅标准图谱进行比较。因为相同化合物具有相同的图谱，这就好像不同的人具有不同的指纹一样。当未知物的图谱和标准图谱完全一致时，就可以确定未知物和标准图谱所示化合物为同一化合物。通过比较结构相近的红外光谱图，也可以获得一些有参考价值的信息。此外，在2000～1600cm$^{-1}$和1000～600cm$^{-1}$区域出现的弱峰可以帮助辨析取代苯的异构体结构。

红外光谱吸收区域可简单分为如下几部分。

① 3750～2500cm$^{-1}$内　此区为各类X—H单键的伸缩振动区（包括C—H、O—H、N—H的吸收带）。3000cm$^{-1}$以上为C—H的不饱和键伸缩振动，而3000cm$^{-1}$以下为饱和C—H键的伸缩振动。

② 2500～2000cm$^{-1}$区　是三键和累积双键的伸缩振动区。包括C≡C、C≡N、C═O、C═C═O等基团以及X—H基团化合物的伸缩振动。

③ 2000～1300cm$^{-1}$区　是双键伸缩振动区。包括C═O、C═C、C═N、N═O等键的伸缩振动。C═O基在此区内有一强吸收峰，其位置按酸酐、酯、酮、酰胺等不同而异。在1650～1550cm$^{-1}$处还有N—H的弯曲振动带。

④ 1300～1000cm$^{-1}$区　包括C—C、C—O、C—N、C—F等单键的伸缩振动和C═S、S═O、P═O等双键的伸缩振动。反应结构的微小变化十分灵敏。

⑤ 1000～667cm$^{-1}$区　此区包括C—H的弯曲振动。在鉴别链的长、短，烯烃双键取代程度、构型及苯环取代基位置等方面，提供有用的信息。

（4）紫外-可见吸收光谱

分子中的电子可因光线照射从基态（ground state）跃迁至激发态（excited state）。其中，π→π* 跃迁以及 n→π* 跃迁可因吸收紫外光及可见光所引起，吸收光谱将出现在光的紫外及可见区域（200～700nm）(ultraviolet-visible spectra，UV-VIS)。

含有共轭双键、发色团及具有共轭体系的助色团分子在紫外及可见光区域产生的吸收即由相应的 π→π* 及 n→π* 跃迁所引起。UV 光谱对于分子中含有共轭双键、$\alpha$，$\beta$-不饱和羰基（醛、酮、酸、酯）结构的化合物以及芳香化合物结构鉴定来说是一种重要的手段。通常主要用于推断化合物的骨架类型；某些场合下，如香豆素、黄酮类等化合物，它们的 UV 光谱在加入某种诊断试剂后可因分子结构中取代基的类型、数目及排列方式不同而改变，可用于测定化合物的精细结构。

例如芦丁的甲醇溶液及加入各种诊断试剂后的 UV 谱如表 2-7 所示。

**表 2-7　芦丁的甲醇溶液及加入各种诊断试剂后的 UV 谱**

| 试　剂 | $\lambda_{max}$ | | 试　剂 | $\lambda_{max}$ | |
|---|---|---|---|---|---|
| | 谱带Ⅱ | 谱带Ⅰ | | 谱带Ⅱ | 谱带Ⅰ |
| 甲醇 | 259 | 359 | 三氧化铝 | 275 | 433 |
| 甲醇钠 | 272 | 410 | 乙酸钠 | 271 | 393 |

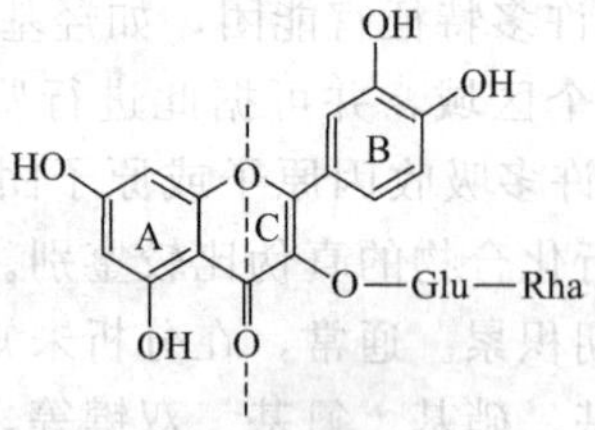

芦丁的化学结构

从表 2-7 的 UV 数据可知：

① 甲醇钠是强碱，可以使所有的羟基解离，故芦丁的谱带Ⅰ和Ⅱ均发生明显红移；

② 三氧化铝可分别与 B 环的邻二酚羟基、C 环的羰基和 A 环的 5 位羟基形成配合物，故亦引起芦丁的谱带Ⅰ和Ⅱ的明显红移；

③ 乙酸钠为弱碱，仅能使酸性较强的 A 环 7 位羟基和 B 环 4′位羟基解离，所以谱带Ⅰ和Ⅱ所发生的明显红移，表明芦丁分子结构中存在 4′位羟基和 7 位羟基。

由此可见，UV 谱不但可用于推断不饱和结构骨架，而且有助于阐明在共轭系统中取代基的位置、种类和数目。

(5) 氢核磁共振谱

氢同位素中，$^1$H 的峰度比最大，信号灵敏度也高，故$^1$H-NMR 测定比较容易，应用得也最广泛。$^1$H-NMR 测定中通过化学位移、谱线的积分面积以及裂分情况（重峰数及偶合常数 $J$）可以提供分子中$^1$H 的类型、数目及相邻原子或原子团的信息，对天然产物成分的结构测定具有十分重要的意义。

① 化学位移（chemical shift）　$^1$H 核因周围化学环境不同，共外围电子密度以及绕核旋转时产生的磁的屏蔽效应也不同。不同类型的$^1$H 核共振信号将出现在不同的区域。

② 峰面积　因为$^1$H-NMR 谱上积分面积与分子中的总质子数相当，当分子式已知时，就可以算出每个信号所相当的$^1$H 数。

③ 信号的裂分及偶合常数（J）　已知磁不等同的两个或两组$^1$H 核在一定距离内会因相互自旋偶合干扰而使信号发生分裂，表现出不同裂分，如 s(singlet，单峰)、d(doublet，二重峰)、t(triplet，三重峰)、q(quartet，四重峰)、m(multiplet，多重峰）等。

以上为一般$^1$H-NMR 测定时所能提供的结构信息。此外，还有其他许多特殊的测定方法，这些方法对决定天然化学成分的平面结构及立体结构都具有重要的意义。

双共振是核磁共振谱中的一种特种技术。运用双共振时，磁场 $B_2$ 和扫描磁场 $B_1$ 同时作用于样品，从而使部分共振得到饱和。这种实验结果的变化范围很广，它取决于 $B_2$ 的频率和强度。双共振的重要现象之一是核 Overhauser 效应（NOE）。NOE 的定义是当某一自旋的 NMR 吸收得到饱和时，另一自旋的 NMR 吸收强度积分值的改变。例如以下化合物的六个芳香质子 NMR 信号都是通过 NOE 来确定的。位于 δ7.09 和 7.50 的两个单峰可以认为是 H-7 或 H-10。位于 δ7.52～6.94 及 7.70～7.47 的两组 AB 四重峰则为 H-3，H-4，H-5 及 H-6。当 N-$CH_3$（δ2.56）被照射时，位于 δ7.50 的信号增强了 30%，说明它是 H-10。所以信号 δ7.09 就属于 H-7。在同一实验中，在 δ5.03 处的信号增强了 23%，表明此信号应属于 H-11。照射 $OCH_3$-2 使得 δ6.94 增强了 24%，表明这是 H-3，与此成偶合关系则是 H-4。而照射 H-7 导致位于 δ7.47 的信号增强 27%，这个信号应该属于 H-6。剩下的 δ7.70 就是 H-5 的信号。这样，所有六个芳香质子都通过 NOE 而得到确定。

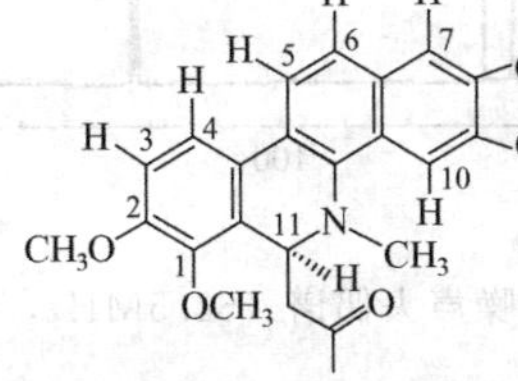


又如：在五味子有效成分结构的确定中，其可能结构为（a）或（b）。

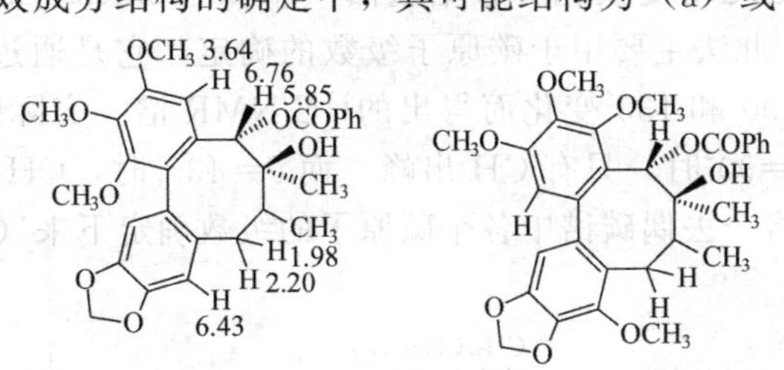


(a) (b)

采用双照射 NOE 效应，可确定其结构为（a）。在上述（a）、（b）两种结构中，$^1$H-NMR 测得苯环上两个氢的 δ 值为 6.76，6.43，四个 $CH_3O$ 的 δ 值分别为 3.78，3.64，3.46，3.24。照射 δ3.64 的 $CH_3O$，则 δ6.76 吸收强度增大 19%，δ6.43 吸收强度不变，可知 δ6.76 的氢与 δ3.64 的 $CH_3O$ 空间接近，若照射其余三个 $CH_3O$，该氢的吸收强度不变；若照射 δ6.76，则使 δ5.85 吸收强度增加 13%，可知 δ5.85 为八元环上与氧相连的碳上的氢，该氢与 δ6.76 的氢空间接近。若分别照射 δ1.98，2.20 的八元环上的氢，均使 δ6.43 吸收强度增加 11%～14%，δ6.76 强度不变，由此可知苯环上 δ6.43 的氢与八元环上 $CH_2$ 的两个氢空间靠近。综合以上分析可知，其结构为（a），而不是（b）。

（6）碳核磁共振谱

在决定天然有机化学成分（也叫碳化合物）结构时，与$^1$H-NMR 相比，$^{13}$C-NMR 无疑起着更为重要的作用。但是由于 NMR 的测定灵敏度与磁旋比（$r$）的三次方成正比，而$^{13}$C 的磁旋比因为仅为$^1$H 的 1/4，加之自然界的碳元素中，$^{13}$C 的丰度比又只有 1%，故$^{13}$C-NMR测定的灵敏度只有$^1$H 的 1/6000，致使$^{13}$C-NMR 长期以来不能投入实际应用。由于脉冲傅里叶变换核磁共振装置（pulse FT-NMR）的出现及计算机的引入，才使这个问题得以真正解决。

普通的$^{13}$C-NMR 谱有下面几种。

① 噪声去偶谱（proton noise decoupling spectrum），也叫全氢去偶（proton complete decoupling，COM）或宽带去偶（broad band decoupling，BBD）。方法是采用宽频的电磁辐

射照射所有[1] H 核使之饱和后测定$^{13}$C-NMR 谱。此时，$^{1}$H 对$^{13}$C 的偶合影响全部消除，所有的$^{13}$C 信号在图谱（图 2-11）上均作为单峰出现，故无法区别其上连接的$^{1}$H 数，但对判断$^{13}$C 信号的化学位移十分方便。另外，因照$^{1}$H 后产生的 NOE 效应，连有$^{1}$H 的$^{13}$C 信号强度将会增加，季碳信号因不连有$^{1}$H，将表现为较弱的吸收峰。

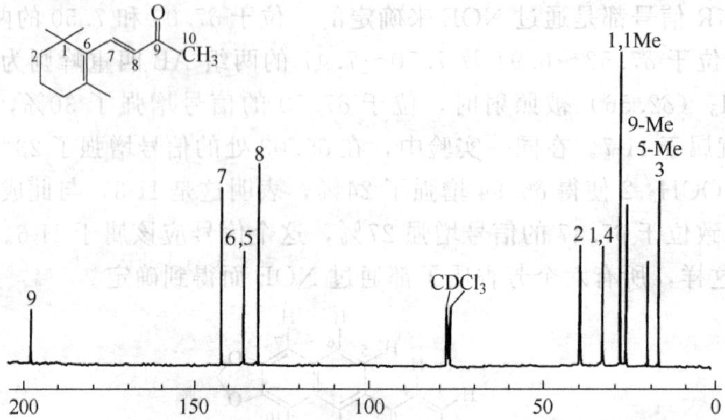


图 2-11　β-紫罗兰酮的噪声去偶谱（62.5MHz，$^{13}$C-NMR，$CDCl_3$）

② DEPT　DEPT 是无畸变极化转移增益法（Distortionless Enhancement by Polarization Transfer）的简称。此法主要用于碳原子级数的确定，它是通过改变照射$^{1}$H 的第三脉冲宽度（$\theta$），使作 45°、90°和 135°变化而得出的$^{13}$C-NMR 谱。实际应用中仅测 DEPT90 和 DEPT135 即可。因为 $\theta=90°$时，只有 CH 出峰；而 $\theta=135°$时，$CH_3$、CH 向上出峰，$CH_2$ 则向下出峰，由此即可将全去偶碳谱中各个碳原子的级数确定下来（如图 2-12）。

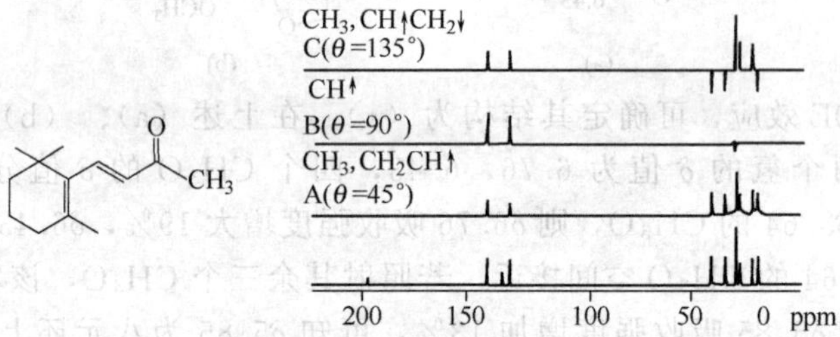


图 2-12　β-紫罗兰酮的 DEPT 谱

所以一般情况下，常采用 DEPT 法来确定碳原子的级数。有时 DEPT 的结果对确定或佐证化合物的分子式也能起到相当大的帮助。可以这么说，在推导未知天然产物结构的过程中，DEPT 谱起着桥头堡的作用。

$^{13}$C-NMR 谱与$^{1}$H-NMR 谱不同，化学位移的幅度较宽，约为 200 个化学位移单位，故信号之间很少重叠，识别起来比较容易。

与$^{1}$H-NMR 一样，$^{13}$C-NMR 的信号化学位移也取决于周围的化学环境及电子密度，并可据此判断$^{13}$C 的类型。显然，改变某个$^{13}$C 核周围的化学环境或电子密度，如引入某个取代基，则该$^{13}$C 信号即可能发生位移（取代基位移，substitution shift）。位移的方向（高场或低场）及幅度已经累积了一定经验规律。常见的有苯的取代基位移、羟基的苷化位移（glycosylation shift）、酰化位移（acylation shift）等，在结构研究中均具有重要的作用。

在上述的一维核磁共振谱中（1DNMR）中，如果信号过于复杂，或者堆积在一起难于分辨时，则识别信号之间的偶合将十分困难。近些年发展起来的二维核磁共振（2DNMR）技术则会收到良好效果。2DNMR 中常用的是化学位移相关谱（简称为 COSY 谱），常见的有$^1$H-$^1$H COSY 和$^{13}$C-$^1$H COSY(HMQC)，远程$^{13}$C-$^1$H COSY(HMBC)，以及表示$^1$H 核之间的 NOE 相关的 NOESY 谱。详见有关参考书。

一般未知物的 NMR 解析步骤如下。

① 做出$^{13}$C-NMR 谱，确定碳的总数。

② 做出碳分类谱（DEPT），DEPT 谱包括三个子谱：DEPT-45、DEPT-90、DEPT-135 谱，确认伯、仲、叔、季碳，确定碳的骨架单元。

③ 做出$^{13}$C-$^1$H 相关谱（HMQC），HMQC 谱是异核多量子化学位移相关谱，它实现了$^{13}$C 和与之相连的质子的相关，可确认各碳上可能存在的氢。

④ 做出$^1$H-$^1$H 化学位移相关谱（COSY），找出各氢之间的链接及偶合关系，确定可能的结构单位。

⑤ 做出异核多键远程相关谱（HMBC），将可能的结构单元相连接。

⑥ 做出空间效应谱（NOESY），充分考虑分子结构的空间效应，精确连接结构单元。

⑦ 对分子结构进行全面确认。

（7）旋光光谱

测定化合物在紫外及可见光区（200～700nm）的旋光，然后以比旋光度［$\alpha$］或摩尔比旋光度［$\Phi$］对波长作图，所得到的谱线即为旋光分散谱，简称旋光谱（optical rotatory dispersion，ORD）。光学活性分子中如果还有发色团时，则产生异常的旋光光谱，出现峰和谷，得到所谓 Cotton 效应谱线。旋光光谱及其 Cotton 效应谱线特征与分子的立体化学结构（构型、构象）有重要关联，可用于确定未知化合物的立体结构。

### 2.4.3 一些天然产物结构的光谱特征

当一个天然产物分离纯化并经薄层色谱或高效液相色谱或气相色谱证明为单一化合物后，即应测出它的熔点与旋光度、UV、IR、$^1$H-NMR、MS，如有条件则同时测出 CD、$^{13}$C-NMR等数据。通过高分辨质谱或低分辨质谱配合元素分析确定其分子式，而后再确定分子中可能存在的官能团，特别是氮、氧、硫等杂原子可能存在的形式。

氧可能是羟基、甲氧基、次甲二氧基等烷氧基、醛、酮、酸或酯。羟基可根据 IR 近 3500cm$^{-1}$的吸收峰及$^1$H-NMR 中信号为重水交换或变温位移而确定（通常脂肪族羟基在高场 $\delta$1～4，而酚羟基则在低场大于 $\delta$5），或通过甲醚化、乙酰化，根据形成的甲氧基或乙酰氧基计算羟基的多少，酚羟基还可根据与三氯化铁显蓝色的反应进行鉴别。甲氧基可从 IR2820cm$^{-1}$吸收峰与$^1$H-NMR $\delta$3～4 有相当于三个质子的单峰确定，经典方法则利用与氢碘酸共热测定生成的碘甲烷，次甲二氧基在$^1$H-NMR $\delta$6.00 有相当于两个质子的单峰（有时为双峰，视分子中各质子对次甲二氧基的对称性而定），IR 在 2780cm$^{-1}$有伸缩振动吸收峰。酮、醛、酸、酯的羰基在 IR1600～1800cm$^{-1}$之间有强吸收峰，此外，如为酸，则在 IR 的 3000cm$^{-1}$尚有羟基的宽吸收峰；酯基则在 IR1100cm$^{-1}$附近有 C—O—C 的强吸收峰，醛的$^1$H-NMR 信号约为 $\delta$10.00，酸的信号在 $\delta$10.00 左右（有时也不显示任何信号），乙酰氧基的信号在 $\delta$2.00，也可通过形成肟、肼鉴别酮与醛，通过酯化方法鉴别酸，如分子中的氧不属于上述官能团，则可能以醚键形式存在，它在 IR1100cm$^{-1}$附近有强吸收峰，其邻位碳上的质子信号在大于 $\delta$3.5 的低场。

氮可能是伯胺、仲胺或叔胺。伯胺、仲胺可根据 IR3500cm$^{-1}$附近的吸收峰或$^1$H-NMR

相应质子信号为重水所交换或变温位移而确定；叔胺在IR与$^{1}$H-NMR谱无信号，但其邻碳质子信号在δ3附近，加微量酸后均向低场位移，氮甲基信号约为δ2.3，季铵则大多为水溶性，经典方法则用霍夫曼降解等方法确定，少数情况下氮以氰基或硝基形式存在，氰基的IR有2240cm$^{-1}$的典型吸收峰，硝基则有1350cm$^{-1}$与1550cm$^{-1}$两个吸收峰。

硫可能是砜基—$SO_2$—或亚砜—SO—（其IR1120～1160cm$^{-1}$有两个对称伸缩振动峰，1310～1350cm$^{-1}$有两个不对称伸缩振动峰）或硫醚，$^{1}$H-NMR谱中其邻碳质子信号亦在2～3。

此外还可以从$^{1}$H-NMR谱中观测到C—$CH_3$、C—$CH_2CH_3$及烯质子、芳香质子等信号，后两者还可从IR1500～1620cm$^{-1}$的吸收峰确定，在过去则通过氢化方法由氢的消耗量计算双键的多少，双键与芳环对羰基的影响可根据UV吸收峰与IR的羰基吸收峰向低波数位移情况知道，它们对周围质子的影响也反映在$^{1}$H-NMR谱相应质子的化学位移上。

如化合物分子式有五个以上的氧，则应考虑分子中含糖或苷的可能性，糖的质子信号大多集中于δ4～5，IR吸收峰在750～920cm$^{-1}$，也可通过Molish反应鉴定（即3% α-萘酚的乙醇溶液与浓硫酸二层间显紫色环为阳性）。

根据上述分子或分子中官能团情况及不饱和数可推知化合物的归属（在发色团存在情况下，UV吸收峰将提供基本骨架的信息），是酚类、黄酮类、皂苷、香豆素类、生物碱等。

① 酚类化合物　UV吸收峰在280nm，IR吸收峰在1500～1600cm$^{-1}$、3300cm$^{-1}$，能溶于苛性碱液。

② 黄酮类化合物　结晶呈黄色或淡黄色，UV吸收峰在240～285nm及300～400nm区间各有一个吸收峰，IR在1500～1700cm$^{-1}$处有吸收峰，大多与盐酸及镁反应显橘红色或蓝紫红色。

③ 皂苷类　$^{1}$H-NMR在高场有山峰形及几个甲基及尖峰的信号，易溶于水并振摇成泡沫，如有条件，测定一个$^{13}$C-NMR将提供更多信息，包括分子中碳存在的形式是伯、仲、叔或季碳、烯碳、羰基属酯、酸或醛、酮。

④ 香豆素　其IR在1500～1600cm$^{-1}$有芳环吸收峰，1700cm$^{-1}$附近有不饱和内酯吸收峰，UV在240～260nm区有苯环吸收，320nm区有α-吡酮环吸收，$^{1}$H-NMR则主要为芳香质子信号。

⑤ 生物碱　分子式含氮，大多能溶于酸，进一步根据UV、IR、NMR信号确定属哪类生物碱。

⑥ 萜类　$^{1}$H-NMR的大多数信号在高场，除苷类外大多为脂溶性，再根据分子式确定为单萜、倍半萜、二萜或三萜等。

在上述工作基础上，再根据分子式，参考有关文献，如有机化合物辞典（dictionary of organic compounds），同科属植物所含化合物的文献资料及CA查核是否为已知化合物或新化合物，如为已知化合物，也要分析所有理化数据与文献报道的化合物是否一致，有何差异，文献报道的结构是否正确，构型包括绝对构型是否已经确定，如从石杉（*Hu perziziaserrata Thunb*）中分得的石杉碱甲（huperzin A）①：$C_{15}H_{18}N_2O$，熔点230℃，$[\alpha]_D$ −150.4°（c=0.5，MeOH）与文献报道的selagine②：熔点224～226℃，$[\alpha]_D$ −99°（MeOH）大多数数据相近，但旋光度相差很大，进一步研究表明，二者结构有一些差别：

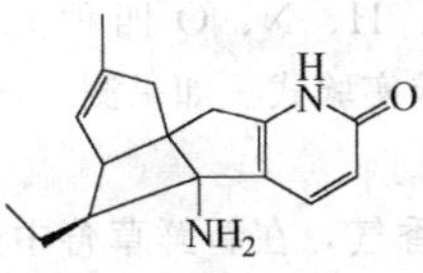

①

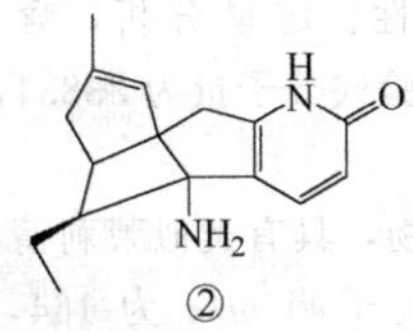

②

如为新化合物，则还需了解结构与哪些化合物有关，比较各种理化数据，特别是NMR与MS数据，参考有关化合物的结构确定方法，再定出研究该化合物结构包括立体构型应采取的理化方法，如所确定的新化合物具有新型骨架或较多手性中心，而且又是单晶，则最好再用X单晶衍射方法进一步确证或全合成证明，以免出现错误。

## 习　题

1. 选择题

(1) 两相溶剂萃取法的原理是利用混合物中各成分在两相溶剂中的（　　）

a. 密度不同　b. 分配系数不同　c. 萃取常数不同　d. 介电常数不同

(2) 采用铅盐沉淀分离化学成分时常用的脱铅方法是（　　）

a. 硫化氢　b. 石灰水　c. 雷氏盐　d. 氯化钠

(3) 化合物进行反相分配柱色谱时的结果是（　　）

a. 极性大的先流出　b. 极性小的先流出

c. 熔点低的先流出　d. 熔点高的先流出

(4) 天然药物水提取液中，有效成分是多糖，欲除去无机盐，采用（　　）

a. 透析法　b. 盐析法　c. 蒸馏法　d. 过滤法

(5) 在硅胶柱色谱中（正相）下列哪一种溶剂的洗脱能力最强（　　）

a. 石油醚　b. 乙醚　c. 乙酸乙酯　d. 甲醇

(6) 测定一个化合物分子量最有效的实验仪器是（　　）

a. 元素分析仪　b. 核磁共振仪　c. 质谱仪　d. 红外光谱仪

(7) 在苯环分子中，两个相邻氢的偶合常数为（　　）

a. 2～3Hz　b. 0～1Hz　c. 7～9Hz　d. 10～16Hz

(8) 弱极性大孔吸附树脂适用于从下列何种溶液中分离低极性化合物（　　）

a. 水　b. 氯仿　c. 稀醇　d. 95%乙醇

2. 填空题

(1) 吸附色谱法常选用的吸附剂有______、______、______和______等。

(2) 聚酰胺吸附色谱法的原理为____________________，适用于分离______、______和______等。

(3) 凝胶色谱法是以______为固定相，利用混合物中各成分______的不同进行分离的方法。其中分子量______的成分易于进入凝胶颗粒的网孔，柱色谱分离时______被洗脱；分子量______的成分不易进入凝胶颗粒的网孔，而______被洗脱。

(4) 超临界流体提取法是一种较新的技术，______作为超临界流体实际应用较多，适合于提取______的成分。

3. 常用溶剂的亲水性或亲脂性的强弱顺序如何排列？哪些与水混溶？哪些与水不混溶？

4. 溶剂提取的方法有哪些？它们都适合哪些溶剂的提取？

5. 两相溶剂萃取法是根据什么原理进行的？在实际工作中如何选择溶剂？

6. 聚酰胺吸附力与哪些因素有关？

7. 凝胶色谱的原理是什么？

8. 对天然产物化学成分进行结构测定之前，如何检查其纯度？

9. 用结晶法分离纯化天然产物化学成分时，在操作上有何主要要求？

10. 透析法原理是什么？主要用处是什么？

11. 某天然有机物经定性、定量分析，含有 C、H、N、O 四种元素，C、H、N 含量分别为：71.06%，6.76%，8.1%；实验式分子量为 338.4，试求实验式。如果测得该化合物的分子量为 676.8，试求出该化合物的分子式。

12. 某无色有机液体化合物，具有类似茉莉清甜的香气，在新鲜草莓中微量存在，在一些口香糖中也有使用。MS 分析得到分子离子峰 $m/z$ 为 164，基峰 $m/z$ 为 91；元素分析结果如下：C(73.15%)，H(7.37%)，O(19.48%)；其 IR 谱中在约 $3080cm^{-1}$ 有中等强度的吸收，在约 $1740cm^{-1}$ 及 $1230cm^{-1}$ 有强的吸收；$^1H$-NMR 的数据如下，$\delta$：约 7.20（5H，m），5.34（2H，s），2.29（2H，q，$J=7.1Hz$），1.14（3H，t，$J=7.1Hz$）。该化合物水解产物与 $FeCl_3$ 水溶液显色。试推测该有机物的结构式。

# 第3章 糖和糖苷

糖类又称碳水化合物（carbohydrates），是植物光合作用的初生产物，是一类最丰富的天然产物，除了作为植物的贮藏养料和骨架之外，还通过它们进而合成了植物中的绝大部分成分。糖类在中草药中分布十分广泛，占植物干重的80%～90%。一些具有营养、强壮作用的药物，如山药、何首乌、黄精、地黄、白木耳、大枣等均含有大量糖类。糖类与核酸、蛋白质、脂质一起合称生命活动所必需的四大类化合物。由于它在生物合成反应以及在细胞间的识别、受精、胚胎形成、神经细胞发育、激素激活、细胞增殖、病毒和细菌的感染、肿瘤细胞转移等许多基本生命过程中的重要作用，研究一直十分活跃。事实说明许多中草药的活性与糖及其衍生物有着密切的关系，尤其是糖与非糖物质结合成的苷（glycoside）不少具有生理活性。

自然界中存在的碳水化合物都具有旋光性，并且一对对映体中只有一个异构体天然存在。例如，在自然界中只有右旋的葡萄糖存在，左旋的葡萄糖是没有的。

糖类根据结构和性质，可以分成为单糖、低聚糖和多糖三类。

① 单糖　单糖不能水解成更简单的多羟基醛（或酮）的碳水化合物，例如葡萄糖、果糖都是单糖。单糖一般为无色晶体，且具有甜味，能溶于水。

② 低聚糖　低聚糖是水解后每一分子能生成2～10个单糖分子的碳水化合物。能生成两分子单糖的是二糖，能生成三分子单糖的是三糖，等等。例如蔗糖（水解后生成一分子葡萄糖和一分子果糖），麦芽糖（水解后生成两分子葡萄糖）都是二糖。低聚糖一般也是晶体，仍具有甜味，且易溶于水。

③ 多糖　多糖是水解后每一分子能生成10个以上单糖分子的碳水化合物。天然多糖一般由100～300个单糖单元构成，例如淀粉、纤维素都是多糖。多糖大多是无定形固体，没有甜味，难溶于水。

## 3.1　单糖的立体化学

单糖（monosaccharides）是组成糖类及其衍生物的基本单元，其结构起初用Fischer投影式表示，后来发现单糖在水溶液中主要以半缩醛的环状结构形式存在，因此又有了Haworth投影式表示法。现以D-葡萄糖为例，说明单糖的开链结构、环状结构以及Fischer式与Haworth式之间的转变。将环状Fischer式的第五个碳原子旋转120°使环张力为最小，然后将此投影式向右倾到90°就得Haworth式。

习惯上将单糖Fischer投影式中距羰基最远的那个不对称碳原子的构型定为整个糖分子的绝对构型，其羟基向右的为D型，向左的为L型。而Haworth式中则看那个不对称碳原子上的取代基，向上的为D型，向下的为L型。这是限于与该碳原子成环者，如六碳糖形成五元环时又当别论。

单糖成环后新形成的一个不称碳原子称为端基碳（anomeric carbon），生成的一对差向异构体（anomer）有$\alpha$、$\beta$二种构型。从Fischer式看，$C_1$-OH与原$C_5$（六碳糖）或$C_4$（五碳糖）-OH，顺式的为$\alpha$，反式的为$\beta$。因此$\alpha$、$\beta$是$C_1$与$C_5$的相对构型。而在Haworth式中只要看$C_1$-OH与$C_5$（或$C_4$）上取代基（$C_6$或$C_5$）之间的关系，在同侧的为$\beta$，在异侧

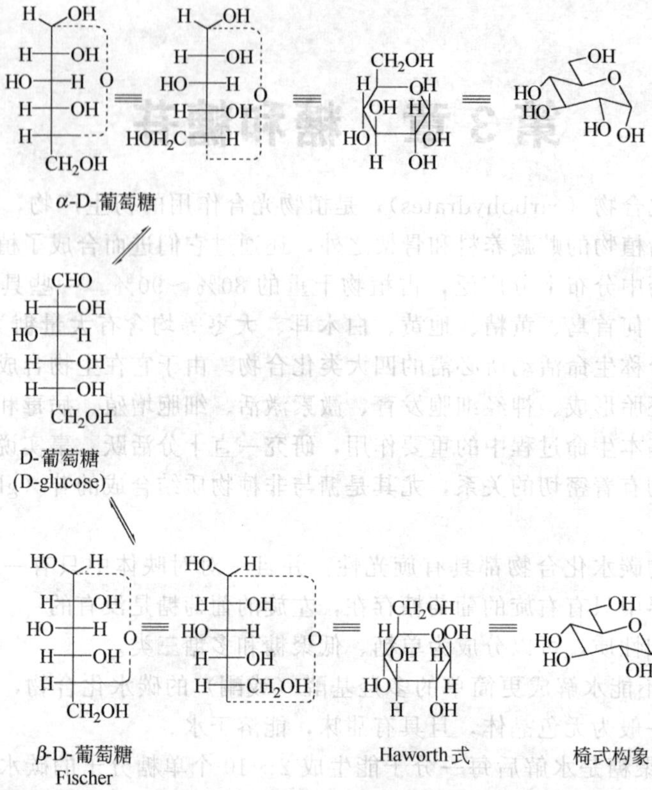


的为α型。这也是限于与最远的不对称碳原子成环者。D、L型糖都用此方法判断。因而β-D-糖和α-L-糖的端基碳原子的绝对构型是一样的。

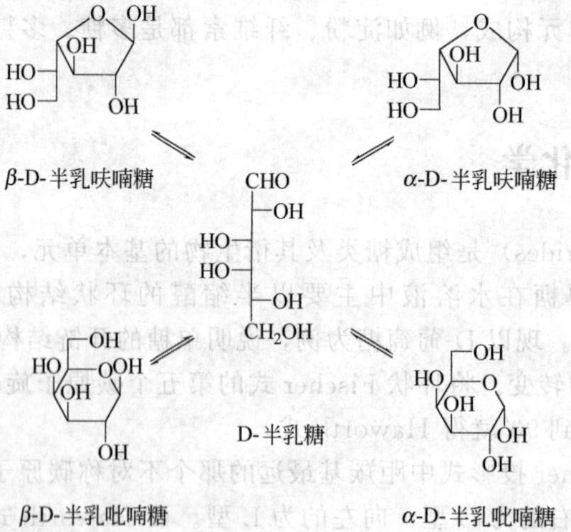


理论上，糖在形成半缩醛或半缩酮的氧环时，羰基碳与 $C_5$、$C_4$、$C_3$、$C_2$ 上的—OH均有可能成环。而事实上由于五、六元环张力为最小，所以天然界都以六元或五元氧环存在。五元氧环的称呋喃糖（furanose），六元氧环的称吡喃糖（pyranose）例如D-半乳糖（D-galactose）在吡啶溶液中平衡后，用气相色谱测定，证明含有32.5% α-吡喃糖，53.5% β-吡喃糖，14% β-呋喃糖。但当糖成苷以后就固定为一种结构。

## 3.2 糖苷的分类

苷类又称配糖体（glycosides），是糖或糖的衍生物如氨基糖、糖醛酸等与另一类非糖物质通过糖的端基碳原子连接而成的化合物。其中非糖部分称为苷元或配基，其连接的键则称为苷键。由于单糖有 α 及 β 两种端基异构体，因此形成的苷也有 α-苷和 β-苷之分。在天然的苷类中，由 D 型糖衍生而成的苷，多为 β-苷（例如 β-D-葡萄糖苷），而由 L 型糖衍生的苷，多为 α-苷（如 α-L-鼠李糖苷），但必须注意 β-D-糖苷与 α-L-糖苷的端基碳原子的绝对构型是相同的，例如：

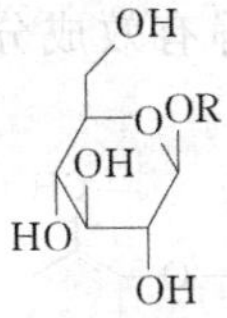


β-D-葡萄糖苷

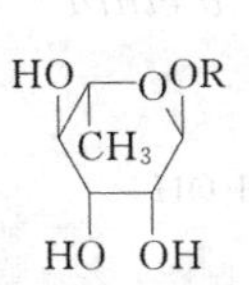


α-L-鼠李糖苷

R＝苷元

苷类涉及范围较广，苷元的结构类型差别很大，几乎各种类型的天然成分都可与糖结合成苷，且其性质和生物活性各异，在植物中的分布情况也不同。由于这些原因，一般将苷类按不同的观点和角度作不同方式的分类。

### 3.2.1 按苷元的化学结构分类

根据苷元的结构可分为氰苷、香豆素苷、木脂素苷、蒽醌苷、黄酮苷、吲哚苷等。如苦杏仁苷、七叶内酯苷、靛苷等。

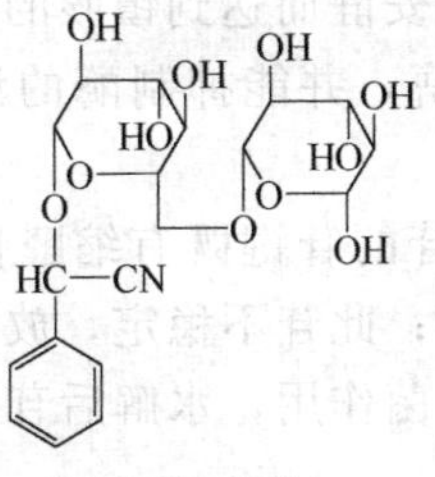


苦杏仁苷（氰苷）

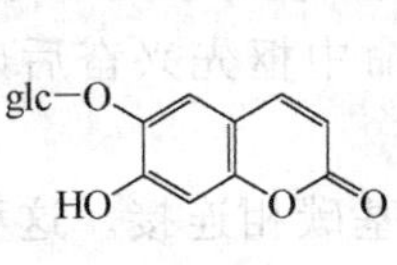


七叶内酯苷（香豆素苷）

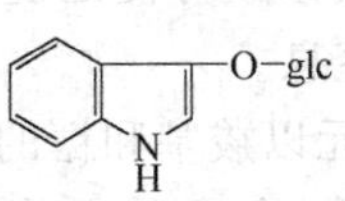


靛苷（吲哚苷）

### 3.2.2 按苷类在植物体内的存在状况分类

原存在于植物体内的苷称为原生苷，水解后失去一部分糖的称为次生苷。例如苦杏仁苷是原生苷，水解后失去一分子葡萄糖而成的野樱苷就是次生苷。

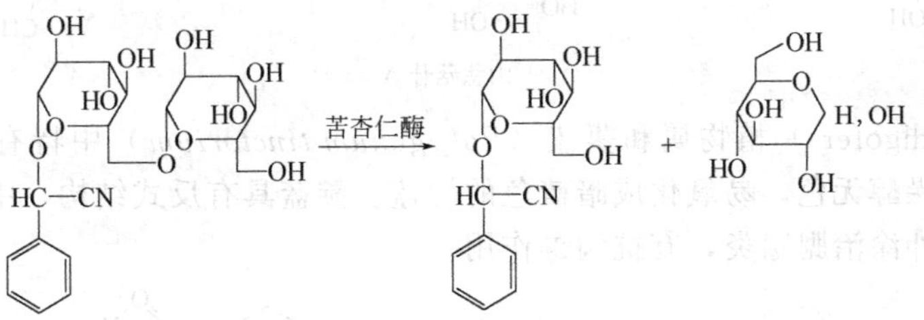


苦杏仁苷　　野樱苷

### 3.2.3 按苷键原子分类

根据苷键原子的不同，可分为 O-苷、S-苷、N-苷和 C-苷，这是最常见的苷类分类方式。其中最常见的是 O-苷。

(1) O-苷　包括醇苷、酚苷、氰苷、酯苷和吲哚苷等。

① 醇苷是通过醇羟基与糖端基羟基脱水而成的苷，如具有致适应原作用的红景天苷，杀虫抗菌作用的毛茛苷，解痉止痛作用的獐牙菜苦苷等都属于醇苷。醇苷苷元中不少属于萜类和甾醇类化合物，其中强心苷和皂苷是醇苷中的重要类型。

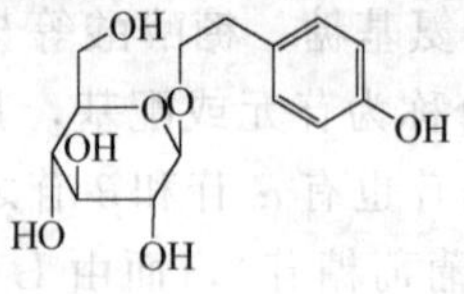
红景天苷

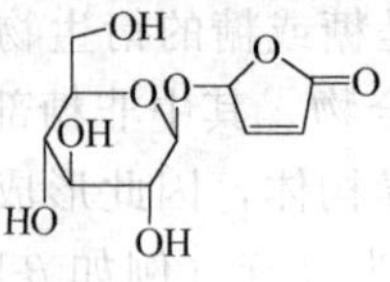
毛茛苷

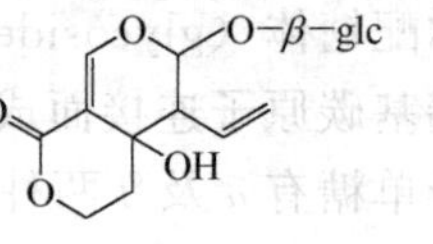

獐牙菜苦苷

② 酚苷是通过酚羟基而成的苷，如苯酚苷、萘酚苷、蒽醌苷、香豆素苷、黄酮苷、木脂体苷等属于酚苷。如天麻（*Gastrodia elata*）中的镇静有效成分天麻苷。存在于柳树和杨树皮中的水杨苷。

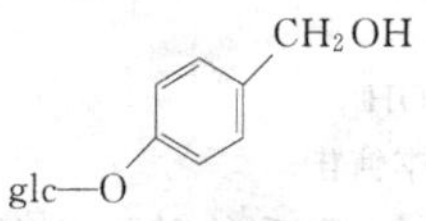

天麻苷

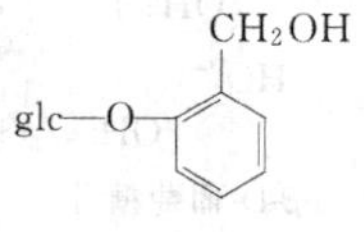

水杨苷

③ 氰苷主要是指一类 α-羟腈的苷，现已发现50多种，分布十分广泛。其特点是多数为水溶性，不易结晶、容易水解，尤其有酸和酶催化时水解更快。生成的苷元 α-羟腈很不稳定，立即分解为醛（酮）和氢氰酸。而在碱性条件下苷元容易发生异构化。

苦杏苷存在于苦杏的种子中，它是 α-羟腈苷。小剂量口服时，在体内缓慢分解生成 α-羟基苯乙腈。α-羟基苯乙腈很不稳定，易分解成苯甲醛（具有杏仁味）和氢氰酸。由于它释放少量氢氰酸，对呼吸中枢呈镇静作用，使呼吸运动趋于安静而达到镇咳的作用。大剂量可产生中毒症状，因氢氰酸可使延髓生命中枢先兴奋后麻痹，并能抑制酶的活动，阻碍新陈代谢，而引起组织窒息。

④ 酯苷的苷元以羧基和糖的端基碳相连接。这种苷的苷键既有缩醛性质又有酯的性质易为稀酸和稀碱所水解。如山慈菇苷 A，有抗霉菌活性；此苷不稳定，放置日久易起酰基重排反应，苷元由 $C_1$-OH 转至 $C_6$-OH 上，同时失去抗霉菌作用，水解后苷元立即环合成山慈菇内酯。

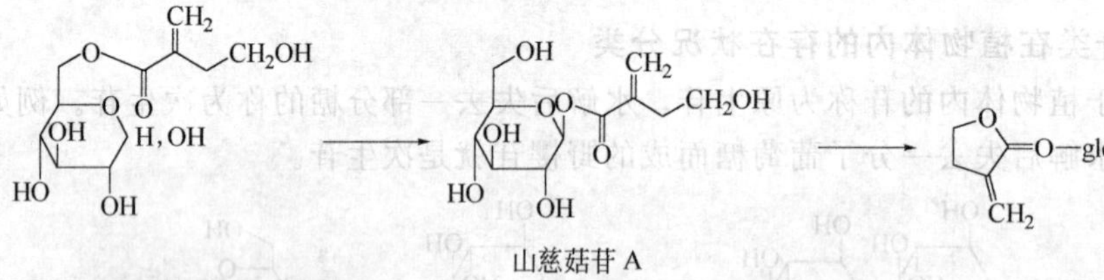

山慈菇苷 A

⑤ 豆科（Indigofera）植物属和蓼蓝（*Polygonum tinctorium*）中特有的靛苷是一种吲哚苷。其苷元吲哚醇无色，易氧化成暗蓝色的靛蓝。靛蓝具有反式结构，中药青黛就是粗制靛蓝，民间用以外涂治腮腺炎，有抗病毒作用。

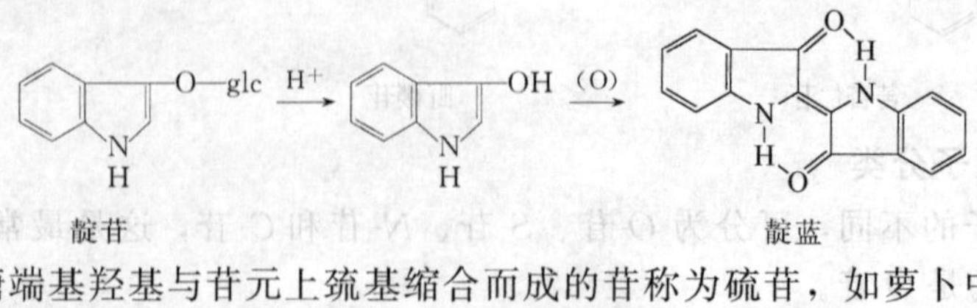

靛苷　　靛蓝

（2）*S*-苷　糖端基羟基与苷元上巯基缩合而成的苷称为硫苷，如萝卜中的萝卜苷，煮萝卜时的特殊气味与含硫苷元的分解产物有关。

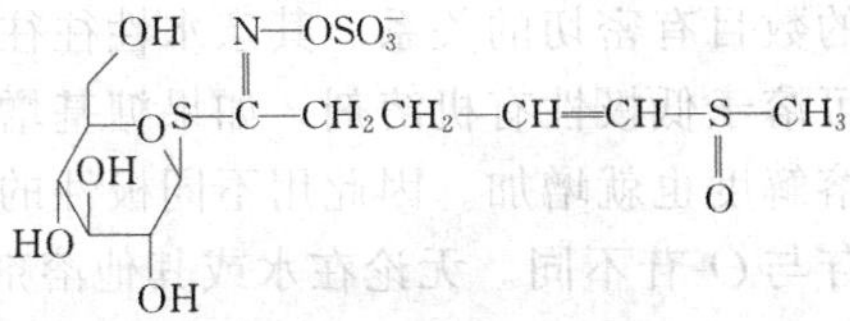

萝卜苷

芥子苷是存在于十字花科植物中的一类硫苷，具有如下通式并几乎都以钾盐形式获得。如黑芥子（*Brassia nigra*）中的黑芥子苷，芥子苷经其伴存的芥子酶水解，生成的芥子油含有异硫氰酸酯类、葡萄糖和硫酸盐，具有止痛和消炎作用。

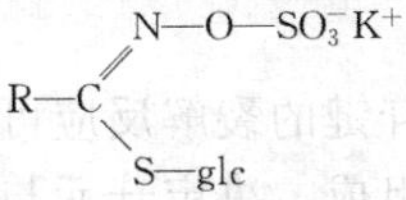

芥子苷通式

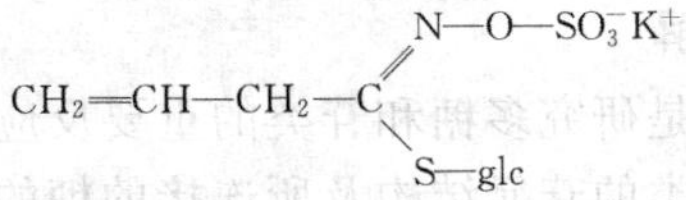

黑芥子苷

（3）*N*-苷　糖上端基碳与苷元上氮原子相连的苷称为 *N*-苷。如生物化学中经常遇到的腺苷和鸟苷等。在中药巴豆中也存在与腺苷结构相似的 *N*-苷，称为巴豆苷。

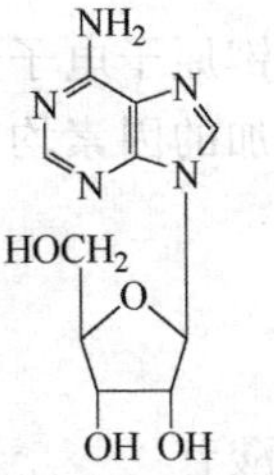

腺苷

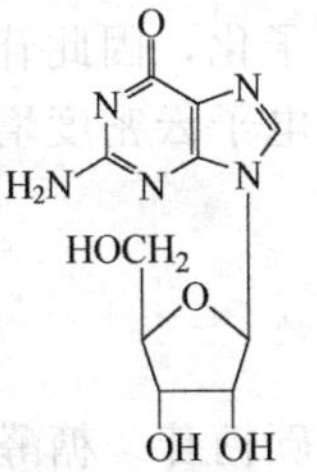

鸟苷

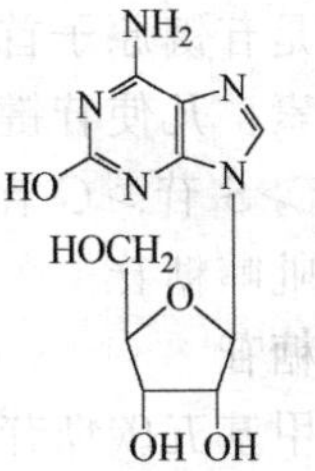

巴豆苷

（4）*C*-苷　是一类糖基不通过氧原子，而直接以 C 原子与苷元的 C 原子相连的苷类。*C*-苷在蒽衍生物及黄酮类化合物中最为常见。*C*-苷常与 *O*-苷共存。它的形成是由苷元酚基所活化的邻或对位氢与糖的端基羟基脱水缩合而成的。黄酮碳苷糖基一般在 A 环，且限于 6 位或 8 位。碳苷类具有溶解度小，难水解的共同特点，如牡荆苷、芦荟苷即是 *C*-苷类。

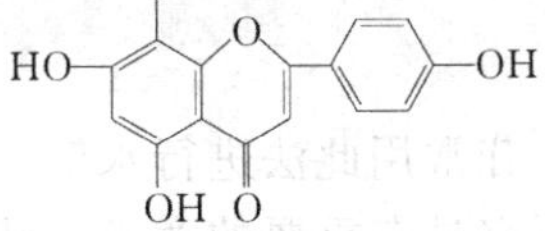

牡荆苷

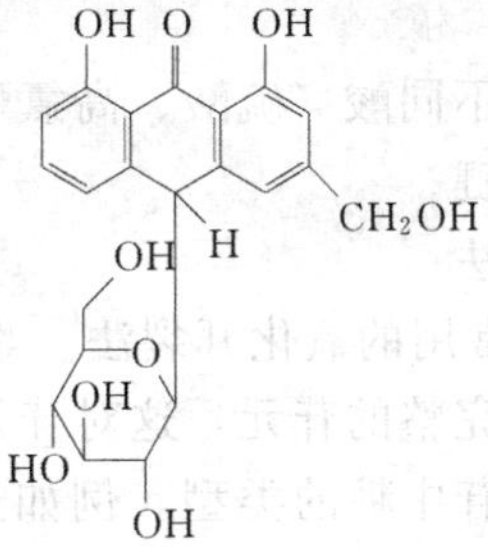

芦荟苷

除此之外，分类方法还有：①按苷的特殊性质分类，如皂苷；②按生理作用分类，如强心苷；③按糖的名称分类，如木糖苷、葡萄糖苷等；④按连接单糖基的数目分类，如单糖苷、双糖苷、叁糖苷等；⑤按连接的糖链数目分类。

## 3.3　糖苷的性质

### 3.3.1　一般形态和溶解度

苷类多是固体，其中糖基少的可结晶，糖基多的如皂苷，则多呈具有吸湿性的无定形粉末。苷类一般是无味的，但也有很苦的和有甜味的，例如穿心莲新苷是苦味的，有甜味的苷极少。苷类的亲水性与糖基的数目有密切的关系。其亲水性往往随糖基的增多而增大，大分子苷元如甾醇等的单糖苷常可溶于低极性有机溶剂，如果糖基增多，则苷元所占比例相应变小，亲水性增加，在水中的溶解度也就增加。因此用不同极性的溶剂顺次提取时，在各提取部位都有发现苷的可能。*C*-苷与*O*-苷不同。无论在水或其他溶剂中的溶解度一般都较小。

### 3.3.2 旋光性

多数苷类呈左旋，但水解后，由于生成的糖常是右旋的，因而使混合物呈右旋，比较水解前后旋光性的变化，也可用以检识苷类的存在，但必须注意，有些二糖或多糖的分子中也都有类似的苷键，因此一定在水解产物中找到苷元，才能确认有无苷类的存在。

### 3.3.3 苷键的裂解

苷键裂解反应是研究多糖和苷类的重要反应。通过苷键的裂解反应可使苷键切断，其目的在于了解组成苷类的苷元结构及所连接的糖的种类和组成，决定苷元与糖的连接方式及糖与糖的连接方式。切断苷键有的可用酸、碱催化等化学方法有的需采用酶和微生物等生物学方法。

(1) 酸水解

苷键酸水解的机理是苷键原子首先质子化，因此苷键原子电子云密度及其空间环境是影响苷键酸水解的结构因素：凡使苷键原子电子云密度增加的因素均有利于苷键的酸水解。

规律：*N*-苷＞*O*-苷＞*S*-苷＞*C*-苷

呋喃糖苷＞吡喃糖苷

酮糖苷＞醛糖苷

五碳糖苷＞甲基五碳糖苷＞六碳糖苷＞糖醛酸苷

2-去氧糖苷＞2-羟基糖苷＞2-氨基糖苷

(2) 碱水解

酯苷、酚苷、烯醇苷和*β*-吸电子基取代的苷可发生碱水解。

(3) 酶水解

麦芽糖酶水解*α*-葡萄糖苷键，苦杏仁苷酶水解*β*-葡萄糖苷键。

(4) 乙酰解

采用乙酸酐与不同酸（硫酸、高氯酸、氯化锌、三氟化硼等）的混合液，水解一部分苷键，保留一部分苷键。

(5) 氧化开裂法

Smith 裂解是常用的氧化开裂法。难水解的*C*-苷常用此法进行水解，以避免使用剧烈的酸水解，而可得到完整的苷元，这对苷元的结构研究具有重要的意义。此外，从降解得到的多元醇，还可确定苷中糖的类型，例如连有葡萄糖、甘露糖、半乳糖或果糖的*C*-苷经降解后，其降解产物中有丙三醇；连有阿拉伯糖、木糖或山梨糖的*C*-苷，其降解产物中有乙二醇；而连有鼠李糖、岩藻糖糖或鸡纳糖的*C*-苷，其降解产物中应有1,2-丙二醇。

Smith 裂解反应分三步：第一步在水或稀醇溶液中，用 $NaIO_4$ 在室温条件下将糖氧化裂解为二元醛；第二步将二元醛用 $NaBH_4$ 还原为醇，以防醛与醛进一步缩合而使水解困难；第三步调节 pH 2 左右，室温放置让其水解。由于这种醇的中间体具有真正的缩醛结构，比苷的环状缩醛更容易被稀酸所催化水解。

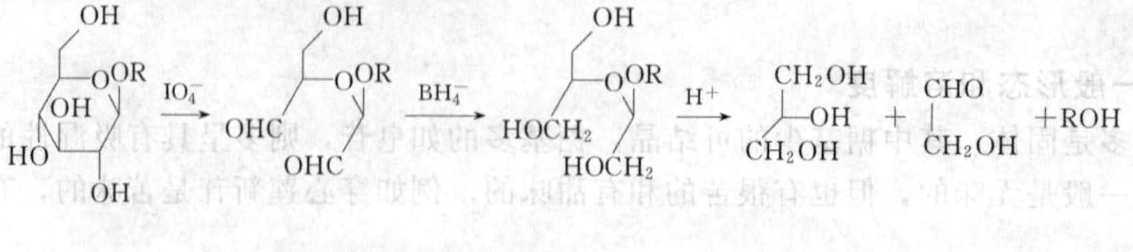

有些氧苷，特别在皂苷的结构研究中，为了避免用酸水解时苷元发生脱水或构型的变化，也常采用 Smith 裂解。例如人参、柴胡、远志等的皂苷，用此法水解获得了真正的苷元。

虽然 Smith 裂解对苷元结构容易改变的苷以及 *C*-苷水解研究特别适宜。但此法显然不适用于苷元上也有 1,2-二醇结构的苷类。

### 3.3.4 苷的显色反应

判断天然原料是否含有苷类，可将其水或醇提取液进行 Molish 反应以确定是否含有糖类。在此反应中，双糖、多糖及苷都先水解生成单糖，再与 α-萘酚缩合成有色的产物。

Molish 反应阳性则表明有各种游离的或结合的糖存在。再进行 Fehling 反应，若产生 $Cu_2O$ 沉淀，则表明有还原糖存在。而非还原性低聚糖、多糖和苷类则为阴性反应，无法作出判断，为此，还要将反应液过滤，滤液加酸酸化，并加热水解，水解液冷后再过滤，滤液加碱中和后再进行 Fehling 反应，若有 $Cu_2O$ 砖红色沉淀产生，就表明有各种结合性的糖（包括苷类）存在。

要最后确定是否含有苷类，可根据酸水解后放冷的反应液中是否有沉淀或絮状沉淀产生，若有，则可能含有苷。因苷水解后产生苷元一般水溶性很小而析出，而低聚糖或多糖酸水解产生单糖是水溶性的，不会产生沉淀。此外，最好对水解产生的沉淀及原提取液进行苷元或苷的定性检查鉴定，若有反应，则原料中含苷的可能性增大。近年对纯提取物也可采用 $^{1}H$-NMR 法或 $^{13}C$-NMR 法也可作出是否是苷类的判断。

Molish 反应又称酚醛缩合反应，其操作是将样品的水提取液置试管中，先加入 α-萘酚试液 1 滴，摇匀，再沿管壁加入浓硫酸，若有单糖、低聚糖或苷存在，则在两种溶液的交界面可产生紫红色或其他颜色的环。

氰苷类的鉴定主要利用其在酸或酶的作用下能产生氢氰酸的性质进行。方法是将药材粉末置试管中，加少量水浸润，并取一条用苦味酸-碳酸钠试剂或联苯胺-乙酸铜试剂湿润的滤纸条，悬浮于试管口，用塞塞紧，于 35℃ 恒温条件下酶解。结果滤纸条呈现颜色，苦味酸试剂呈红色，联苯胺试剂显蓝色，均表明含有氰苷类。反应也可在药材粉末中加入 3～5mL 5%硫酸后于室温下进行。

例如：苦杏仁苷是一种氰苷，易被酸和酶所催化水解。水解所得到的苷元 α-羟基苯乙腈很不稳定，易分解生成苯甲醛和氢氰酸。其中苯甲醛具有特殊的香味。通常将此作为鉴别苦杏仁苷的方法。其具体操作为：取本品数粒，加水共研，发生苯甲醛的特殊香气。此外，苯甲醛可使三硝基苯酚试纸显砖红色的反应也可用来鉴定苦杏仁苷的存在。具体操作为：取苦杏仁数粒，捣碎，称取约 0.1g，置试管中，加水数滴使湿润，试管中悬挂一条三硝基苯酚试纸，用软木塞塞紧，置温水浴中，10min 后，试纸显砖红色。反应式如下：

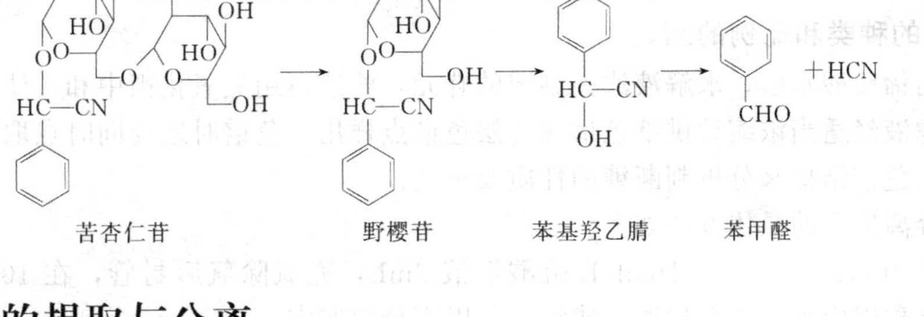


苦杏仁苷　　野樱苷　　苯基羟乙腈　　苯甲醛

## 3.4 糖苷的提取与分离

在植物体内苷类常与能水解苷的酶共存于不同的细胞中，因此在提取苷时，必须设法抑制或破坏酶的活性，一般常用的方法是在中药中加入一定量的碳酸钙，或采用甲醇、乙醇或沸水提取，同时在提取过程中还需尽量勿与酸和碱接触，以免苷类为酸和碱水解，如不加注意，则往往提到的就不是原生苷，而是已水解失去一部分糖的次苷，甚至是苷元。此外，在提取时还必须明确提取的目的要求，即要求提取的是原生苷、次生苷、还是苷元，然后，根据要求进行提取，因此其提取方法是有差别的。

各种苷类分子中由于苷元结构的不同，所连接糖的数目和种类也不一样，很难有统一的提取方法，如果用极性不同的溶剂按极性小到大次序进行提取，则在每一提取部分，都可能有苷的存在。图 3-1 是最常见的提取流程。

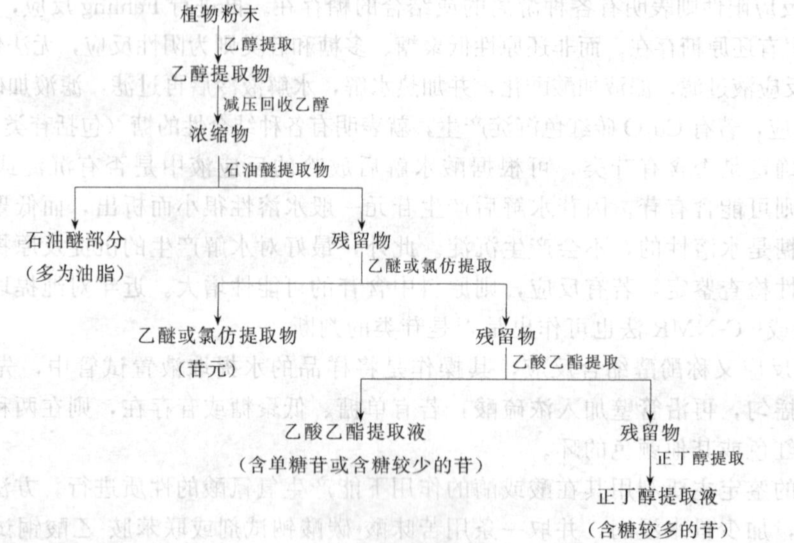


图 3-1　苷类化合物常用的提取流程

## 3.5　糖苷的结构测定

苷类的结构测定一般程序是：先测定物理常数，如熔点（或沸点）、比旋光度等；同时进行元素分析，测定所含的各种元素及其百分比，并测定分子量（也可由质谱测定求出），决定其分子组成，写出分子式。为了测定苷的组成，应将苷用稀酸水解，使生成苷元和各种单糖，再通过化学方法及光谱分析法测定苷元的结构；对组成苷的糖要进行定性鉴定及糖的分子比测定，多糖苷还要对苷元与糖的连接及糖与糖之间连接位置和连接顺序作出测定，同时还要对苷键的构型作出判断。下面重点介绍苷类结构测定中有关糖链部分的测定方法。

### 3.5.1　糖的种类和比例的测定

将苷用稀硫酸水解，水解液滤去难溶的苷元，滤液再用氢氧化钡中和，滤除生成的硫酸钡沉淀，滤液经适当浓缩后供纸色谱或薄层色谱点样用，色谱时还要同时点取标准糖溶液以作对照，由色谱结果来分析判断糖的性质及种类。

单糖分离鉴定的具体方法如下。

取样品 20mg，加 0.5～1mol/L 硫酸溶液 2mL，充氮除氧后封管，在 100℃水解 10h，水解液用碳酸钡中和，离心过滤，滤液进行以下分离鉴定。

(1) 纸色谱分离

取滤液（多糖水解液）点滴于滤纸上，同时点滴 D-葡萄糖、D-甘露糖、L-阿拉伯糖、L-鼠李糖、D-木糖、D-半乳糖等单糖对照品溶液，分别用：①正丁醇-丙酮 -水（4∶5∶1）；

②乙酸乙酯-吡啶-水（10∶4∶3）；③正丁醇-冰醋酸-水（3∶1∶1）；④正丁醇-浓氨水-水（12∶10∶1）；⑤乙酸乙酯-吡啶-乙酸-水（10∶11∶2∶3）为展开剂（也可用其他分离单糖的展开剂）进行纸色谱分离。展开后以苯胺-邻苯二甲酸的正丁醇饱和溶液喷雾显色。根据样品和对照品的 $R_f$ 值及斑点颜色进行鉴定。

糖类的纸色谱（PC）常用的展开剂有：

① $n$-BuOH-HOAc-$H_2O$（4∶1∶5，上层）；

② 2,4,6-三甲基吡啶；

③ EtOAc-吡啶-$H_2O$（2∶1∶2）；

④ $n$-BuOH-苯-吡啶-$H_2O$（5∶1∶3∶3）。

糖类的 PC 中，其 $R_f$ 值与溶剂的含水量有关，因此配制展开剂时应注意各溶剂的比例，尤其对于三元系统的展开剂，其混合比例更应力求准确，并需以标准品同时点样作为对照。

（2）薄层色谱法

可用 0.1mol/L 磷酸二氢钠溶液调配硅胶 G 制备薄层板。经 100℃活化后用纸色谱同样对照品、展开剂（或其他适用于单糖分离的展开剂）和显色剂检出薄层斑点，根据 $R_f$ 值进行鉴定。

糖的薄层色谱常用硅胶作吸附剂。由于糖的极性强，因此在硅胶薄层上进行色谱时，一般点样量不能大于 5μg，但这一缺点可用硼酸溶液或一些无机盐的水溶液代替水调制吸附剂进行铺板，就能显著提高点样量，并改善分离效果，用这种盐的水溶液制备硅胶薄层时，所用的盐一般是用强碱弱酸（或中强酸）的盐，例如 0.3mol/L 的磷酸氢二钠或磷酸二氢钠水溶液。用这种盐的水溶液制备的硅胶薄板分离糖时，其上样量常可达 400～500μg。

（3）高效液相色谱法

用 HRC-$NH_2$ 色谱柱，以乙腈-水（75∶25）为流动相，流速 0.8mL/min，差示折光检测器检出不同单糖组分。

（4）色谱法与质谱分析联用（GC-MS）

水解液中和后，制成硅烷化衍生物进行气相色谱分析，以 MS 检测。GC-MS 不仅可测出多糖的组成，并可测得单糖之间的摩尔比，酸完全水解的条件，是测定单糖组分的重要环节。如己聚糖水解条件通常用 1moL/L 硫酸于 100℃水解 4～6h，戊聚糖为 0.25mol/L 硫酸于 70℃水解 8h，氨基葡聚糖则为 4mol/L 盐酸于 100℃水解 9h，但对连有阿拉伯呋喃糖的多糖，其阿拉伯糖部分极易水解，需严格控制水解条件以防止发生降解反应。

糖的 PC 或 TLC 所用的显色剂常见的有苯胺邻苯二甲酸试剂、三苯四氨盐试剂（TTC 试剂）间苯二酚-盐酸试剂、双甲酮-磷酸试剂等，这些试剂对不同的糖往往显不同的颜色，见表 3-1。含有硫酸的试剂如香草醛-硫酸试剂、间苯二酚硫酸试剂等只能用于 TLC，并在喷后一般要在 100℃加热数分钟才显颜色。

**表 3-1　不同的糖所显的颜色**

| 显　色　剂 | 戊醛糖 | 己醛糖 | 己酮糖 | 糖醛酸 | 甲基戊醛糖 | 甲基己醛糖 |
|---|---|---|---|---|---|---|
| 苯胺邻苯二甲酸 | 红 | 棕 | — | 棕 | 红 | 棕 |
| 三苯四氮盐 | 红 | 红 | 红 | — | — | — |
| 间萘二酚-盐酸 | 蓝 | 紫 | 红 | 蓝 | 蓝 | — |
| 双甲酮磷酸 | — | — | 暗绿灰 | — | — | — |

纤维素薄层色谱与纸色谱相似，都属于分配色谱，也可用于糖的分离和鉴定，纸色谱所用的展开剂和显色剂均适用于纤维素色谱。

气相色谱和高效液相色谱也常用于糖的定性和定量测定。测定时常将糖的样品制成三甲硅醚衍生物并与标准品单糖的三甲硅醚衍生物的保留值 $t_R$ 进行对照，以确定糖的种类，利用峰面积值进行定量，以测定各糖的含量比。多糖的测定常以甲醇解反应制成单糖的甲苷，然后再用硅烷化试剂制成单糖甲苷的三甲硅醚衍生物，以减少异构物，有利于分辨。气相色谱的内标物常用甘露醇或肌醇。苷中各单糖的比例还可以采用双波长薄层扫描法测定各单糖的峰面积，再换算成分子比。三甲硅基醚衍生物要在临色谱前制备。分析的糖样品在水溶液中室温平衡 24h 或回流 1h，然后真空抽尽水分，溶于 KOH 干燥过的二甲基亚砜或二甲酰胺溶剂中，浓度为 0.2～0.6mg/mL。有塞的试管中加 3mL HMDS（六甲基二硅烷）和 2.0mL TMCS（三甲基氯硅烷），滴加 1mL 糖溶液，充分混合均匀，放置。如用二甲基甲酰胺则等 16～20h 后取上层液分析。氨基糖的盐酸用 HMDS 和 TMCS 在吡啶中不能得到氨基的硅醚衍生物，而需改用 BSA（双三甲硅乙酰胺）或 BSTFA（双三甲硅三氟乙酰胺）作为三甲基硅醚化试剂。

### 3.5.2 糖的连接位置的测定

一般的测定方法是将苷进行全甲基化，用 6%～9%盐酸的甲醇溶液进行甲醇解，可得到未完全甲醚化的各种单糖。这些单糖的游离端基羟基在甲醇解过程中同时被甲醚化，而未甲醚化的羟基即是另一个分子糖连接的位置。另外连接在糖链末端的糖，经甲醇解后得到的一定是全甲基化的单糖甲苷。根据这些甲醚化单糖甲苷中游离羟基的位置即可以对糖与糖之间的连接位置作出判断。甲醚化单糖甲苷的鉴定常用 TLC 法或 GLC 法，测定时与标准品进行对照。糖苷的全甲基化物的甲醇解反应如下：

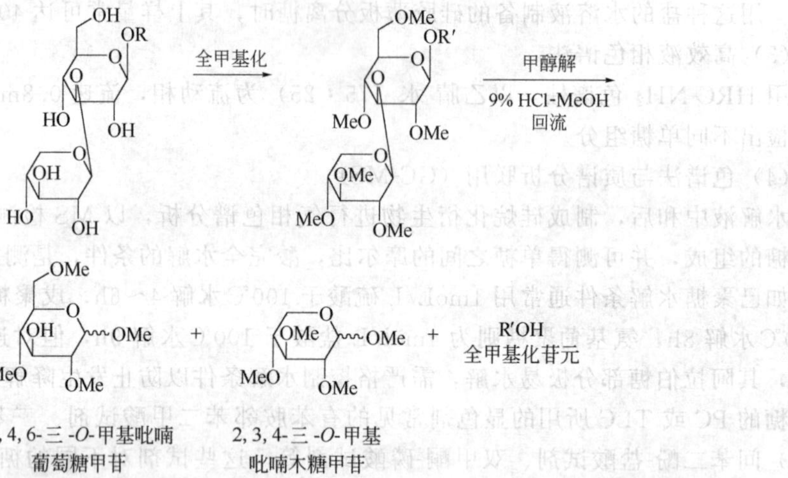


上述反应可见，水解产物除苷元的全甲基化物外，所得到的两种甲基化单糖中，2,3,4-三-*O*-甲基吡喃木糖甲苷是全甲基化的木糖，由此可以推断它是处于末端糖；而 2,4,6-三-*O*-甲基吡喃葡萄糖甲苷是未完全甲基化的葡萄糖，其 3 位上有一羟基，由此可推断它不仅与苷元相连接，并在 3 位上与木糖相连。

### 3.5.3 糖的连接顺序的测定

一般可采用缓和酸水解法、酶水解法或乙酰解等方法，使部分苷键裂解产生单糖或小分子低聚糖，再通过薄层色谱等方法对产物进行鉴定，经分析比较，从而确定糖与糖之间的连接顺序。

缓和酸水解常采用低浓度的无机强酸（如硫酸或盐酸）或中强度的有机酸（如草酸）进行水解，可使苷的部分糖水解脱去。

乙酰解法是将苷溶于乙酸酐或乙酸酐与冰醋酸的混合液，加3%～5%量的浓硫酸，室温放置1～10d，反应液倒入冰水中，并以碳酸氢钠中和至pH 3～4，再用氯仿萃取其中的乙酰化糖，然后通过柱色谱分离获得单一成分，并用薄层色谱鉴定每一种乙酰化单糖和乙酰化低聚糖。苷键乙酰解的速率与糖之间的连接位置有关，以二糖为例，1-6苷键最易乙酰解，其次是1-4苷键、1-3苷键，而1-2苷键最难乙酰解。

另外利用质谱中归属于有关糖基的碎片离子峰或各种分子离子脱糖基的碎片离子峰，可对糖苷类成分中糖基之间的连接顺序作出判断。目前应用较多的是FAB-MS谱，在这种质谱中会出现各种脱去不同程度糖基的碎片离子峰。例如，从某中药中分得一黄酮醇二糖苷，经酸水解确定其苷元为槲皮素，分子中还含有一分子半乳糖和一分子芹糖。FAB-MS显示其准分子峰为 $m/z$ 597、$m/z$ 465、$m/z$ 303为依次失去一分子糖基的碎片离子峰，其中 $m/z$ 465应为分子离子失去一分子五碳糖（$m/z$ 132）后所得的碎片离子，即表明芹糖（五碳糖）处于糖链的末端，结合其他结构信息可确定该二糖苷的基本结构是槲皮素-3-*O*-半乳糖-(2,1)-芹糖苷。

### 3.5.4 苷键构型的测定

苷键构型有α-苷键和β-苷键两种。苷键构型的测定方法主要有酶水解法、Klyne经验公式计算法及核磁共振法。

(1) 利用酶水解进行测定

利用酶水解的专属性特点，即特定的酶只能水解特定糖的特定构型的苷键而进行苷键构型的测定。如麦芽糖酶能水解的为α-葡萄糖苷键，苦杏仁苷酶能水解的为β-葡萄糖苷键等。但要注意并非所有的β-苷键都能被苦杏仁苷酶所水解。

例如，从天麻（*Gastrodia elata Blume*）中提取分离得到的一种主要成分为白色针状结晶，熔点154～156℃，$[\alpha]_D^{23}-35°$（$c=1.3$，乙醇），IR光谱在3200～3480cm$^{-1}$有强的羟基吸收宽峰，在1610cm$^{-1}$有芳环吸收峰，在830 cm$^{-1}$有明显的1,4-二取代芳环吸收峰。该成分的五乙酰化物的核磁共振谱在δ6.98和7.30的两组二重峰，$J_{AA'BB'}=9$Hz，亦为1,4-二取代芳环的特征谱线，此外δ2.35、2.48和2.80的三个单峰是五个乙酰基的贡献，5.04的单峰是芳环外亚甲基信号，4.12和4.32的两组双重峰是吡喃糖部分 $C_6$ 亚甲基信号。MS谱测得该成分的分子离子峰为286（$M^+$），碎片离子峰说明此化合物系由一分子葡萄糖及相对分子质量为124的苷元所组成，结合元素分析，实验式为 $C_{13}H_{18}O_7$。根据MS谱碎片推定结构为对羟甲基苯-β-D-葡萄吡喃糖苷，命名为天麻苷。为了进一步证实，用苦杏仁酶酶解天麻苷，得到对羟基苯甲醇和一分子葡萄糖。此外，还以对羟基苯甲醛为原料合成了对羟基-β-D-葡萄吡喃糖苷，IR光谱与天麻苷完全吻合。

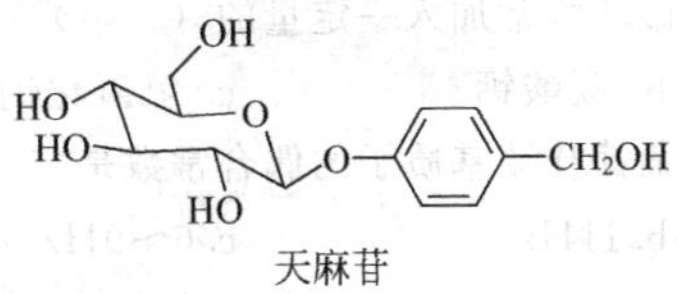

天麻苷

(2) 利用Klyne经验公式进行计算

即分别测定未知苷键构型的苷和其水解所得苷元的旋光度，再通过计算得到其分子比旋度 $[\alpha]_D$，然后再用苷的分子比旋度减去苷元的分子比旋度，求得其差值 $\Delta[\alpha]_D=[\alpha]_D^{苷}-[\alpha]_D^{苷元}$，将此差值与形成该苷的单糖的一对甲苷的分子比旋度相比较，其数值相近的就是此单糖的苷键构型。

(3) 利用核磁共振法测定

① $^1$H-NMR 利用氢谱中糖的端基质子的偶合常数判断苷键的构型是目前最常用的方

法。在糖的$^1$H-NMR谱中，与接氧碳原子相连的H的化学位移在$\delta$4～5，其中$C_1$—H在最低场。$C_1$—H与$C_2$—H的偶合常数（$J$值）在判断苷键构型上很有价值，这是因为$\beta$-苷键和$\alpha$-苷键的$C_1$—H与$C_2$—H的优势构象是不同的。绝大多数的吡喃糖，如葡萄糖的优势构象中$C_2$—H为竖键质子，当$C_1$—OH处在横键上，$C_1$—H和$C_2$—H的两面角近180°，$J$值约在6～8Hz并呈现一个二重峰。当$C_1$—OH处在竖键上，$C_1$—H和$C_2$—H的两面夹角近60°，$J$值在3～4Hz间，由此可以区分$\alpha$和$\beta$异构体。但是对于诸如L-鼠李糖、D-苷露糖等糖上$C_2$—H是处于横键（e键）的糖，无论形成$\alpha$-苷或$\beta$-苷，其$C_1$—H与$C_2$—H的偶合常数相同，均小于4Hz，无法区别苷键构型。

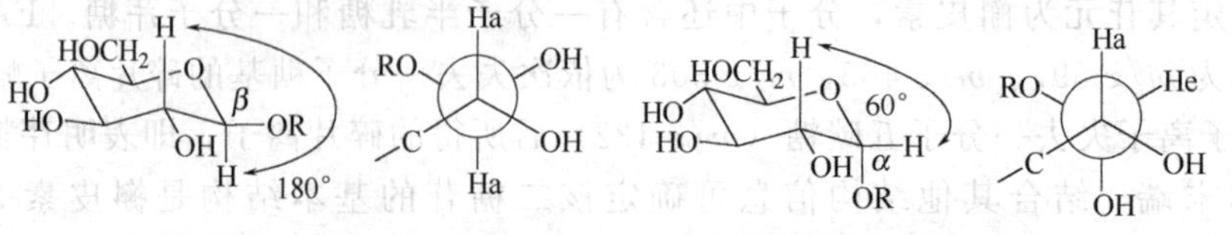


$\beta$-D-葡萄糖苷键　　$J_{1,2}$=8 Hz　　$\alpha$-D-葡萄糖苷键　　$J_{1,2}$=2~3.5 Hz

② $^{13}$C-NMR　糖与苷元连接后，糖中端基碳原子向低场位移，其化学位移值明显增大，而其他碳原子的$\delta$值则变动不大，利用碳谱中端基碳原子的化学移值或碳氢偶合常数$J_{C_1\text{-}H_1}$值可以区分$\alpha$-苷和$\beta$-苷的苷键构型。除L-鼠李糖及D-甘露糖形成的苷外，其他糖苷中，两种苷键构型的端基碳原子的化学位移值相差较大，$\delta$约为4左右。如D-葡萄吡喃糖苷端基碳原子$\delta$值：$\alpha$-型为97～101；$\beta$-型为103～106，因此可以利用其$\delta$值来确定其苷键构型。此外，利用端基碳上的C—H偶合常数值也可以区分苷键构型。例如D-葡萄糖，D-甘露糖和L-鼠李糖形成的苷，$\alpha$-苷的$J_{C_1\text{-}H_1}$值约为170Hz，而$\beta$-苷的$J_{C_1\text{-}H_1}$值约为160Hz，两者相差约10Hz，故可用以区分苷键构型。

此外，对于吡喃糖的红外光谱，$\alpha$-型糖的$C_1$-H面内剪式振动特征的吸收一般出现在(844±8) cm$^{-1}$范围内，而$\beta$-型糖出现在（899±9）cm$^{-1}$范围内。这对于分析糖苷和糖酯的结构也很有帮助。

## 习　题

1. 选择题

（1）研究苷的结构时，可用于推测苷键构型的方法是（　）

a. 酸水解　　b. 碱水解　　c. 酶水解　　d. Smith降解

（2）研究苷的结构时，可用于推测糖和苷元之间连接位置的方法是（　）

a. 酸水解　　b. Smith降解　　c. 全甲基化甲醇解　　d. 酶水解

（3）提取苷类成分时，为抑制或破坏酶常加入一定量的（　）

a. 酒石酸　　b. 碳酸钙　　c. 氢氧化钠　　d. 碳酸钠

（4）在苷的$^1$H-NMR谱中，$\beta$-葡萄糖苷端基质子的偶合常数是（　）

a. 17Hz　　b. 11Hz　　c. 6～9Hz　　d. 2～3Hz

（5）芸香糖的组成是（　）

a. 两分子葡萄糖　　b. 两分子鼠李糖

c. 一分子葡萄糖，一分子果糖　　d. 一分子葡萄糖，一分子鼠李糖

（6）最难被酸水解的是（　）

a. 碳苷　　b. 氮苷　　c. 氧苷　　d. 硫苷

（7）麦芽糖酶能水解（　）

a. $\alpha$-果糖苷键　　b. $\alpha$-葡萄糖苷键　　c. $\beta$-葡萄糖苷键　　d. $\alpha$-麦芽糖苷键

（8）某杏仁苷酶水解的最终产物包括（　）

a. 葡萄糖、氢氰酸、苯甲醛　　b. 苯羟乙腈、龙胆双糖

c. 苯羟乙腈、葡萄糖　　　　d. 龙胆双糖、氢氰酸、苯甲醛

2. 苷键具有什么性质，常用哪些方法裂解？

3. 苷键的酶催化水解有什么特点？

4. 写出 Smith 裂解反应的反应式。

5. 气相色谱法有哪些特征？鉴定糖类时有什么不利因素，如何克服？

6. 苷类结构研究的一般程序及主要方法是什么？

7. 熊果苷是从小檗属灌木、酸果蔓或黎树叶子中分离出来的一种化合物，其分子式是 $C_{12}H_{16}O_7$。当熊果苷用酸性水溶液或 *β*-葡萄糖苷酶处理时，得到 D-葡萄糖和化合物 A（$C_6H_6O_2$）。化合物 A 的 $^1H$-NMR 谱中由两个单峰组成，化学位移值分别为 $\delta$ 6.08（4H）和 $\delta$ 7.9（2H）。甲基化的熊果苷酸性条件下水解得 2，3，4，6-四-*O*-甲基-D-葡萄糖和化合物 B（$C_7H_8O_2$）。B 可以溶解在稀 NaOH 水溶液中，但不溶于 $NaHCO_3$。它的 $^1H$-NMR 谱显示在 $\delta$ 3.9（3H）有一个单峰，在 $\delta$ 4.8（1H）有一个单峰，以及在 $\delta$ 6.8（4H）有一个多重峰（非常像是单峰）。用 NaOH 水溶液和 $(CH_3)_2SO_4$ 处理化合物 B 得化合物 C（$C_8H_{10}O_2$）。化合物 C 的 $^1H$-NMR 谱由两个单峰组成，$\delta$ 分别为 3.75（6H）和 6.8（4H）。试用反应式表达推测熊果苷和化合物 A、B、C 的结构式。

8. 柳树皮中存在一种糖苷叫做水杨苷，当用苦杏仁酶水解时得 D-葡萄糖和水杨醇（邻羟基苯甲醇）。水杨苷用硫酸二甲酯和氢氧化钠处理得五甲基水杨苷，酸催化水解得 2,3,4,6-四甲基-D-葡萄糖和邻甲氧基苯甲醇。写出水杨苷的结构式。

# 第4章　生　物　碱

## 4.1　概述

生物碱为生物体内一类除蛋白质、肽类、氨基酸及维生素 B 以外含氮化合物的总称，是结构复杂具有生理活性的植物碱。1819 年，W. Weissner 把植物中的碱性化合物统称为类碱（alkali-like）或生物碱（alkaloids），生物碱一名沿用至今。

生物碱是科学家们研究得最早的、具有生物活性的一类天然有机化合物，它们大多具有生物活性，往往是许多药用植物，包括许多中草药的有效成分。例如：阿片中的镇痛成分吗啡，麻黄的抗哮喘成分麻黄碱，颠茄的解痉成分阿托品，长春花的抗癌成分长春新碱，黄连的抗菌消炎成分黄连素（小檗碱）等。生物碱能与酸结合成盐，易被体内吸收，它们又大多具有复杂的化学结构。

生物碱除少数来自动物，如肾上腺素等，大都来自植物，以双子叶植物最多，在罂粟科、豆科、防己科、毛茛科、夹竹桃科、茄科、石蒜科等科的植物中分布较广。有的生物碱在根皮或根茎中含量较高，有的则主要集中于种子。生物碱在植物中的含量高低不一，如金鸡纳树皮中含生物碱可达 1.5%以上，黄连中小檗碱的含量可高达 8%以上，而长春花中的长春新碱含量仅为百万分之一，美登木中美登素含量更少，仅千万分之二，含量在千分之一以上就算比较高了。天然界生物碱以盐的形式存在较多，与苹果酸、柠檬酸、草酸、鞣酸（单宁）、乙酸、丙酸、乳酸形成盐。到目前为止从动植物中共分离出 1 万多种生物碱，用于临床的有近百种，如麻黄碱、长春碱、喜树碱等。

生物碱是天然有机化合物中最大的一类化合物，各类生物碱的结构千差万别，变幻无穷。科学家们在阐明化学结构的同时亦研究它们的结构与疗效的关系，同时进行结构的改造，寻找疗效更高、结构更为简单并且可大量生产的新型化合物。例如，人们对吗啡（morphine）的研究发展了异喹啉类生物碱的研究，并导致了镇痛药度冷丁（dolantin）的发现。又如可卡因（cocaine）的研究发展了莨菪类生物碱化学并导致局部麻醉药普鲁卡因（procaine）的产生。由此可见，人们对生物碱的研究大大促进了天然有机化学与药物化学的发展。

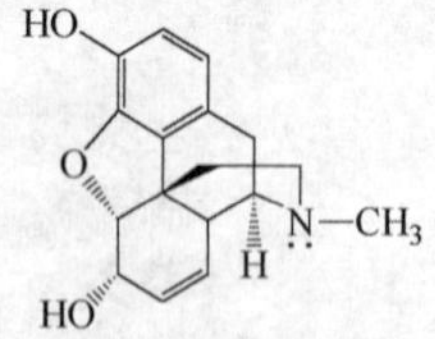


吗啡

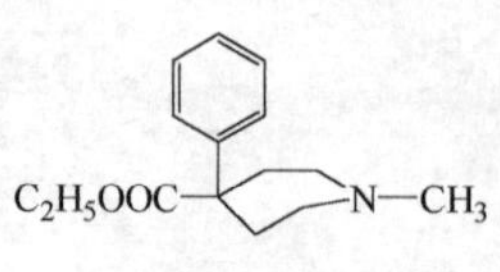


度冷丁

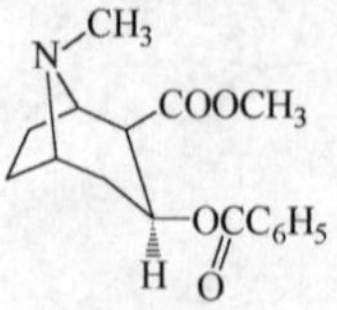


可卡因

$(CH_3CH_2)_2NCH_2CH_2OC(=O)C_6H_4NH_2$

普鲁卡因

生物碱在植物体内一般被认为是次级代谢产物，起着保护植物或促进植物生长与代谢的作用。因为一些不含或微含生物碱的植物或生物同样生长发育良好，因此生物碱在体内的功能仍有待今后研究解决。

## 4.2 生物碱的分类

生物碱的分类方法有多种，较常用的是根据生物碱分子中基本母核，大体分为如下10类。

### 4.2.1 有机胺类生物碱

氮原子不在环内的生物碱。例如L-麻黄碱（ephedrine），它是毒品之一，具有兴奋中枢神经、升高血压、扩大支气管作用，可治哮喘等；益母草碱（leonurine），中药益母草的有效成分，能收缩子宫，对子宫有增强其紧张性与节律性作用，并有一定的降压作用和抗血小板聚集作用。

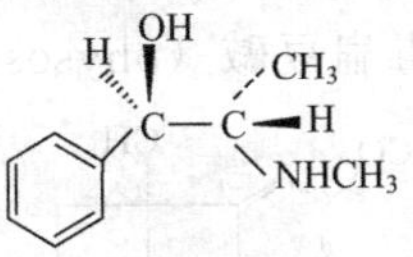
L-麻黄碱

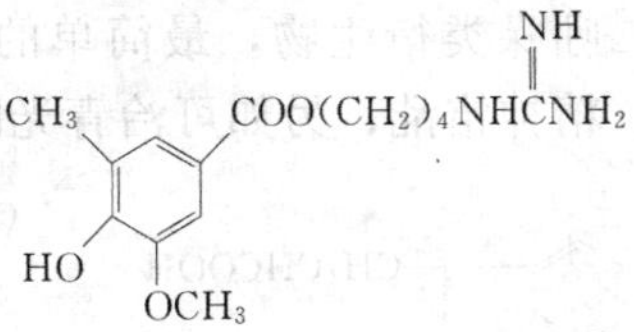
益母草碱

### 4.2.2 吡咯烷衍生物类生物碱

由吡咯及四氢吡咯衍生的生物碱，包括简单吡咯烷类和双稠吡咯烷类。最简单的吡咯烷生物碱如古豆碱（hygrine），是从古柯叶中分出的液体生物碱，沸点195℃。从一叶萩的叶与根中分离出的一叶萩碱（securinine），有兴奋中枢神经作用，临床可用于治疗脊髓灰白质炎及某些植物神经系统紊乱所引起的头晕等病症。

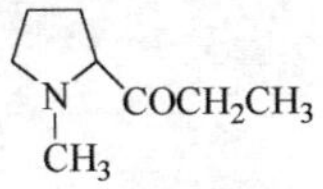
古豆碱

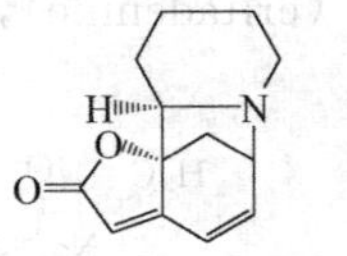
一叶萩碱

### 4.2.3 吡啶衍生物类生物碱

由吡啶衍生出的生物碱，如蓖麻碱（ricinine），分子中含有氰基，毒性较大，内服后能致吐，损伤肝和肾；猕猴桃碱（actinidine），具有强壮补精作用。

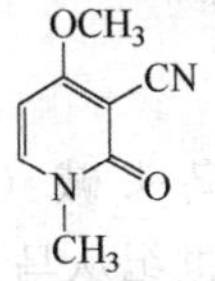
蓖麻碱

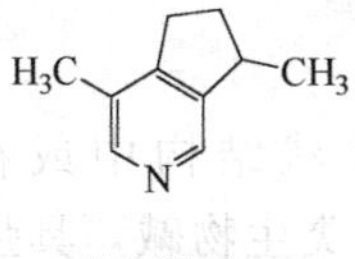
猕猴桃碱

### 4.2.4 喹啉衍生物类生物碱

具有喹啉母核的生物碱，如具抗癌活性的喜树碱（camptothecine）与具治疗疟疾作用的奎宁（quinine）都是喹啉衍生物类生物碱。

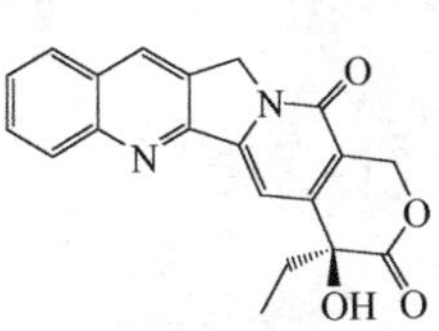
喜树碱

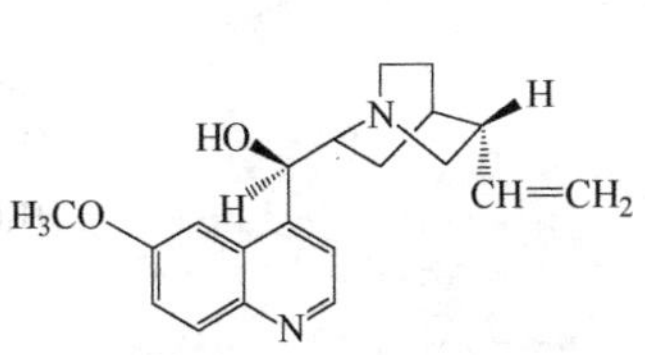
奎宁

### 4.2.5 异喹啉衍生物类生物碱

具有异喹啉母核或氢化母核的生物碱，是最大的一类生物碱。最简单的为鹿尾草中降血压成分鹿尾草碱（salsoline）和鹿尾草定（salsolidine），再如阿片中具有解痉作用的罂粟碱（papaverine）。

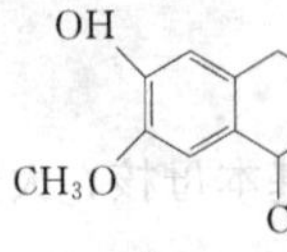
鹿尾草碱

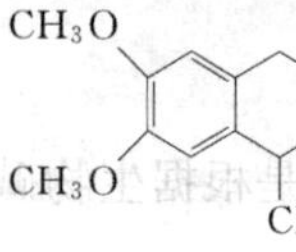
鹿尾草定

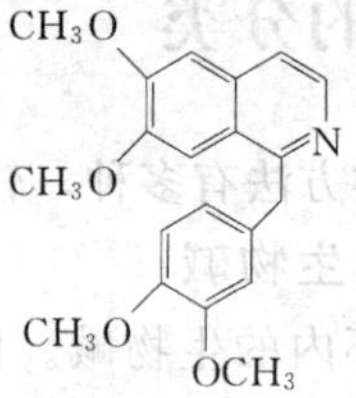
罂粟碱

### 4.2.6 吲哚衍生物类生物碱

具有简单吲哚和二吲哚类衍生物，最简单的如相思豆中的相思豆碱（abrine），作用于中枢神经会产生狂躁、精神错乱；另如可治青光眼的毒扁豆碱（physostigmine）。

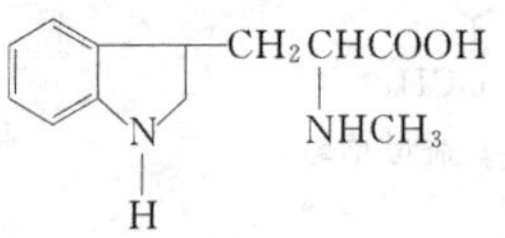
相思豆碱

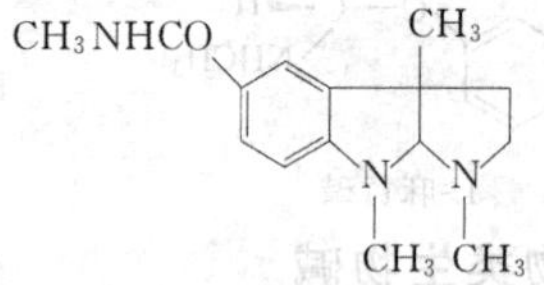
毒扁豆碱

### 4.2.7 嘌呤衍生物类生物碱

含有嘌呤母核的生物碱，如咖啡碱（caffeine），是一种中枢神经兴奋剂和利尿、强心药。再如香菇嘌呤（eritadenine），具降血脂作用，可作营养保健剂。

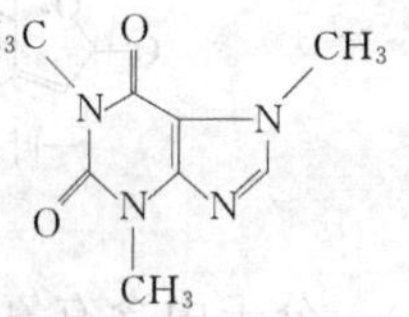
咖啡碱

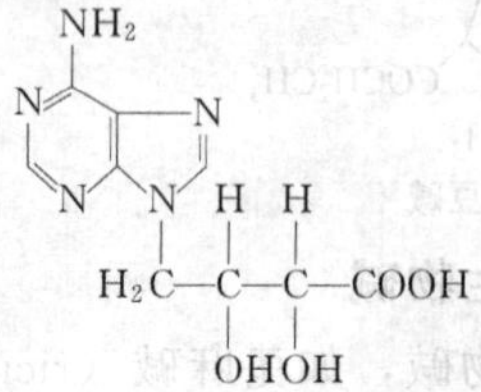
香菇嘌呤

### 4.2.8 萜类生物碱

氮原子在萜的环状结构中或在萜结构的侧链上。如乌头碱（aconitine），分子式 $C_{34}H_{47}O_{11}N$，属二萜类生物碱，具强心与止痛作用。中国 17 世纪从乌头中提取得到，比国外文献记述最早的生物碱吗啡（1806 年）早约 200 年。

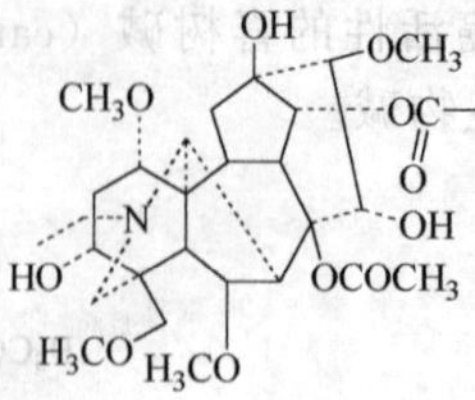
乌头碱

### 4.2.9 甾体类生物碱

甾体类生物碱是一类含有甾体结构的生物碱，例如孕甾烷类生物碱枯其林（kurchiline）有止泻、解毒的功能，异甾烷类生物碱黎芦碱（veratramine）有催吐、祛瘀等功效，本品制剂可作抗炎药物，还能提高治疗有机磷中毒的效果。

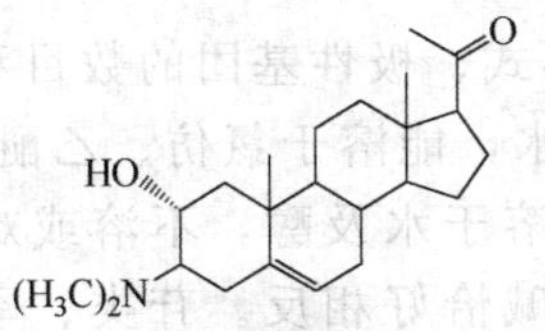

枯其林

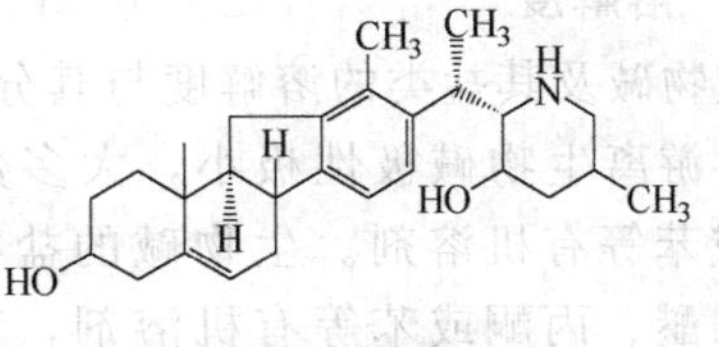

黎芦碱

#### 4.2.10 大环类生物碱

美登素（maytansine），分子式为 $C_{34}H_{46}ClO_{10}N_3$，m. p. 183.5～184℃。1972 年 Kupchan 报道，新型抗癌活性物质，主要用于白血病的治疗，得率仅为千万分之二。其结构很复杂，最终结构经美登素的溴丙醚衍生物的 X 单晶衍射分析而确定，是含有 8 个手性中心与一对共轭双键的 19 元大环内酰胺化合物，其全合成工作在 1982 年由 Corey 等首先完成。中国化学工作者顾学钦、潘百川、高怡生等也完成了其全合成。

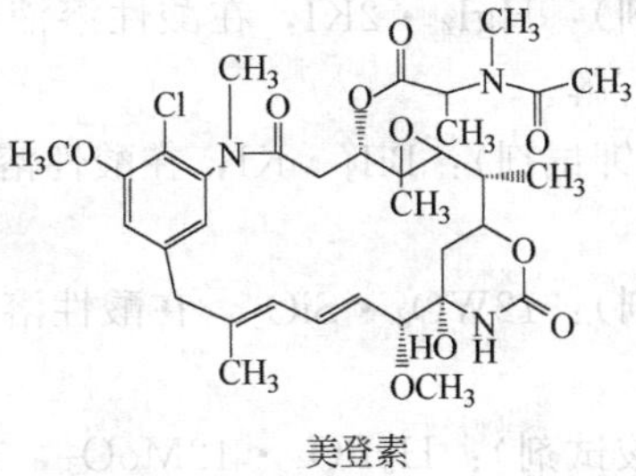

美登素

## 4.3 生物碱的性质

#### 4.3.1 性状

大多数生物碱为结晶形固体，有一定的结晶形状，有明显的熔点，少数有升华性，如咖啡碱等。少数生物碱为液体，如烟碱、毒芹碱等。绝大多数生物碱是无色或白色的化合物，只有少数生物碱有颜色，如小檗碱为黄色、蛇根碱也为黄色，主要原因是它们结构中有共轭体系存在。生物碱多具苦味，如盐酸小檗碱等。

#### 4.3.2 旋光性

大多数生物碱分子有手性碳原子存在，有光学活性，且多数为左旋光性。某些生物碱不含手性碳原子，但没有对称因素存在，因而也有旋光性。旋光性可因溶剂、pH 值的改变而有较大的差别。如麻黄碱在氯仿中呈左旋，在水中则变为右旋；烟碱在中性条件下呈左旋，但在酸性条件下则变为右旋。生物碱的生理活性与旋光性有密切关系，一般左旋体有较强的生理活性，而右旋体则没有或仅有很弱的生理活性，如 L-莨菪碱的散瞳作用是 D-莨菪碱的 100 倍。

#### 4.3.3 酸碱性

生物碱分子中氮原子具有孤对电子，可接受质子而显碱性，因此除酰胺生物碱呈中性外，大多生物碱呈碱性。生物碱的碱性强弱，与其分子结构，特别是氮原子的杂化状态和其化学环境有很大的关系，一般碱性强弱顺序为：季铵碱＞脂仲氨碱＞脂叔氨碱＞芳叔氨碱＞酰胺碱。生物碱大多能与无机酸或有机酸成盐而溶于水。

另外，含有酚羟基或羧基的生物碱也能溶于碱水溶液，因而显现两性，例如吗啡。

### 4.3.4 溶解度

生物碱及其盐类的溶解度与其分子中N原子的存在形式、极性基团的数目和溶剂等有关。游离生物碱极性极小，大多数不溶于水或难溶于水，能溶于氯仿、乙醚、丙酮、乙醇或苯等有机溶剂。生物碱的盐类极性较大，大多易溶于水及醇，不溶或难溶于氯仿、乙醚、丙酮或苯等有机溶剂，其溶解性与游离生物碱恰好相反。苷类、季铵碱类生物碱多数水溶性较大。含酸性基团（酚羟基、羧基）的生物碱难溶于一般有机溶剂中，因具有两性可溶于酸水或碱水中。小分子的麻黄碱既可溶于有机溶剂中，也可溶于水中。

### 4.3.5 沉淀反应

利用生物碱的沉淀反应可检查植物中是否含有生物碱以及分离生物碱。沉淀反应是利用生物碱在酸性条件下与某些沉淀剂生成不溶性复盐或配合物沉淀。生物碱的沉淀试剂较多，常用的有以下几种。

Mayer试剂（碘化汞钾试剂）：$HgI_2 \cdot 2KI$，在酸性溶液中与生物碱反应生成类白色沉淀，若加过量试剂，沉淀又被溶解。

Drugendroff试剂（碘化铋钾试剂）：$BiI_3 \cdot KI$，在酸性溶液中与生物碱反应多生成红棕色沉淀。

Bertrand试剂（硅钨酸试剂）：$12WO_3 \cdot SiO_2$，在酸性溶液中与生物碱反应生成灰白色沉淀。

Sonnenschein试剂（磷钼酸试剂）：$H_3PO_4 \cdot 12MoO_3$，在中性或酸性溶液中与生物碱反应生成棕黄色沉淀。

### 4.3.6 显色反应

显色反应可用于鉴别生物碱，其原理目前还不太清楚。常用的显色剂有以下几种。

Frohde试剂（1%钼酸钠或5%钼酸铵的浓硫酸溶液）：乌头碱显黄棕色，吗啡显紫色转棕色，可待因显暗绿色至淡黄色，黄连素显棕绿色，阿托品等不显色。

Mandelin试剂（1%钒酸铵的浓硫酸溶液）：吗啡显棕色，可待因显蓝色，莨菪碱显红色。

Marquis试剂（0.2mL 30%甲醛溶液与10mL浓硫酸的混合溶液）：吗啡显橙色至紫色，可待因显红色至黄棕色。

## 4.4 生物碱的提取与分离

### 4.4.1 总生物碱的提取

（1）酸水提取法

用0.1%～1% HCl、$H_2SO_4$、HOAc浸泡或渗漉，易提尽，但提取液体积大，水溶性杂质多，结合强酸性或弱酸性离子交换树脂、沉淀法等方法分离。

（2）醇类溶剂提取法

乙醇（95%）或稀乙醇（60%～80%）浸泡、渗漉或加热提取，浓缩液加酸酸化，过滤后，酸水用氯仿、乙醚洗涤，再碱化，最后用氯仿或乙醚提取，浓缩得较纯的总碱。此法易浓缩，水溶杂质少，但脂溶杂质多。

（3）有机溶剂提取法

先用1% $Na_2CO_3$（或氨水）水溶液搅匀或磨匀，再用$CHCl_3$、$CH_2Cl_2$、苯、石油醚等浸泡或渗漉提取，提取液用稀酸水萃取。此法选择性强，产品纯度高，但溶剂昂贵，有毒，不安全。

### 4.4.2 生物碱的分离

(1) 利用分步结晶法进行混合生物碱的分离

利用生物碱在不同溶剂中的不同溶解度以达到分离的目的。先将总碱溶于少量乙醚、丙酮或甲醇中，放置，如果析出结晶，过滤，得一种生物碱结晶，母液浓缩至少量或加入另一种溶剂往往又可得到其他生物碱结晶。

(2) 生成生物碱的衍生物进行分离

许多生物碱的盐往往比游离生物碱更易于结晶，常用酸有氢碘酸、过氯酸、苦味酸等，例如麻黄碱与伪麻黄碱的分离，利用它们草酸盐的溶解度不同（前者小）而分离。有些生物碱可与氯乙酰或氯甲酸乙酯生成相应的酯，利用它们的沸点不同进行分离。

(3) 利用生物碱的碱性强弱不同进行分离

碱强度不同的混合生物碱在酸水溶液中加适量的碱液，有机溶剂萃取，则弱碱先游离析出转入有机溶剂层，强碱与酸成盐仍留在水溶液中，如逐步添加碱量，则游离出生物碱的强度也逐步增强，这样可达到分离的目的。一般分离流程见图 4-1。

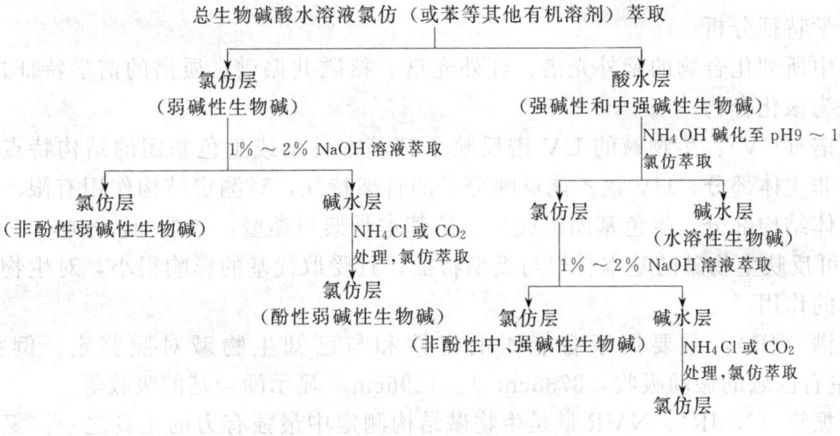


图 4-1　总生物碱的初步分离流程

(4) 利用生物碱中不同官能团用化学法进行分离

例如含吗啡的总碱加 NaOH 水溶液，再用$CHCl_3$提取，因吗啡含有酚羟基可与 NaOH 生成钠盐仍留于水中，从而与其他生物碱分离开。

(5) 利用分馏方法进行分离

由不同沸点组成的液体生物碱总碱，往往可通过常压或减压分馏进行分离。

(6) 采用色谱法进行分离

当用一些简便方法还未能达到分离的目的时，往往采用柱色谱法进行分离，常用氧化铝、硅胶作吸附剂，根据吸附能力不同而达到分离的目的。还可用离子交换色谱法，根据碱性强弱不同而分离；有时也可用凝胶色谱，根据分子量大小不同进行分离。

上述分离所得单体纯度的检查：薄层色谱检查必须是单一斑点；结晶经重结晶后晶体均匀，色泽均匀，熔程短（1～2℃以内）；$^1H$-NMR 及 MS 谱中无杂质信号；必要时再经 GC 与 HPLC 检查纯度。

## 4.5 生物碱的鉴定和结构测定

### 4.5.1 已知生物碱的鉴定

（1）物性测定

测定化合物的熔沸点、比旋光度等物理常数，与已知生物碱的物理常数比较。

（2）色谱分析

常用薄层色谱、纸色谱，可用几种溶剂尝试，对照其 $R_f$ 值。

薄层色谱：软板常用氧化铝，展开剂为苯、氯仿。硬板常用硅胶，展开剂为苯、氯仿、石油醚。如生物碱中极性基团多，则可在展开剂中加适量乙醇或丙酮。

分配薄层色谱法：在纤维素或硅胶薄层上用甲酰胺作固定相，以苯或氯仿为移动相，为避免拖尾，可用甲酰胺把固定相饱和，可得单一色点。

纸色谱：以水为固定相，或将甲酰胺加到滤纸上作固定相；苯＋氯仿＋乙酸乙酯作为移动相。

常用显色剂：都可用碘化铋钾或碘化铂钾，前者多显橙红色；后者则不同（例如吗啡显蓝色；蛇根碱显红棕色；阿托品显蓝紫色；乌头碱显红棕色）。

大多生物碱的 $R_f$ 值可查，但随溶剂不同易变化，如有标样则可与标样作共同分析，确定是否为同一物。

（3）谱学特征分析

与文献中所列化合物的紫外光谱、红外光谱、核磁共振谱、质谱的谱学特征进行对照，以确定是否为该化合物。

紫外光谱（UV）：生物碱的 UV 谱反映了其基本骨架或生色基团的结构特点。生色基团在分子的非主体部分，UV 谱不能反映分子的骨架特征，对测定结构作用有限。生色基团在分子的整体结构部分，生色基团组成分子的基本骨架与类型，如吡啶、喹啉、吲哚类生物碱，UV 谱可反映生物碱的基本骨架与类型特征，且受取代基的影响很小，对生物碱骨架的测定有重要的作用。

红外光谱（IR）：主要用于官能团的定性和与已知生物碱对照鉴定。例如酮基在 $1690cm^{-1}$左右区域的振动吸收，$3735cm^{-1}$、$1296cm^{-1}$显示酚羟基的吸收等。

核磁共振谱（NMR）：NMR 谱是生物碱结构测定中最强有力的工具之一。氢谱可提供有关官能团（如 $NCH_3$、$NC_2H_5$、NH、OH、$CH_3O$、C═C、Ar—H 等）和立体化学的许多信息。碳谱、高分辨氢谱和 2D NMR 谱，所提供的结构信息的数量和质量，是其他光谱方法所难于比拟的，因此核磁共振谱是生物碱结构测定中应用最广的方法。

质谱：由于生物碱结构不同，有不同的裂解方式，产生不同的离子峰。难于裂解或由取代基或侧链的裂解产生的 $M^+$ 或 $M^+-1$ 多为基峰或强峰，一般观察不到由骨架裂解产生的特征离子。以氮原子为中心的 α-裂解，多涉及骨架的裂解，且基峰或强峰多是含氮的基团或部分。如金鸡纳生物碱类，其裂解特征是先 α-裂解断 $C_2$—$C_3$ 键形成一对互补离子 a 和 b，基峰离子 b 又经 α-裂解等产生其他离子。

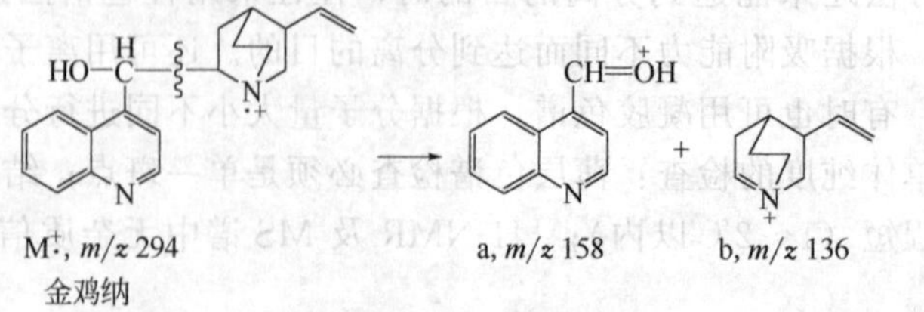

### 4.5.2 未知生物碱的结构测定

(1) 化学降解反应

化学降解反应是经典的结构测定方法，其方法很多，对生物碱而言，Hoffman 分解反应（彻底甲基化反应）是最常用的方法，可了解氮原子的结合状态，基本明确生物碱的骨架，当然随着物理方法的广泛应用，目前这种化学降解方法已用得很少。

$$RCH_2CH_2N(CH_3)_2 \xrightarrow{CH_3I} \xrightarrow[\text{湿}]{Ag_2O} \xrightarrow{\text{加热}} RCH{=}CH_2 + N(CH_3)_3$$

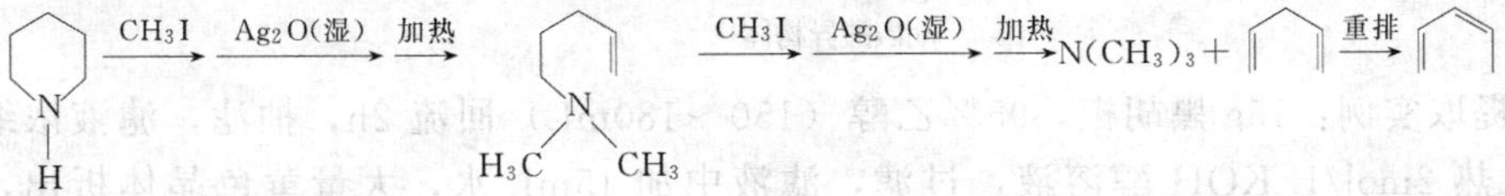

(2) 物理方法

通过元素分析，四谱，X 单晶衍射光谱等分析，确定化合物的结构。例如防己碱(sinomenine)，分子式 $C_{19}H_{23}O_4N$，为酚性生物碱，m. p. 161℃，$[\alpha]_D$ $-70°$（乙醇）。紫外光谱 263nm（lgε 3.79）显示四氢异喹啉吸收；红外光谱 $3735cm^{-1}$、$1590cm^{-1}$、$1296cm^{-1}$ 显示苯酚吸收，$1700cm^{-1}$ 显示 α，β-不饱和酮吸收；$^1H$-NMR($CDCl_3$) 显示 >$NCH_3$ δ 2.34 (3H，s)，—$OCH_3$ δ 3.40(3H，s)，$ArOCH_3$ δ 3.70(3H，s)，AB 芳香质子 δ 6.56，6.44 (均为 1H，d，J=7Hz)，烯质子 δ 5.40 (1H，s) 及酮基邻位 $CH_2$ δ 2.30，2.40（各 1H，d，J=14Hz）。

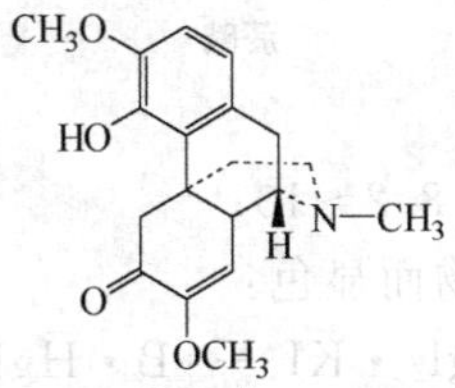

防己碱

## 4.6 有代表性的生物碱

### 4.6.1 胡椒碱

胡椒碱（piperine）为白色晶体，m. p. 130℃。碱性极弱（对石蕊试纸呈中性），不易与酸结合，不溶于水与石油醚，易溶于氯仿、乙醇、乙醚、苯、醋酸中。由于结构中共轭链较长，因此具有抗氧化性，扩张胆管等作用。

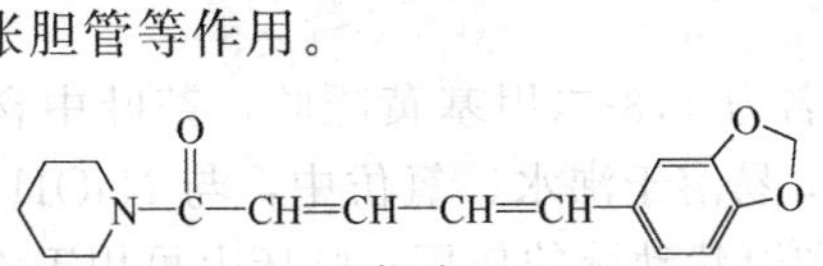

胡椒碱

胡椒碱为酰胺衍生物，有如下反应：

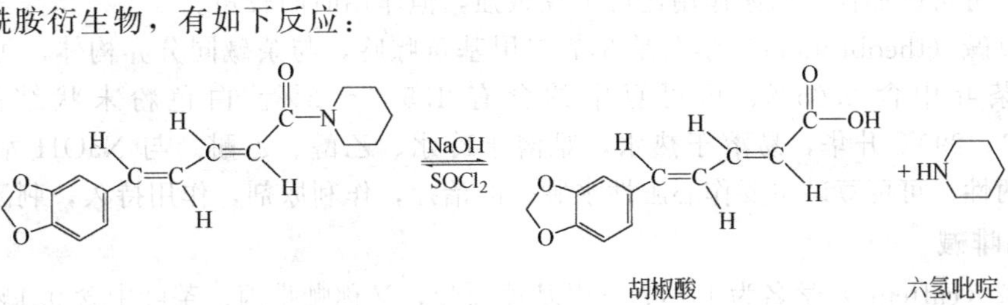

胡椒酸　　　　六氢吡啶

从结构式可知，胡椒酸有四种顺反异构体，熔点分别为134～136℃、154～156℃、200～202℃、215～217℃。分子对称性高，则熔点高。上述胡椒酸m.p.215～217℃，右边所示结构胡椒酸m.p.134～136℃。

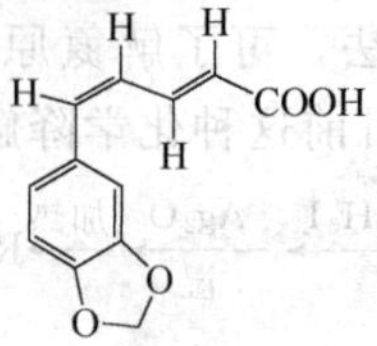

胡椒酸异构体

胡椒碱提取实例：15g黑胡椒，95%乙醇（150～180mL）回流2h，抽滤，滤液浓缩至15mL，加入热2mol/L KOH醇溶液，过滤，滤液中加15mL水，大量黄色晶体析出，抽滤，干燥，丙酮重结晶，得白色晶体（m.p.129～131℃）。市售白胡椒约含2%胡椒碱。

### 4.6.2 菸碱

菸碱（nicotine）又称烟碱、尼古丁，分子式$C_{10}H_{14}N_2$，学名3-(1-甲基-2-吡咯烷基)吡啶。b.p.246℃，无色或微黄色油状液体，$[\alpha]_D-168°$，有一手性碳，天然的为左旋物。对植物神经和中枢神经有先兴奋后麻痹作用，40mg致死，烟草中含4%～5%，中国市售香烟每支含量约为1～1.4mg，吸烟过多的人会引起慢性中毒。菸碱可作杀虫剂（5%），杀菌剂。

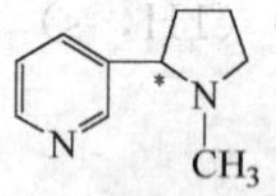

菸碱

菸碱的性质：

① 具有碱性，使酚酞变红，pH 8.2～10；

② 与碘化汞（铋）钾生成络合物而显色：

B（生物碱）$+HgI_2 \cdot KI \longrightarrow B \cdot HgI_2 \cdot KI$（有色物）

③ 与苦味酸或鞣酸生成沉淀；

④ 可被高锰酸钾氧化成烟酸：

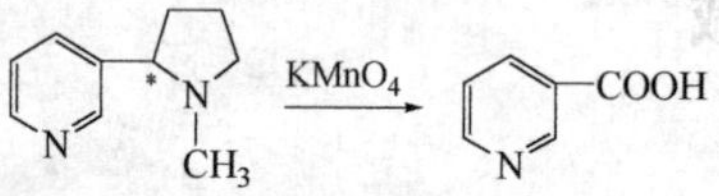


烟碱的提取方法：3～5g烟丝，加10% HCl 100mL加热20min，抽滤，滤液用25% NaOH中和至pH 7～7.5，水汽蒸馏，得无色透明液体。

### 4.6.3 茶碱和可可豆碱

茶碱（theophylline）学名为1,3-二甲基黄嘌呤，茶叶中含量为0.002%，无色针状晶体，味苦，m.p.269～272℃，易溶于沸水、氯仿中，与NaOH水溶液生成盐，具两性。茶碱有松弛平滑肌、扩张血管和冠状动脉的作用，临床上可用于治疗心绞痛和哮喘等，其效力比咖啡碱和可可碱都佳；利尿作用比可可豆碱强，但作用时间较短。

可可豆碱（theobromine）学名是3,7-二甲基黄嘌呤，与茶碱同分异构体，可可豆中主要成分。茶叶中含0.05%、可可豆中约含有1.5%～3%。白色粉末状结晶，味苦，m.p.357℃，290℃升华，易溶于热水，难溶于冷水、乙醇、乙醚。与NaOH水溶液生成盐，具有两性。可可豆碱主要作心脏性水肿病的治疗，作利尿剂，作用持久，刺激性小。

### 4.6.4 咖啡碱

咖啡碱（caffeine）学名为1,3,7-三甲基黄嘌呤，又称咖啡因。茶叶中含0.1%～0.5%。

无色针状晶体，味苦，m. p. 234～237℃，178℃升华。易溶于水、乙醇、丙酮、三氯甲烷。咖啡碱能兴奋中枢神经，对心脏和肾也有兴奋作用、可作中枢神经兴奋剂和利尿、强心药。

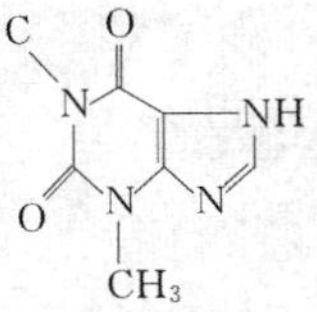

茶碱

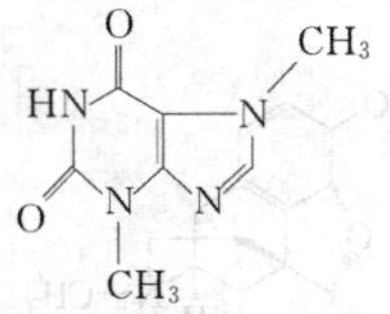

可可豆碱

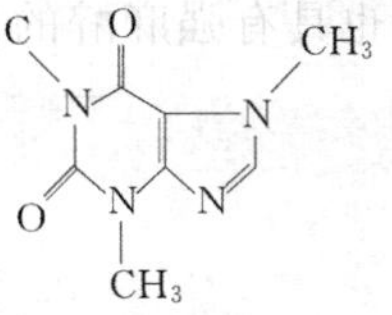

咖啡碱

### 4.6.5 小檗碱

小檗碱（berberine）又名为黄连素。主要存在于小檗的根茎、树皮中。分子式 $[C_{20}H_{18}NO_4]^+$，从水或稀乙醇中结晶所得小檗碱为黄色针状结晶。盐酸小檗碱为黄色小针状结晶。羟基化合物为黄色针状结晶（乙醚），m. p. 145℃（分解）。游离小檗碱易溶于热水，略溶于水、热乙醇，难溶于苯、氯仿、丙酮。盐酸小檗碱微溶于冷水，易溶于热水，几乎不溶于冷乙醇、氯仿和乙醚。小檗碱和大分子有机酸生成的盐在水中的溶解度都很小。小檗碱有季铵式、醛式、醇式，3 种能互变的结构式，以季铵式最稳定。小檗碱的盐都是季铵盐，于硫酸小檗碱的水溶液中加入计算量的氢氧化钡，生成棕红色强碱性游离小檗碱，易溶于水，难溶于乙醚，称为季铵式小檗碱。如果于水溶性的季铵式小檗碱水溶液中加入过量的碱，则生成游离小檗碱的沉淀，称为醇式小檗碱。如果用过量的氢氧化钠处理小檗碱盐类则能生成溶于乙醚的游离小檗碱，能与羟胺反应生成衍生物，说明分子中有活性醛基，称为醛式小檗碱。

小檗碱主要用于治疗细菌性痢疾，还可用于伤寒、肺结核、流行性脑脊髓膜炎、肺脓肿、高血压、布氏杆菌病、急性扁桃体炎、上颌窦炎、口腔颌面部炎、心律失常、糖尿病、胆囊炎、胃病、抗血小板凝聚、肥大性心肌的心衰和慢性充血性心衰等的治疗。

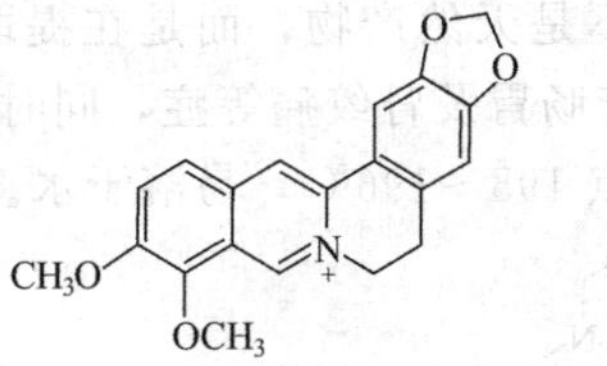

小檗碱

### 4.6.6 三尖杉碱

三尖杉碱（cephalotaxine）分子式为 $C_{18}H_{21}NO_4$，白色结晶，m. p. 132～133℃，$[\alpha]_D -204°$。使溴的四氯化碳及高锰酸钾溶液褪色，遇 $H_2SO_4$ 出现从红色到深紫色的颜色变化，用水稀释后颜色变绿。三尖杉碱具显著抗癌作用，临床治疗恶性肿瘤的有效率为 32.4%（特别是慢性白血病），存在于三尖杉属植物中（中国特产）。

提取：80%乙醇浸取三尖杉茎粉，浸取液浓缩加氨水调 pH 9～10，以氯仿反复提取，蒸去氯仿，柱色谱（$Al_2O_3$），乙醚洗脱，浓缩后得三尖杉粗碱，在乙醚中重结晶 1～2 次得纯品。

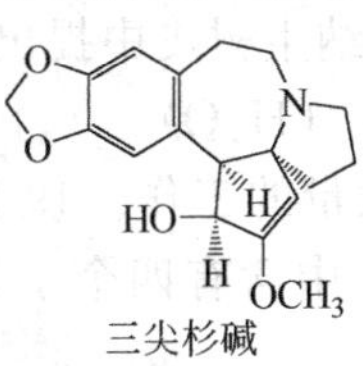

三尖杉碱

### 4.6.7 吗啡

吗啡（morphine）是鸦片主要成分之一，含 6%～15%。1860 年由斯图萘尔（sertuner）首次从鸦片中分离得到。无色柱状结晶，m. p. 253～254℃，$[\alpha]_D -132°$（甲醇）。溶于热水、乙醇、乙醚、氯仿；难溶于氨、苯；易溶于碱水或酸水。具优异的镇痛作用，是人类最早使用的一种镇痛剂，也具有强麻醉的作用。

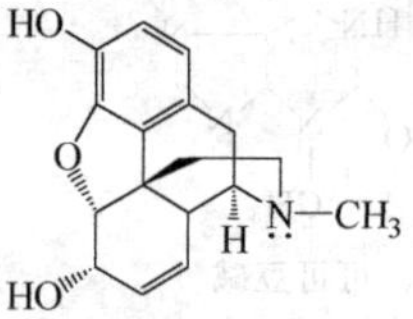


吗啡

提取：鸦片（由罂粟未成熟果实的胶汁晾干而成，黑褐色固体）加水得水提液，水提液加 25％氨水与乙醇得沉淀，沉淀加乙酸，去掉不溶沉淀得酸液，酸液再加氨水得沉淀，即为吗啡，加盐酸得吗啡盐酸盐。

1847 年 Laurent 经元素分析确定了吗啡的分子式为 $C_{17}H_{19}O_3N$，至 1925 年才基本确定了吗啡的结构；1950 年左右出现了各种全合成方法。

### 4.6.8 利血平

利血平（reserpine）存在于萝芙木、蛇根木的根茎中，分子式 $C_{33}H_{40}O_9N_2$，无色棱状结晶，m. p. 264～265℃（分解），$[\alpha]_D^{23} -118°$（氯仿），易溶于氯仿、冰醋酸；可溶于苯、乙酸乙酯；微溶于丙酮、甲醇和乙醚。利血平对光比较敏感，其溶液见光易氧化变质。利血平对降低高血压有较好疗效，且毒性低，并有显著的镇静和安定作用。

### 4.6.9 莨菪碱

莨菪碱（hyoscyamine）是从曼陀罗的叶、花、根及种子中分离得到的生物碱，含量为 0.2％～1.5％。莨菪碱是左旋生物碱，为细针状结晶，分子式为 $C_{17}H_{23}O_3N$，m. p. 111℃，$[\alpha]_D -21°$，易溶于一般有机溶剂。将莨菪碱加热或用碱处理，即消旋化转化为阿托品（atropine），因而有人认为阿托品不是天然产物，而是在提取过程中的消旋化产物。阿托品是副交感神经抑制剂，常用于治疗肠胃及肾绞痛等症，同时有放大瞳孔的作用，医用阿托品为硫酸盐，$B_2 \cdot H_2SO_4 \cdot H_2O$，熔点 195～196℃，易溶于水。

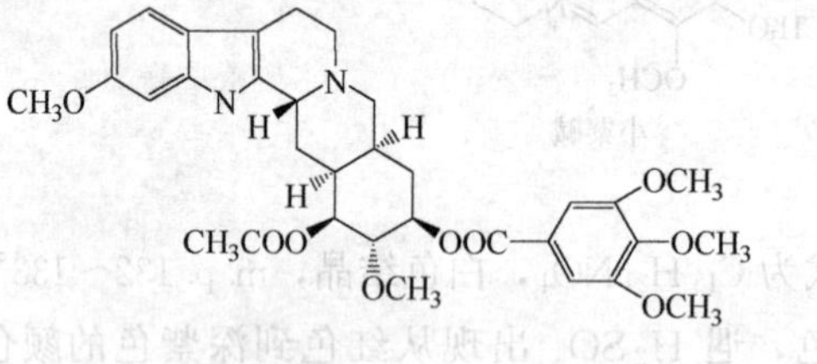


利血平

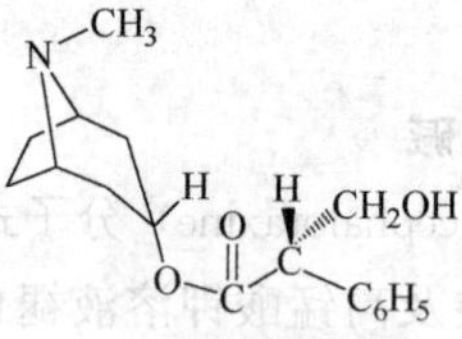


莨菪碱

### 4.6.10 奎宁

奎宁（quinine）是继吗啡后研究得最早的生物碱之一，早在 1792 年 Fourcroy 即分得粗品。奎宁是金鸡纳树皮的主要成分，含量高达 3％（总碱含量高达 6％），是治疗疟疾的主要成分。分子式为 $C_{20}H_{24}O_2N_2$，从金鸡纳生树皮中提出的奎宁通常制成硫酸盐，含 7 个结晶水，$B \cdot H_2SO_4 \cdot 7H_2O$，$[\alpha]_D -216.5°$（$H_2O$）。

为阐明奎宁的结构，化学家做了大量的工作。19 世纪末确定了奎宁的平面结构，20 世纪四五十年代确定了其立体结构，分子中含有四个手性中心。Woodward 在 1945 年解决了天然奎宁的全合成。

奎宁类衍生物还有辛可尼定（cinchonidine）、奎尼定（quinidine）、辛可宁（cinchonine）等约 30 多种生物碱。

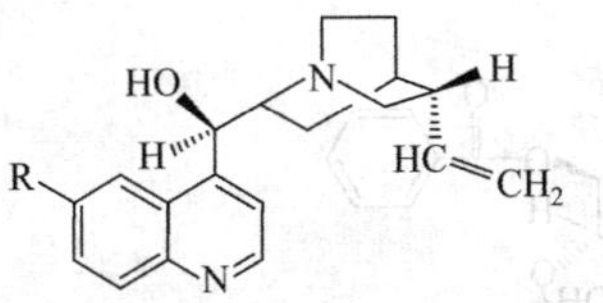

奎宁(R=OCH₃)
辛可尼定(R=H)

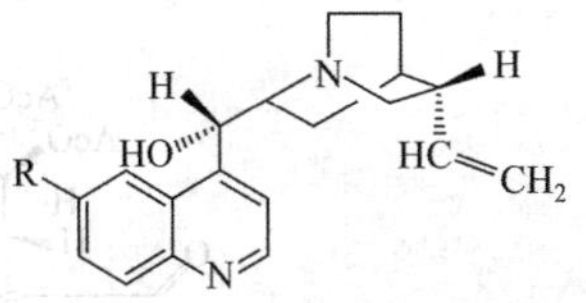

奎尼宁(R=OCH₃)
辛可宁(R=H)

### 4.6.11 喜树碱

喜树碱（camptothecine）是淡黄色结晶，分子式为 $C_{20}H_{16}N_2O_4$，m. p. 264～266℃，$[\alpha]_D$ 40°($CHCl_3$：MeOH＝4：1)，在中国特有植物喜树中发现，具抗癌活性。临床主要用于治疗胃癌、膀胱癌、白血病等，但因有血尿、尿急尿频等副作用而受到限制。喜树碱在喜树枝、皮、根、根皮及果中的得率分别约为 0.4‱、1‱、2‱及 3‱，1966 年 Wall 等首先报道从喜树树干中分得，中国从 1969 年开始从喜树中分得喜树碱，以后又进一步分得 10-羟基喜树碱，$C_{20}H_{16}N_2O_5 \cdot H_2O$，m. p. 266～267℃，$[\alpha]_D$－147°（吡啶），并首先投入生产，用于临床。10-羟基喜树碱则可用于治疗肝癌与头颈部肿瘤，副作用远比喜树碱为小。近年来又发现喜树碱用黄曲霉素 T-36 可选择性地氧化成 10-羟基喜树碱。

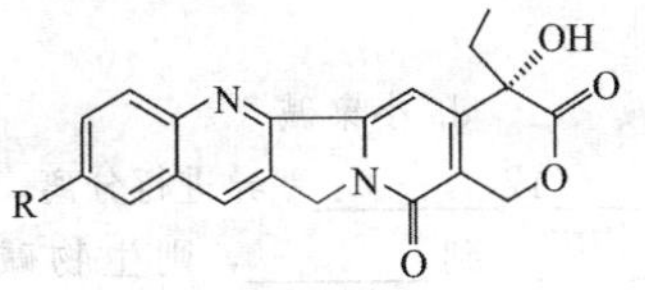

喜树碱(R=H)
10-羟基喜树碱(R=OH)

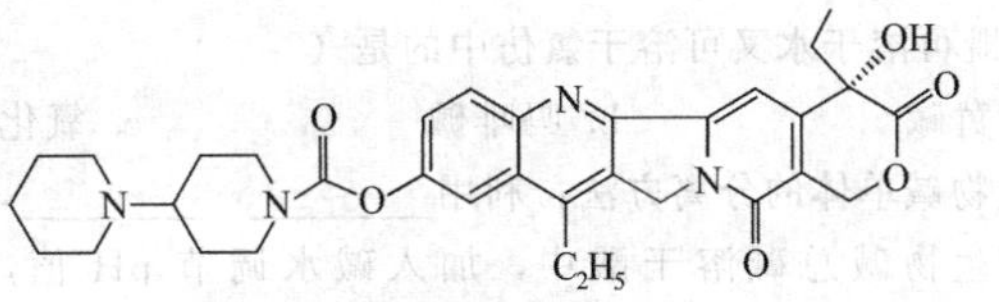

喜树碱-11

喜树碱类生物碱是一类特殊的生物碱，是带有喹啉环的五环化合物，含δ-内酰胺与δ-内酯环，它们都属于中性乃至近酸性的化合物，无一般生物碱反应（与碘化铋钾试剂反应呈阴性），也不能与酸成盐，不溶于一般有机溶剂与水，能溶于稀碱而开内酯环，因而与一般生物碱提取方法不同，可从乙醇提取液浓缩后的浓水溶液中用氯仿直接提出。

喜树碱文献报道的全合成工作有十多个，例如 1975 年，Corey 等第一次直接合成了光学活性的天然喜树碱，1978 年中国化学工作者合成了消旋的喜树碱。

喜树碱的衍生物如目前用于临床的 9-二甲氨基-10-羟基喜树碱（topotecan，拓扑泰康），已被美国 FDA 于 1996 年批准上市。Topotecan 已被广泛用于治疗卵巢癌与小细胞肺癌。喜树碱-11（CPT-11）或称依利诺泰康（irinotecan），即 7-乙基-10-[4-(1-哌啶)-1-哌啶]-酰氧基喜树碱｛7-ethyl-10-[4-(1-peperidino)-1-peperidino]-carbonyloxy camptothecin｝，是另一个由 FDA 于 1996 年批准上市的喜树碱类似物。CPT-11 用于治疗卵巢癌及已转移的直肠结肠癌。目前正在临床试用的还有 9-硝基喜树碱（9-nitrocamptothecin，9-NC）又称 Rubitecan，已制成口服片剂试用于治疗直肠结肠癌及卵巢癌，且对胰腺癌效果显著。其他还有 9-氨基喜树碱、7-氰基喜树碱正在临床试验中。

### 4.6.12 雷公藤碱

雷公藤碱（wilfordine），是从雷公藤中分离出的一种大环生物碱，m. p. 175～176℃。雷公藤碱有一定毒性，有显著的杀虫作用，可用于制造生物杀虫农药。雷公藤碱对体内许多生化物质和生化反应如对肾上腺皮质功能、性激素、机体蛋白质代谢、环核苷酸均有不同程度的影响。加强对雷公藤生物碱的药理作用和临床应用的研究，提取、纯化、合成出高效低毒的雷公藤生物碱有效成分或衍生物，提高其安全性和应用价值，在抗菌、抗炎及抗炎免疫、活血化瘀方面将发挥更重要的作用。

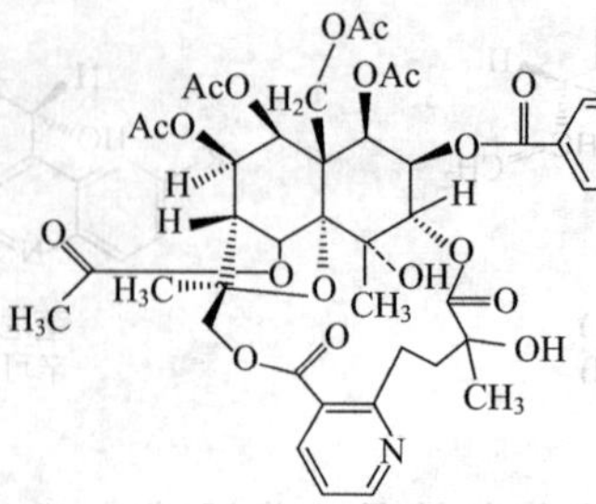

## 习　题

1. 选择题

(1) 属于异喹啉生物碱的是（　　）

a. 莨菪碱　　b. 苦参碱　　c. 小檗碱　　d. 麻黄碱

(2) 生物碱的薄层色谱和纸色谱法常用的显色剂是（　　）

a. 碘化汞钾　　b. 碘化铋钾　　c. 硅钨酸　　d. 雷氏铵盐

(3) 莨菪碱碱性强于山莨菪碱是由于（　　）

a. 杂化方式　　b. 诱导效应　　c. 共轭效应　　d. 空间效应

(4) 既可溶于水又可溶于氯仿中的是（　　）

a. 麻黄碱　　b. 吗啡碱　　c. 氧化苦参碱　　d. 小檗碱

2. 生物碱单体的分离方法：利用________，________，________或________差异进行分离。

3. 将生物碱总碱溶于酸中，加入碱水调节 pH 值，由________到________，则生物碱按碱性由________到________依次被有机溶剂萃取出来；若将生物碱总碱溶于有机溶剂中，用 pH 值由________到________的缓冲液依次萃取，生物碱按碱性由________到________被萃取出来。

4. 影响生物碱碱性的因素？举例说明生物碱的碱性强弱与所含的氮原子个数有无关系？

5. 常用的生物碱沉淀试剂与显色试剂有哪些？

6. 小檗碱有哪几种结构互变？产生的原因是什么？

7. 毒芹的活性成分是一种叫毒芹碱的生物碱。从下面所示的反应过程及最终产物推测毒芹碱（$C_8H_{17}N$）的结构式：

$$C_8H_{17}N \xrightarrow{2CH_3I} \xrightarrow{Ag_2O} \xrightarrow{\triangle} \xrightarrow{CH_3I} \xrightarrow{Ag_2O} \xrightarrow{\triangle}$$

$$\xrightarrow{O_3} \xrightarrow[H_2O]{Zn} HCHO + CH_2(CHO)_2 + CH_3CH_2CH_2CHO$$

8. 从大根假白榄果实中分离得到的（±）假白榄胺，分子式为 $C_5H_7NO_2$，无色针晶（$CHCl_3$），m. p. 120～121℃。IR$\upsilon_{max}^{KBr}$（$cm^{-1}$）：3250，1690，1659；UV$\lambda_{max}^{EtOH}$（nm）：230；$^1$H-NMR（氘代丙酮）$\delta$：1.76（3H，s），4.86（1H，d，$J$=9.0Hz），5.40（1H，br s），6.58（1H，m），7.43（1H，br s）；$^{13}$C-NMR（$CD_3OD$）$\delta$：10.4（q），79.8（d），136.7（s），142.9（d），175.3（s）。试推测其结构式。

9. 查阅文献写出苦参碱和氧化苦参碱的结构式，简述其提取分离方法及药理作用。

# 第 5 章　黄酮类化合物

## 5.1　概述

黄酮类化合物（flavonoids）是在植物中分布最广的一类物质，几乎每种植物体内都有，它们常以游离态或与糖结合成苷的形式存在，它们对植物的生长、发育、开花、结果以及抵御异物的侵入起着重要的作用。由于其分布广且部分化合物在植物中的含量较高，而且多数化合物易以结晶形式获得，所以它们是较早被人类发现的一类天然产物。

据估计，经植物光合作用所固定的碳约有 2%（每年约 $1\times10^9$ t）转变成黄酮类化合物或与其紧密相关的其他化合物。黄酮类化合物实际上存在植物的所有部分——根、心材、边材、树皮、叶、果实和花中，在花、果实、叶中较多；且大多存在于一些有色植物中，如松树皮提取物、绿茶提取物、银杏叶提取物、红花提取物中。

### 5.1.1　基本结构和分类

在 1952 年以前黄酮类化合物主要是指基本母核为 2-苯基色原酮的系列化合物。天然黄酮类化合物母核上常有—OH、—$OCH_3$ 等取代基，由于这些助色基团的存在使该类化合物多显黄色。

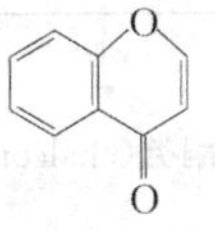

色原酮

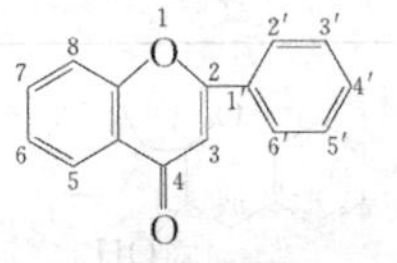

2-苯基色原酮（黄酮）

目前该类化合物是泛指两个芳环（A 与 B）通过三碳链相互连接而成的一系列化合物，由 15 个碳原子组成的基本结构如下：

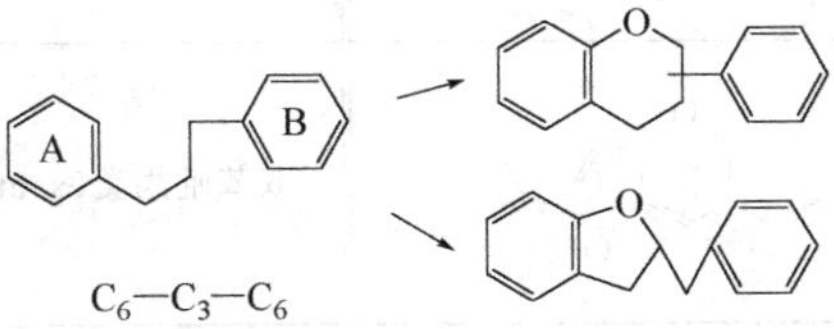


例如槲皮素（quercetin），具抗氧化性，柠檬、柚子、柑橘、绿茶中含量高。称“素”者，则 A 环上为游离的酚羟基或甲氧基。称“苷”者，则至少一个羟基与糖成苷。

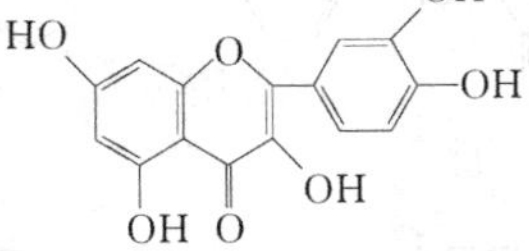


槲皮素（5,7,3′,4′-四羟基黄酮醇）

再如具抗癌性的苦参素（kurainone）以及具抗癌性的生物碱型黄酮榕碱（ficine）等，这些都是黄酮类化合物。

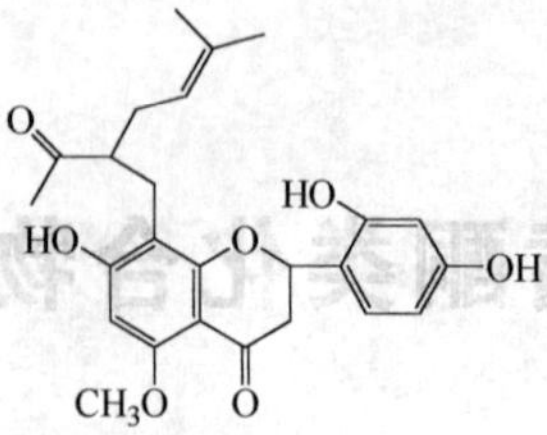

苦参素

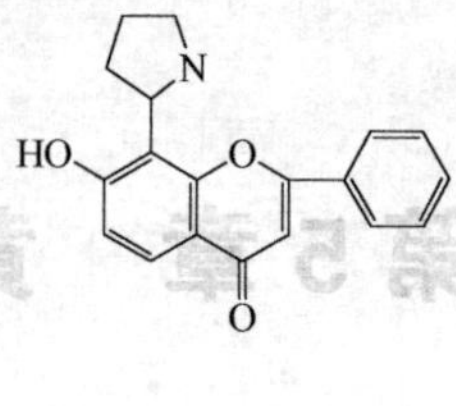

榕碱

根据三碳链氧化程度、B 环（苯基）连接位置（2 位或 3 位）以及三碳链是否构成环状等特点，可将重要的天然黄酮类化合物分类如表 5-1。

**表 5-1　黄酮类化合物分类**

| 名　称 | 基本母核 | 名　称 | 基本母核 |
|---|---|---|---|
| 黄酮类(flavones) | 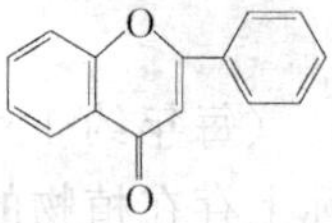 | 黄酮醇类(flavanol) | 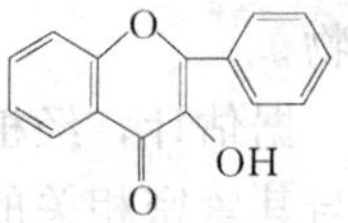 |
| 二氢黄酮类(flavanones) | 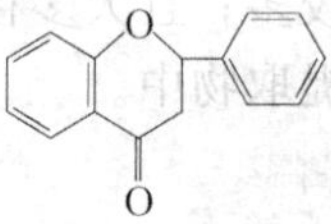 | 二氢黄酮醇类(flavanonols) | 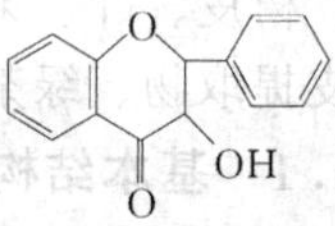 |
| 异黄酮类(isoflavones) | 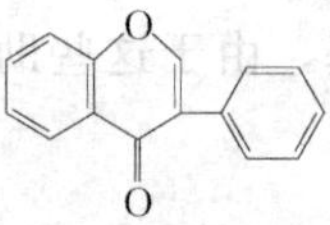 | 二氢异黄酮类(isoflavanones) | 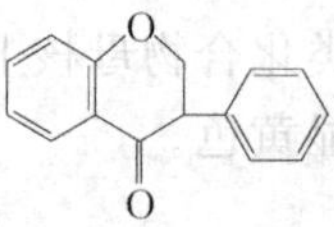 |
| 黄烷-3-醇类(flavan-3-ols) | 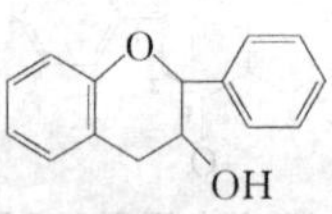 | 查尔酮类(chalcones) | 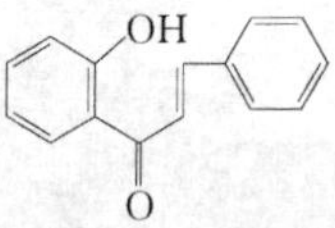 |
| 黄烷-3,4-二醇类(flavan-3,4-diols) | 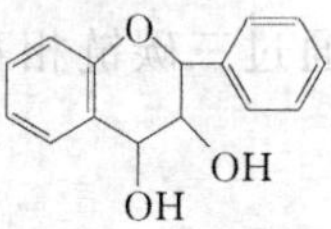 | 二氢查尔酮类(dihydrochalcones) | 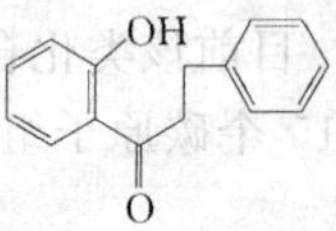 |
| 花色素类(anthoyanidins) | 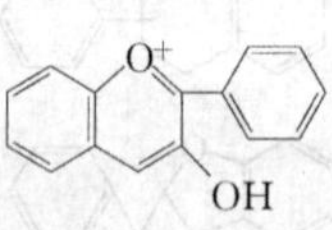 | 双苯吡酮类(xanthones) | 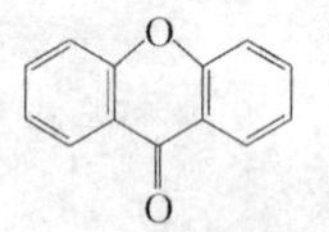 |

除了上述十二类黄酮化合物外，还有橙酮类、新黄烷类化合物，它们的结构比较特殊：

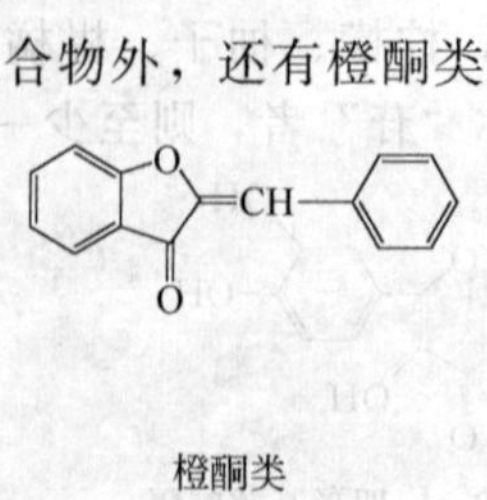

橙酮类

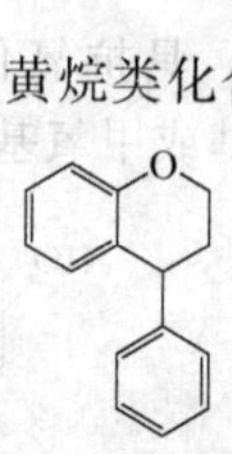

新黄烷类

黄酮化合物的命名通常根据它所来源的植物的名称，例如黄芩苷由黄芩中提取得到而命名，大豆异黄酮由大豆中提取得到而命名。

### 5.1.2 黄酮苷的构成方式

黄酮类化合物的三种形态：游离态黄酮；黄酮苷形式；与鞣酸（tannic acid）形成酯的形式，其中黄酮苷种类较多，连接方式主要有两种。

（1）*O*-糖苷

苷元与糖以 C—O—C 方式连接，例由单糖形成的黄芩苷、双糖形成的橙皮苷等。除了单糖基苷类外，二糖基黄酮苷类在豆科植物中比较普遍。

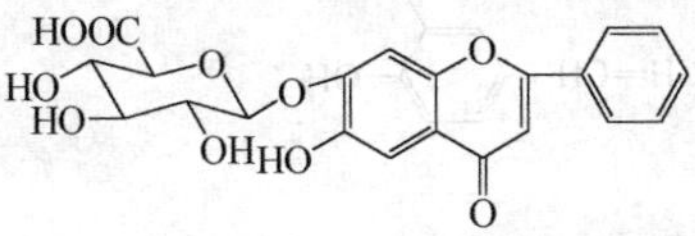

黄芩苷

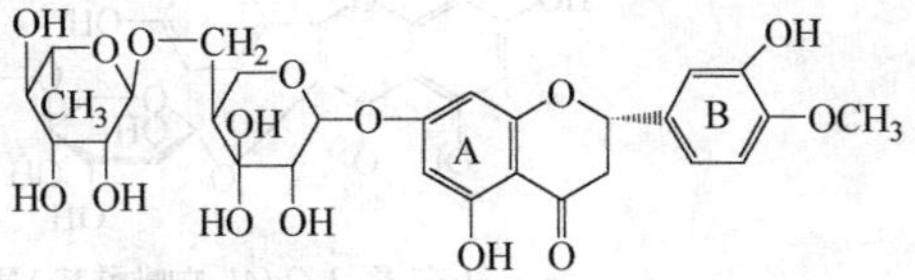

橙皮苷

（2）*C*-糖苷

除 *O*-糖苷外，天然黄酮类还发现 *C*-糖苷，糖基大多连接在 6 位或 8 位上。例如牡荆苷（vitexin），葡萄糖基不通过氧原子直接连在 8 位碳上；再如葛根苷（puerarin），有治疗心肌缺血的药理作用并用于治疗冠心病，葡萄糖基也直接连在 8 位碳上。

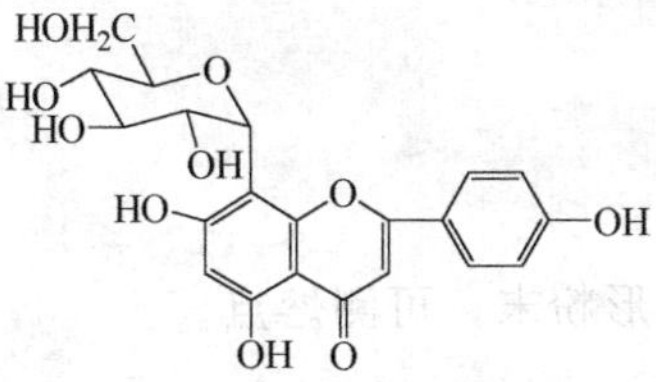

牡荆苷

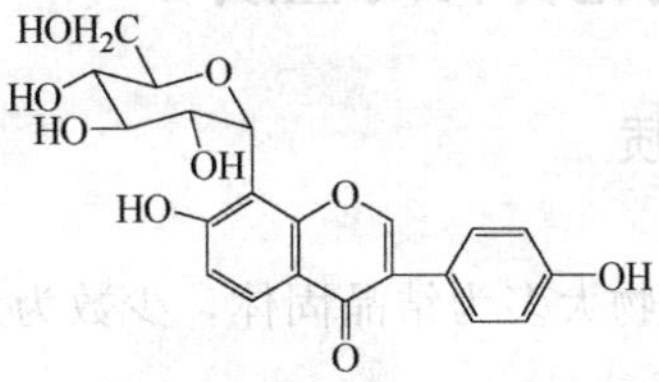

葛根苷

（3）构成黄酮苷的糖类

① 单糖类　单糖主要有 D-葡萄糖、D-半乳糖、D-木糖、L-鼠李糖、L-阿拉伯糖及 D-葡萄糖醛酸等，例如由 *β*-D-葡萄糖醛酸形成的黄芩苷。

② 双糖类　常见双糖有麦芽糖、乳糖、新橙皮糖、龙胆二糖、芸香糖等。例如芸香糖（rutinose），又称芦丁糖，由 *α*-L-鼠李糖通过 *α*-1,6-糖苷键和 D-葡萄糖组成。龙胆二糖（gentiobiose），由 *β*-D-葡萄糖通过 *β*-1,6-糖苷键和 D-葡萄糖组成。例如由芸香糖与苷元形成橙皮苷。

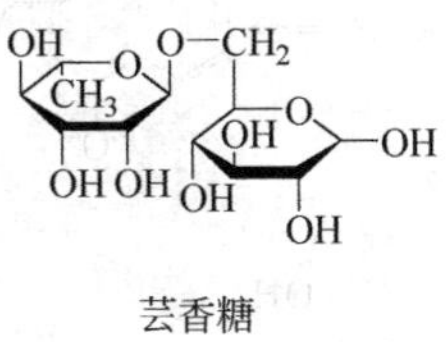

芸香糖

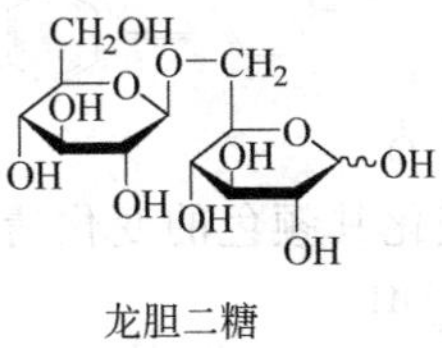

龙胆二糖

③ 三糖类　常见三糖主要有槐三糖（sophorotriose）、鼠李三糖（rhamninose）、龙胆三糖（gentianose）等，例如龙胆三糖由 *β*-D-葡萄糖与蔗糖组成。

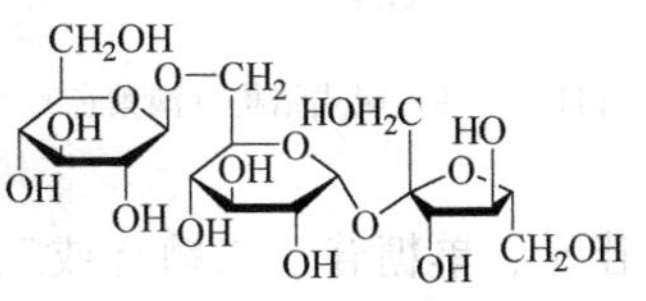

龙胆三糖

④ 酰化糖类　主要有 2-乙酰葡萄糖（2-acetylglucose）、4-咖啡酰基葡萄糖（caffeoylglucose）等，例如山奈素-3-*O*-(4″-咖啡酰基）葡萄糖苷。

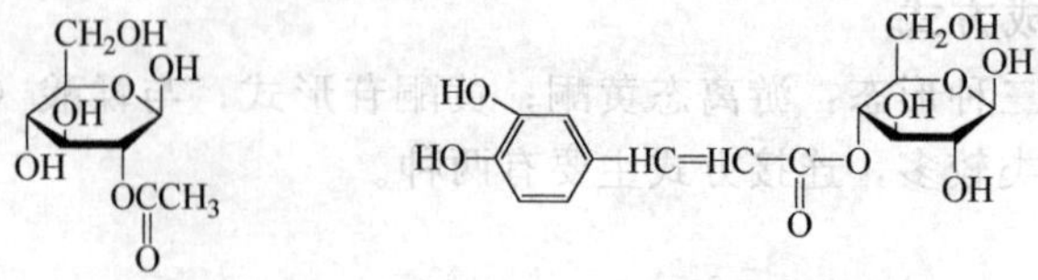

2-乙酰葡萄糖　　　　　　4-咖啡酰基葡萄糖

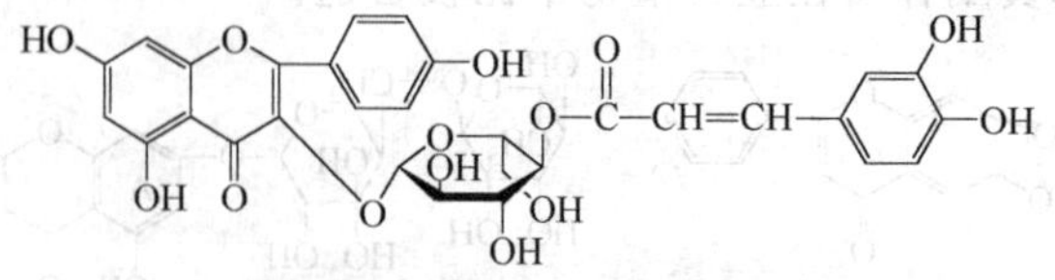

山奈素-3-*O*-(4″-咖啡酰基)葡萄糖苷

黄酮苷中糖的连接位置与苷元的结构有关，例如花色苷类，多在3-OH上连有一个糖，或形成3,5-二葡萄糖苷。黄酮醇类常形成3-单糖苷、7-单糖苷、3′-单糖苷、4′-单糖苷，或3,7-二糖苷、3,4′-二糖苷及7,4′-二糖苷。

## 5.2 黄酮类化合物的性质

### 5.2.1 一般性质

(1) 性状

黄酮类化合物大多为结晶固体，少数为无定形粉末，可测熔点。

(2) 旋光性

从结构可见，游离苷元中二氢黄酮、二氢黄酮醇、黄烷及黄烷醇有旋光性。苷类结构中因含有糖分子，故均有旋光性，且多为左旋。

(3) 颜色

黄酮类化合物因存在共轭体系和助色基团（—OH，—$OCH_3$）而显色，多数呈黄色或淡黄色，7,4′位上助色基团的供电使颜色加深作用较显著。二氢衍生物类因不存在共轭体系故而无色但可通过电子转移、重排使共轭链延长而显色，且随pH值改变而改变。

共振结构较稳定：

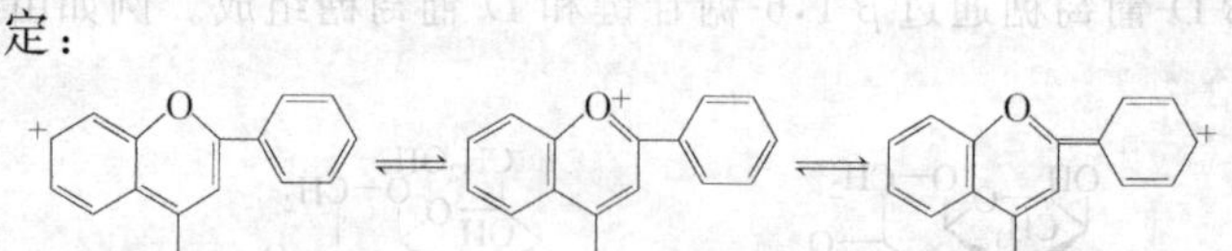

花青素随pH值的变化其颜色的变化情况：

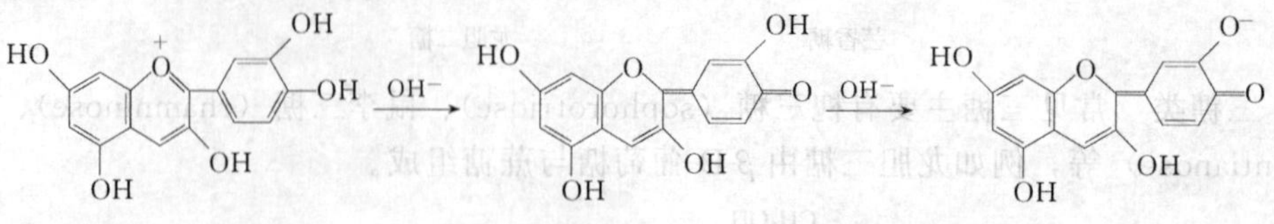

锌盐，正离子　　　　pH=7～8，醌式结构（淡紫色）　　　　pH>11，负离子（蓝色）

(4) 溶解度

溶解度因结构和存在状态（苷元、单糖苷、二糖苷或三糖苷等）不同而有很大差异，一般有如下规律。

① 游离苷元　难溶或不溶于水，易溶于稀碱及乙醇、乙醚、乙酸乙酯等有机溶剂中，其中二氢衍生物类苷元为非平面型分子，分子间排列不紧密，分子间引力降低，有利于水分

子进入，因而水中的溶解度稍大，而一些平面型分子，如黄酮、黄酮醇等，分子堆砌紧密，分子间引力较大，更难溶于水。

② 苷类化合物　易溶于水、甲醇、乙醇等强极性溶剂中；难溶或不溶于苯、氯仿、石油醚等有机溶剂中，故用石油醚萃取可将黄酮类化合物与脂溶性杂质分开。其羟基糖苷化越多，水溶性越大，糖链越长，其在水中溶解度也越大。而羟基被甲基化越多（$—OCH_3$ 增多），黄酮苷类化合物的水溶性下降越多，弱极性有机溶剂中可溶解。

（5）酸碱性

① 因黄酮类化合物具有酚羟基，显酸性，可溶于碱水溶液、吡啶、甲酰胺、*N*,*N*-二甲基甲酰胺中。因羟基位置不同，其酸性强弱也不同，一般次序如下：7,4′-二羟基>7-羟基或4′-羟基>一般位酚羟基>5-羟基，故7-羟基或4′-羟基黄酮类化合物可溶于稀 $Na_2CO_3$ 中。

② 因黄酮类化合物中 *γ*-吡喃环上1位氧原子具有未共用电子对，是碱性氧原子，可与 HCl、$H_2SO_4$ 等强酸生成𨦡盐，表现出弱碱性。

### 5.2.2　显色反应

黄酮类化合物的显色反应多与分子中酚羟基及 *γ*-吡喃酮环有关，在早期的研究工作中，常以化学显色反应定性地判断黄酮类化合物的存在和它们的类别。由于化学显色反应方法所需样品量多且可靠性差，现多借助紫外等仪器测定。

（1）还原显色反应

黄酮醇、二氢黄酮及二氢黄酮醇等黄酮类化合物在（Mg＋HCl）作用下，生成红色至紫色（少数紫色至蓝色）。方法：将样品溶于1.0mL甲醇或乙醇中，加入少量镁粉振摇，滴加几滴浓 HCl，1～2min 内（必要时微热）即可出现颜色。但查尔酮、橙酮类则无显色反应。

二氢黄酮类化合物在 $NaBH_4$ 作用下，产生红色至紫色，其他黄酮化合物均不显色，据此可区别之。

（2）金属盐类的络合显色反应

黄酮类化合物因有如下结构，可与铝盐、铅盐、锆盐、镁盐等而生成有色络合物。

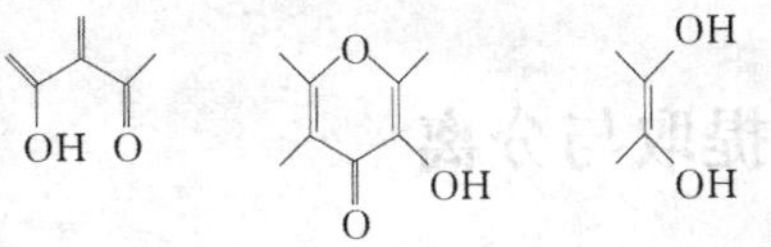

例如1%三氯化铝或硝酸铝溶液，与黄酮类化合物生成的络合物为黄色（$\lambda_{max}$ 415nm），有荧光，可用于定性或定量分析，作用原理如下：

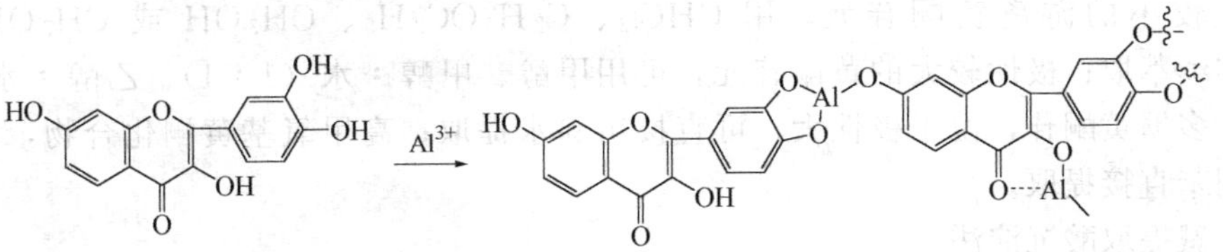

（3）硼酸显色反应

具有结构 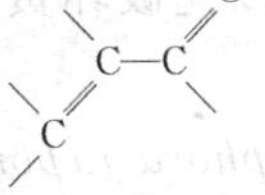 时，才呈正反应。例如有草酸存在时，可以显亮黄色并有黄绿色荧光，如与枸橼酸-硼酸的丙酮溶液反应，只呈黄色没有荧光。

（4）碱性试剂显色反应

在日光或紫外光条件下，观察样品用碱性试剂处理后的颜色变化情况，可用于黄酮类化合物的鉴别。例如黄酮醇类在碱液中先呈黄色，通入空气后变为棕色，可与其他黄酮类区别。二氢黄酮类易在碱液中开环，转变成相应的异构体查尔酮类化合物，显橙色至黄色，橙皮素在碱性试剂中的显色反应如下所示：

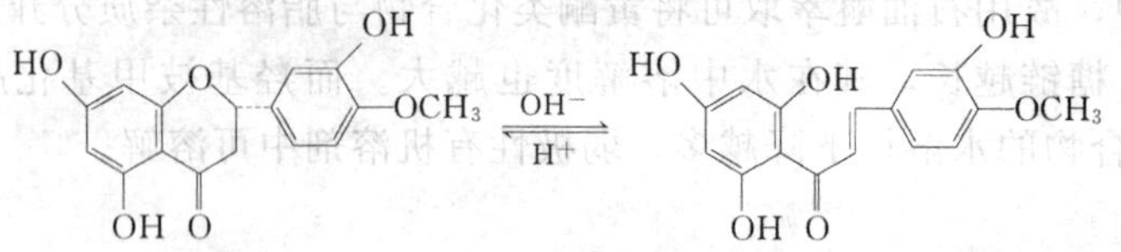


橙皮素　　　　　　　　橙皮查尔酮（橙色至黄色）

（5）紫外可见光下显色

表 5-2 列出了黄酮类及黄酮醇类化合物的显色反应（纸上的显色反应）。

**表 5-2　黄酮类及黄酮醇类化合物的显色反应**

| 反应条件＼类别 | 黄　酮　类 | 黄酮醇类 |
|---|---|---|
| 可见光 | 黄色 | 灰黄色 |
| 紫外光 | 棕色，红棕色，黄棕色 | 亮黄色，黄绿色 |
| 先氨处理，再可见光 | 黄色 | 蓝色 |
| 先氨处理，再紫外光 | 黄绿色，暗紫色 | 亮黄色 |
| 先 $AlCl_3$ 处理，再可见光 | 灰黄色，荧光 | 黄色 |
| 先 $AlCl_3$ 处理，再紫外光 | 橙色 | 黄色，绿色，荧光 |
| 先浓 $H_2SO_4$ 处理，再可见光 | 玉橙色 | 深黄色 |
| 先浓 $H_2SO_4$ 处理，再紫外光 | 浅黄色 | 荧光 |

黄酮类和黄酮醇类的紫外吸收光谱很相似，都有 320～380nm（带Ⅰ）和 240～270nm（带Ⅱ）两个区域的深度吸收峰。带Ⅰ的区域相当于桂皮酰类的吸收峰，带Ⅱ相当于苯甲酰类的吸收峰。

## 5.3　黄酮类化合物的提取与分离

### 5.3.1　黄酮类化合物的提取

（1）溶剂萃取法

极性较小的游离黄酮苷元，用 $CHCl_3$、$C_2H_5OC_2H_5$、$CH_3OH$ 或 $CH_3OH$ ∶ $H_2O$（1∶1）连续萃取；极性较大的黄酮苷元，可用甲醇、甲醇∶水（1∶1）、乙醇∶水（1∶1）等提取。多糖黄酮苷，由于极性大，可直接用沸水提取；高甲氧基黄酮化合物，因极性降低，可用苯直接提取。

（2）碱提取酸沉淀法

黄酮类化合物易溶于碱水中，可先用碱性水提取，碱性提取液加酸后黄酮苷类即可沉淀析出。常用碱为石灰水，常用酸为 HCl 等。应控制酸碱的浓度，以免破坏黄酮结构或收率低。此法简便易行，橙皮苷、黄芩苷、芦丁等都可用此法提取。

以槐米中提取芦丁为例说明该法的操作过程。槐米（槐树 *Sophora japonica* L. 花蕾）加约 6 倍水，蒸沸，在搅拌下缓缓加入石灰乳至 pH 8～9，在此 pH 条件下微沸 20～30min，趁热抽滤。合并滤液，在 60～70℃的条件下，用浓盐酸将合并滤液调至 pH 值为 5，搅匀后静止 24h，抽滤。用水将沉淀物洗至中性，60℃干燥得芦丁粗品，用沸水重结晶，70～80℃

干燥后得芦丁纯品。

### 5.3.2 分离

由于黄酮化合物的性质不同，其分离原理有：①极性大小不同，利用吸附能力或分配原理进行分离；②酸性强弱不同，利用梯度 pH 萃取法进行分离；③分子大小不同，利用葡聚糖凝胶分子筛进行分离；④分子中某些特殊结构，利用与金属盐络合能力的不同进行分离。

常用分离方法有柱色谱法、高效薄层色谱（HPTLC）、高效液相色谱分析（HPLC）等。下面重点介绍几种柱色谱方法，常用吸附剂包括硅胶、氧化铝、纤维粉、聚酰胺、活性炭、淀粉等。

（1）硅胶柱色谱

非极性与极性化合物都能用，应用最广，适于分离黄酮类、黄酮醇类、二氢黄酮类、二氢黄酮醇类、异黄酮类和黄酮苷元类。

选择合适的洗脱剂是关键，各种洗脱剂的洗脱能力：

石油醚＜四氯化碳＜苯＜氯仿＜乙醚＜乙酸乙酯＜吡啶＜丙酮＜正丙醇＜乙醇＜甲醇＜水

（2）活性炭吸附法

活性炭来源容易，价格便宜，在水中吸附力大，在有机溶剂中吸附力小；对大分子化合物的吸附力大于对小分子化合物的吸附力。主要用于苷类的精制工作。

在植物中用甲醇萃取得到的提取液，经过炭柱，依次加沸腾热水、甲醇、7%酚/水（大部分黄酮洗下）、15%酚/醇，洗脱液减压浓缩至小体积，用乙醚萃取除去残留酚，余下部分减压浓缩得较纯黄酮苷类。

（3）离子交换法

提取、分离、纯化可一步达到，适用于稀释倍数大的黄酮，可除去黄酮类化合物中的水溶性杂质。先用阴（或阳）离子交换树脂吸附黄酮，然后用水洗涤柱子，把水溶性杂质除去，再用甲醇把黄酮类化合物依次洗脱下来。

（4）聚酰胺柱色谱

由己内酰胺聚合而成的尼龙-66 及由己二酸与己二胺聚合而成的尼龙-66，最适用于黄酮类化合物的分离，是目前最有效而简便的方法。常用洗脱剂有两类：水、10%～20%乙醇（或甲醇）适于黄酮苷的分离；氯仿、氯仿/甲醇、甲醇适于黄酮苷元的分离。

具体操作：聚酰胺经 80～100 目筛去掉小于 0.002nm 的粒子，加水调成糊状，装 1/2 柱高，待沉降后，慢慢放掉水，用 20%甲醇样品液上样，先用水洗脱，再依次用 20%、30%、40%、75%、100%甲醇洗脱，每一段洗脱液用可见光或紫外光检查颜色，直到看不到色点，最后用 0.3～4.5mol/L 盐酸洗脱。如果洗脱速度慢，可减压抽。每 100mL（床体积）聚酰胺可上样 1.5～2.5g。

柱恢复：用 5% NaOH 洗，然后用水洗，再用 10%乙酸洗，最后用蒸馏水洗至中性。

（5）葡聚糖凝胶柱色谱

固定相葡聚糖凝胶为具有许多孔隙的网状结构的固体，有分子筛的性质。分离游离黄酮，主要靠吸附作用，吸附强弱取决于含多少羟基。分离黄酮苷，决定于分子筛属性，洗脱时黄酮苷基本按分子量由大到小流出。

用葡聚糖柱色谱分离黄酮实例：40g 葡聚糖 LH-20 装柱（2.5cm×33cm），将 166mg 芸香苷和 75mg 槲皮素溶于 22mL 甲醇中上柱，用甲醇洗脱（4mL/min），芸香苷在 190～250mL 流分中，槲皮素在 390～460mL 流分中。

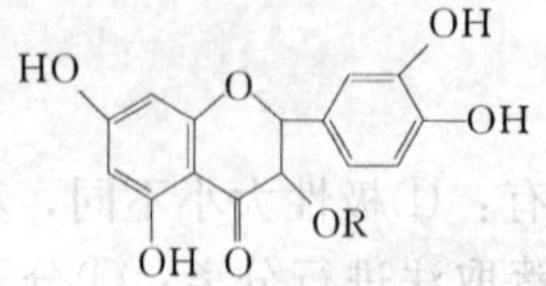

槲皮素：R＝H

芸香苷：R＝芸香糖

### 5.3.3 提取分离实例

山楂中含有的化学成分主要为黄酮类化合物，另外还有胡萝卜苷、熊果酸等成分，其主要成分的提取分离方法如下。

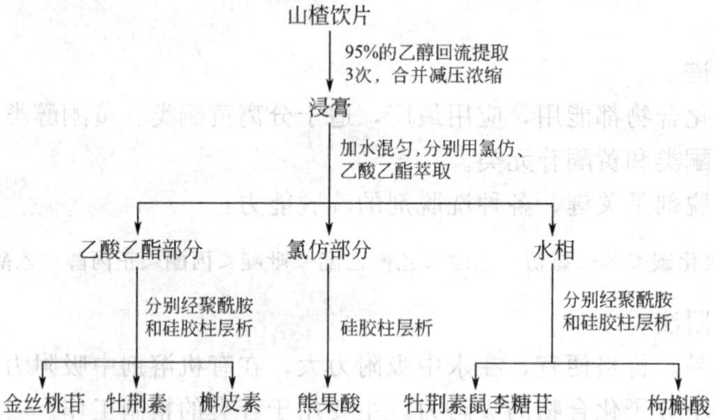


## 5.4 黄酮类化合物的结构分析

黄酮类化合物分析的一般步骤：①与标品或文献对照熔点值，纸色谱或薄层色谱得到的 $R_f$ 值；②分析对比样品在甲醇溶液中，及加入酸碱或重金属盐类（如 $AlCl_3$）等试剂后得到的紫外光谱；③解析样品或其衍生物的核磁共振谱；④进行质谱分析或进行必要的降解合成，以求最后确证。

有些黄酮苷比较复杂，常先水解黄酮苷分析水解下来的糖和苷元的结构，再来确定黄酮苷的结构。

### 5.4.1 黄酮苷的水解

黄酮苷的水解主要有以下两种方法。

（1）酸水解

用 HCl、$H_2SO_4$、HOAc、HCOOH 等水解，酸的种类与浓度、水解温度、反应时间的选择，由水解的要求和苷的结构所决定。

黄酮 *C*-苷在一般水解条件下是不能被水解的，通常把不能被酸水解作为鉴别 *C*-苷的证据之一。例如具一定抗癌性的木糖基异牡荆苷的水解，2mg 木糖基异牡荆苷溶于 10% HOAc 中，室温 18h，减压蒸馏，残渣进行纸色谱，检查到单一色点，与异牡荆苷水解后的色点一致。用木糖，葡萄糖作标样对比。

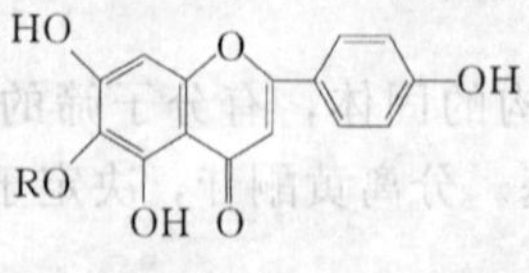

异牡荆苷：R＝葡萄糖基

木糖基异牡荆苷：R＝木糖基

（2）酶水解

酶水解是一种温和、专一、简便的方法，常用水解酶，β 葡萄糖苷酶、β-葡萄糖醛酸酶、α-鼠李糖苷酶和花青苷酶等。例如木犀草 7-β-D-葡萄糖苷的水解，1mg 溶于 2mL pH5

的缓冲溶液中，加 1mg β-D-葡萄糖苷酶，37℃，放 10h，减压浓缩，用纸色谱检测。

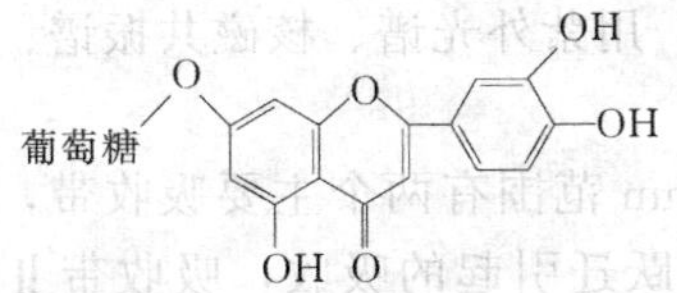


木犀草 7-β-D-葡萄糖苷

水解规律：大多数黄酮如 3 位、4′位、7 位葡萄糖苷易水解，只需几分钟。黄酮醇 3 位糖苷，需 37℃ 24h 以上才能水解。

### 5.4.2 糖的分析

水解下来的糖大多为已知糖，可用纸色谱、气相色谱等鉴定，同时与已知糖的标准品对照。

(1) 纸色谱

操作快，准确度较高，成本低；但不能分辨 α-糖和 β-糖。

常用展开剂：正丁醇：乙酸：水（4：1：5）、正丁醇：乙酸：乙醇：水（4：1：1：2）、水饱和的苯酚、正丁醇：吡啶：乙醇：水（4：1：1：1）、乙酸乙酯：吡啶：水（12：5：4）等。

常用显色剂：1g 对茴香胺盐酸盐与 0.1g 亚硫酸氢钠溶于 10mL 甲醇中，再以正丁醇稀释至 100mL。

(2) 气相色谱

首先制备成三甲基硅醚衍生物或全甲基化衍生物，再进行气相色谱鉴定，并与已知糖的相应衍生物对照。气相色谱灵敏度较纸色谱高，可分辨别 α-糖和 β-糖，例如 α-鼠李糖比 β-鼠李糖的滞留时间短。分子量大的糖不能分析。

### 5.4.3 苷元的鉴定

苷元的鉴定一般通过衍生物的制备的谱学解析即可完成。如果有已知物的标准品，再经过混合熔点测定、红外光谱对照等，可使鉴定更可靠。

(1) 衍生物的制备

黄酮类化合物常用的衍生物为乙酰化物和甲基化物，制备衍生物的目的有两个：一是与文献中已知化合物的理化数据（包括谱学数据）对照，加以鉴定；二是将这些衍生物与原化合物的谱学数据进行比较而推定结构。例如，酚羟基乙酰化后，原来的酚羟基对光谱的影响将会完全消除，并可使邻、间、对位质子的 $^1H$-核磁共振信号向低场位移 0.3ppm、0.15ppm、0.5ppm，以此可推定羟基的取代位置。此外，乙酰化或甲基化后使各种谱学数据的测定更加容易，因此，不管是已知物鉴定，还是未知物的结构分析，这两种衍生物的制备都是不可少的。

① 乙酰化物的制备　乙酐或乙酰氯在催化剂的存在下可使羟基乙酰化。常用的催化剂有：吡啶、乙酸钠、浓硫酸、对甲苯磺酸等，所用试剂都必须无水，其中以乙酐/吡啶法最常用，方法：将样品溶解于少量无水吡啶中，加两倍量乙酐，室温放置 3～5d，然后将反应物倒入冰水中，静止数小时后析出结晶，过滤后以适当溶剂重结晶即可。该法的优点是方法简便、反应温和，几乎能定量地得到反应产物。有时因 5 位羟基生成氢键而不易乙酰化，可将反应时间延长或加热。

② 甲基化物的制备　重氮甲烷能使酚羟基甲基化，常用方法是：将样品溶于甲醇或乙醚中，加入过量的重氮甲烷乙醚溶液，在通风橱中放置过夜。薄层检查反应如不完全，继续加入过量重氮甲烷乙醚液，直至反应完全为止，蒸去溶剂后以适当溶剂重结晶。该法的优点是反应产物便于处理，产量高，但 5 位羟基因生成氢键不易甲基化，可改用硫酸二甲酯或其他方法甲基化。

（2）谱学数据的测定

由于一般的黄酮类化合物结构比较简单，用紫外光谱、核磁共振谱、质谱分析，必要时制成衍生物进行测定，即可推出结构。

① UV　多数黄酮类化合物在240～400nm范围有两个主要吸收带，吸收带Ⅰ在300～380nm之间，是由B环桂皮酰基系统的电子跃迁引起的吸收，吸收带Ⅱ在240～280nm之间，是A环苯甲酰基系统的贡献。根据每类黄酮类化合物在甲醇中的紫外光谱特征，可以推测它们的结构类型，如黄酮及黄酮醇类的吸收带Ⅰ、吸收带Ⅱ皆为强峰，异黄酮、二氢黄酮和二氢黄酮醇是Ⅰ弱Ⅱ强（吸收带Ⅰ常为肩峰），查尔酮及橙酮类为Ⅰ强Ⅱ弱。加入位移试剂，根据光谱的变化，可以推测酚羟基等取代基的位置及数目。以黄酮、黄酮醇为例，甲醇钠可推测有无4′-OH或3-OH，乙酸钠可推测7-OH，乙酸钠-硼酸可确定有无邻二酚羟基，三氯化铝加盐酸光谱与甲醇光谱对比可确定有无5-OH或3-OH等。此外，邻二酚羟基还可通过氯化锶反应加以区别，3-OH或5-OH可借助锆-枸橼酸反应进行区别。

② $^1$H-NMR　主要根据C环质子的信号确定黄酮类化合物的结构类型，A、B环质子及取代基质子的化学位移、偶合常数、峰面积等参数，解析取代基的种类、位置、数目及成苷情况等。A环及B环质子的化学位移主要有如下规律：B环上质子较A环上质子的共振峰位于较低场；2′-H及6′-H一般较B环上其他质子的化学位移大；A环5-H的化学位移较其他A环质子大；酚羟基成苷后，将使邻位碳上氢质子的共振信号向低场方向位移。

③ EI-MS　黄酮类化合物有两种基本裂解方式，见图5-1。

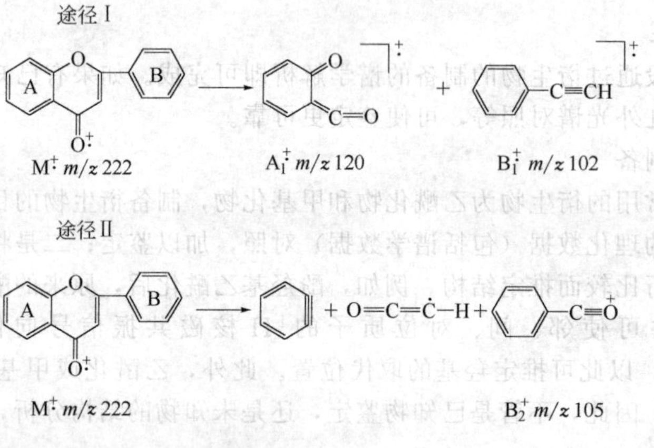


图5-1　黄酮类化合物两种基本裂解方式

黄酮类苷元A环上的取代，可通过测定$A_1^{+}$离子的质荷比确定，B环上的取代，可根据$B_1^{+}$离子的质荷比确定。黄酮醇苷元主要以途径Ⅱ裂解，黄酮醇母核上的取代，可通过$B_2^{+}$离子的质荷比推断。

**5.4.4　黄酮类化合物结构解析示例**

从某药用植物中分得一个黄色结晶（a），分子式$C_{21}H_{20}O_{11}$，理化性质为：HCl-Mg反应呈淡红色，α-萘酚/浓硫酸反应阳性，氨性氯化锶反应阴性，二氯氧锆反应呈黄色，加枸橼酸褪色，可被苦杏仁酶水解，水解产物有葡萄糖及化合物（b）。化合物（b）分子式为$C_{15}H_{10}O_6$，HCl-Mg反应也呈淡红色，α-萘酚/浓硫酸反应阴性，氨性氯化锶反应阴性，二氯氧锆反应也呈黄色，加枸橼酸则不褪色。化合物（a）主要光谱数据如下。

UV($\lambda_{max}$ nm)：MeOH 267，348；NaOMe 275，326，398；NaOAc 275，305，372；$AlCl_3$ 274，301，352；$AlCl_3$/HCl 276，303，352。

IR($\nu$ $cm^{-1}$)：3401，1655，1606，1504。

$^1$H-NMR ($\delta$ ppm)：3.2～3.9(6H，m)，3.9～5.1 (4H，加 $D_2O$ 消失)，5.68(1H，$J$=8.0Hz)，6.12(1H，$J$ = 2.0Hz)，6.42(1H，$J$ = 2.0Hz)，6.86(2H，$J$ = 9.0Hz)，8.08(2H，$J$=9.0Hz)。

根据以上信息，化合物 (a) 的结构解析如下。

化合物 (a) HCl-Mg 反应呈淡红色，$\alpha$-萘酚/浓硫酸反应阳性，表示为黄酮苷类化合物。氨性氯化锶反应阴性，表示无邻二酚羟基。二氯氧锆反应呈黄色，加枸橼酸褪色，表示有 5-OH 无 3-OH。可被苦杏仁酶水解，水解产物有葡萄糖，表示化合物 (a) 为葡萄糖苷，苷键构型为$\beta$-型。化合物 (b) 二氯氧锆反应呈黄色，加枸橼酸则不褪色，表示化合物 (a) 中糖连在 $C_3$ 上。

UV：NaOMe 带Ⅰ (398nm) 红移表示有 4′-OH，NaOAc 带Ⅱ (275nm) 红移 8nm 表示有 7-OH、$AlCl_3$ 及 $AlCl_3$/HCl 中吸收峰表示无邻二酚羟基。

IR：3401$cm^{-1}$为羟基吸收峰，1655$cm^{-1}$为羰基吸收峰 (发生了红移)，1606$cm^{-1}$与1504$cm^{-1}$为苯环吸收峰。$^1$H-NMR：3.2～3.9(6H，m) 为糖上质子，3.9～5.1(4H，加 $D_2O$ 消失) 为糖上羟基质子，5.68(1H，$J$ = 8.0Hz) 为糖端基质子，为$\beta$-苷键，6.12 (1H，$J$=2.0Hz) 为A环上 6-H，6.42(1H，$J$=2.0Hz) 为A环上 8-H，6.86(2H，$J$= 9.0Hz) 为B环上 3′,5′-H，8.08(2H，$J$=9.0Hz) 为B环上 2′,6′-H。

综上信息，化合物 (a) 的结构为 5,7,4′-三羟基黄酮-3-$O$-$\beta$-D 葡萄糖。

## 5.5 黄酮类化合物的应用

黄酮类化合物曾在工业上用作染料和抗氧化剂。近几十年来，发现黄酮类化合物具有多种生理功能，在药品、食品等许多方面有较大的应用价值。

### 5.5.1 天然甜味剂

(1) 甘草酮

甘草酮 ($C_{20}H_{18}O_4$)，m.p. 245～246℃，甜味剂。白色或淡黄色粉末，甜度是蔗糖的200倍。特点：易溶于水、乙醇中，不溶于乙醚、氯仿中，如有少量溶于乙醚或氯仿则说明不纯。

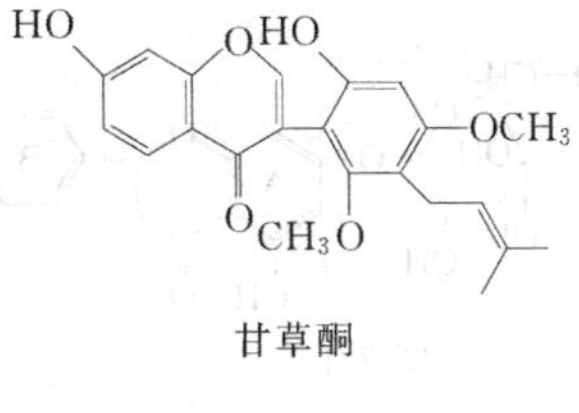


甘草酮

(2) 新橙皮苷二氢查尔酮

新橙皮苷二氢查尔酮 (Neohesperidin dihydrochalcone)，分子式为 $C_{28}H_{30}O_{25}$，白色针状结晶体，m.p. 52～154℃，碘值 120，饱和水溶液的 pH 6.25，25℃ 2L 水中可溶 1g，溶于稀碱，在乙醚、无机酸中不溶，甜度为糖精的 7～10 倍。较稳定，无吸湿性，属低热量甜味剂。

未成熟柑橘用橙皮苷酶作用切去鼠李糖，再用碱还原，变成具甜味的橙皮素-7-葡萄糖苷二氢查尔酮，然后放入淀粉中，加葡萄糖基转移酶制成具果实风味的甜味剂。

### 5.5.2 天然抗氧化剂

黄酮类化合物A、B环上有多个酚羟基，$C_2$与$C_3$之间有双键，有自由的$C_3$-羟基和酮基，因此具有潜在的抗氧化活性。酮基和3位或5位羟基联合作用，可以螯合金属离子，因而削弱微量金黄色属的助氧化作用。有人研究了黄酮类化合物的抗氧化性质，认为黄酮是作为一级抗氧化剂而起作用的，它们具有显著的抗氧化性能。

（1）洋槐黄素

洋槐黄素（robinetin）在金橘果皮中的含量较高。m. p. 325～330℃。去甲二氢愈疮木酸酯具较强的抗氧化性，洋槐黄素抗氧化性为它的两倍。

（2）蜜橘黄素

蜜橘黄素（nobiletin），m. p. 134～137℃，橘皮中的含量高，也具较强的抗氧化性。

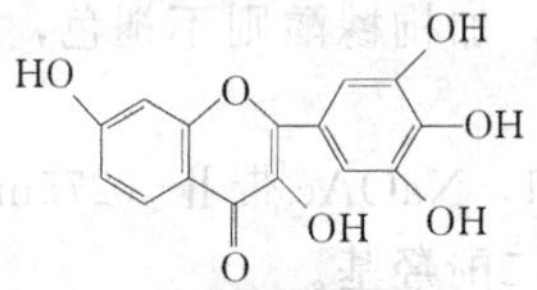

洋槐黄素

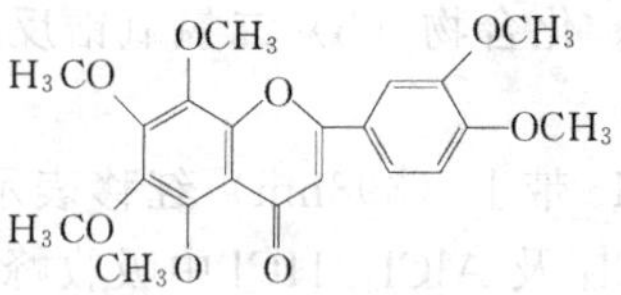

蜜橘黄素

### 5.5.3 保健食品

（1）杨梅黄素

杨梅黄素（myricetin）是一种天然色素，具维生素C样的活性。由于B环上有三个邻羟基，具有强抗氧化性，其清除羟自由基的效果很好。杨梅黄素还可改善心脑血管通透性，具抗脆性。因此杨梅黄素可用作保健品，食品的添加剂。

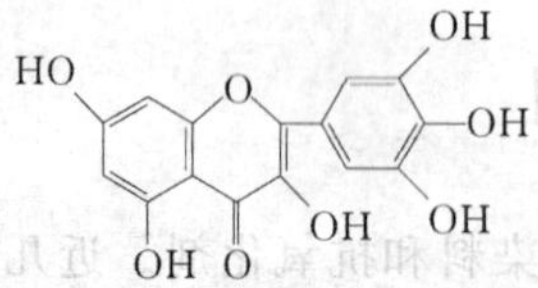

杨梅黄素

（2）橙皮苷

橙皮苷（hesperidin），m. p. 257～260℃，白色针状结晶，与维生素P功效类似，可代替维生素P，具防血管脆弱性，是治疗冠心病药物的重要原料之一。橙皮苷B环上相邻位置各有1个羟基和1个烷氧基，具抗氧化性，可作药品或食品添加剂。橙皮苷的其他应用，在化妆品中使用此类化合物，较维生素C效果更好，并有一定抗癌作用。

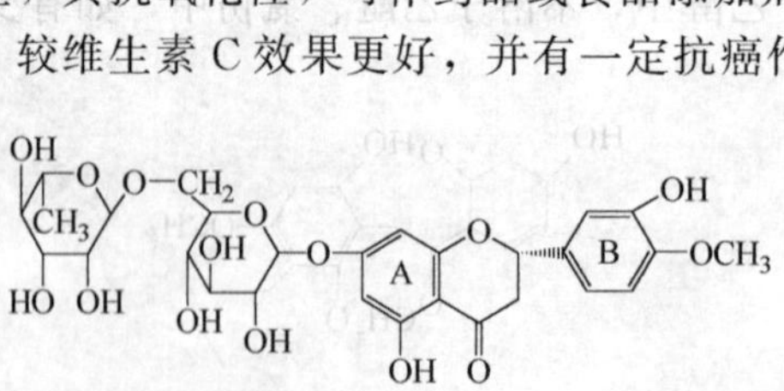

橙皮苷

### 5.5.4 化妆品中应用

（1）护肤霜

黄酮类化合物的紫外吸收范围为250～400nm，略带黄色，具防晒作用，可添加于护肤霜中。

（2）染发剂

黄酮类化合物在B环上3′位、4′位上有羟基，可与Al、Mg、Fe等元素形成有色络合物。

（3）抗氧化剂

黄酮类化合物B环上相邻位置其羟基和烷氧基的数目有两个或两个以上，也具抗氧化性，可添加于高档化妆品中。

### 5.5.5 天然色素

（1）高粱色素

溶于水和丙二醇，pH<7，红褐色。对光和热较稳定。用于畜产、水产、点心及植物蛋白的着色，主要成分有黄酮类、黄酮醇类。

（2）可可色素

黄烷-3,4-二醇类，3′位，4′位可能含一个或两个羟基，可溶于水、乙醇、丙二醇。颜色随pH值改变而改变，对光，热稳定。

（3）红花黄色素

红花（carthamus tinctorius）中含有，可溶于水、稀乙醇，难溶于无水乙醇和油脂。pH 7时黄色，对光、热稳定，但遇$Fe^{2+}$变黑色。遇到$Ca^{2+}$、$Sn^{2+}$、$Mg^{2+}$、$Cu^{2+}$、$Al^{3+}$也会变色，应用于饮料、葡萄酒、蜜饯、化妆品中。有以下三种主要成分：

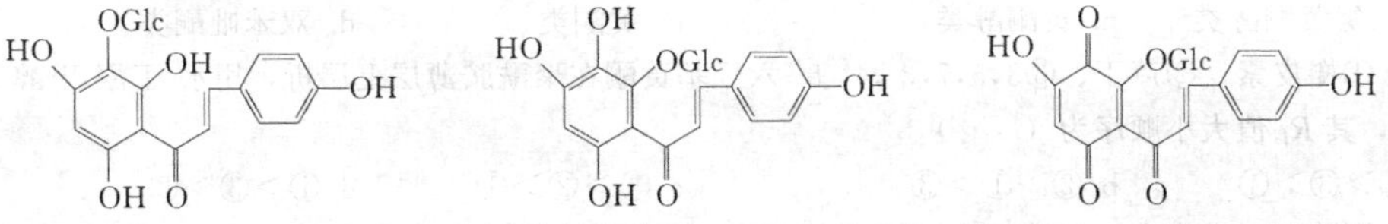


红色成分　　黄色成分　　深红色成分

### 5.5.6 药品中的应用

黄酮类化合物是临床上治疗心血管疾病的良药，有强心、扩张冠状血管、抗心律失常、降压、降低血胆固醇、降低毛细血管渗透性等作用。如橙皮苷是治疗冠心病药物的重要原料之一。

许多黄酮类化合物具有抗癌作用，其作用方式是能减少甚至消除一些化学致癌物的致癌毒性。黄酮类化合物对一些致突剂和致癌物有拮抗作用，例如芹菜素、槲皮素对黄曲霉素$B_1$与DNA加合物的形成有抑制作用，槲皮素及其衍生物可有效诱导微粒体芳烃羟化酶和环氧化物水解酶使多环芳烃和苯并芘通过羟化或水解失去致癌活性。

一些黄酮类化合物有抗肝中毒和保肝作用，例如水飞蓟素（silybin），分子式$C_{25}H_{22}O_{10}$。无水物m. p. 158℃（180℃分解）。$[\alpha]_D^{20}+11°$（$c=0.25$，丙酮-乙醇）。易溶于丙酮、乙酸乙酯、甲醇、乙醇，几乎不溶于水。已作为防治肝炎和保肝药物出售，临床上用于治疗急、慢性肝炎，肝硬化及多种中毒性肝损伤。

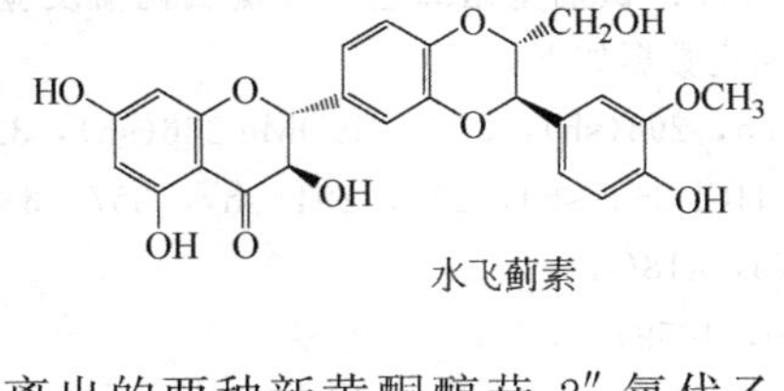


水飞蓟素

再如，从梅花中提取分离出的两种新黄酮醇苷2″-氧代乙酰芸香苷和2″-氧代-3′-氧代甲基芸香苷，它们对大鼠醛糖还原酶有较好的抑制作用。作为多羟基化合物里的一种重要酶类，据报道醛糖还原酶能催化还原葡萄糖为山梨醇，山梨醇不能渗出细胞膜，细胞内的山梨醇积聚与一些慢性病如糖尿病、白内障有关。因此梅花黄酮对这些疾病有一定的预防作用。

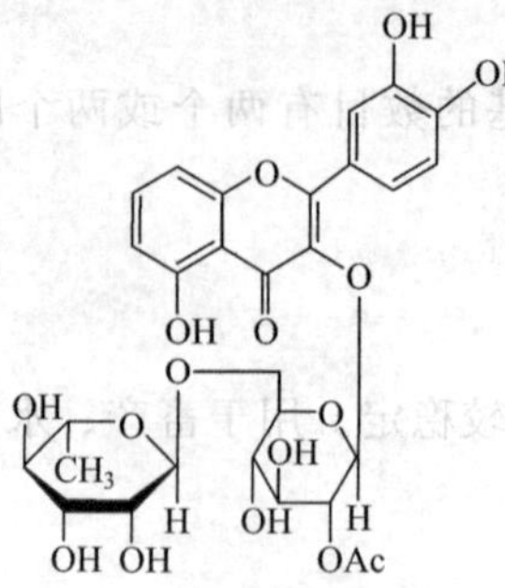

2″-氧代乙酰芸香苷

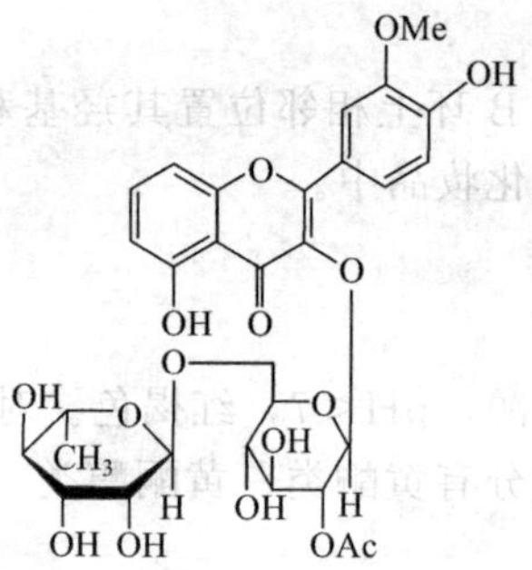

2″-氧乙酰-3′-氧代甲基芸香苷

## 习　　题

1. 选择题

（1）黄酮类化合物大多呈色的最主要原因是（　　）

a. 具酚羟基　　b. 具交叉共轭体系　　c. 具羰基　　d. 具苯环

（2）下面哪类化合物在水中溶解度稍大一些（　　）

a. 二氢黄酮醇类　　b. 黄酮醇类　　c. 黄酮类　　d. 双苯吡酮类

（3）①槲皮素、②芦丁、③3,5,7,3′,4′,5′-六羟基黄酮在聚酰胺薄层上层析，用水-丁酮-甲醇（4∶3∶3）展开，其 $R_f$ 值大小顺序为（　　）

a. ②>③>①　　b. ②>①>③　　c. ③>②>①　　d. ①>③>②

（4）测黄酮醇类化合物的醋酸钠-硼酸紫外光谱，可帮助推断结构中是否有（　　）

a. 3-OH　　b. 5-OH　　c. 7-OH　　d. 邻二酚羟基

（5）下列化合物不具有旋光性的是（　　）

a. 芦丁　　b. 槲皮素　　c. 葛根苷　　d. 橙皮素

2. 黄酮类化合物酸性强弱顺序依次为________大于________大于________大于________，此特性可用于提取分离。因 7-或 4′-OH 处于 4 位羰基的________，故酸性________；而 5-羟基因与羰基形成________，故酸性________。

3. 某花类药材中含 3,5,7-三羟基黄酮，3,5,7,4′-四羟基黄酮及其苷，还有脂溶性色素、黏液质、糖类等杂质，试设计提取分离有效成分的流程（并注明杂质所在部位）。

4. 试用化学方法鉴别黄酮和二氢黄酮。

5. 黄酮类化合物的主要生理活性有哪些？

6. 花色素、二氢黄酮、异黄酮、黄酮醇的水溶性大小顺序如何？原因何在？

7. 黄酮类化合物有哪些颜色反应？分别用于鉴别哪些结构？

8. 将化合物 A 用酸水解，得水解产物为 B 和母液，母液经 HPLC 鉴定为鼠李糖，化合物 B 经重结晶后，元素分析质谱测定其分子式为 $C_{15}H_{10}O_6$，它不溶于水，易溶于热甲醇、乙醇、乙醚、氯仿和苯中。化学反应对 HCl-Mg 反应呈橙红色，$FeCl_3$ 试剂呈暗绿色，二氯氧化锆反应呈黄色，加枸橼酸后黄色褪去，对 Molish 反应呈阴性。部分光谱测定数据如下：

UV：$\lambda_{max}$(nm)MeOH 256，265，296(sh)，350；NaOMe 266(sh)，323(sh)，403（强度不变）；$AlCl_3$ 271，298(sh)，333，426；$AlCl_3$/HCl 262(sh)，275，294(sh)，357，385；NaOAc 268，306(sh)，402；NaOAc/$H_3BO_3$ 270，303(sh)，376，418(sh)；

IR $\upsilon_{max}$（KBr）($cm^{-1}$)：3350，1659；

H-NMR（DMSO-$d_6$，TMS）δ：6.30（1H，s），6.20（1H，d，$J$=2.5Hz），6.50（1h，d，$J$=2.5Hz），6.90（2H，d，$J$=8.5Hz），7.75（2H，d，$J$=8.5Hz）。

根据以上提供信息，推测化合物 A 和 B 的结构式并简述推导过程。

9. 查阅文献写出银杏叶中的主要药用化学成分，简述其提取分离方法。

10. 查阅文献写出黄芩苷的结构式，简述其提取分离方法及药理作用。

# 第 6 章 萜类化合物

## 6.1 概述

萜类化合物（terpenoids）为异戊二烯（isoprene）的聚合体及其含氧的饱和程度不等的衍生物。在自然界分布很广，挥发油、树脂、橡胶及类胡萝卜素的组分多属于萜类化合物。有些具有生理活性，如龙脑、山道年、穿心莲内酯和人参皂苷等。萜类化合物按异戊二烯单位的多少可分为单萜、二萜、三萜等，具体见表 6-1。

**表 6-1 萜类化合物的分类**

| 类 别 | 异戊二烯单位数($n$) | 含碳数 | 存 在 |
|---|---|---|---|
| 单萜(mono-terpenoid) | 2 | 10 | 挥发油(精油) |
| 倍半萜(sesqui-terpenoid) | 3 | 15 | 挥发油，树脂 |
| 二萜(di-terpenoid) | 4 | 20 | 树脂 |
| 三萜(tri-terpenoid) | 6 | 30 | 皂苷，树脂 |
| 四萜(tetra-terpenoid) | 8 | 40 | 色素 |
| 多萜(poly-terpenoid) | >8 | >40 | 天然橡胶 |

下面为单萜、倍半萜、二萜、二倍半萜、三萜化合物的实例，其中分别含有 2～6 个异戊二烯单位的划分。

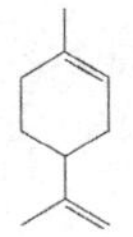
柠檬烯（$C_{10}$）

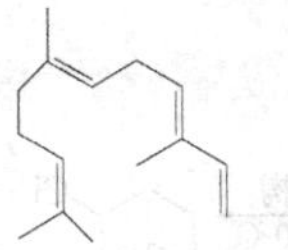
$\alpha$-法呢烯（$C_{15}$）

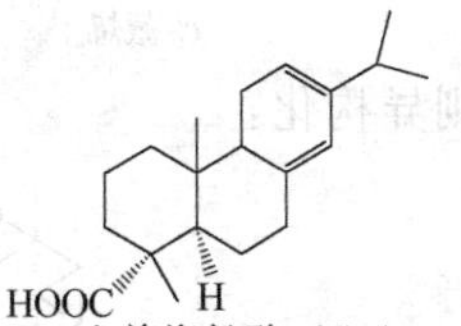

左旋海松酸（$C_{20}$）

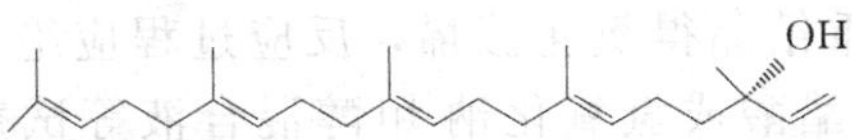

全反式香叶基橙花叔醇（$C_{25}$）

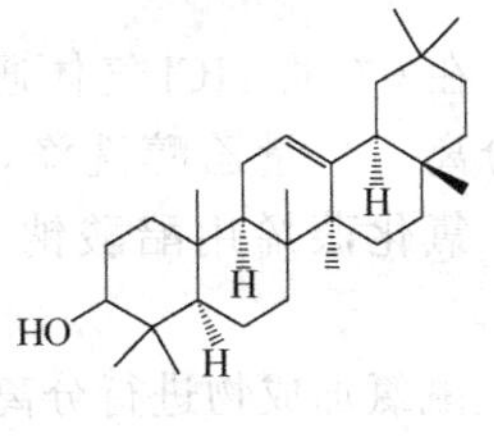

$\beta$-香树脂醇（$C_{30}$）

## 6.2 萜类化合物的提取与分离

### 6.2.1 萜类化合物的提取

（1）压榨法

压榨法一般用于柑橘类植物精油的提取，将果皮直接冷榨，就可获得含有细胞及细胞液的粗精油，再经离心或过滤，获得精油。精油中主要含有单萜及倍半萜。

(2) 水蒸气蒸馏法

根据需要，将植物的花、叶、皮、茎、根等装入蒸馏釜中，通入水蒸气加热，精油和水蒸气一起蒸出，冷凝后从油水混合物中分出精油。水蒸气蒸馏法以单萜及倍半萜提取为主。

(3) 溶剂提取法

根据需要，用乙醚、石油醚、乙醇等不同极性、不同沸点的溶剂，在室温渗漉，蒸去溶剂得浸膏，进一步处理可得各种萜类化合物，此法适用于大部分萜的提取。

(4) 脂浸润法

对热稳定性较差的萜类可用此法提取，如茉莉、晚香玉等花极不耐热，将花撒在涂有脂肪的板上，让精油吸入脂肪，再从脂肪中提取。

(5) 超临界流体萃取法

超临界流体萃取是一种较新的萃取方法，它是利用超临界流体（supercrictical fluid）在临界温度和临界压力附近具有的特殊性能而进行萃取的一种分离方法。

在萜类化合物的提取中，超临界 $CO_2$ 是最常用的萃取剂。因为 $CO_2$ 的临界温度为31.1℃，临界压力为7.4MPa，近于室温和不太高的压力易于操作。同时 $CO_2$ 不燃烧、无毒、价廉易得、不会造成环境污染，更重要的是超临界 $CO_2$ 能有选择性地提取非极性或弱极性的物质，对萜类化合物具有良好的溶解能力，不破坏其结构，特别适用于少数名贵植物香料的萃取。

### 6.2.2 萜类化合物的分离

(1) 化学法分离

① 与卤化氢生成结晶物进行分离　适用于含双键的萜烯类化合物的分离，此法成本较低。例如松节油中主要成分 α-蒎烯的提取分离：

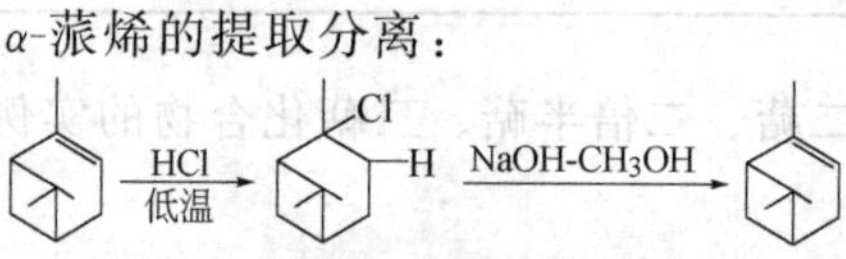


α-蒎烯　氯化蒎烯(结晶物)

温度不能高，否则异构化：

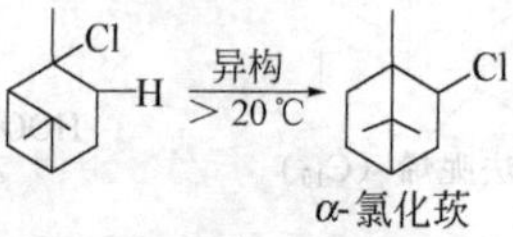


α-氯化莰

具体操作：在0℃将HCl气体通入萜烯：乙醚（1：1）混合液中，蒸发乙醚后得结晶物，经抽滤，分离，少量乙醇洗涤，重结晶得氯化蒎烯，反应过程应绝对干燥，否则易发生重排反应。氯化蒎烯用醋酸钠-冰醋酸或氢氧化钠-甲醇混合液等试剂处理可复原为α-蒎烯。

② 生成亚硝酰氯加成物进行分离　亚硝酰氯（NOCl）用亚硝酸戊酯与浓HCl制得，此法也适用于含双键的萜烯类化合物的分离，例如：

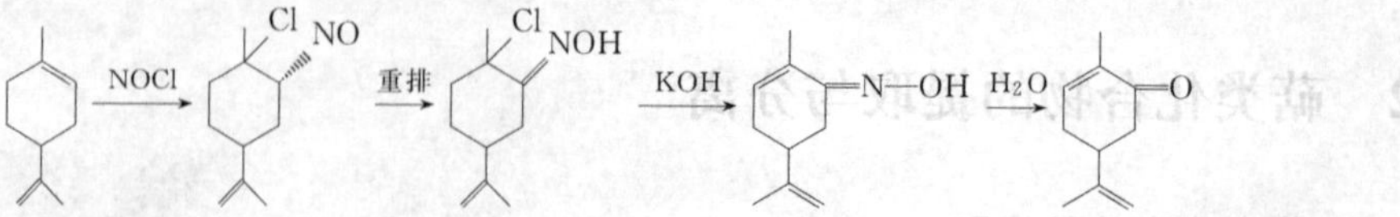


柠檬烯　肟（析出）　香芹酮肟　香芹酮（留兰香中主要成分）

实验方法：将15mL 32% HCl滴加到50g萜烯、50mL冰醋酸和50g亚硝酰戊酯所组成的冷冻混合液中，加成物析出，经抽滤，乙醇洗，丙酮重结晶。用苯胺乙醇溶液可复原。此法处理后所得萜烯均发生了消旋。

③ 萜醇的分离　一般与 $H_3BO_3$ 成酯后分离或加邻苯二甲酸酐成酯后分离，如：

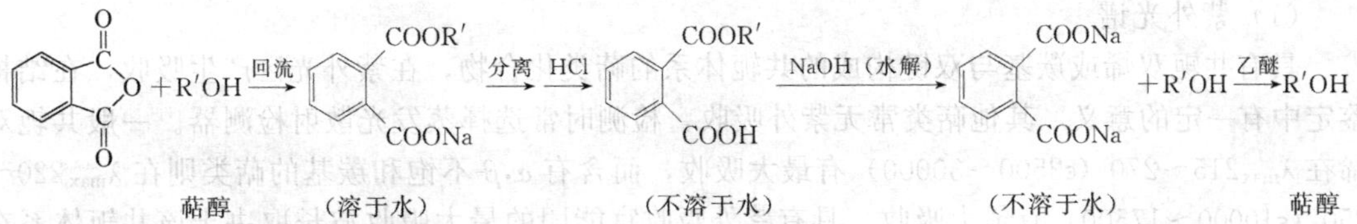


实验方法：等质量的萜醇、邻苯二甲酸酐和苯回流 1.5h，加水处理，分出水层用酸处理得邻苯二甲酸氢酯，再用氢氧化钠-乙醇皂化，加水后用乙醚萃取，乙醚萃取液经干燥后浓缩，残留物即为萜醇的混合物。

④ 醛酮类萜的分离（部分酮）　醛酮类化合物可与亚硫酸氢钠（40%）生成沉淀物，分出沉淀物后可用酸或碱复原，但应注意含双键化合物会有副反应发生：

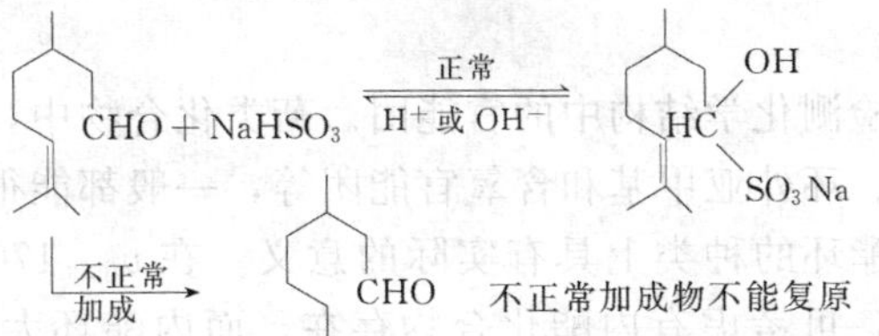


实验方法：样品的乙醚液加等量饱和 $NaHSO_3$ 振荡 1～2h，得加成物沉淀，如加成物溶于水，则用乙醚萃取以除去非醛酮萜。加酸（草酸或 $H_2SO_4$）或加碱（$Na_2CO_3$）处理，乙醚萃取，萃取液经洗涤、干燥、浓缩后得产品。

上述 4 种过程需酸碱处理，对酸碱敏感的化合物不能应用，但可采用后面两法。

（2）精密分馏法

组成萜类成分的碳原子一般相差 5 个，加上双键数目和含氧官能团的不同，各成分之间沸点有一定的差异，也有一定的规律性，可经分馏分离。

精密分馏时，大致在 35～70℃，10mmHg 蒸馏出来的是单萜烯类化合物；在 70～100℃，10mmHg 蒸馏出来的是单萜含氧类化合物；在 80～110℃，10mmHg 蒸馏出来的是倍半萜烯及含氧类化合物，有时含氧物沸点很高。实际上蒸馏时各类化合物不能分离得很清，常呈交叉情况，可用薄层色谱或气相色谱检验。一般说来，经精密分馏后有些成分已经纯化，有些成分需用其他方法进一步分离纯化。

（3）色谱分离法

常用吸附剂有中性氧化铝、硅胶等。洗脱剂有正己烷、石油醚（$C_6$～$C_{10}$）、含 5%乙酸乙酯的石油醚等。常用显色剂是碘，呈黄色斑点，方便但灵敏度不高；5%香草醛浓 $H_2SO_4$ 溶液，喷后 100～105℃加热显色。

有时精油直接经过色谱即可得纯品，有时与精密分馏相结合，将某些认为初步已纯化的馏分合并后，再进行色谱分离，即可得纯品。

## 6.3　萜类化合物的结构测定

萜类化合物是目前天然产物研究中最活跃的领域，确定萜类化合物结构的主要步骤：①定性分析其所含官能团以及所属类别；②通过降解确定其碳架并推测官能团所在位置；③结合谱图等推测其结构；④通过全合成验证其结构。

由于现代波谱分析技术的快速发展，其在萜类化合物结构中的作用越来越重要。

### 6.3.1 波谱法在萜类结构测定中的应用

（1）紫外光谱

具有共轭双烯或羰基与双键构成的共轭体系的萜类化合物，在紫外光区产生吸收，在结构鉴定中有一定的意义，其他萜类常无紫外吸收，检测时常选择蒸发光散射检测器。一般共轭双烯在 $\lambda_{max}$215～270（ε2500～30000）有最大吸收，而含有 $\alpha,\beta$-不饱和羰基的萜类则在 $\lambda_{max}$220～250（ε10000～17500）有最大吸收。具有紫外吸收官能团的最大吸收波长取决于该共轭体系在分子结构中的化学环境。例如链状萜类的共轭双键体系在 $\lambda_{max}$217～228（ε15000～25000）处有最大吸收；共轭双键体系在环内时，则最大吸收波长出现在 $\lambda_{max}$256～265（ε2500～10000）处；当共轭双键有一个在环内时，则最大吸收波长出现在 $\lambda_{max}$230～240（ε13000～20000）处。此外共轭双键的碳原子上有无取代基及共轭双键的数目也会影响最大吸收波长。紫外光谱的 $\lambda_{max}$ 数据除通过直接测定外，还可用 Woodward 规则计算，具体方法可参考相关的书籍。

（2）红外光谱

红外光谱主要用来检测化学结构中的官能团。萜类化合物中，绝大多数具有双键、共轭双键、甲基、偕二甲基、环外亚甲基和含氧官能团等，一般都能很容易地分辨出来。尤其对于萜类内酯的存在及内酯环的种类上具有实际的意义。在 $\upsilon_{max}$ 1700～1800cm$^{-1}$ 间出现的强峰为羰基的特征吸收峰，可考虑有内酯化合物存在，而内酯环大小及有无不饱和键共轭体系，使其最大吸收有较大差异。如在饱和内酯环中，随着内酯环碳原子数的减少，环的张力增大，吸收波长向高波数移动。六元环、五元环及四元环内酯羰基的吸收波长分别在 $\upsilon_{max}$ 1735cm$^{-1}$、1770cm$^{-1}$ 和 1840cm$^{-1}$；不饱和内酯则随着共轭双键的位置和共轭长短的不同，其羰基的吸收波长亦有较大差异。

（3）质谱

萜类化合物结构中基本母核多，无稳定的芳香环、芳杂环及脂杂环结构系统，大多缺乏“定向”裂解基团，因而在电子轰击下能够裂解的化学键较多，重排屡屡发生，裂解方式复杂。实际上质谱的作用只是提供一个分子量而已。萜类裂解的一些规律如下。

① 萜类化合物的分子离子峰除以基峰形式出现外，一般较弱；

② 在环状萜类中常进行 RDA 裂解；

③ 在裂解过程中常伴随着分子重排裂解，尤以麦氏重排（Mclafferty rangement）多见。

④ 裂解方式受功能基的影响较大，得到的裂解峰大都为失去功能基的离子碎片，例如，有羟基或羟甲基存在时，多有失水或失羟甲基、甲醛等离子碎片。

（4）核磁共振谱

对于萜类化合物的结构测定来说，核磁共振谱是波谱分析中最为有力的工具，特别是近十年发展起来的具有高分辨能力的超导核磁分析技术和 2D-NMR 相关技术的开发和应用，不但提高了谱图的质量，而且提供了更多的结构信息。鉴于萜类化合物类型多、骨架复杂、结构庞杂，大量的氢谱、碳谱数据可参考相关的文献资料。

### 6.3.2 结构测定实例

从民间抗疟草药黄花蒿中分离出一种抗疟有效成分青蒿素（artemisinin，qinghaosu），无色针晶，熔点 156～157℃，$[\alpha]_D^{20}+66°$（$c$=0.5，$CHCl_3$）。高分辨质谱示相对分子质量为 282.1472，元素分析：C 63.72%，H 7.86%，分子式 $C_{15}H_{22}O_5$。

青蒿素的 IR 光谱在 831、881、1115、1750cm$^{-1}$ 有特征吸收峰。其中 831、881、1115cm$^{-1}$ 显示有过氧基的特征吸收峰，能与 1 mol 的三苯基磷反应；质谱中有 $m/z$ 250(M-32) 的特征碎片；用 pd-$CaCO_3$ 催化氢化失去 1 个氧原子，形成环氧化合物，以上信息都表明青蒿素分子中含有 1

个过氧基。在1750cm$^{-1}$显示有六元内酯环的特征吸收峰，与盐酸羟胺反应呈现内酯环的阳性反应；用 $NaBH_4$ 还原可生成仲羟基化合物，再用铬酐-吡啶氧化又生成青蒿素，用 NaOH 滴定，消耗 NaOH 的物质的量之比为 1∶1，从而证明青蒿素分子中含有 1 个内酯基。

青蒿素结构中仅有内酯基而无其他发色基，紫外光谱 220nm 以上无吸收。

青蒿素的$^1$H-NMR（$CCl_4$，$\delta$）：0.93（3H，d，$J$=6Hz，H-14），1.06（3H，d，$J$=6Hz，H-13），1.36(3H,s,H-15)，3.26（1H，m，H-11），5.68（1H，s，H-5）。$\delta$1.36 低场甲基是氧同碳上的甲基，当照射 $\delta$3.08～3.44，可使 $\delta$1.06 的双峰变成单峰；反之照射 $\delta$1.06，可使 $\delta$3.08～3.44 的多重峰变成双峰，说明 $\delta$3.08～3.44 是与 $\delta$1.06 甲基相邻的一个氢。该质子因受内酯羰基的去屏蔽效应而位于较低磁场；由于照射 $\delta$1.06 的甲基，$\delta$3.08～3.44 的质子变成双峰，说明该质子邻近的碳上只有一个氢原子。在更低场的 $\delta$5.68（1H，s）处出现一个单尖峰，推定是与两个氧原子相连碳上的一个氢，此质子无裂分，说明该氢原子所连的碳是与氧原子和叔碳原子相连接。

青蒿素的$^{13}$C-NMR 谱具有 15 个碳原子信号，DEPT 实验其中 3 个 s 峰、5 个 d 峰、4 个 t 峰、3 个 q 峰。按一般化学位移规律及各种二维谱确定归属如下。

C-1：49.468（d）；C-2：24.352（t）；C-3：35.468（t）；C-4：104.709（s）；C-5：93.277（d）；C-6：79.564（s）；C-7：43.881（d）；C-8：22.414（t）；C-9：33.126（t）；C-10：36.076（d）；C-11：32.515（d）；C-12：171.493（s）；C-13：12.404（q）；C-14：19.560（q）；C-15：24.927（q）。

根据以上分析，可以推定青蒿素有下列部分结构片段：

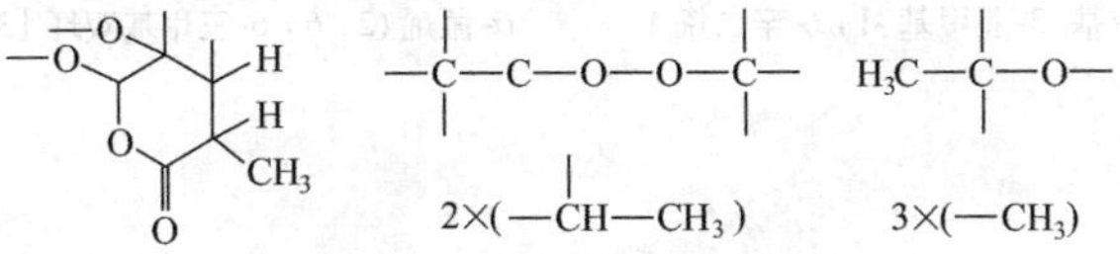

通过 X-射线衍射晶体分析最后确定了青蒿素的结构。

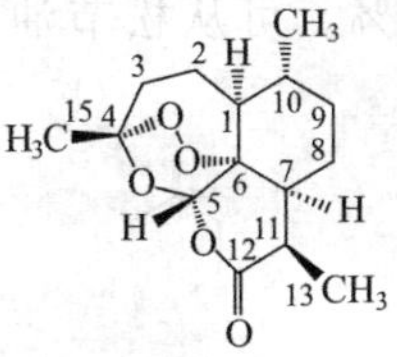

青蒿素

## 6.4 单萜化合物

单萜是含 10 个碳原子的一类化合物，是精油的主要成分之一，用途较广，可供药物和香料使用。

### 6.4.1 分类和命名

（1）分类

单萜不饱和度为 3，根据碳架特点又可分为无环单萜、单环单萜、双环单萜三类，例如香叶烯为无环单萜，柠檬烯为单环单萜，$\beta$-蒎烯、樟脑为双环单萜。

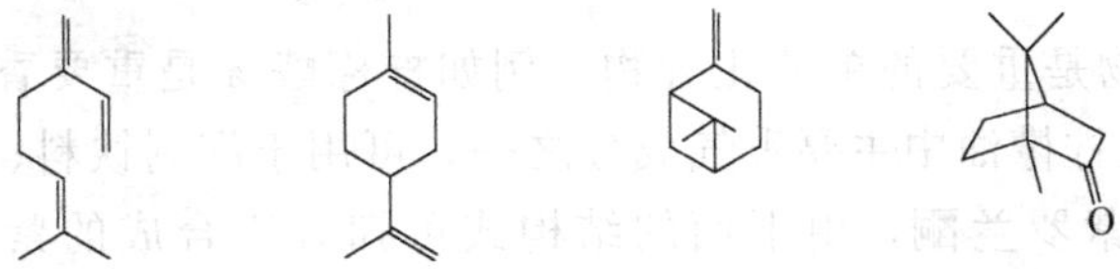

香叶烯　　柠檬烯　　$\beta$-蒎烯　　樟脑

萜类含氧化合物是重要的天然香料及调味品，从嗅觉及味觉来考察，醇类较缓和，醛酮类则较刺激，下面为一些单萜类含氧化合物：

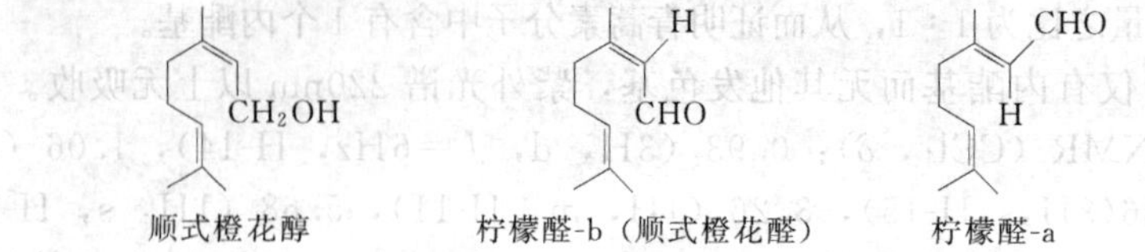


顺式橙花醇　　　　柠檬醛-b（顺式橙花醛）　　　　柠檬醛-a

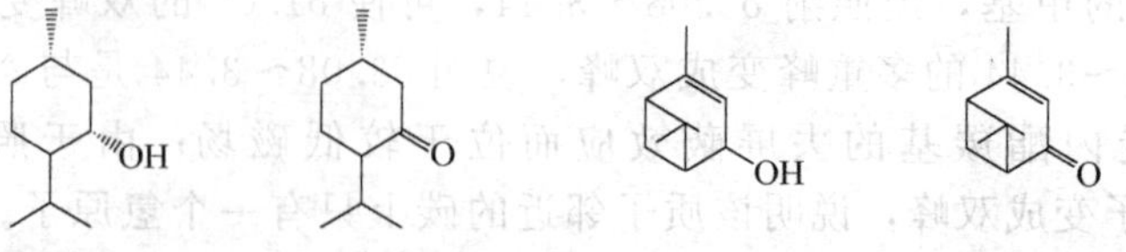


薄荷醇　　　　薄荷酮　　　　马鞭草烯醇　　　　马鞭草烯酮

（2）命名

命名有普通命名法和系统命名法，例如香叶烯、$\alpha$-蒎烯是普通命名法，它们的系统命名法分别是 7-甲基-3-亚甲基-1,6-辛二烯和 2,6,6-三甲基双环［3.1.1］-2-烯。在萜类化合物中广泛使用的是普通命名法。

香叶烯 (7-甲基 -3- 亚甲基 -1，6- 辛二烯）　　$\alpha$-蒎烯 (2，6，6- 三甲基双环 [3.1.1]-2- 烯）

## 6.4.2 几类单萜

（1）无环单萜

香叶烯（myrcene）又称月桂烯，有两个异戊二烯单位，属无环单萜。b. p. 168℃，$n_D^{25}$ 1.4650。淡黄色液体，含量一般为 85%。可从松节油，柠檬草油，月桂油，马鞭草油，啤酒花油中分离。

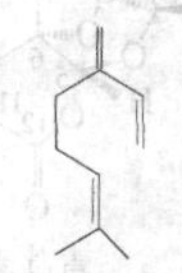

香叶烯

香叶烯结构的鉴定：催化氢化，用去 3mol $H_2$，说明有三个双键。用顺丁烯二酸酐进行 D-A 反应，析出加成物，可推知原结构中含共轭双键。氧化降解（双键断裂）：$O_3$，Zn/$H_2O$ 降解物可用 IR 测定。另可用紫外光谱测定：实测值为 $\lambda_{max}=224nm$，计算值为 $\lambda_{max}=222nm$。

香叶烯的制备可由 $\beta$-蒎烯裂解生成。

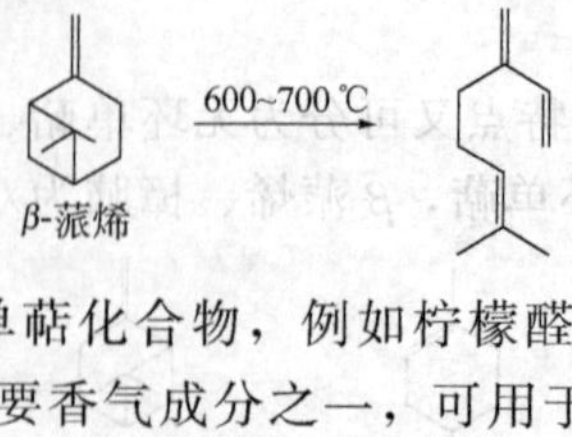


无环单萜含氧化物是重要的单萜化合物，例如柠檬醛-a 是重要香料，柠檬醛-b 是合成 $V_A$ 的原料。柠檬醛是柠檬油中主要香气成分之一，可用于配制饮料、香皂、化妆品等。柠檬醛用途之一为合成紫罗兰酮，由下面的结构式可知人工合成的紫罗兰酮中 $\beta$-异构体含量高。

柠檬醛-a　　柠檬醛-b

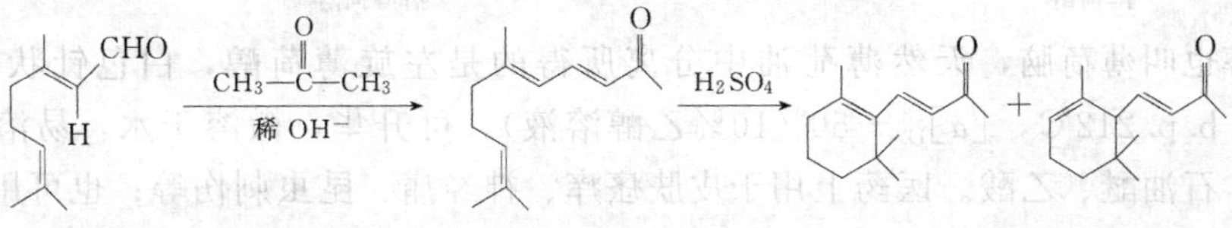


β-紫罗兰酮（多）　α-紫罗兰酮（少）

一些无环单萜含氧化物之间可发生相互转换，例如香叶醛、橙花醇通过 $NaBH_4$ 还原或控制加氢可转化为香叶醇、橙花醇、香茅醇、香茅醛等。

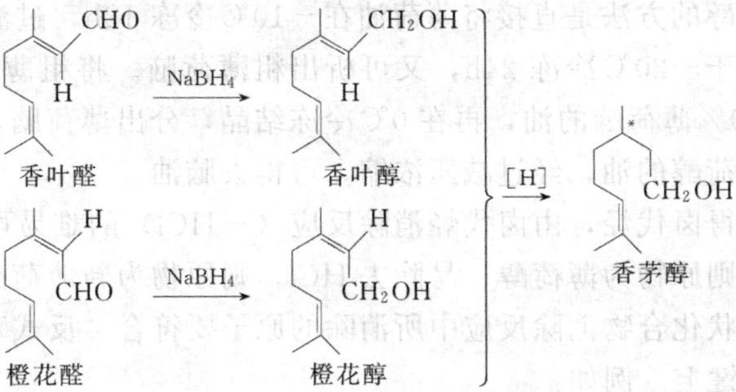


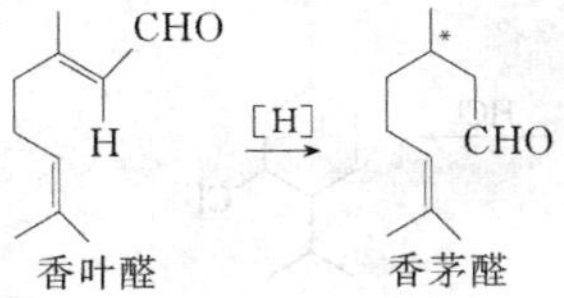


香叶醛　　香茅醛

部分醇萜可通过一些萜烯来制备，如芳樟醇与橙花醇可由香叶烯来合成。

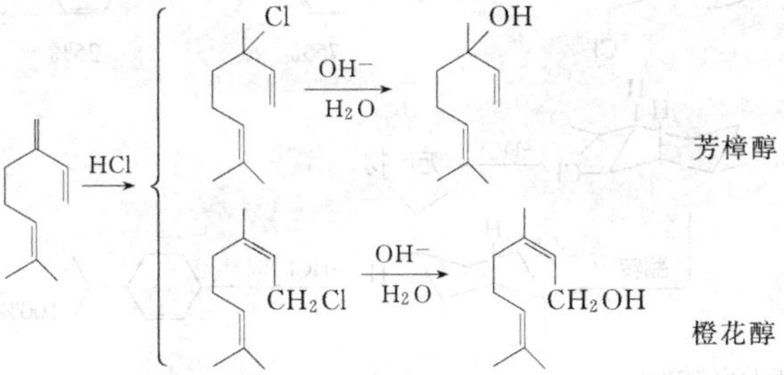


（2）单环单萜

单环单萜可看作六元环状化合物的二取代衍生物，例如柠檬烯、α-萜品烯、β-水芹烯、胡椒酮、薄荷醇、薄荷酮等。

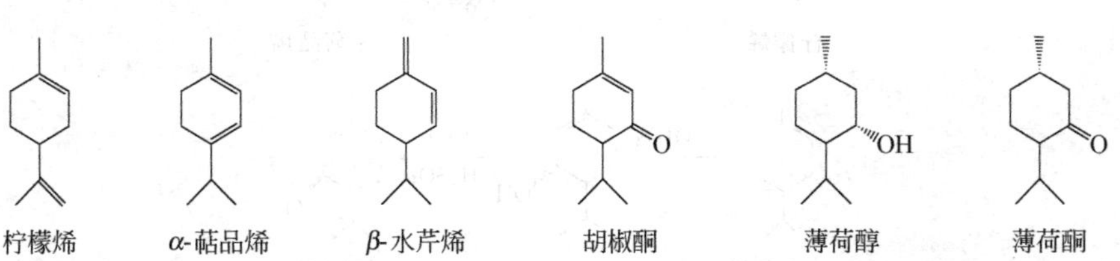

柠檬烯　α-萜品烯　β-水芹烯　胡椒酮　薄荷醇　薄荷酮

例如薄荷醇，含 3 个手性碳，应有 8 个异构体，最稳定（最主要）的一个异构体即为通常所说的薄荷醇，另一较稳定的异构体是新薄荷醇，它们的结构式（构象式）如下：

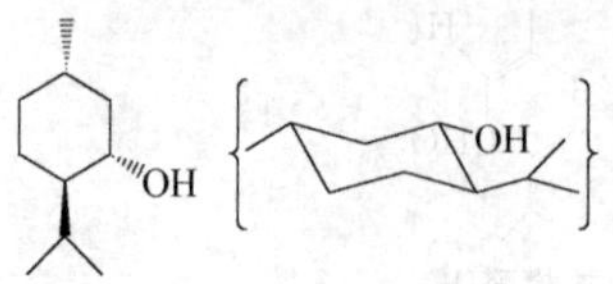

薄荷醇

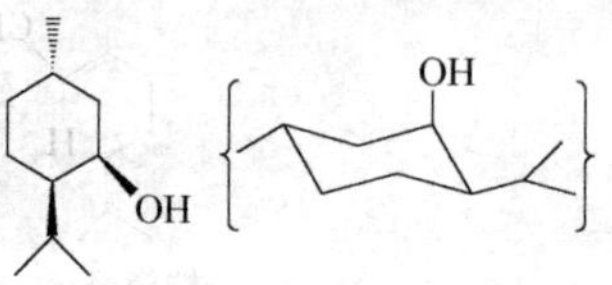

新薄荷醇

薄荷醇也叫薄荷脑，天然薄荷油中分离所得的是左旋薄荷醇，白色针状结晶，m. p. 42～44℃，b. p. 212℃，$[\alpha]_D^{18}-50°$(10%乙醇溶液)，可升华，微溶于水，易溶于乙醇、乙醚、氯仿、石油醚、乙酸。医药上用于皮肤瘙痒、神经痛、昆虫刺伤等；也可用于牙膏、糖果、饮料等。新薄荷醇有毒，应除去。

薄荷油主要成分为75%～85%薄荷醇、15%～25%薄荷酮、乙酸薄荷酯、香叶醇、柠檬烯等，水溶性食用香精中薄荷油用量10%，油溶性食用香精中薄荷油用量35%。

工业上制备薄荷醇的方法是直接将薄荷油在－10℃冷冻12h，过滤析出粗薄荷脑。余下的油常压蒸去水后，于－20℃冷冻24h，又可析出粗薄荷脑。将粗薄荷油合并后加热熔融，此时得到含80%～90%薄荷脑的油，再在0℃冷冻结晶，分出薄荷脑，并用乙醇重结晶即得精制薄荷醇。除去薄荷醇的油，经过减压浓缩，可得去脑油。

薄荷醇卤代后可得卤代烃，由卤代烃消除反应（－HCl）的难易可确定薄荷醇异构体的结构。难除去HCl，则原物为薄荷醇；易除去HCl，则原物为新薄荷醇，据此可区别薄荷醇及新薄荷醇。因为环状化合物消除反应中所消除的原子要符合“反式双竖键”规则，即消除的原子要处在相邻a键上。例如：

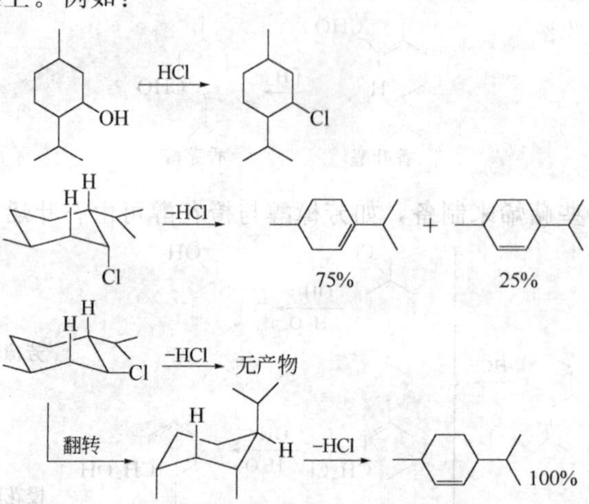


一些单环单萜之间的转化：

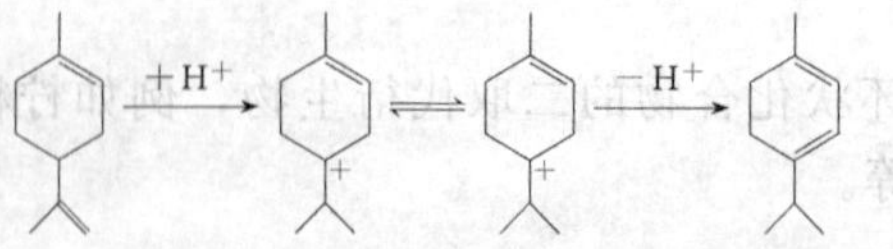


柠檬烯　　α-萜品烯

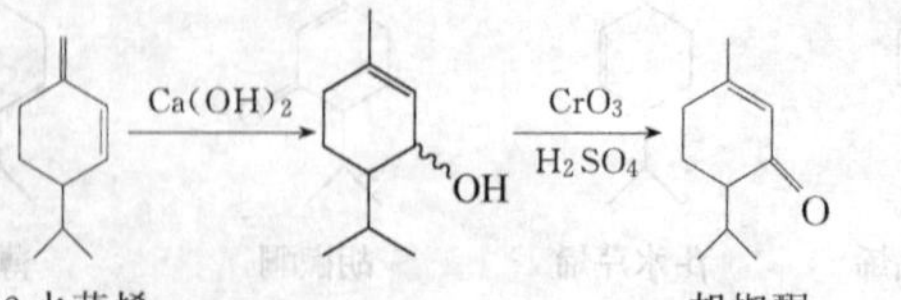


β-水芹烯　　胡椒酮

(3) 双环单萜

① α-蒎烯　α-蒎烯（α-pinene）为松节油的主要成分，m. p. －50℃，b. p. 155～156℃，右

旋体 $[\alpha]_D^{20}+51.14°$，左旋体 $[\alpha]_D^{20}-51.28°$。不溶于水，溶于乙醇、氯仿、乙醚、冰醋酸等有机溶剂，α-蒎烯可转化为马鞭草烯醇、2-氯莰等，可用于合成樟脑、增塑剂、香料等。

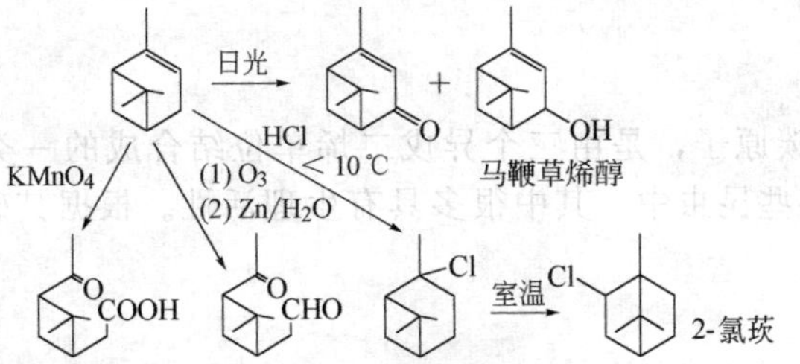


氯化蒎烯到 2-氯莰包含 Wagner-Meerwein 重排反应：

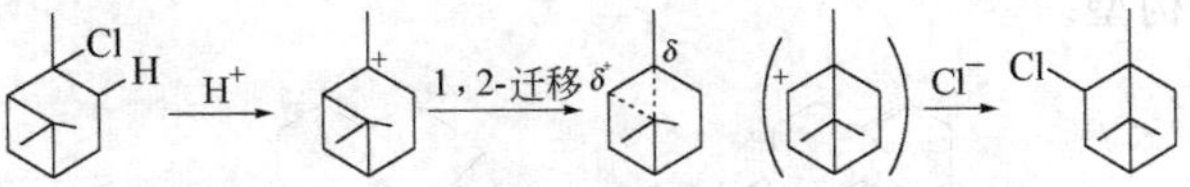


② 樟脑　樟脑（camphor）学名 2-莰酮，天然樟脑是右旋体，合成品是消旋体，两者均为无色透明粒状结晶，易升华。*d*-樟脑，m. p. 179℃，$[\alpha]+43.4°$（乙醇）。*dl*-旋樟脑，m. p. 178℃。可通过水蒸气蒸馏从樟脑树中收集，现大多用蒎烯作原料合成。

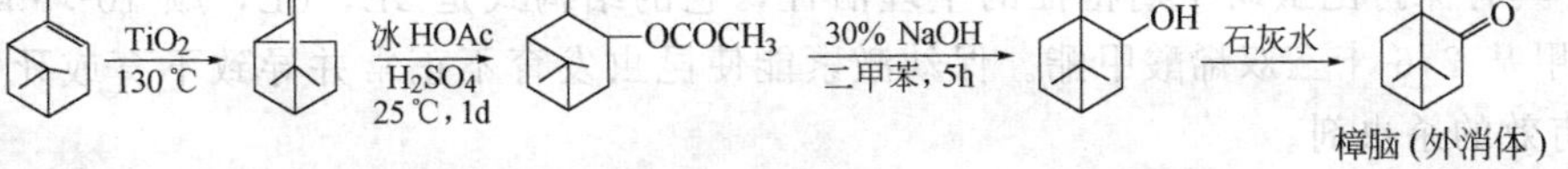


樟脑在临床上除用于局部搽擦增加微血管循环外，还有强心作用，可用于急救。它是在体内被氧化成 π-氧化樟脑后，才能呈现强心作用，π-氧化樟脑（vitacamphor），俗称维他樟脑。

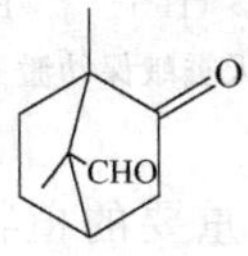

π-氧化樟脑

③ 冰片与异冰片　冰片与异冰片，又称龙脑（borneol）、异龙脑（iso-borneol），白色半透明六方形晶体，具薄荷味。龙脑：m. p. 206～208℃，$[\alpha]_D^{20}+37.7°$；异龙脑：m. p. 202～204℃，$[\alpha]_D^{20}-37.7°$。几乎不溶于水，易溶于乙醇、乙醚、苯、丙酮等，极易升华。它们可通过 α-蒎烯来制备：

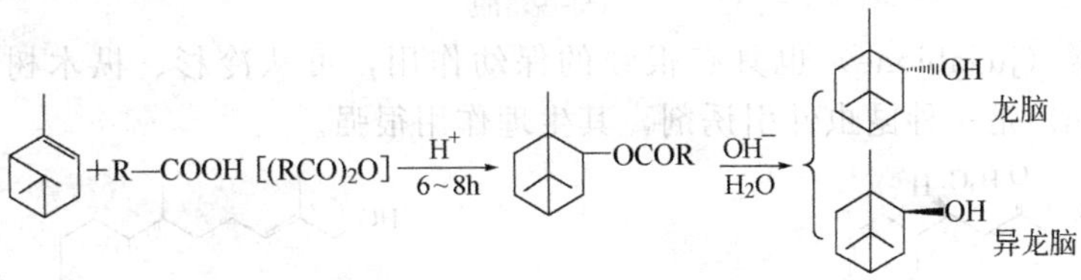


樟脑、冰片、异冰片的船式结构和反船式结构如下所示，从结构上可知稳定性为：异冰片（e-OH）＞冰片（a-OH）。

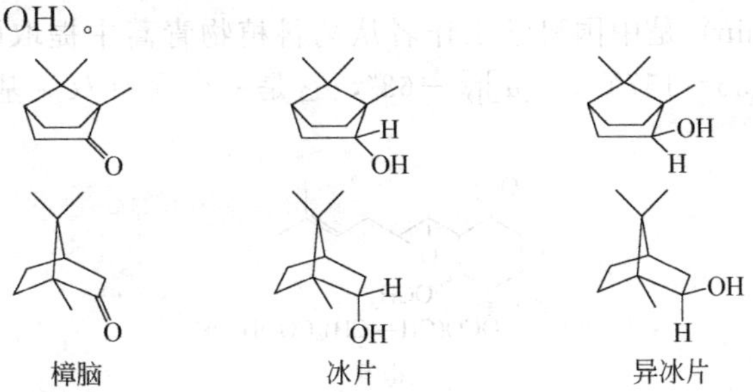

樟脑　　冰片　　异冰片

## 6.5 倍半萜、二萜和二倍半萜化合物

### 6.5.1 倍半萜化合物

倍半萜含有 15 个碳原子，是由三个异戊二烯单位结合成的一类化合物，存在于植物、微生物、海洋生物和某些昆虫中，其中很多具有生理活性。根据其碳架可分为链状、单环、双环、三环倍半萜等。

(1) 链状倍半萜

法呢醇（farnesol）和橙花叔醇（nerolidol）是一类链状倍半萜，直至 1966 年才完全确定它们双键的全反式构型。

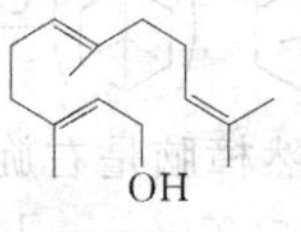
法呢醇

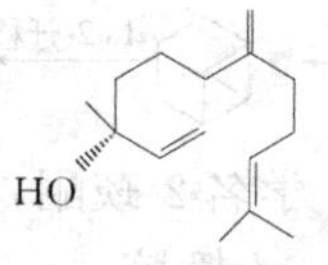
橙花叔醇

从天蚕蛾的雄蛾腹部分离出一种保幼激素，称天蚕蛾保幼激素（cecropia juvenile hormone），具有保持昆虫幼年期特征的生理活性，它的结构式是 2E，6E，顺-10-环氧-7-乙基-3,11-二甲基-2,6-十三双烯酸甲酯。保幼激素能使昆虫发育不正常并导致不育或死亡，可成为一种有效的杀虫剂。

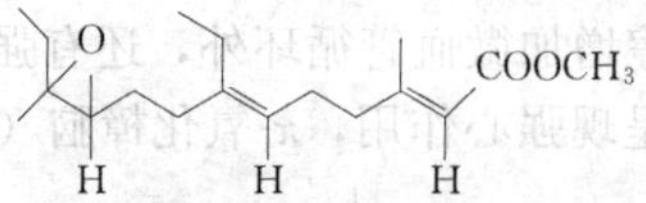
天蚕蛾保幼激素

(2) 单环倍半萜

(+)-脱落酸（abscisic acid）是一种重要的植物生长激素，m. p. 191℃，广泛存在于各种植物的芽、嫩枝、叶、块茎、种子或果实中。脱落酸首先从棉花幼铃得到，从 225kg 得到 9mg，它有加速棉花落叶的作用，浓度低至 0.01$\mu$g 有效。

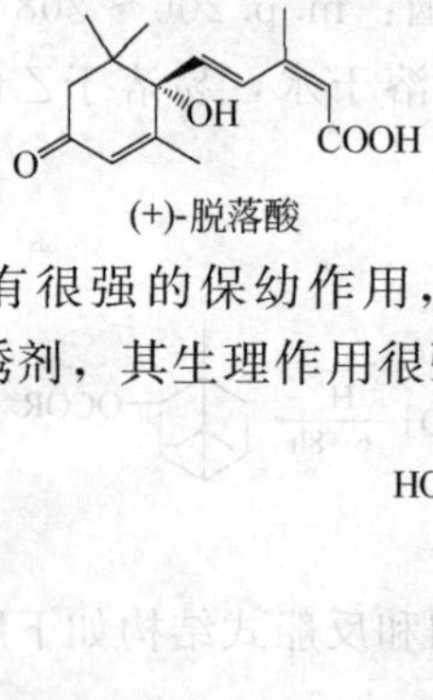
(+)-脱落酸

保幼生物素（juvabione）也具有很强的保幼作用，可从冷杉、枞木树胶中分离得到。思瑞因（serenin）是一种昆虫性引诱剂，其生理作用很强。

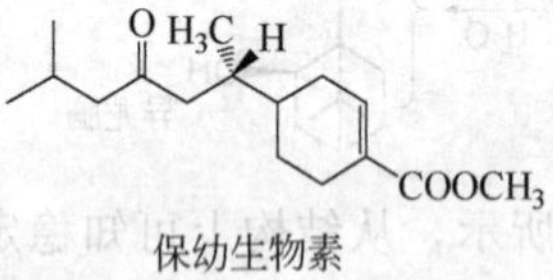
保幼生物素

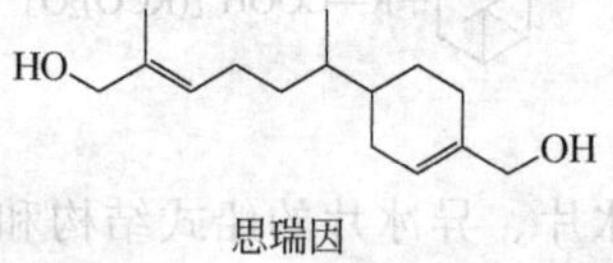
思瑞因

青蒿素（artemisinin）是中国科学工作者从菊科植物青蒿中提取的抗疟疾的有效成分，无色针状结晶，m. p. 156～157℃，$[\alpha]_D^{23}+68°$，它是一个含有双烷基过氧基团的倍半萜内酯，结构见 6.3.2。

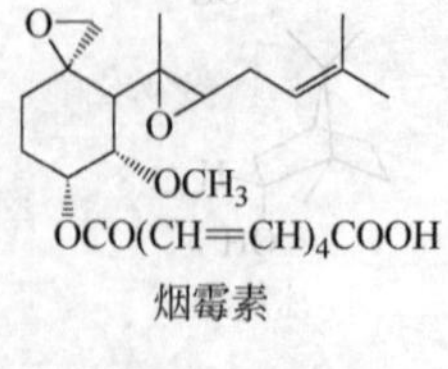
烟霉素

烟霉素（fumagillin）是一种抗生素，具有抗寄生虫作用，它有两个环氧结构和六个手性中心。

（3）双环倍半萜

*α*-山道年（*α*-santonin）广泛存在于亚洲各种蒿属植物中，有驱蛔作用。山道年在酸性条件下迅速发生 Wagner-Meerwein 重排，反应过程首先质子化变为共轭酸，再经甲基转移，消除质子而产生变质山道年。

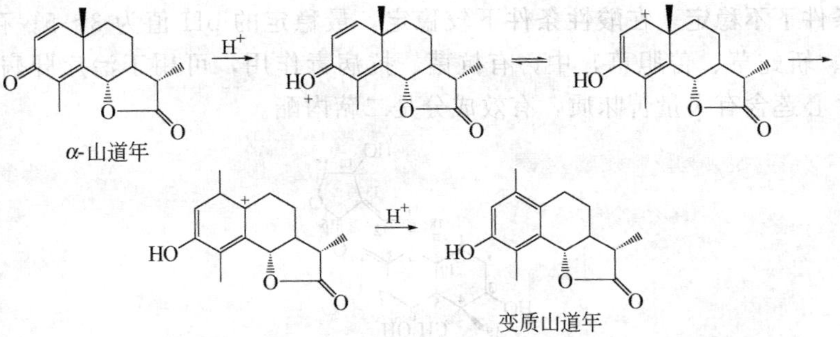

*α*-山道年　　变质山道年

石竹烯是一种广泛存在的又一种双环倍半萜，具有一个九元环，由于中型环的柔顺性和反式双键的高度活泼性，能产生许多跨环环化反应。

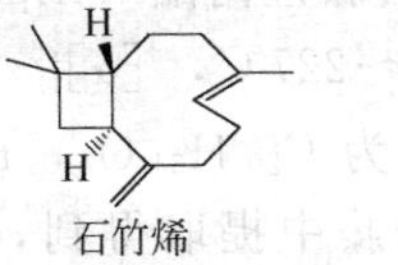

石竹烯

## 6.5.2　二萜化合物

二萜类化合物是指含有 20 个碳原子的天然产物，它们的主要来源是植物或真菌。很多二萜化合物具有生理活性，如穿心莲内酯、雷公藤内酯等。

（1）叶绿醇

叶绿醇（phytol）分子式为 $C_{20}H_{39}OH$，无环二萜，$C_7$、$C_{11}$ 为手性碳，$[\alpha]_D + 0.17°$，手性中心为 R 型，双键为 E 型。与叶绿素同时存在，作为色素用于食品，化妆品。植物醇为合成维生素 E、维生素 K 的原料。

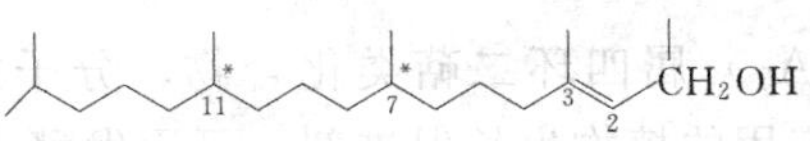

叶绿醇

（2）维生素 A

维生素 A（vitamin A）为单环二萜，m. p. 62～64℃，溶于无水乙醇、甲醇、三氯甲烷、乙醚、油脂。存在于胡萝卜、青菜、玉米、鱼肝油、奶油、蛋黄中，紫外光照射维生素 A 失去功用。维生素 A 是油溶性物质，在油中以较稳定的全反式存在。

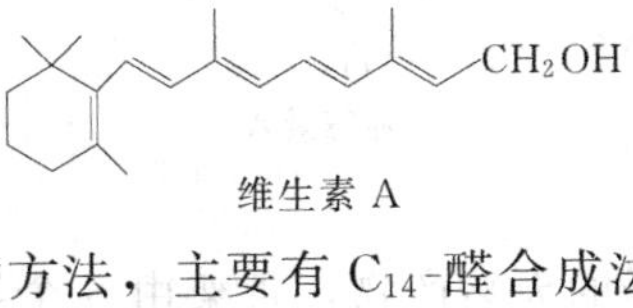

维生素 A

维生素 A 的人工合成有多种方法，主要有 $C_{14}$-醛合成法、$C_{18}$-酮合成法、$C_{16}$-炔醇合成法。其中 $C_{14}$-醛合成法以 *β*-紫罗兰酮为原料，经过 3 步得到中间体 $C_{14}$-醛，再经过 6 步可得到维生素 A，过程如下所示：

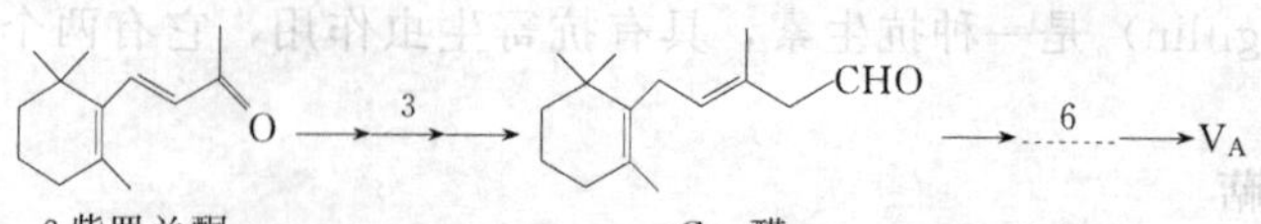

β-紫罗兰酮　　　C₁₄-醛

(3) 穿心莲内酯

穿心莲内酯 (andrographolide) 属于双环二萜类化合物，分子式 $C_{20}H_{30}O_5$，m. p. 230～231℃，$[\alpha]_D+127°$，紫外光谱 $\lambda_{max}$ 223nm。难溶于水，溶于甲醇、氯仿、丙酮、乙醚中。在碱性条件下不稳定，在酸性条件下较稳定，最稳定的 pH 值为 3～5。存在于穿心莲（又名一见喜、斩蛇草、苦胆草）中，有抗菌、抗病毒作用，可用于治疗肝病、肠道疾病、肾结石等。穿心莲含有大量苦味质，有效成分是二萜内酯。

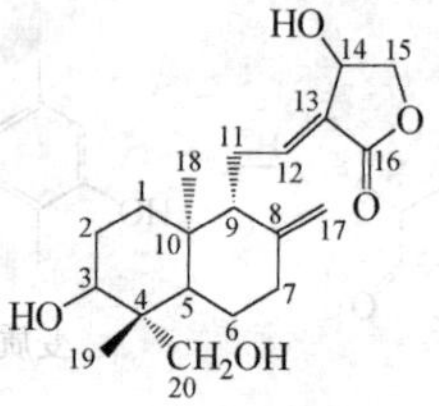

穿心莲内酯

(4) 雷公藤内酯和雷公藤羟内酯

雷公藤内酯 (triptolide) 和雷公藤羟内酯 (tripdiolide) 为三环二萜类化合物。雷公藤内酯分子式为 $C_{20}H_{34}O_6$，m. p. 226～227℃，$[\alpha]_D^{25}-154°$($c=0.369$，$CH_2Cl_2$)，紫外光谱 $\lambda_{max}$ 218nm。雷公藤羟内酯分子式为 $C_{20}H_{34}O_7$，m. p. 210～211℃，$[\alpha]_D^{25}-138°$($c=0.139$，$CH_2Cl_2$)。二者皆从雷公藤中提取得到，具抗白血病作用。1977 年中科院昆明植物所报道从昆明秋海棠中也分得上述成分，并证实了它们的抗癌活性。

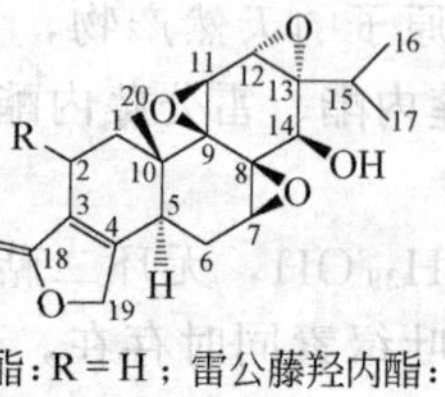

雷公藤内酯：R＝H；雷公藤羟内酯：R＝OH

(5) 赤霉素 $A_3$

赤霉素 $A_3$ (gibberellin $A_3$) 属四环二萜类化合物，分子式为 $C_{19}H_{22}O_6$，m. p. 240～245℃（分解），是一种广泛应用的植物生长促进剂，可用发酵法大量生产。

尽管赤霉素只含有 19 个碳原子，但从生源的角度考虑，仍把它归入二萜类化合物。

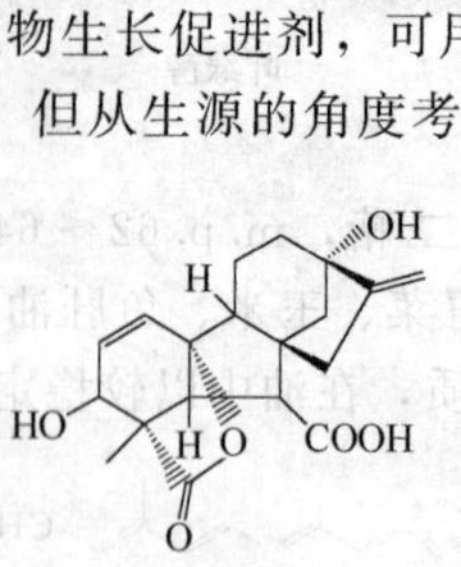

赤霉素 $A_3$

### 6.5.3　二倍半萜化合物

二倍半萜是指含 25 个碳原子的天然产物，骨架由 5 个异戊二烯单位构成。与其他各种类型萜化合物相比，数量少，迄今来自天然的二倍半萜有 6 种类型，约 30 余种化合物，分布在羊齿植物，植物病源菌，海洋生物海绵、地衣及昆虫分泌物中。

(1) 蛇孢假壳素 A

蛇孢假壳素 A（ophiobolin A）是从寄生于稻的植物病源菌芝麻枯（*Ophiobulus miyabeanus*）中分离出的第一个二倍半萜成分，该物质显示有抑制白藓菌、毛滴虫菌等生长发育的作用。

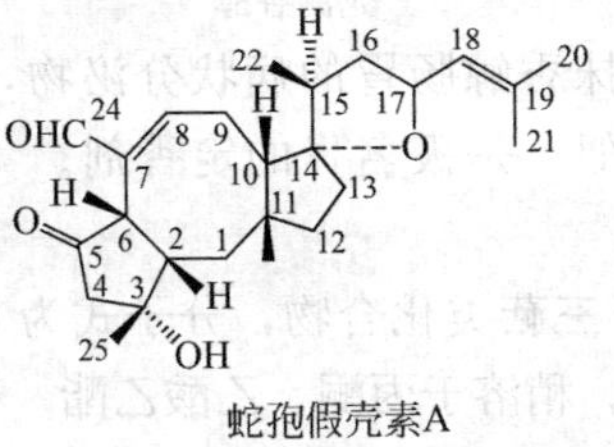

蛇孢假壳素A

(2) 粉背蕨二醇和粉背蕨三醇

华北粉背蕨（*Aleuritopteris kuhnii*）是中国蕨科粉背蕨属植物，具有润肺止咳，清热凉血的功效。从其叶的正己烷提取液中分离得到粉背蕨二醇（cheilanthenediol）和粉背蕨三醇（cheilanthenetriol），属于三环二倍半萜类成分。

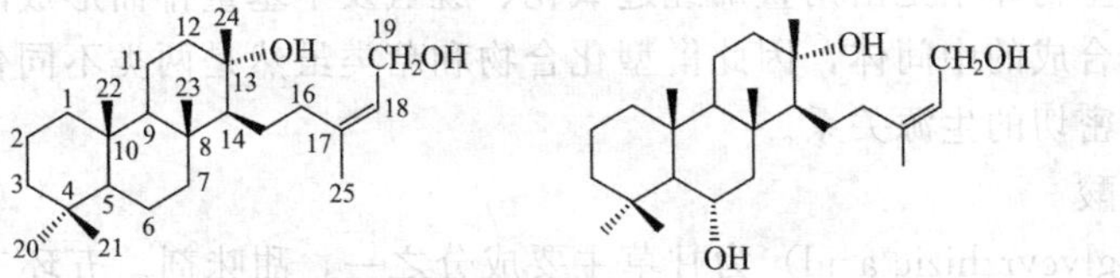

粉背蕨二醇　　　　粉背蕨三醇

## 6.6 三萜化合物

### 6.6.1 重要三萜化合物

三萜类化合物是含有 30 个碳原子的萜类化合物，广泛分布于植物界，多数是以游离形式或苷、酯的形式存在于植物的树脂或树液中，少数三萜化合物也存在于动物体中，例如从鲨鱼肝中分离出的角鲨烯、从羊毛脂中分离出的羊毛脂醇等。

(1) 角鲨烯

角鲨烯（squalene）分子式为 $C_{30}H_{50}$，无环三萜化合物，b. p. 240～242℃（4mmHg），相对密度 0.8562（20℃/4），$n_D^{20}$ 1.49～1.50。不溶于水，油状液体，具好闻的气味。鲨鱼肝，酵母，麦芽，橄榄油中含有。可治白血球下降。

角鲨烯可从法呢醇溴化物合成，同时也证实了角鲨烯为全反式异构体。

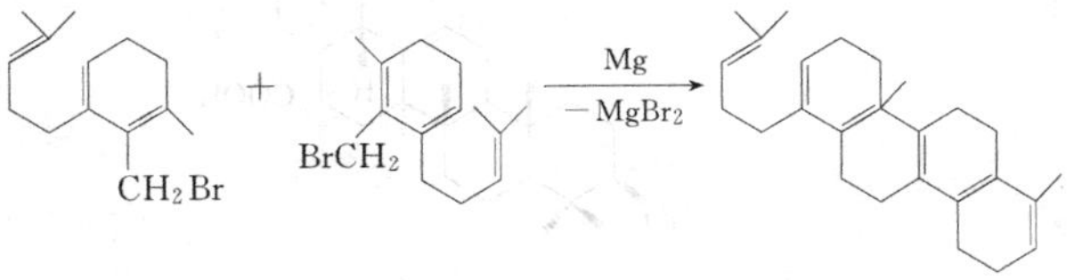

法呢醇溴化物　　　　角鲨烯（全反式异构体）

(2) 龙涎香醇

龙涎香醇（ambrein）属三环三萜化合物，分子式为 $C_{30}H_{52}O$，m. p. 83℃，不溶于水，可溶于热乙醇、氯仿、醚和挥发油等，是龙涎香的主要成分。

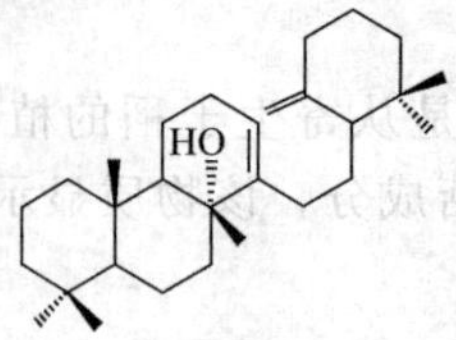

龙涎香醇

龙涎香是一种动物性香料，抹香鲸肠胃的病状分泌物，类似结石；黄色、灰色或黑色蜡状物；有独特的香气，与麝香相似，是极名贵的定香剂。

（3）羊毛甾醇

羊毛甾醇（lanosterol）为四环三萜类化合物，分子式为 $C_{30}H_{50}O$，m. p. 138～140℃，$[\alpha]_D^{20}$ +62°（$c$=1，$CHCl_3$），能溶于氯仿，稍溶于丙酮、乙酸乙酯。存在于羊毛脂肪的不能皂化部分。

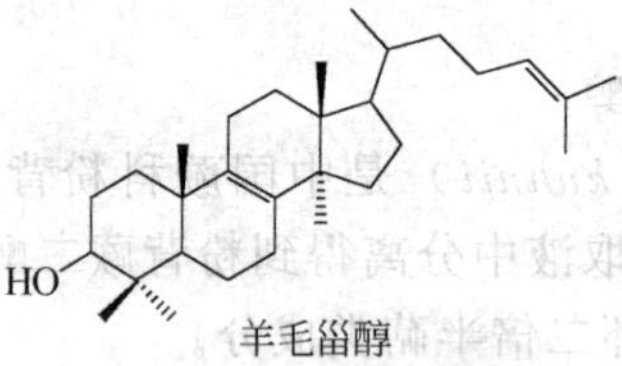

羊毛甾醇

羊毛甾醇在生物体中是由角鲨烯经过氧化、脱氢及甲基重排而形成的四环三萜。羊毛甾醇是胆甾醇生物合成的中间体，因此甾型化合物和萜类虽然是两类不同化合物，但三萜和甾型化合物却有着密切的生源关系。

（4）甘草次酸

甘草次酸（glycyrrhizic acid）为甘草主要成分之一，甜味剂。五环三萜类化合物，分子式为 $C_{30}H_{46}O_4$，m. p. 296℃，水溶性小，可用稀碱提取。甘草皂苷酸性水解得 2mol 葡萄糖醛酸和 1mol 甘草次酸。

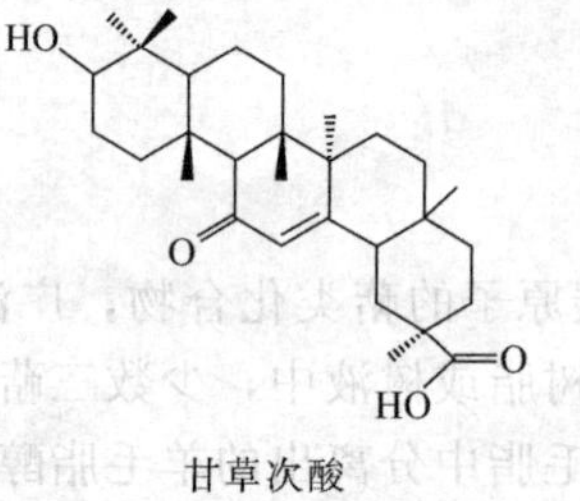

甘草次酸

（5）齐墩果酸

齐墩果酸（oleanolic acid）是广泛存在的五环三萜酸，分子式为 $C_{30}H_{48}O_3$，许多冬青属植物的树皮、叶子都含有这种三萜酸。白色针状结晶，m. p. 308～310℃，可溶于甲醇、乙醇、丙酮、乙醚和氯仿。

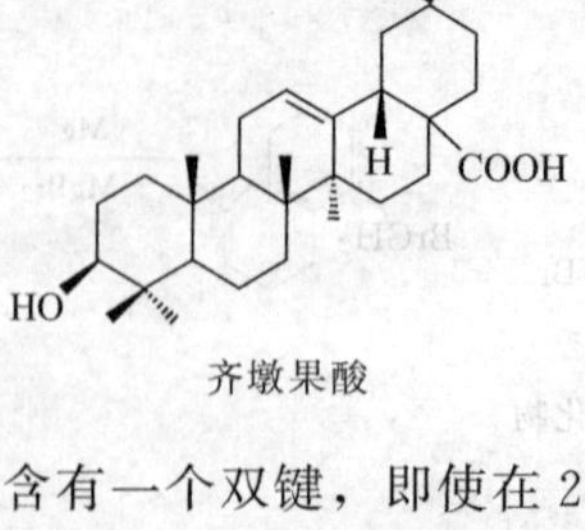

齐墩果酸

齐墩果酸的 C-12 位、C-13 位含有一个双键，即使在 280℃及 80 个大气压下，以铂黑为催化剂加氢，它既不能被还原，也不发生异构化。所以不能用催化加氢方法测定双键数目，但应用过氧化苯甲酸法可准确测定双键数目。同时，C-17 位上的羧基由于空间位阻较大，它的酯衍生物在一般条件下很难被水解。

### 6.6.2 三萜皂苷

三萜皂苷是由三萜皂苷元和糖组成，常见的苷元为四环三萜和五环三萜。常见的糖有葡萄糖、半乳糖、木糖、阿拉伯糖、鼠李糖、葡萄糖醛酸、半乳糖醛酸，另外还有呋糖、鸡纳糖、芹糖和乙酰氨基糖等，多数糖为吡喃型糖，但也有呋喃型糖。

四环三萜类有羊毛甾烷型、达玛烷型、葫芦烷型等，五环三萜类有齐墩果烷型、乌索烷型等。

(1) 羊毛甾烷型

羊毛甾烷（lanostane）型结构如下，C-10、C-13 位均有 *β*-甲基，C-14 位有 *α*-甲基，C-17 位为 *β*-侧链，C-20 位为 *R*-构型。

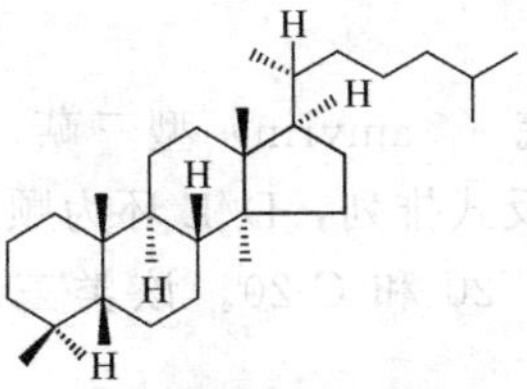

羊毛甾烷

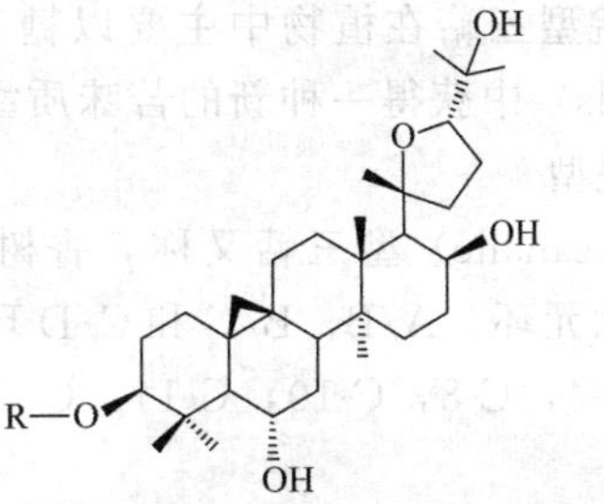

环黄芪醇(R=H),黄芪苷Ⅳ(R=木糖)

中药黄芪具有增强免疫、利尿作用，从中分出多种三萜皂苷，其苷元均为环黄芪醇（cycloastragenol），化学命名为（20*R*，24*S*)-20,24-环氧-9,19-环羊毛甾-3*β*，6*α*，16*β*，25-四醇。黄芪苷Ⅳ（astragaloside）是黄芪中最重要的皂苷。

(2) 达玛烷型

达玛烷（dammarane）型四环三萜结构特点是 C-8 位有角甲基，且为 *β*-构型。此外，还有 C-13*β*-H，C-10*β*-甲基，C-14*α*-甲基，C-17 位有 *β*-侧链，C-20 构型有 *R* 或 *S* 两种可能。

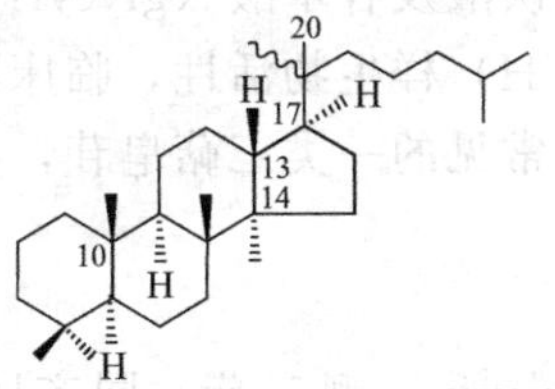

达玛烷

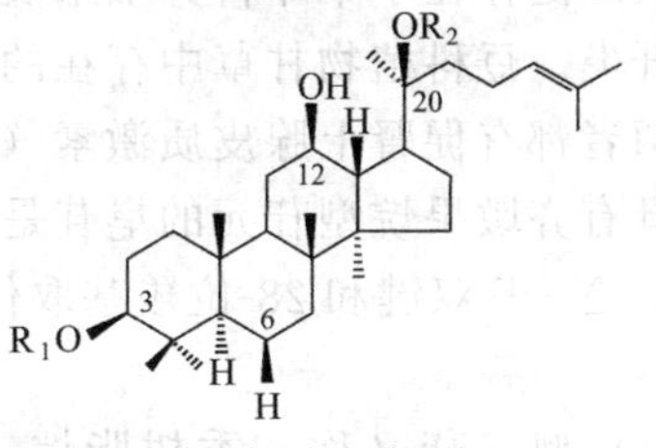

原人参二醇($R_1$=$R_2$=H),
人参皂苷$Rb_1$ [$R_1$=glu(1–2)glu,$R_2$=glu(1–6)glu]

植物药材人参和三七中的活性皂苷的真实皂苷元原人参二醇和原人参三醇均为达玛烷型四环三萜。原人参二醇和原人参三醇的结构很相似，后者仅比前者多了一个 6*α*-OH。具有达玛烷型苷元的皂苷在所有三萜皂苷中所占的比例仅次于齐墩果烷型三萜皂苷。在具有达玛烷型苷元的人参皂苷中，糖链可连接于 3 位、6 位及 20 位，如人参皂苷 $Rb_1$ 即为在苷元的 3-位及 20-位分别连有两个葡萄糖单元构成的糖链。

(3) 葫芦烷型

葫芦烷（cucurbitane）型三萜是一类通常具有苦味及高氧化程度的四环三萜。葫芦烷型三萜 A/B 环上的取代和羊毛甾烷型不同，有 C-8*β*-H，C-9*β*-$CH_3$，C-10*α*-H，其余与羊毛甾烷一样。

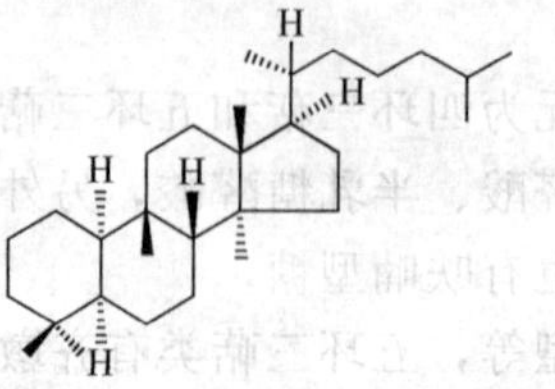

葫芦烷

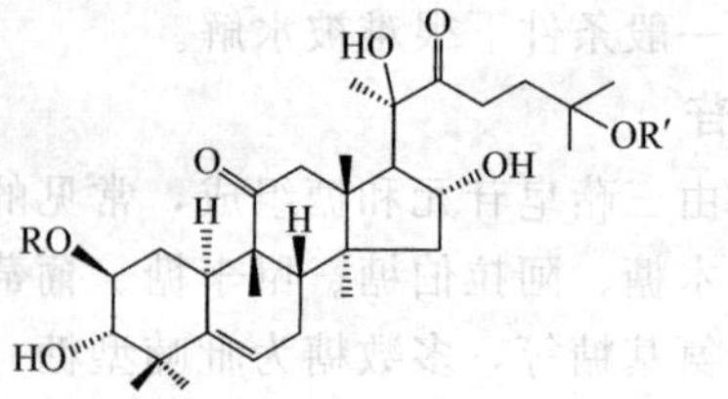


雪胆甲素(R=H,R′=Ac),雪胆乙素(R=R′=H),
雪胆甲素苷(R=glu,R′=Ac)

葫芦烷型三萜主要存在于葫芦科植物，该类型三萜具有细胞毒、抗肿瘤、保肝及抗炎等生物活性。由葫芦科雪胆属植物（*Hemsleya amabilis*）的根中分出雪胆甲素（cucurbitacin a）和雪胆乙素（cucurbitacin b)，临床试用于治疗急性痢疾、肺结核、慢性气管炎，均取得较好疗效。葫芦烷型三萜在植物中主要以糖苷的形式存在，如从贵州产圆果雪胆（*Hemsleya amabilis* Diels）中获得一种新的苦味质雪胆甲素苷。

（4）齐墩果烷型

齐墩果烷（oleanane）型三萜又称 *β*-香树脂烷（*β*-amyrin）型三萜，属五环三萜类。结构中5个环都为六元环，A/B、B/C和C/D环为反式排列，D/E环为顺式排列。8个甲基分别取代在C-4，C-4，C-8，C-10，C-14，C-17，C-20和C-20。该类三萜在植物界分布十分广泛。

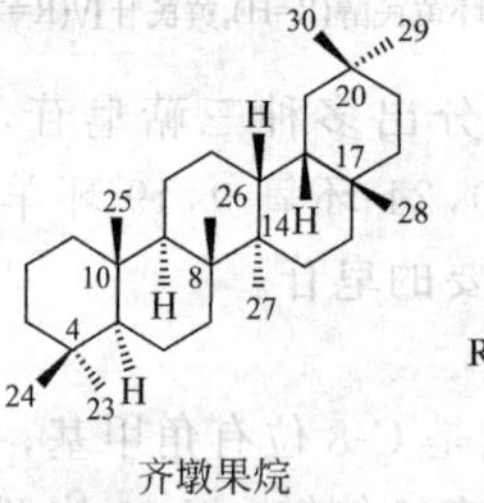

齐墩果烷

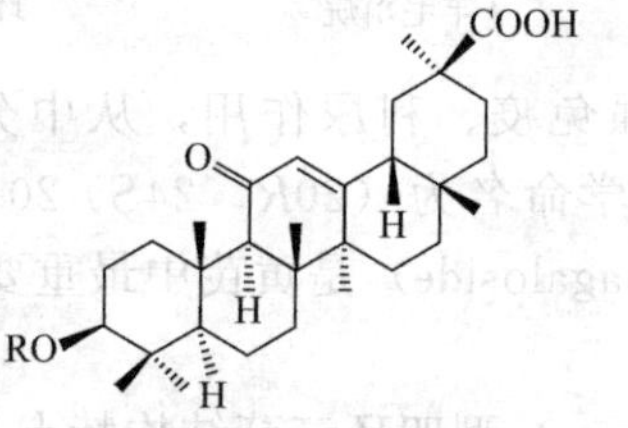


甘草酸[R=gluA(1−2)gluA]

游离的齐墩果酸广泛存在于木犀科齐墩果及女贞等植物中，具有降转氨酶作用，临床用于治疗急性黄疸型肝炎。豆科植物甘草中存在的甘草次酸及甘草酸（glycyrrhizic acid）也具有齐墩果烷骨架，两者都有促肾上腺皮质激素（ACTH）样生物活性，临床用于抗炎药，并用于治疗胃溃疡。具有齐墩果烷型苷元的皂苷是最为常见的一类三萜皂苷，有很大一部分苷元都具有3-位羟基、$\triangle^{12,13}$双键和28-位羧基取代。

（5）乌索烷型

乌索烷（ursane）型三萜又称 *α*-香树脂烷（*α*-amyrin）型三萜。同齐墩果烷型三萜一样，结构中5个环都为六元环，环间排列方式一样。8个甲基仅一个取代位置不一样。

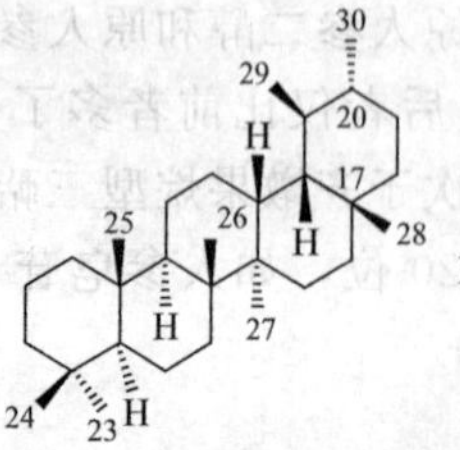

乌索烷

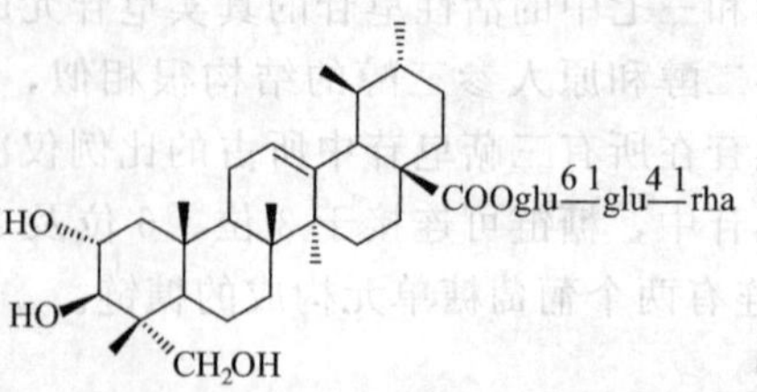


积雪草苷

具有乌索烷型骨架的游离三萜及三萜糖苷在植物中存在也较普遍。该类皂苷中的糖链一般也都是通过苷元的3-位羟基及28-位羧基与苷元相连。植物积雪草中存在含量较高的积雪草苷（asiaticoside），该化合物是积雪草的主要有效成分，具有促进伤口愈合等作用。

## 6.7 四萜化合物

重要的四萜化合物是类胡萝卜素（carotenoids），类胡萝卜素是指胡萝卜素（carotenes）和叶黄素（xanthophylls）两大类色素的总称，多带有由黄至红的颜色，因此又叫多烯色素。

一般类胡萝卜素和叶绿素同时存在，且几乎相等，原因是类胡萝卜素帮助叶绿素吸收光能，发生光合作用时起保护剂作用。

类胡萝卜素一大类约有600多种，主要作天然色素，少量作为药物，如番茄红素的抗癌作用。

### 6.7.1 类胡萝卜素结构

结构由三部分组成：链端Ⅰ，链端Ⅱ，中间是9个全反式共轭双键（*S*-反式，即双键分布在σ键的两边）。

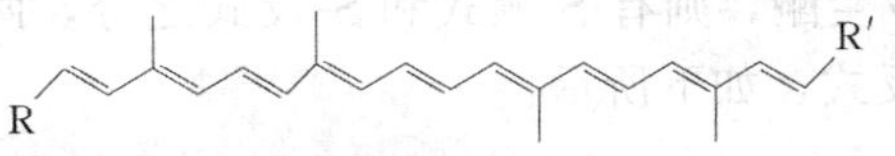


链端Ⅰ　　共轭双键　　链端Ⅱ

几个重要化合物的结构：

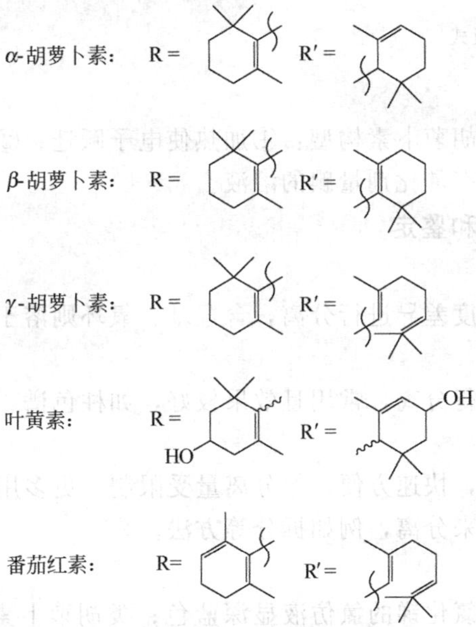


除番茄外，南瓜、甘薯中也含有番茄红素，番茄红素易氧化变黑，难保存，可放于油中。β-胡萝卜素的价值最高，一分子β-胡萝卜素在动物体内转化后得两分子维生素A，而α-胡萝卜素和γ-胡萝卜素仅有β-胡萝卜素价值的一半。野生植物的叶子中可提取胡萝卜素。

类胡萝卜素大多有颜色，从黄色到橙色；都为晶体，其中红紫色、暗红色的晶体占多数；稍有异味；不溶于水，在丙酮、氯仿中可溶，例如β-胡萝卜素在氯仿中溶解3g/100mL。类胡萝卜素在氧、光、一定温度条件下被破坏降解，在酸中会异构化、氧化分解、水解，在弱碱中较稳定，遇金属离子会变色。

### 6.7.2　类胡萝卜素分类和顺反异构

(1) 利用在混合溶剂中分配系数的不同分类

常用混合溶剂为 90% 甲醇水溶液和石油醚，根据类胡萝卜素在其中的分配情况分为三类。

表相性（石油醚中）——胡萝卜烃，叶黄素的酯以及含醚基、含一个氧代基的化合物。

分配在二相中——分子中含一个羟基或两个氧代基或含一个羧基。

低相性（甲醇中）—— 分子中含多个羟基。

还可按类胡萝卜素结构不同分为 11 种主要类型，这里从略。

(2) 顺反异构

由于每个双键都有顺反异构，理论上番茄红素有 1056 个异构体，β-胡萝卜素有 272 个，但由于链上甲基位阻影响，实际较少。天然类胡萝卜素大多为全反式：如番茄红素。

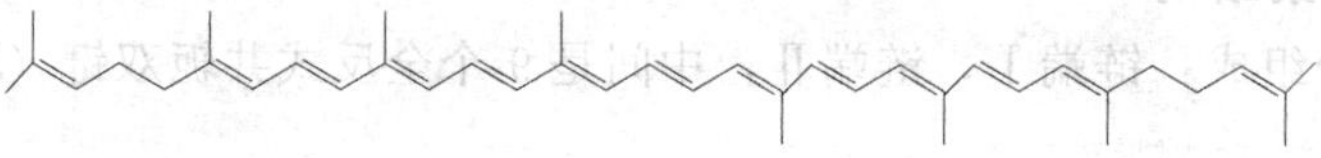

如果两个端基是β-紫罗兰酮，则有 S-顺式和 S-反式之分，两个双键在σ键的同侧为 S-顺式，在σ键的两侧为 S-反式，如下所示：

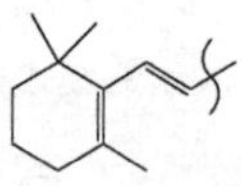

S-顺式　　可用 X-衍射确定结构，一般 S-顺式含量多，因为稳定性高

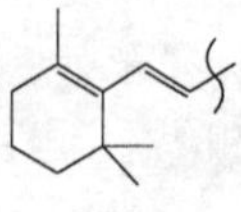

S-反式

通过三种方法可改变类胡萝卜素构型：①加热使电子跃迁；②用相当其主要吸收波长的波长光照射；③照射它的含有催化剂量碘的溶液。

### 6.7.3　类胡萝卜素的分离和鉴定

(1) 分离

利用萜类化合物的溶解度差异进行分离，含羟基、氧环则溶于醇，不含羟基、氧环（多烯）则溶于石油醚。

利用经典色谱分离法进行分离，常用且效果较好，如柱色谱、薄层色谱等，但分离效率低，所用时间长。

用高压液相色谱仪分离，快速方便，但分离量受限制，更多用于定性定量分析。

还可利用光学活性差异来分离，例如拆分等方法。

(2) 化学定性分析

类胡萝卜素氯仿液与三氯化锑的氯仿液显深蓝色；类胡萝卜素与浓 $H_2SO_4$ 作用呈蓝绿色；只有α-胡萝卜素或环氧化物与浓 HCl 显灰绿色。

类胡萝卜素（pH 值低，水分低）与脂肪酶或过氧化酶存在，则不稳定，会变褐色。

(3) 四谱在类胡萝卜素鉴定中的应用

① 紫外吸收光谱　常见类胡萝卜素的紫外吸收光谱见表 6-2。

β-胡萝卜素与番茄红素紫外光谱的区分：番茄红素的端基为开链状，$C_7$ 上角甲基无空间位阻，端基内双键和共轭链处于共平面，故共轭程度大，在 $CS_2$ 中处于较大波长处吸收。

**表 6-2 常见类胡萝卜素的紫外吸收光谱**

| 化合物 | $\lambda_{max}$/nm | | 化合物 | $\lambda_{max}$/nm | |
|---|---|---|---|---|---|
| | $CS_2$ 溶剂 | $CHCl_3$ 溶剂 | | $CS_2$ 溶剂 | $CHCl_3$ 溶剂 |
| α-胡萝卜素 | 500 | 486 | 番茄红素 | 507 | 485 |
| β-胡萝卜素 | 485 | 496 | 叶黄素 | 475 | 456 |
| γ-胡萝卜素 | 495 | 475 | 玉米黄素 | 483 | 456 |

Fieser-Kuhn 提出计算 $\lambda_{max}$值，ε 值的经验式：

$$\lambda_{max}(\text{己烷溶剂})=114+5M+n(48.0-1.7n)-16.5R_{环内}-10R_{环外}$$

$$\varepsilon_{max}(\text{己烷溶剂})=1.74\times10^4\times n$$

式中 $M$——取代的烷基个数；

$n$——共轭双键数；

$R_{环内}$——含环内双键的环个数；

$R_{环外}$——含环外双键的环个数。

例如全反式 β-胡萝卜素：

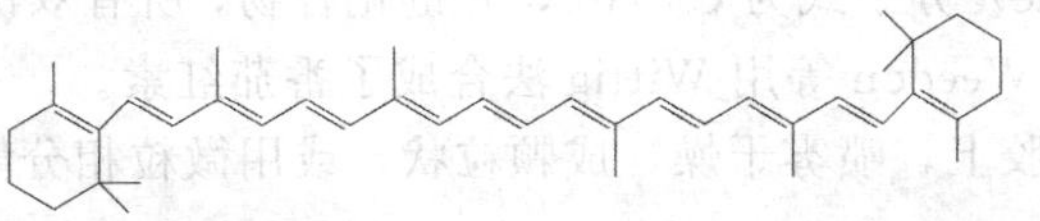

计算 $\lambda_{max}=114+5\times10+11\times(48-1.7\times11)-16.5\times2+0=455.3\text{nm}$

实测 $\lambda_{max}=452\text{nm}$

计算 $\varepsilon_{max}=1.74\times11\times10^4=1.91\times10^5$

实测 $\varepsilon_{max}=1.52\times10^5$

② 红外吸收光谱

| | | |
|---|---|---|
| 羟基（未缔合） | $3670\sim3580\text{cm}^{-1}$ | |
| 羰基 | $1740\sim1720\text{cm}^{-1}$ | $1725\sim1700\text{cm}^{-1}$ |
| α,β-不饱和烯酮 | $1705\sim1600\text{cm}^{-1}$ | |
| S-反式双键 | $960\text{cm}^{-1}$ | |
| S-顺式双键 | $760\text{cm}^{-1}$ | |

③ 核磁共振谱

—$CH_3$ 在链中时： $\delta=1.85\sim2.05$

在链端时： $\delta=1.56\sim1.67$

④ 质谱 质谱主要有三种裂解方式：无环类胡萝卜素主要是端基裂解；单环类胡萝卜素主要也是端基裂解；双环类胡萝卜素主要是多烯链裂解。

三类化合物共同裂解是 M－92、M－106、M－158 碎片。随着烯链缩短，M－92 离子峰增强，可以用 M－92/M－106 的比值来判别多烯链的长短，化合物类型。

| 化合物 | M－92/M－106 比值 | M－92 | M－106 | $M^+$ |
|---|---|---|---|---|
| β-胡萝卜素 | 1.9 | 444 | 430 | 536 |
| 叶黄素 | 1.6 | 476 | 462 | 568 |
| 玉米黄素 | 1.7 | 476 | 462 | 568 |
| 虾黄素 | 0.6 | 504 | 490 | 596 |

### 6.7.4 重要类胡萝卜素

(1) 胡萝卜素

胡萝卜素（carotenes）主要有三种，α-胡萝卜素，β-胡萝卜素，γ-胡萝卜素，分子式为

$C_{40}H_{56}$。1931 年，Wackenroder 首次分离出胡萝卜素。胡萝卜素对光，热不稳定，酸碱不稳定。其中 β-胡萝卜素是较好的营养物质，具强肝、利尿、抗癌作用。不溶于水，溶于醇、醚、油，乳化性能较强。三种胡萝卜素的性质含量见表 6-3。

**表 6-3　三种胡萝卜素的性质**

| 化合物 | 颜　色 | m. p. /℃ | 光学活性 | 含　量 |
|---|---|---|---|---|
| α-胡萝卜素 | 紫色晶体 | 187 | 有 | 约 15% |
| β-胡萝卜素 | 红色晶体 | 183 | 无 | 约 78% |
| γ-胡萝卜素 | 红色晶体 | 152～154 | 无 | 0.1%～10% |

β-胡萝卜素的提取：含 β-胡萝卜素的样品加约 5∶1 的水，捣碎，得到均匀浆状物。匀浆物加丙酮和石油醚（4∶1）的混合物，振荡，静置得粗提物，加 5% $Na_2SO_4$ 洗涤，弃去水层，加无水 $Na_2SO_4$ 等中性盐干燥，提取液减压蒸发浓缩得粗 β-胡萝卜素（密闭容器中避光保存），最后用色谱法分离提纯，光谱法鉴定。

（2）番茄红素

番茄红素（lycopene）分子式为 $C_{40}H_{56}$，开链化合物，所有双键都在同一平面上，溶于甲醇、乙醇。1965 年，Weedon 等用 Wittig 法合成了番茄红素。

番茄红素吸附在明胶上，喷雾干燥，成颗粒状，或用微粒相分散体与水混溶可制人造奶油，牛肉等。

（3）玉米黄素

玉米黄素（zeaxanthin）分子式为 $C_{40}H_{56}O_2$，脂溶性色素，淀粉中含量较多。

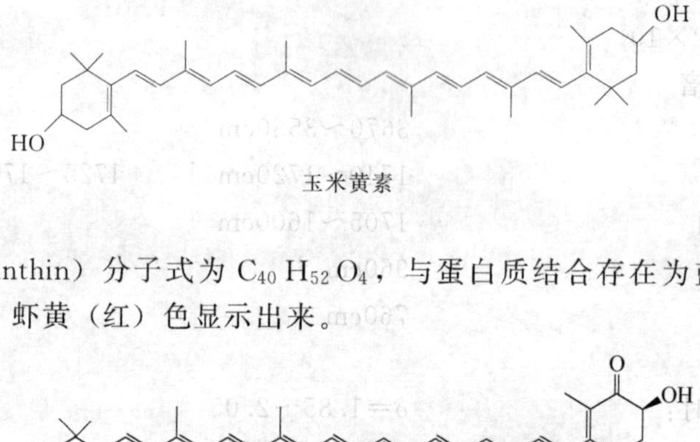


玉米黄素

（4）虾黄素

虾黄素（astaxanthin）分子式为 $C_{40}H_{52}O_4$，与蛋白质结合存在为蓝色，受热，氧化，蛋白质与色素分开，虾黄（红）色显示出来。

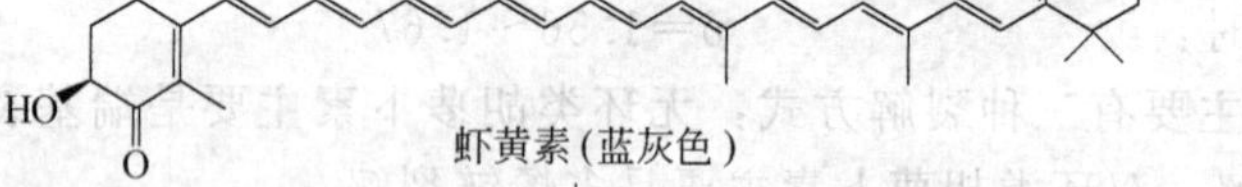


虾黄素(蓝灰色)

酶或空气

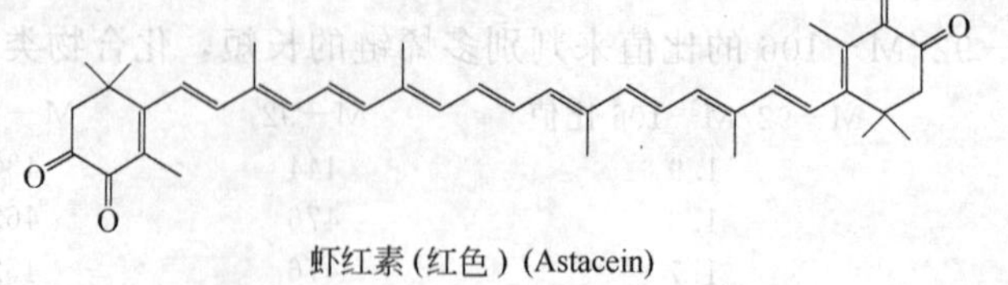


虾红素(红色)(Astacein)

（5）辣椒红素

辣椒红素（capsanthin）分子式为 $C_{40}H_{56}O_3$，存在于 capsicum annuml 果实中，对酸、光稳定，遇 $Cu^{2+}$、$Fe^{3+}$、$Al^{3+}$ 不稳定。用于饮料、调味剂、点心中。$\lambda_{max}$：石油醚中 474.6nm、504nm；$CS_2$ 中 503nm、543nm。

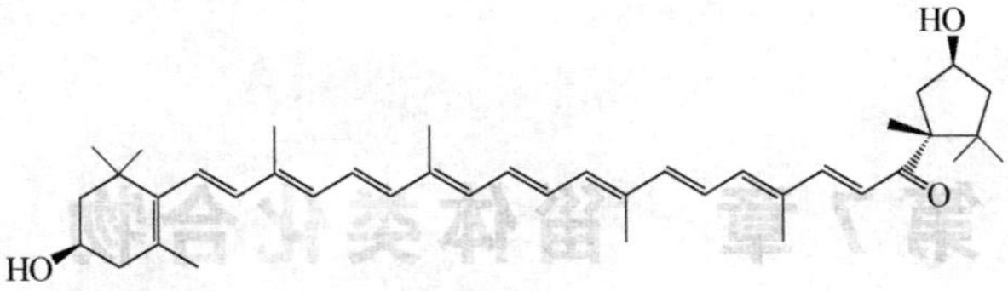

辣椒红素

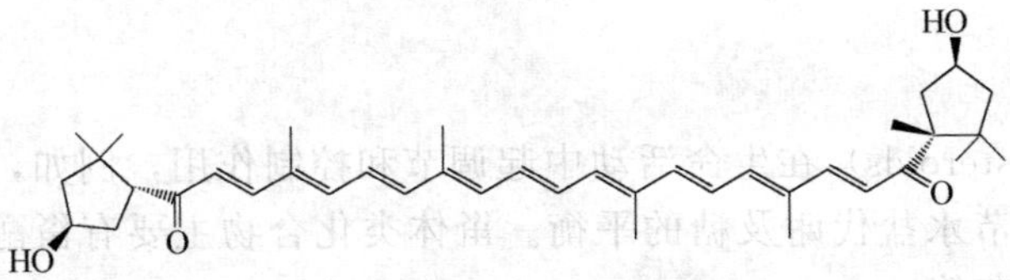

辣椒玉红素 (capsorubin)

## 习　题

1. 选择题

(1) 依据萜类化合物的分类，薄荷醇属于（　　）

a. 倍半萜　　b. 二萜　　c. 三萜　　d. 单萜

(2) 下列几种提取方法不适宜于挥发油成分提取的是（　　）

a. 冷压法　　b. 超临界流体萃取法　　c. 煎煮法　　d. 水蒸气蒸馏法

(3) 代表挥发油中游离羧酸和酚类成分的含量的是（　　）

a. 酸值　　b. 皂化值　　c. 酯值　　d. 相对密度值

(4) 人参皂苷属于（　　）

a. 达玛烷型　　b. 五环三萜　　c. $\beta$-香树醇型　　d. 齐墩果烷型

2. 指出下列化合物是怎样分割成异戊二烯单位，它们属于几萜类化合物？

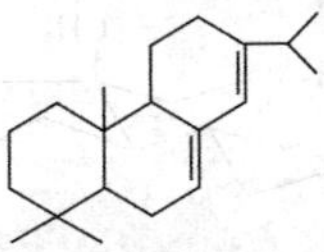

(1)

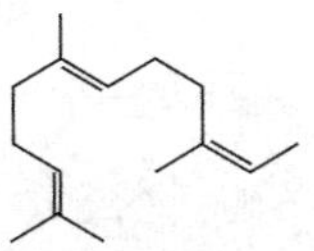

(2)

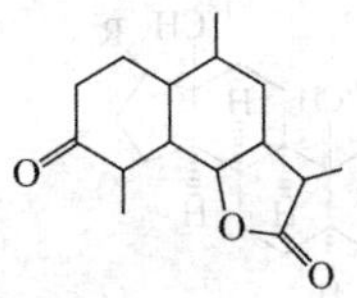

(3)

3. 写出酸性条件下 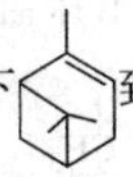 到 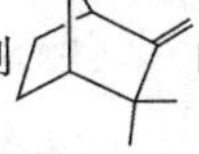 的重排过程。

4. 用简单化学方法区别薄荷醇、柠檬醛和樟脑。

5. 如何增加穿心莲内酯的水溶性做成水针剂？写出反应式。

6. 写出以化学方法分离樟醇与樟脑的流程。

7. 用超临界流体萃取法提取挥发油有何优缺点？

8. 从大蒜中分离得到一种淡黄色挥发油，b. p. 229℃，分子式为 $C_{10}H_{16}O$，光谱数据如下。

IR $\upsilon_{max}$（$cm^{-1}$）：2980，2950，2840，1680，1640，1610，1450，1380，1190，1150，1120，1040，980，840，820；

UV $\lambda_{max}$（nm）：333，230；

MS m/z：69（100），41（87），84（28），94（16），109（13），67（12），70（8），152（4）；

$^{1}$H-NMR（$CCl_4$）$\delta$：1.6，1.7，2.0，2.2，2.8，2.2～2.8，5.1，5.8，9.9，10.0；

$^{1}$C-NMR$\delta$：183.4，128.7，162.1，32.5，27.2，123.1，132.9，25.3，17.4，24.4。

试推测其结构式，并简述其理由。

9. 查阅文献写出白三烯的结构式，并简述其生理活性。

# 第 7 章　甾体类化合物

## 7.1　概述

甾体类化合物（steroids）在生命活动中起调节和控制作用，例如，性激素调节性功能及生育，皮质激素调节水盐代谢及糖的平衡。甾体类化合物主要有甾醇，甾体激素，胆汁酸，甾体皂苷、强心苷等。

### 7.1.1　甾体化合物的结构

甾体化合物基本母核为环戊稠多氢化菲，一般含有三个支链，其中 $R^1$、$R^2$ 常为甲基，$R^3$ 因化合物不同而异，其结构可由 X-衍射晶体分析、四谱等方法确定。

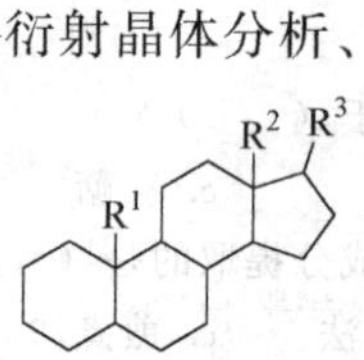


环戊稠多氢化菲

甾体化合物的立体构型主要有两大类，分别称为胆甾烷系和粪甾烷系，它们的构型式和构象式表示如下：

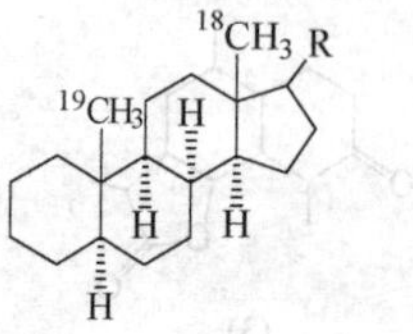


胆甾烷系构型式，A、B 环反式（5α 系）

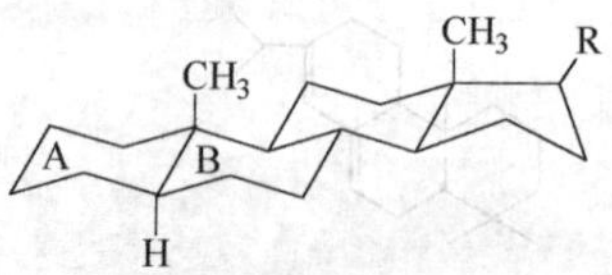


胆甾烷系构象式，A、B 环 aa 型连接

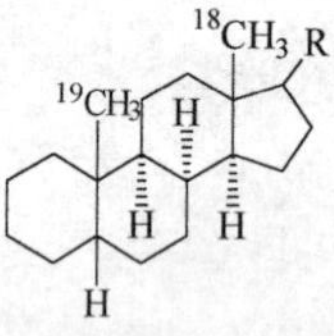


粪甾烷系构型式，A、B 环顺式（5β 系）

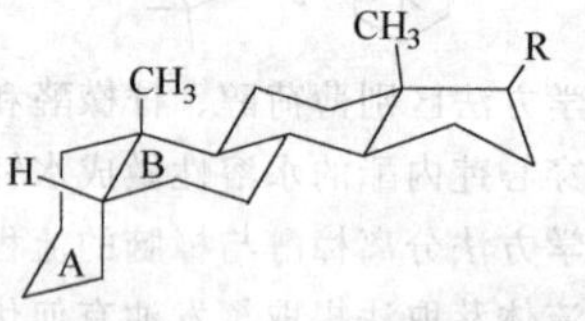


粪甾烷系构象式，A、B 环 ae 型连接

18 位、19 位上的甲基称角甲基，在环平面上方（或前方）的角甲基称 β-角甲基，在环平面下方（或后方）的甲基称 α-角甲基。天然存在的甾体化合物中都是 β-角甲基，其他基团根据其在环平面前方还是在环平面的后方，用 β-或 α-表示。下面介绍两个甾体化合物。

黄体酮（progesterone），分子式为 $C_{21}H_{30}O_2$，学名为 4-孕甾烯-3,20-二酮，具有保胎作用，可从胆固醇来合成。

氢化可的松（cortisol），又称皮质醇，分子式为 $C_{21}H_{30}O_5$，学名 11β,17α,21-三羟基-4-孕甾烯-3,20-二酮。具生理活性，主要用于治疗皮炎和风湿性关节炎，$C_{11}$ 上—OH 是 β-式，$C_{17}$ 上—OH 是 α-式。

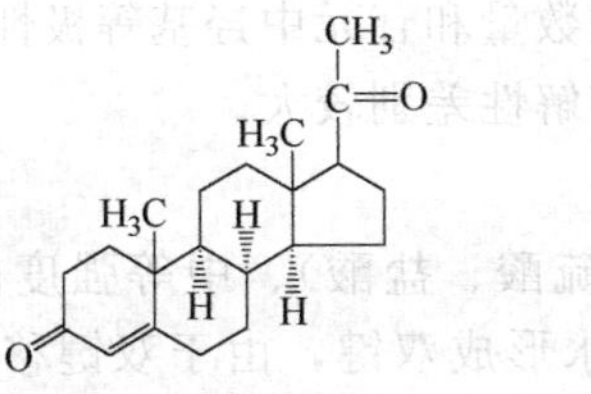

黄体酮

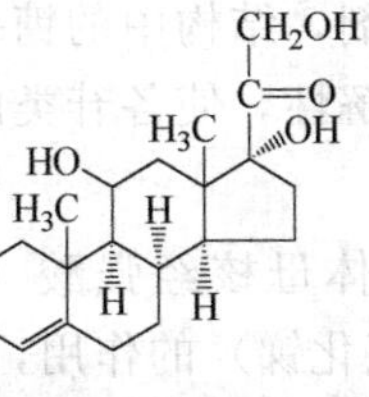

氢化可的松

与氢化可的松相似结构的另一化合物，无生理作用，与氢化可的松的差异是 $C_{11}$ 上—OH是$\alpha$-式。学名 11$\alpha$,17$\alpha$,21-三羟基-4-孕甾烯-3,20-二酮。

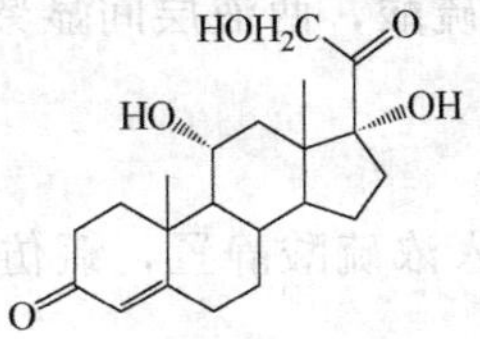

### 7.1.2 甾体化合物命名

结合 IUPAC 命名法与中文特点，一些母体化合物的名称表述如下。

① 雄（甾）烷（androstane）

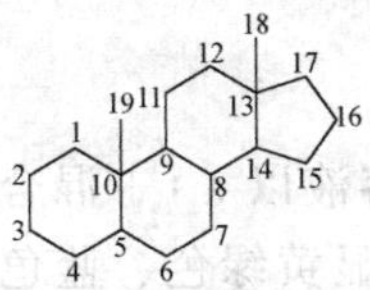

② 雌（甾）烷（estrane）

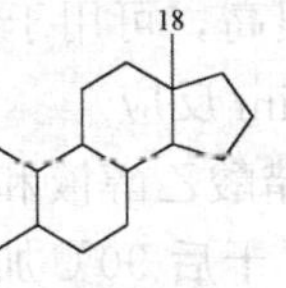

③ 孕（甾）烷（pregnane）

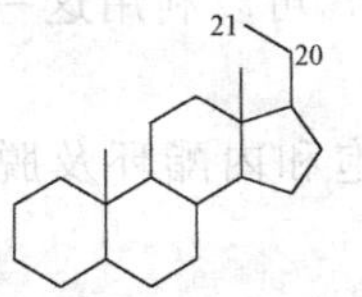

④ 胆甾烷（cholestane）

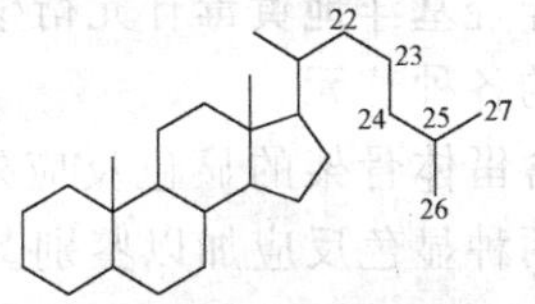

⑤ 麦角甾烷（ergostane）

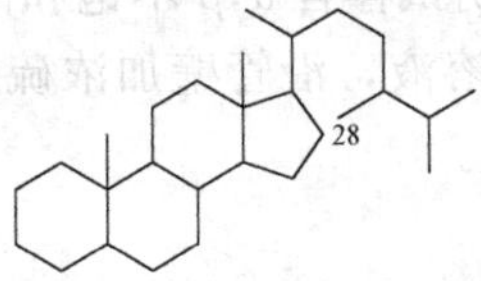

⑥ 豆甾烷（stigmastane）

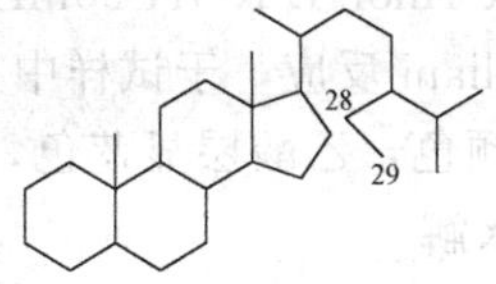

下面举两个例子说明命名方法。

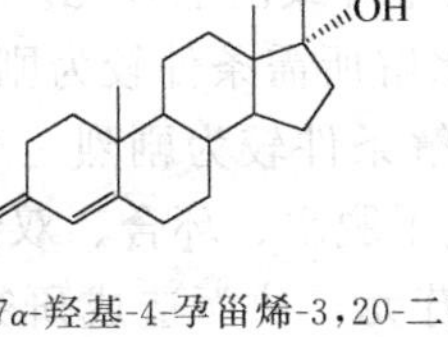

17$\alpha$-羟基-4-孕甾烯-3,20-二酮

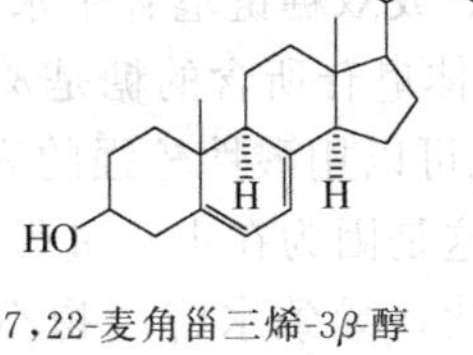

5,7,22-麦角甾三烯-3$\beta$-醇

## 7.2 甾体化合物的性质

简单甾体化合物或甾体苷元多为结晶体，多数难溶或不溶于水，易溶于石油醚、氯仿等有机溶剂。苷类化合物则多为无定形粉末，一般可溶于水、甲醇等极性溶剂，难溶于乙醚、

苯、石油醚等非极性溶剂，结构中的糖基的数量和苷元中羟基等极性基团的数量的多少及位置，决定了化合物的溶解性，使各苷类的溶解性差别较大。

### 7.2.1 显色反应

在无水条件下，甾体母核经强酸（如硫酸、盐酸）、中等强度的酸（如磷酸、三氯乙酸）、路易斯酸（如三氯化锑）的作用，脱水形成双键，由于双键移位、缩合等形成较长的共轭双键系统，并在浓酸溶液中形成多烯正碳离子的盐而呈现一系列的颜色变化。

（1）Lieberman-Burchard 反应

将样品溶于少量乙醇，滴加乙酸酐，样品全部溶解后（如样品能溶于乙酸酐则可直接用它溶解样品）沿管壁加入 0.5mL 浓硫酸，两液层间显紫色环，且乙酸酐层显蓝色，证明试样含甾体结构。

（2）Saikowski 反应

样品溶于氯仿，沿管壁缓缓加入浓硫酸静置，氯仿层呈血红色或青色，硫酸层有绿色荧光。

（3）三氯化锑或五氯化锑反应

将样品的醇溶液点于滤纸或薄层上，晾干，喷以 20% 的三氯化锑（或五氯化锑）氯仿溶液（不含乙醇和水），干燥后于约 60～70℃加热 3～5min，显黄色、灰蓝色、灰紫色等。此反应的灵敏度很高，可用于纸色谱或薄层色谱的显色。

（4）Rosenheim 反应

将 25%三氯醋酸乙醇液和 3%氯胺 T（Chloramine T）水溶液以 4∶1 混合，喷在滤纸上与强心苷反应。干后 90℃加热数分钟，于紫外光下观察，可显黄绿色、蓝色、灰蓝色荧光，反应较为稳定。洋地黄毒苷元衍生的苷类显黄色荧光；羟基洋地黄毒苷元衍生的苷类显亮蓝色荧光；异羟基洋地黄毒苷元衍生的苷类显蓝色荧光。因此，可以利用这一试剂区别洋地黄类强心苷的各种苷元。

强心苷除含甾体骨架的显色反应外，其结构中还含 $\alpha,\beta$-不饱和内酯环及脱氧糖、葡萄糖，可用下面两种显色反应加以鉴别。

① Kedde 反应　将试液滴在滤纸上，滴加 Kedde 试剂（1g 3,5-二硝基苯甲酸溶于 50mL 甲醇，加入 1mol/L KOH 50mL）显紫红色斑点，证明试样含 $\alpha,\beta$-不饱和内酯。

② Keller-Kiliani 反应　于试样中加 0.5%$FeCl_3$ 的乙酸溶液，沿管壁加浓硫酸，两液面间显棕色或其他颜色，乙酸层显蓝色，证明试样含 2-脱氧糖。

### 7.2.2 苷键的水解

（1）甾体皂苷的水解

甾体皂苷的水解有两种方式，可以一次完成水解，生成甾体皂苷元及糖；也可以分步水解，即部分糖先被水解，或双糖链皂苷中水解一条链形成次生苷或前皂苷元。

① 酸水解　由于甾体皂苷所含的糖是 $\alpha$-羟基糖，因此水解所需条件较为剧烈，一般 2～4mol/L 无机酸即可，也可以用酸性较强的高氯酸。由于水解条件较为剧烈，所得的水解产物往往为人工次生物，这是因为在水解过程中甾体皂苷发生了脱水、环合、双键位移、取代基移位、构型转化等变化，导致水解产物不是原始甾体皂苷元，从而造成研究工作的复杂化，有时甚至会得出错误的结论。

② Smith 降解　参见 3.3.3。Smith 降解条件很温和，许多在酸水解条件下不稳定的皂苷元都可以用 Smith 降解获得真正的苷元。

③ 酶水解　糖苷酶（glycosidase）是一类催化糖苷生物合成的酶，在合适的条件下它也能催化糖苷的分解。由于酶几乎是在与生物体内相同条件下催化底物的化学反应，采用糖

苷酶来裂解苷键可最大限度地减少反应过程中苷元的化学变化，而且酶解选择性强，如苦杏仁酶只酶解 β-D-葡萄糖。常见的糖苷酶有苦杏仁酶、麦芽糖酶、纤维素酶、粗橙皮苷酶等。

（2）强心苷的水解

强心苷的苷键可被酸、酶水解，苷元结构中的不饱和内酯环还能被碱水解。由于苷元结构中羟基较多，强心苷在较剧烈的条件下（3%～5%HCl，加热）水解反应的同时，苷元往往发生脱水反应生成缩水苷元，而得不到原来的苷元。

① 温和的酸水解　这种水解方法主要针对 2-去氧糖与苷元形成的苷键。因苷元和 2-去氧糖之间的苷键及两个 2-去氧糖之间的苷键极易被酸水解，对苷元影响小，不致引起脱水反应，但是 2-羟基糖（如葡萄糖）和 2-去氧糖之间的苷键在此条件下不易断裂，因此水解产物中常得到二糖或三糖。具体方法是用稀酸（0.02～0.05mol/L 的盐酸或硫酸）在含水醇中经短时间（半小时至数小时）加热回流，可使强心苷水解成苷元和糖。

温和的酸水解不适用于不含 2-去氧糖的强心苷，此外，对于 C-16 位有甲酰基的洋地黄强心苷类水解，因为此条件下甲酰容易被水解，得不到原来的苷元，所以也不适用。

② 强烈的酸水解　对于不含 2-去氧糖的强心苷在稀酸条件下水解较为困难，必须增大酸的浓度（3%～5%），增加作用时间或同时加压，才能使其水解，但此条件引起苷元发生脱水反应，得不到原来的苷元。

③ 酶水解　在含强心苷的植物中均含有选择性水解强心苷 β-D-葡萄糖苷键的酶共存，但是尚无可以水解 2-去氧糖苷键的酶。因此，与强心苷共存的酶只能使末位的葡萄糖脱离，而不能水解 2-去氧糖，从而去除分子中的葡萄糖而保留 2-去氧糖。如紫花洋地黄叶中古紫花苷酶（为 β-葡萄糖苷酶），可将紫花洋地黄苷 A 水解除去分子中的 D-葡萄糖而生成洋地黄毒苷。

酶的水解能力主要受到强心苷结构类型的影响，一般来说，乙型强心苷较甲型强心苷更易被酶水解；一般糖基比乙酰化糖基水解速度快。由于酶解法具有条件温和，选择性好，产率高等特点，在强心苷生成中有很重要的作用。由于甲型强心苷的强心作用与分子中糖基数目有关，即苷的强心作用强度为：单糖苷＞二糖苷＞三糖苷，所以常利用酶解法使植物体内的原生苷水解成强心作用更强的次生苷。在分离强心苷时，常可得到一系列的同一苷元的苷类，它们的区别在于 D-葡萄糖的个数不同，可能是由于水解酶的作用所致。

### 7.2.3　甾体化合物的一些反应与构象的关系

甾体化合物的反应过程、速度和构象有关，胆甾烷与粪甾烷的构象如下所示。5α-胆甾烷构象，A、B 环反式，天然界甾体 $C_3$ 上—OH 绝大多数为 β-式，$C_{17}$ 上 R 为 β-式，4～5 位、5～6 位双键易反应。5β-粪甾烷构象，A、B 环顺式，$C_3$ 上 α 位稳定，α-OH多。

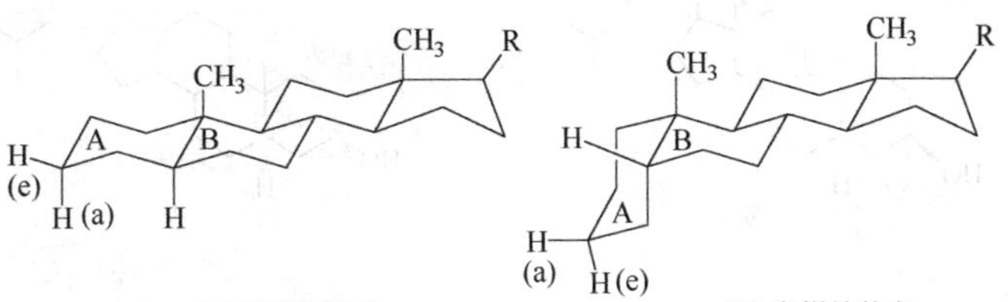


5α-胆甾烷构象　　　　5β-粪甾烷构象

（1）甾醇和碱作用

甾醇在碱性条件下，3 位羟基构型可发生翻转，直至达到平衡，如下所示。

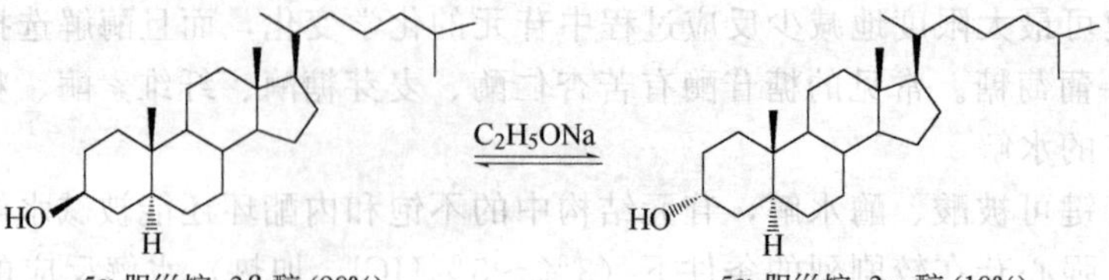


5α-胆甾烷-3β-醇 (90%)　　5α-胆甾烷-3α-醇 (10%)

胆甾烷中羟基在 e 键上比 a 键上稳定，因此含量较高，而粪甾烷的情形正好相反。由此可见，天然界中化合物总以结构最稳定的形式存在。

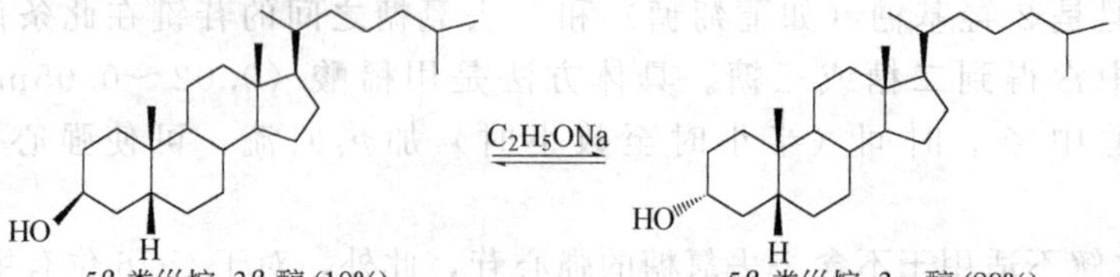


5β-粪甾烷-3β-醇 (10%)　　5β-粪甾烷-3α-醇 (90%)

（2）甾醇的酯化反应

甾醇酯化反应有这样的规律，e 键上的—OH 易和—COOH 酯化，与 a 键上—OH 相比可达 98%以上，酯化剂常用氯代甲酸乙酯的吡啶液。例如下列化合物中，3β-OH 在 e 键上，与氯甲酸乙酯的反应产物占绝大多数，而 $C_5$-OH 与 $C_6$-OH 在 a 键上，几乎不反应。

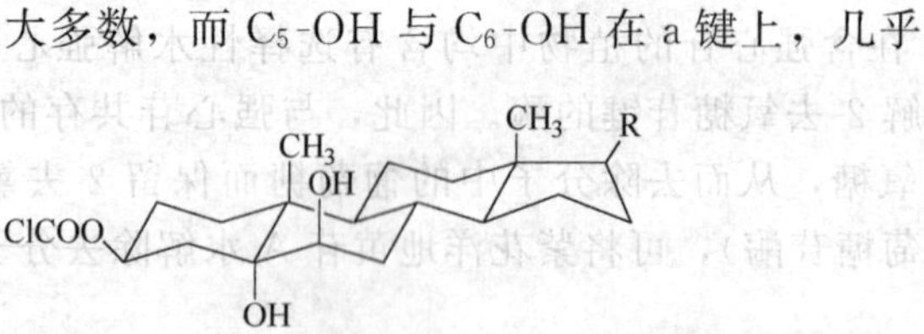


（3）水解反应

水解反应有如下规律，在 e 键上的酰氧基酯水解速度比在 a 键上快很多。胆甾醇中 3β 式酰氧基酯水解速度快，而粪甾醇 3α 式酰氧基酯水解速度快。下面例子为胆甾醇系酯化物水解情况，酯化物在肠黏膜不吸收，变成醇化物后易吸收；粪甾醇的情形与胆甾醇相反。

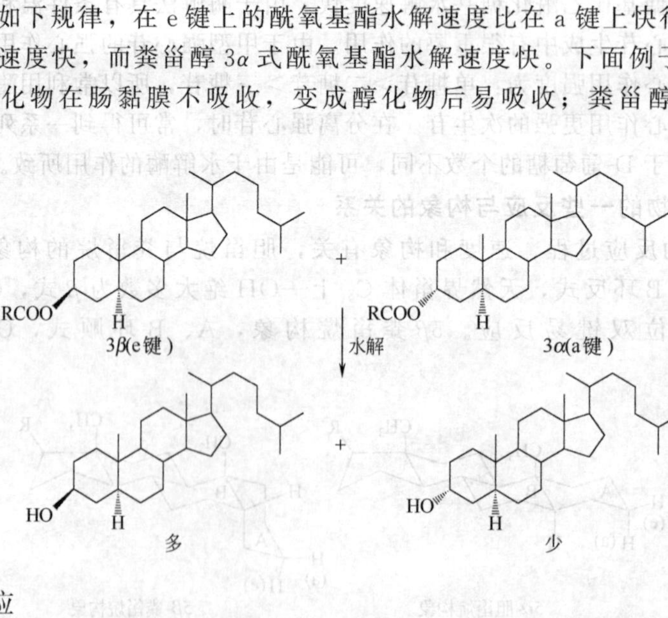


（4）卤化反应

卤化反应常用 $PBr_3$、$PCl_5$ 作卤化剂。卤化过程中易发生构型转化，e 键上引入卤素时则为构型不变产物，如下列过程引入卤素构型不变，主要因为 e 键上取代基比较稳定。

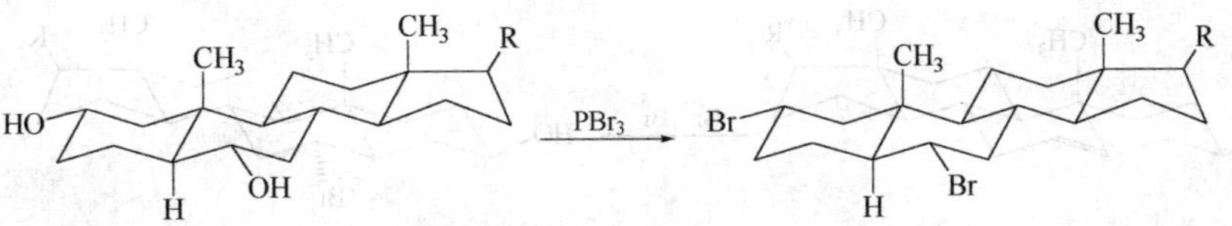


（5）消去反应

消去反应的结果是脱去一些像 $H_2O$ 一样的小分子而生成双键产物。当两个被消去基团处在反式双竖键（双 a 键）位置时容易发生消去反应，而反式双 e 键或顺式双竖键都不易消去，看如下两个例子。

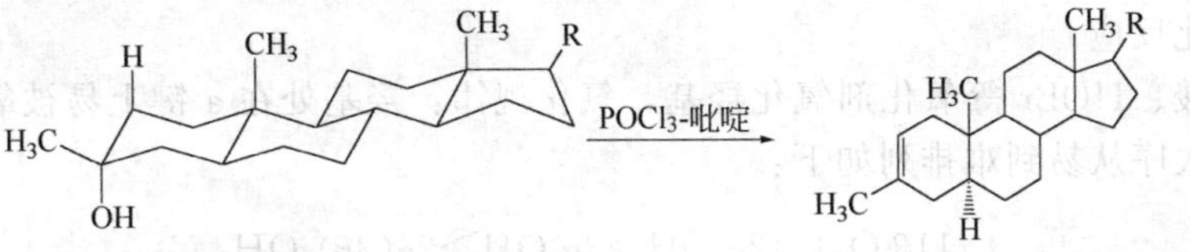


2-烯键化合物

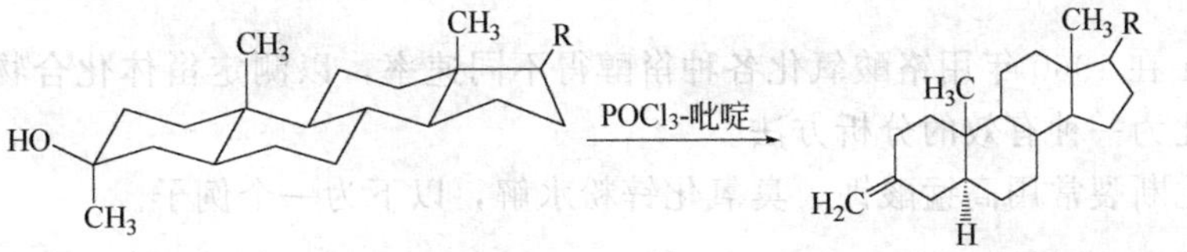


3-亚甲基衍生物

由于 2-烯键化合物存在超共轭（$\sigma$-$\pi$ 共轭）效应，而 3-亚甲基衍生物为端位烯，内能高，因此稳定性为 2-烯键化合物大于 3-亚甲基衍生物。

（6）加成反应

含有双键的甾体化合物易发生加成反应，例如胆甾醇的加成反应，因为 $C_{18}$、$C_{19}$ 角甲基都是 $\beta$-型，所以双键加成时从位阻较小的 $\alpha$-面向双键进攻，加上两个羟基时得到 $3\beta,5\alpha,6\alpha$-胆甾三醇，加溴时得到 $5\alpha,6\alpha$-二溴-$3\beta$-胆甾醇。

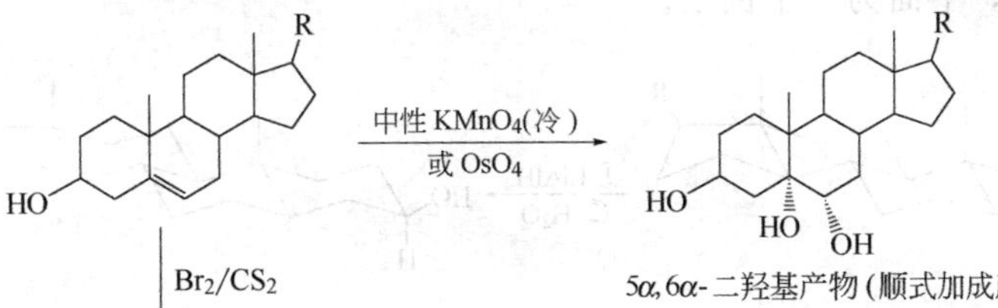


$5\alpha,6\alpha$-二羟基产物（顺式加成产物）

$5\alpha,6\beta$-二溴产物（反式加成产物）

双键加溴过程如下所示，产物中两个溴处在反式双 a 键位置，不稳定，易发生消去反应，放置 10d 后可转化为粪甾烷系二溴产物，此产物尽管羟基在 a 键上，但两个溴在 e 键上，相对较稳定。

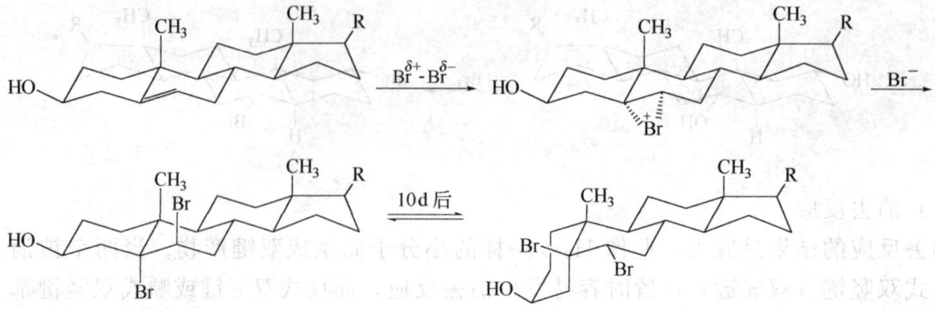

两个溴都在a键上　　　　粪甾烷系二溴产物

(7) 氧化反应

常用铬酸、HOBr 等氧化剂氧化羟基，氧化规律：羟基处在 a 键上易被氧化。甾醇羟基被氧化活性次序从易到难排列如下：

| $11\beta\text{-OH} \gg$ | $2\beta\text{-OH} >$ | $3\alpha\text{-OH} >$ | $2\alpha(3\beta)\text{-OH}$ |
|---|---|---|---|
| (a 键) | (a 键) | (a 键) | (e 键) |
| 100 | 20 | 3.0 | 1.3(1.0) |

Grimmer 在 1960 年用铬酸氧化各种甾醇得不同速率，以测定甾体化合物碳环上羟基位置和取向，此为一种有效的分析方法。

双键氧化断裂常用高锰酸钾、臭氧化锌粉水解，以下为一个例子。

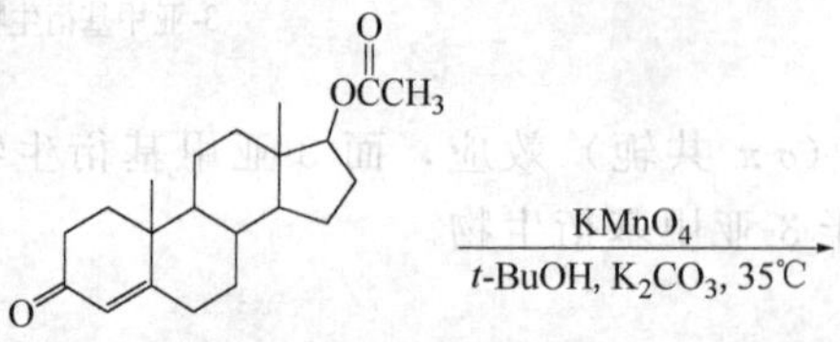

(8) 还原反应

羰基还原时常用还原剂 $LiAlH_4$、$NaBH_4$ 等，由于甾环的特殊结构，羰基还原后常得到一种构型为主的产物，下面为一个例子。

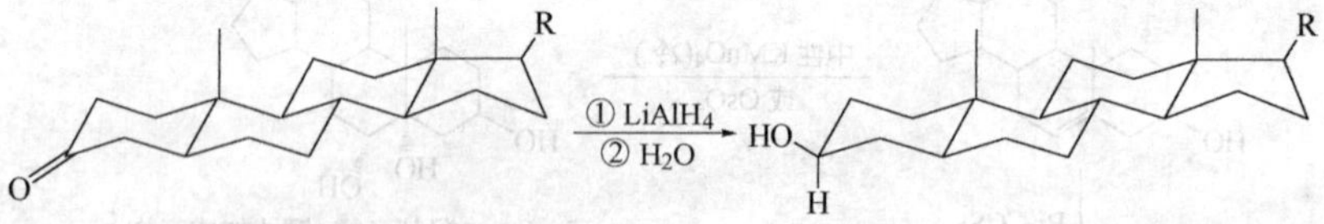

## 7.3 甾醇、甾体激素和胆汁酸

### 7.3.1 甾醇

甾醇是脂肪不能被皂化部分分离得到的饱和或不饱和的仲醇，无色结晶，几乎不溶于水，但易溶于有机溶剂。甾醇在 $C_3$ 上—OH 都是 $\beta$ 型，在天然界中以游离醇或高级脂肪酸酯形式存在，主要有三大类：动物体内的动物甾醇；酵母菌、霉菌等微生物中的微生物甾醇；植物体内的植物甾醇。甾醇基本母核如下所示：

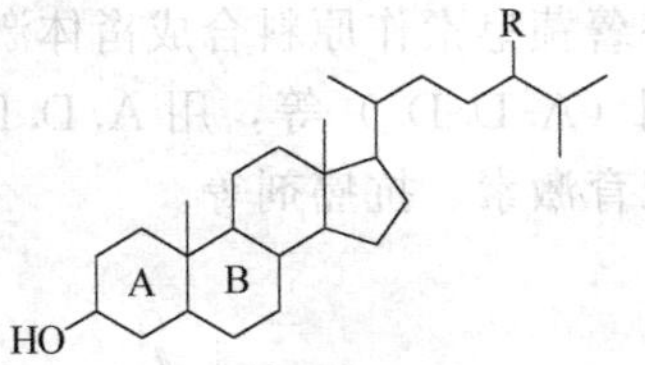

多数甾醇 $C_5$、$C_6$ 之间有双键，几种重要的甾醇见表 7-1。

**表 7-1 几种重要的甾醇**

| 名 称 | R | 双键位置 | A/B 环结合方式 | m. p. /℃ | [α] |
|---|---|---|---|---|---|
| 胆甾醇 | H | 5 | — | 149 | −39° |
| 胆甾烷醇 | H | — | 反式 | 142 | +24° |
| 粪甾烷醇 | H | — | 顺式 | 161 | +28° |
| 麦角甾醇 | $—CH_3$ | 5,7,22 | — | 165 | −130° |
| 豆甾醇 | $—C_2H_5$ | 5,22 | — | 170 | −40° |

(1) 胆甾醇

胆甾醇（cholesterol）分子式为 $C_{27}H_{46}O$，俗称胆固醇，是一种白色结晶，m. p. 149℃，$\lambda_{max}$ 220nm。1775 年由 Conrud 发现，是最重要的动物甾醇，动物所有细胞组织内，中枢神经细胞内及皮脂与肾脏内特多，在成人体内，大约含 240g。含胆固醇较高的食物有猪油、黄油、动物内脏、鹌鹑蛋、墨鱼、鱿鱼籽等。胆固醇易吸收，其酯不被吸收，并受植物甾醇抑制、食物胆甾醇吸收率为 1/3。

胆固醇在老年人体内过高是有害的，可引起高血压、冠心病、胆结石、动脉硬化等疾病。在人体内不是越低越好，因其对人体健康至关重要：首先，胆固醇是人体组织结构、生命活动及新陈代谢中必不可少的一种物质，它参与细胞与细胞膜的构成；其次，人体的免疫力，只有在胆固醇的协作下，才能完成其防御感染、自我稳定和免疫监视三大功能；第三，胆固醇是肾上腺皮质激素、性激素等的基本原料。如果体内胆固醇过低，会造成机体功能紊乱，免疫功能下降，精神状态不稳定，血管壁变脆，脑溢血的危险增加等。因此在防治心脑血管疾病时，应进行综合“治理”，并将胆固醇保持在一个合理的水平上。

胆甾醇细胞内合成过程如下。

① 乙酰辅酶-A 经缩合、水解、辅酶 NADPH 还原生成(*R*)-3-甲基-3,5-二羟基戊酸（MVA）。

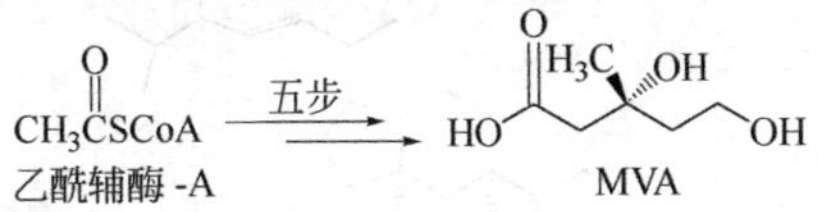


② MVA 经多步转变成角鲨烯（squalene），角鲨烯为甾体化合物母体合成的前体。

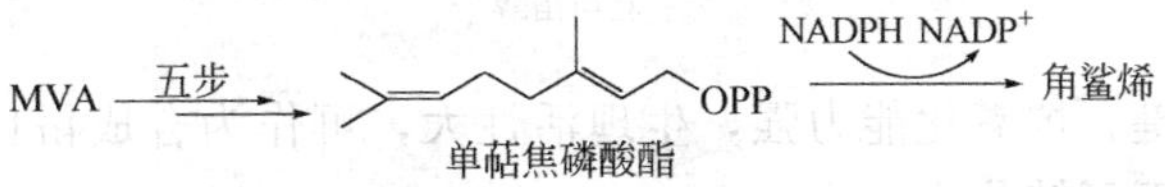


③ 角鲨烯氧化得 2,3-角鲨烯环氧化物，经酶催化环化聚合、重排甲基与脱去 $H^+$ 得羊毛甾醇，再经一系列酶催化反应，最后得到胆甾醇。

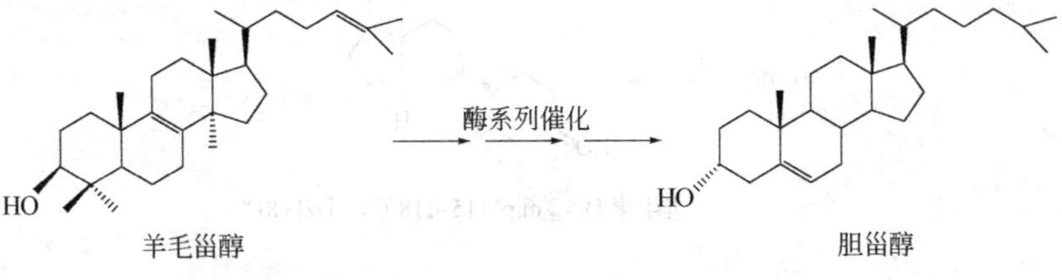

胆甾醇用途之一是用来代替薯蓣皂素作原料合成甾体激素。例如胆甾醇通过微生物转变成雌酮、1,4-雄甾二烯-3,7-二酮（A. D. D.）等，用 A. D. D. 可制造蛋白质同化激素、雄激素、雌激素、利尿激素、牛肉肥育激素、抗癌剂等。

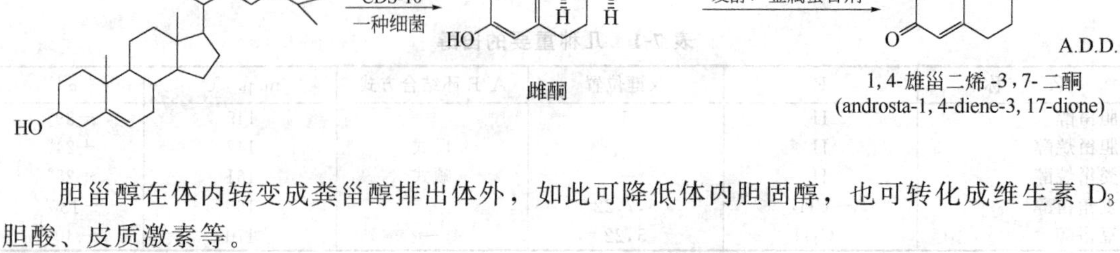


胆甾醇在体内转变成粪甾醇排出体外，如此可降低体内胆固醇，也可转化成维生素 $D_3$、胆酸、皮质激素等。

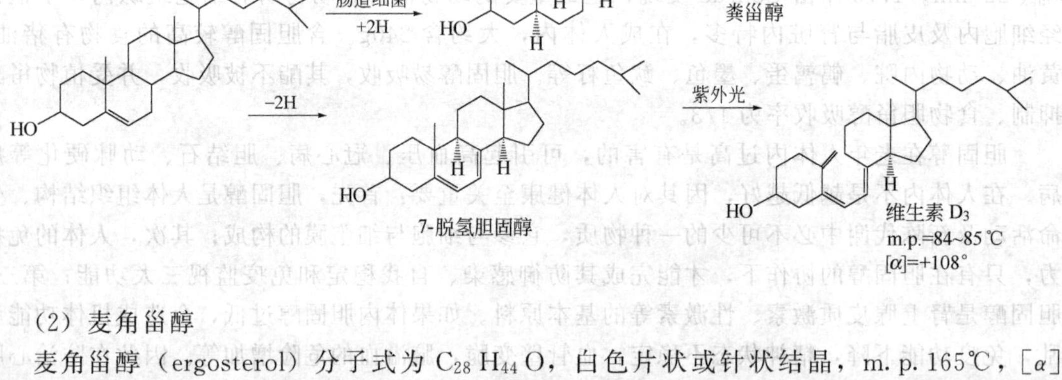


(2) 麦角甾醇

麦角甾醇（ergosterol）分子式为 $C_{28}H_{44}O$，白色片状或针状结晶，m. p. 165℃，[α] −130°，$\lambda_{max}$ 282nm。不溶于水，溶于热乙醇和乙醚。存在于酵母菌、麦角菌、霉菌中，在空气中极不稳定，一般保存于植物油中。

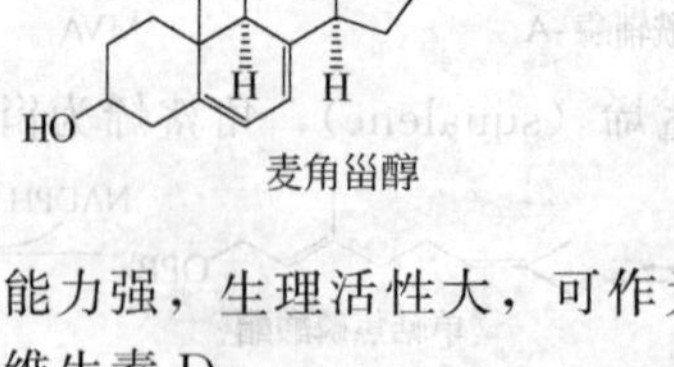

麦角甾醇

分子中有三个双键，抗氧化能力强，生理活性大，可作为合成甾体激素和药物的原料，例如在紫外光的作用下可转化为维生素 $D_2$。

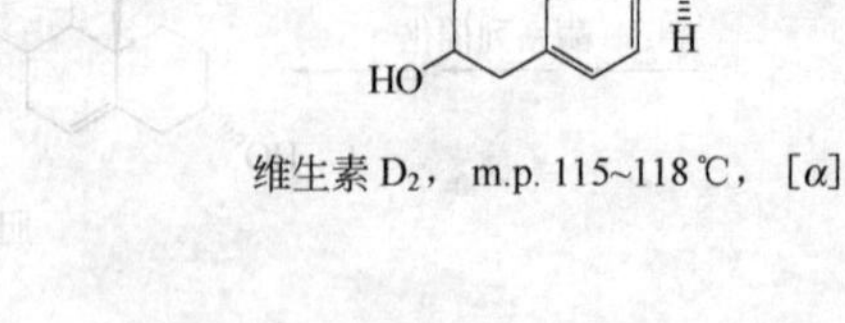


维生素 $D_2$，m.p. 115~118℃，[α]+81°

### 7.3.2 甾体激素

甾体激素结构上的特点是$C_{17}$上没有长的碳链，主要有性激素与肾上腺皮质激素，是一类维持生命、保持正常生活、促进性器官发育、维持生殖的重要生物活性物质，不仅能治疗多种疾病，而且也是计划生育及产生免疫抑制等方面不可缺少的药物。

（1）性激素

性腺（睾丸或卵巢）的分泌物，有雄性激素、雌性激素、妊娠激素三种，生理作用很强，很少量就能产生极大的影响。

① 睾丸酮　睾丸酮（testosterone）分子式为$C_{19}H_{28}O_2$，学名为17β-羟基-4-雄甾烯-3-酮，1935年首次得到其纯品。本品为针状结晶，m.p.150～156℃，[α]＋209°(c＝4，乙醇)，不溶于水，溶于乙醇、乙醚和其他溶剂，在人体内不稳定，口服无效。

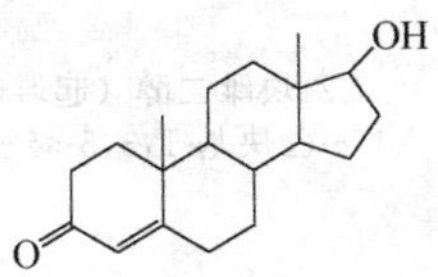

睾丸酮

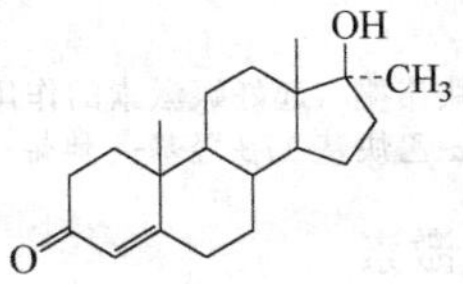

甲基睾丸酮

② 甲基睾丸酮　甲基睾丸酮（methyltestosterone）分子式$C_{20}H_{30}O_2$，学名17β-羟基-17α-甲基-4-雄甾烯-3-酮，白色晶体，m.p.162～167℃，[α]＋81°(c＝1，乙醇)。在乙醇、丙酮及氯仿中易溶，水中不溶。空气中稳定，受光易变化，在人体内可合成ADD。

③ 丙酸睾丸酮　丙酸睾丸酮（testosterone propionate）分子式为$C_{22}H_{32}O_3$，学名为17β-羟基-4-雄甾烯-3-酮丙酸酯，简称丙睾酮。白色结晶或结晶性粉末，m.p.118～123℃，[α]＋88°(c＝1，乙醇)。不溶于水，略溶于植物油中，易溶于氯仿、乙醇、乙醚等溶剂。

④ 雌酮　雌酮（estrone）分子式为$C_{18}H_{22}O_2$，学名3-羟基-1,3,5(10)-雌三烯-17-酮。

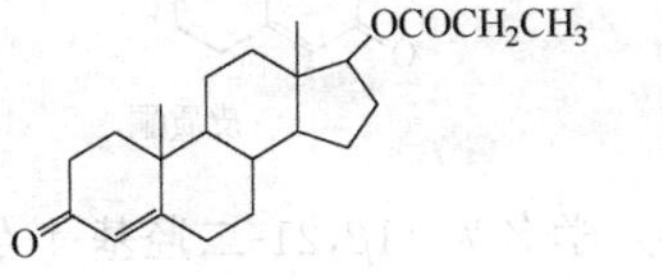

丙酸睾丸酮

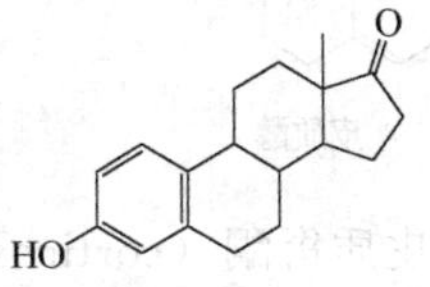

雌酮

⑤ 苯甲酸雌二醇　苯甲酸雌二醇（estrodiol benzoate）分子式为$C_{25}H_{27}O_3$，学名3,17β-二羟基-1,3,5(10)-雌三烯-3-苯甲酸酯。本品为白色结晶，m.p.191～196℃，[α]＋60°(c＝1，二氧六环)。不溶于水，略溶于丙酮，微溶于、乙醇或植物油中。进入体内水解成雌二醇而起作用，雌二醇强度为雌酮的10倍。

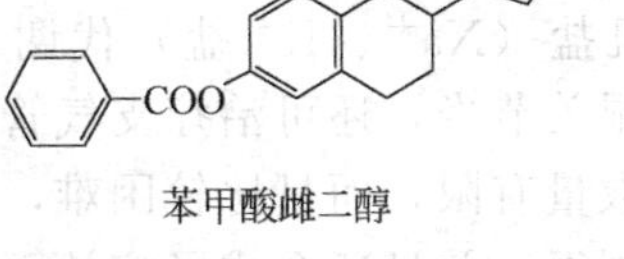

苯甲酸雌二醇

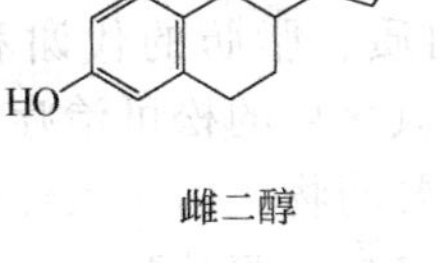

雌二醇

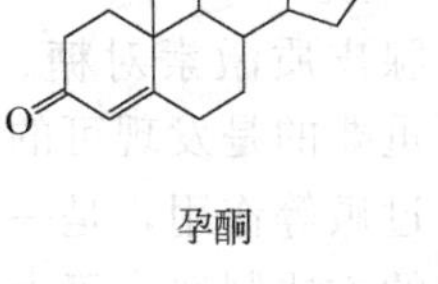

孕酮

⑥ 孕酮　孕酮（progesterone）又称黄体酮，分子式 $C_{21}H_{30}O_2$，学名为 4-孕甾烯-3,20-二酮。白色或微黄色结晶或粉末，m. p. 127～131℃，[$\alpha$] +195°($c$=0.5，乙醇)。不溶于水，溶于丙酮、二氧六环和浓硫酸。孕酮有抑制排卵、停止月经、抑制动情并使受精卵在子宫中发育等生理作用。医药上用于防止流产。

孕酮这样的妊娠激素有抑制排卵、防止再孕的作用，可作避孕药，但孕酮口服需要很大的剂量。科学家把结构改造成炔诺酮，极大地提高了效果，且和雌性激素炔雌二醇配合使用，效果更佳。

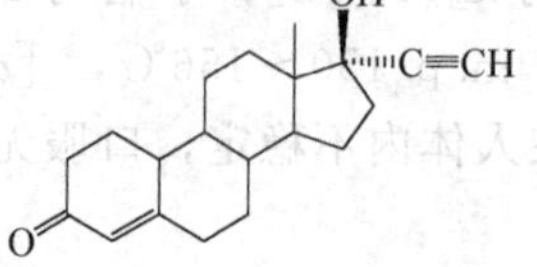

炔诺酮（起妊娠激素的作用）
17$\alpha$-乙炔基-17$\beta$-羟基-4-雌烯-3-酮

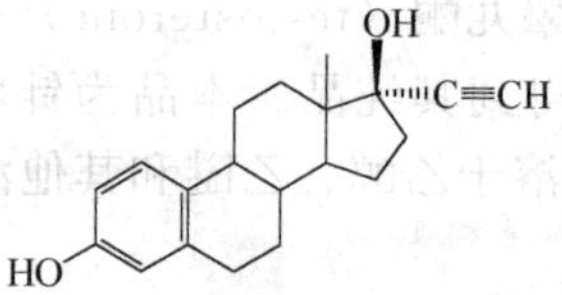

乙炔雌二醇（起雌性激素作用）
17$\alpha$-乙炔基-1,3,5-雌三烯-3,17$\beta$-二醇

(2) 肾上腺皮质激素

肾上腺皮质激素是产生于肾上腺皮质部分的一类激素。现已由肾上腺皮质部分分离出 40 多种甾体化合物，其中有几种具有激素的性质，如皮质甾酮、皮质酮、11-去氧皮质甾酮、皮质醇等。它们在结构上有些类似，在 $C_{17}$ 上都有—$COCH_2OH$ 基团，$C_3$ 为酮基，$C_4$～$C_5$ 间为双键。

① 皮质醇　皮质醇（cortisol）又称氢化可的松，学名 11$\beta$,17$\alpha$,21-三羟基-4-孕烯-3,20-二酮。

② 皮质酮　皮质酮（cortisone）又称可的松，学名 17$\alpha$,21-二羟基-4-孕烯-3,11,20-三酮。m. p. 220～224℃，[$\alpha$] +209°。

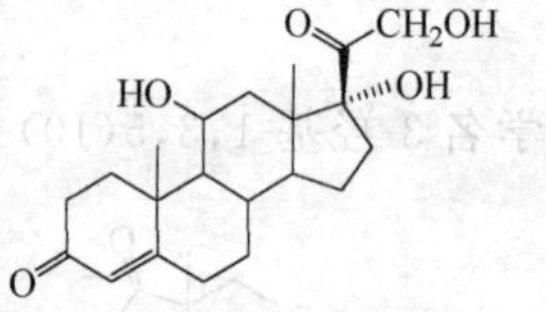

皮质醇

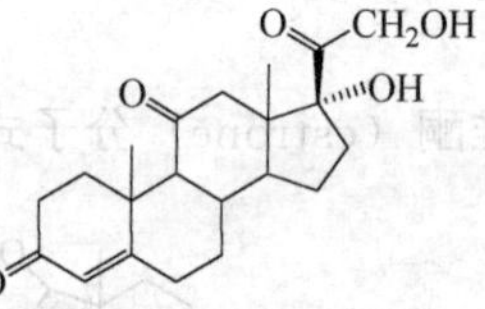

皮质酮

③ 皮质甾酮　皮质甾酮（corticosterone）学名为 11$\beta$,21-二羟基-4-孕烯-3,20-二酮。

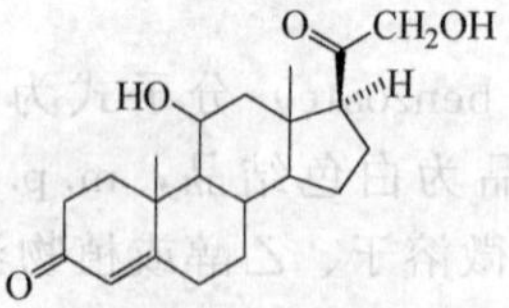

皮质甾酮

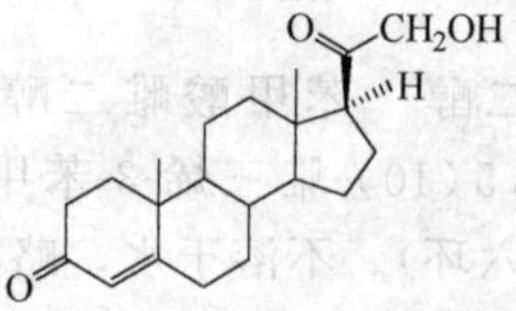

11-去氧皮质甾酮

④ 11-去氧皮质甾酮　11-去氧皮质甾酮（11-Deoxycorticosterone）学名为 21-羟基-4-孕烯-3,20-二酮。

肾上腺皮质激素对糖、蛋白质、脂肪的代谢和无机盐（$Na^+$、$K^+$ 盐）代谢有显著影响，但更重要的是发现可的松、氢化可的松可治疗类风湿关节炎，还可治疗支气管哮喘、皮肤炎症、过敏等作用，是一类重要药物。由于天然提取数量有限，而且比较困难，现已改用工业合成的方法制造，可由薯芋皂素、胆汁酸等为原料制得，并且还合成了疗效更好、副作用小的肾上腺皮质激素，如 6α-氟-1-去氢皮质醇等。

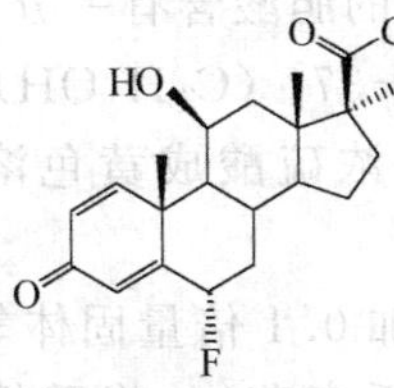

6 α-氟-1-去氢皮质醇
(6 α-氟-11 β，17 α，21-三羟基-1，4-孕二烯-3，20-二酮）

### 7.3.3 胆汁酸

天然胆汁酸是胆烷酸的衍生物，在动物胆汁中它们的羧基通常与甘氨酸或牛磺酸的氨基以肽键结合成甘氨胆汁酸或牛磺胆汁酸，并以钠盐形式存在。

胆烷酸具有甾体母核，其中 A/B 环稠合有顺反两种异构体形式，B/C 环稠合皆为反式，C/D 环稠合几乎皆为反式。甾体母核 $C_{10}$ 和 $C_{13}$ 位所连都是 β-甲基，$C_{17}$ 位上连接的为 β-戊酸侧链。结构中有多个羟基存在，多数为 α-构型，但也有 β-构型。有时在甾体母核上尚可见到双键、羰基等存在。

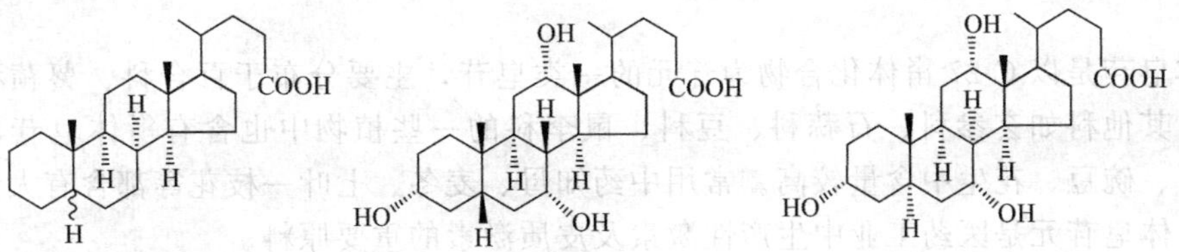

胆烷酸　　胆酸 (3α,7α,12α-三羟基胆烷酸)　　别胆酸 (3α,7α,12α-三羟基别胆烷酸)

在高等动物胆汁中，通常发现的胆汁酸是 24 个碳原子的胆烷酸衍生物，而在鱼类、两栖类和爬行类动物中的胆汁酸含有 27 个碳原子或 28 个碳原子，这类胆汁酸是粪甾烷酸的羟基衍生物，而且通常是和牛磺酸相结合的。

从胆汁中发现的胆汁酸有近百种，分布较广且有药用价值的有胆酸，去氧胆酸（3α，12α-二羟基胆烷酸）、鹅去氧胆酸（3α,7β-二羟基胆烷酸）、熊去氧胆酸（3α,7β-二羟基胆烷酸）、α-猪去氧胆酸（3α,6α-二羟基胆烷酸）、石胆酸（3α-羟基胆烷酸）等。去氧胆酸有松弛平滑肌作用，鹅去氧胆酸和熊去氧胆酸有溶解胆结石作用，而 α-猪去氧胆酸具有降低血液胆固醇作用等。牛黄约含 8%胆汁酸，主要成分为胆酸、去氧胆酸和石胆酸，熊胆中所含熊去氧胆酸高的可达 44.2%～74.5%。

（1）胆汁酸的化学性质

游离胆汁酸在水中溶解度很小，但与碱成盐后则易溶于水，此性质常用于胆汁酸的提取。在胆汁酸的分离和纯化时，常将胆汁酸制备成衍生物后进行，如将末端羧基酸化后容易结晶析出。胆汁酸酯类在酸水中回流数小时，又可析出游离的胆汁酸。也可将羟基乙酰化，生成的乙酰化物也易于结晶分离。乙酰化也可起到保护羟基，避免羟基被氧化的作用。乙酰化胆汁酸在碱性甲醇溶液中回流，即可发生水解，得到原化合物。

（2）胆汁酸的提取

各种胆汁酸的提取方法原理基本相同，即将新鲜动物胆汁加固体氢氧化钠加热水解，使结合胆汁酸水解为游离胆汁酸钠盐，溶于水中，滤取水层，加盐酸酸化，则粗总胆汁酸沉淀析出，再用各种方法分离精制。也有先将胆汁酸化，得到胆汁酸及结合胆汁酸的沉淀，再将沉淀物皂化，然后酸化，得到粗胆汁酸。如胆酸的提取分离。

胆酸存在于多种脊椎动物的胆汁中，尤以牛、羊等动物胆汁中含量为丰富。牛胆汁中含有近6%的牛磺或甘氨胆汁酸的钠盐，羊胆汁中胆酸含量达6%以上。牛、羊胆汁中除含胆酸外，尚含有少量的去氧胆酸和石胆酸。从稀乙醇中析出的胆酸含有一分子结晶水，为板状结晶，有先甜后苦的味道，无水物 m. p. 198℃，$[\alpha]_D^{20}+37°$（$C_2H_5OH$）。可溶于乙酸、丙酮和碱溶液，易溶于温乙醇和乙醚，微溶于水，溶于浓硫酸成黄色溶液并带有绿色荧光。

常用的提取胆酸操作方法是：将新鲜的牛或羊胆汁加 0.1 倍量固体氢氧化钠，加热煮沸 16h，放冷，盐酸酸化至 pH3.5～4.0（刚果红试纸变蓝），将酸性沉淀物水洗至中性，或加水煮沸至颗粒状，滤取沉淀，并于 50～60℃烘干，得胆酸粗品（收率为50%～65%）。将胆酸粗品加 20g/L（2%）活性炭及 4 倍量乙醇，加热回流 2～3h，趁热过滤得滤液，回收乙醇至总量的 1/3 时放冷析晶过滤，滤饼用少量乙醇洗涤 1～3 次，至无腥味后，用乙醇重结晶，得胆酸精制品（含量在 80%以上），收率一般为胆汁的 1.5%～3.0%。

## 7.4 甾体皂苷

甾体皂苷是以 C-27 甾体化合物为苷元的一类皂苷，主要分布于百合科、薯蓣科和茄科植物中，其他科如玄参科、石蒜科、豆科、鼠李科的一些植物中也含有甾体皂苷，如在苜蓿、大豆、豌豆、花生中含量较高。常用中药知母、麦冬、七叶一枝花等都含有大量的甾体皂苷。甾体皂苷元是医药工业中生产性激素及皮质激素的重要原料。

### 7.4.1 甾体皂苷元

最常见的甾体皂苷元是螺旋甾烷（spirostane）的衍生物，在其侧链上有一特征的螺旋缩酮结构。天然存在的螺旋甾烷存在 C-5 和 C-25 两类差向异构体，其他手性碳的构型是不变的。螺旋甾烷的侧链上有 C-20、C-22 和 C-25 三个手性中心，其中 C-20 和 C-22 分别为 *S*-和 *R*-构型，C-25 产生的异构体在植物界广泛存在。

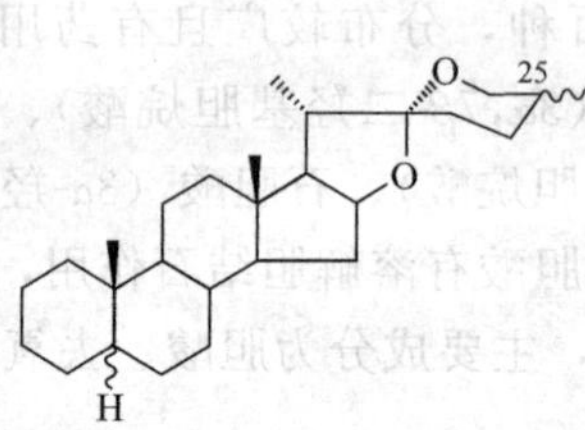

螺旋甾烷

甾体皂苷元分子中含有多个羟基，大多数 $C_3$ 位有羟基，且多为 *β*-取向，少数为 *α*-取向，若 A/B 环为顺式，$C_3$-OH 为 *α*-取向（*e* 键）较为稳定。其他位置上也均可能有羟基取代，各羟基可以是 *β*-取向，也有 *α*-取向，而且分子中可以同时有多个羟基的取代。某些甾体皂苷元分子中还含有羰基和双键，羰基大多数位于 $C_{12}$ 位，是合成肾上皮质激素所需要的条件。双键一般在 $C_5$～$C_6$ 之间，亦可能在 $C_9$～$C_{11}$ 间，与 $C_{12}$ 羰基成为 *α*,*β*-不饱和酮基。少数双键为$\triangle^{25}$[27]。

例如，薯蓣皂苷元（diosgenin），化学名为$\triangle^5$-$20\beta_F$，$22\alpha_F$，$25\alpha_F$-螺旋甾烯-3*β*-醇，m. p. 204～207℃，[*α*] －129°，为薯蓣科薯蓣属植物根茎中薯蓣皂苷（diosein）的水解产物，是制药工业中重要原料。剑麻皂苷元（sisalagenin），$C_{12}$ 位有羰基，化学名为 3*β*-羟基-5*α*，$20\beta_F$，$22\alpha_F$，$25\beta_F$-螺旋甾-12-酮，m. p. 264～266℃，[*α*] ＋8°，得自剑麻，是有价值的合成激素的原料。

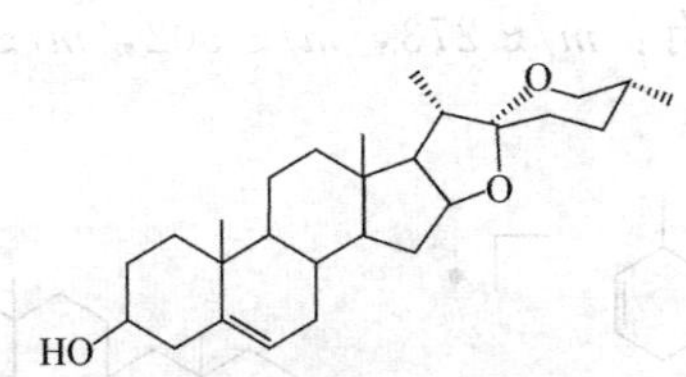

薯蓣皂苷元

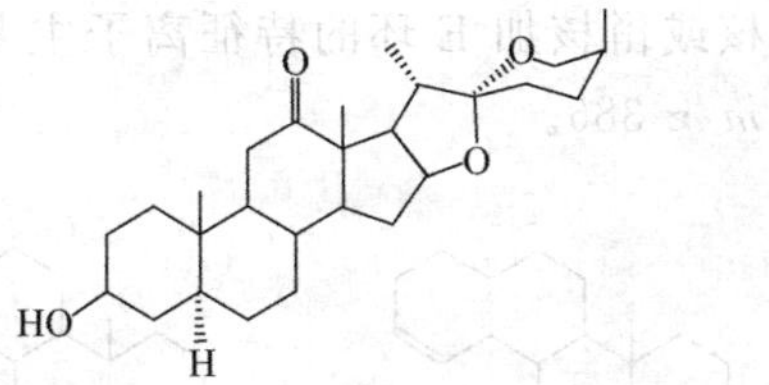

剑麻皂苷元

### 7.4.2 甾体皂苷元的结构解析

甾体皂苷经水解后得糖原和甾体皂苷元两部分，可分别进行解析，本节主要介绍甾体皂苷元的结构解析。

(1) 紫外光谱

饱和的甾体皂苷元在 200～400nm 间无吸收，但与浓硫酸作用后，可在 270～275nm 产生明显的吸收峰，可用于甾体皂苷元的定性定量测定。如果结构中引入孤立双键、羰基、$\alpha$, $\beta$-不饱和酮基或共轭双键，则可产生吸收。含孤立双键的甾体皂苷元在 205～225nm 有吸收（ε900 左右），含羰基的甾体在 285nm 有一弱吸收（ε500）。具有 $\alpha,\beta$-不饱和酮基的甾体在 240nm 处有特征吸收（ε11000），共轭双烯在 235nm 有吸收。

(2) 红外光谱

含有螺缩酮结构侧链的甾体皂苷元在红外光谱中几乎都显示 980cm$^{-1}$（A）、920cm$^{-1}$（B）、900cm$^{-1}$（C）和 860cm$^{-1}$（D）附近的 4 个特征吸收谱带，且 A 带最强。在（25*S*）-型甾体皂苷或皂苷元中，B 带＞C 带，在（25*R*）-型甾体皂苷或皂苷元中则是 B 带＜C 带，据此可区别 C-25 位两种立体异构体。

甾体皂苷元的 C-11 位或 C-12 位的有羰基（非共轭体系），则在 1750～1705cm$^{-1}$处只有一个吸收峰，且 C-11 位羰基比 C-12 位羰基的频率稍偏高。如果 C-12 位羰基成为 $\alpha,\beta$-不饱和酮的体系（有双键成共轭体系），则在 1605～1600cm$^{-1}$（双键）及 1697～1673cm$^{-1}$（羰基）处各有一个吸收峰。

(3) 核磁共振谱

甾体皂苷元在$^{1}$H-NMR 谱高场区有 4 个甲基氢的特征峰：其中 18 位 $CH_3$、19 位 $CH_3$ 均为单峰，前者处于较高场；21 位 $CH_3$，27 位 $CH_3$ 均为双峰，后者处于较高场。C-16 位、C -26 位上的氢是与氧同碳的质子，处于较低场，也比较容易辨认。27 位 $CH_3$ 的化学位移值还因构型不同而有区别。一般情况下 $\alpha$-取向（平伏键，25*R* 型，D 系）比 $\beta$-取向（直立键，25*S* 型，L 系）处于较高场。C-26 位上两个氢的信号在 25*R*（D 系）异构体中化学位移相似，而在 25S（L 系）异构体中差别较大。

与信号重叠十分严重的甾体皂苷元的$^{1}$H-NMR 谱相比，甾体皂苷元分子中的 27 个碳在$^{13}$C-NMR 谱中可得到很好的辨认。迄今已有许多甾体皂苷元及甾体皂苷$^{13}$C-NMR 数据报道，在获得一种甾体皂苷后，通过与有关文献报道数据进行比较，并参考取代基对化学位移的影响，基本可推知甾体皂苷元的结构。

(4) 质谱

天然的甾体皂苷元多在 $C_{23}$位有羟基取代，在其 EI 质谱中有 $m/z$ 139 的基峰，$m/z$ 126 和 $m/z$ 115 的辅助特征离子峰，这些碎片离子峰均来自于甾体皂苷元的 F 环部分。

有些甾体皂苷元在 $C_{25}$或 $C_{27}$位有单羟基取代时，则 $m/z$ 139、$m/z$ 126 和 $m/z$ 115 三个峰都上移 16 amu（原子质量单位）至 $m/z$ 155、$m/z$ 131 和 $m/z$ 142。当 $C_{25}$、$C_{27}$位有双键时，则下移 2 amu，出现基峰 $m/z$ 137 和特征离子峰 $m/z$ 113 及 $m/z$ 124。$C_{23}$位有羟基取代的甾体皂苷元，则没有 $m/z$ 137 的基峰和质量位移的相应峰。

来自甾核或甾核加 E 环的特征离子主要有：*m/z* 273，*m/z* 302，*m/z* 344，*m/z* 347，*m/z* 357 和 *m/z* 386。

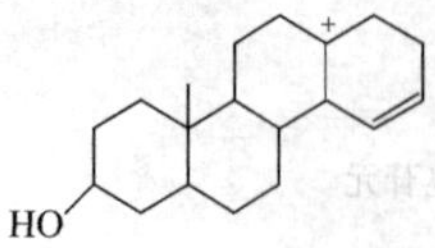

*m/z* 273

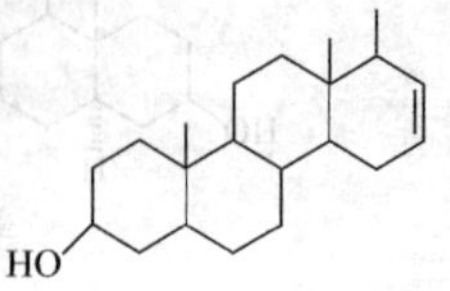

*m/z* 302

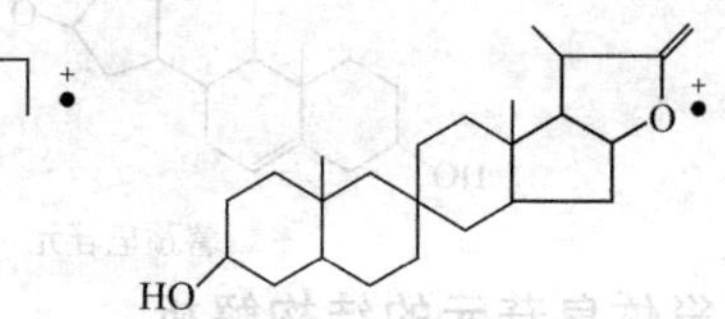

*m/z* 344

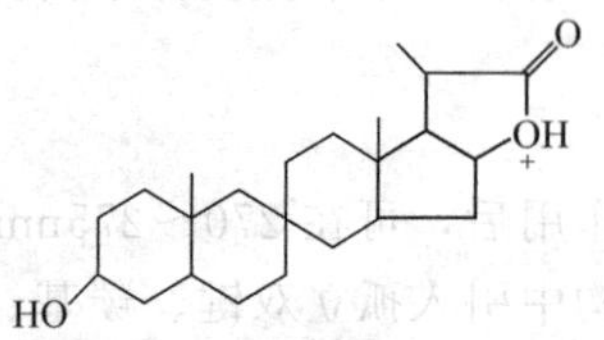

*m/z* 347

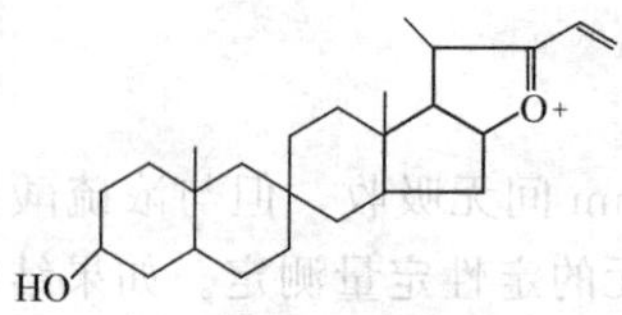

*m/z* 357

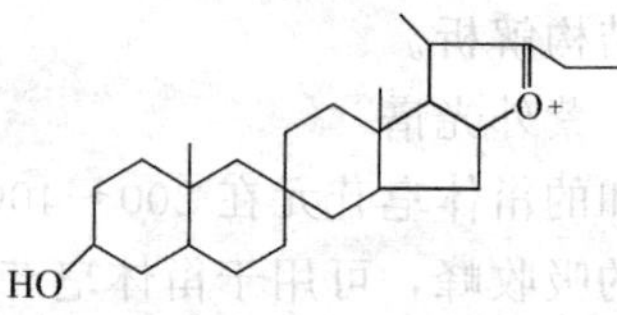

*m/z* 386

这些含有甾核的离子，均出现在单羟基、双羟基、三羟基、羰基取代以及有双键存在的甾体皂元的质谱中，其质荷比可因取代基的性质和数目发生相应的质量位移，同时也可能产生一些失水和失二氧化碳的离子。这些特征峰，可用于甾体皂苷元的鉴别，并能判断取代基的性质、数目和大致位置，所以质谱对于测定甾体皂苷元的结构较有意义。

（5）甾体皂苷的结构鉴定实例

从百合科羊齿天门冬的根中分得一白色针状结晶 A，m. p. 210～212℃（MeOH），Molish（+），Liebermann-Burchard（+）。

① 根据 FAB-MS 和元素分析确定分子式为 $C_{38}H_{62}O_{12}$；

IR 显示螺甾烷醇的特征吸收：985cm$^{-1}$，915cm$^{-1}$（B），895cm$^{-1}$（C），849cm$^{-1}$，且峰强度 B＞C；另有缔合吸收峰：3420cm$^{-1}$（OH），1045cm$^{-1}$（C═O）；

$^1$H-NMR 显示 4 个 Me 信号 $\delta$：0.83（s），0.86（s），1.09（d，$J$=6.8Hz），1.17（d，$J$= 6.7Hz）。

② A 酸水解，得苷元 B，针状结晶，m. p. 195～197℃；

元素分析 B 分子式为 $C_{27}H_{44}O_3$，$^1$H-NMR $\delta$：0.87（s），1.03（s），1.09（d，$J$=7.0Hz），1.18（d，$J$=6.8Hz）18-Me，19-Me，27-Me，21-Me，$\delta$3.39（d，$J$=11.1Hz），4.10（dd，$J$=10.8，5.0Hz）$C_{26}$-2H，$\delta$ 相差较大，示为 25*S* 异构体；EI-MS：*m/z* 416（M$^+$），344，302，273，139（100%），107，81，55；

$^{13}$C-NMR $\delta$：28.7，66.2，34.5，与文献中菝葜皂苷元数据一致。综合以上分析，皂苷元鉴定为菝葜皂苷元。

③ A 的酸水解液经 TLC 检测含 Glu 和 Xyl；

A 的$^1$H-NMR $\delta$：4.93（1H，d，$J$=7.6Hz），5.18（1H，d，$J$=7.5Hz）；$^{13}$C-NMR $\delta$：103.0，105.5；

Glu 的端基氢、碳信号，Xyl 的端基氢、碳信号说明 A 为一种双糖苷，由端基氢的 $J$ 值可知二糖均为 $\beta$-型。

④ A 常法乙酰化⟶全乙酰化物

EI-MS：*m/z* 547，*m/z* 259，分别为［$Xyl(Ac)_3$-O-$Glu(Ac)_3$］$^+$；［$Xyl(Ac)_3$］$^+$；

表明 Xyl 位于糖链末端，而 Glu 为内侧糖。

A 的碳谱示含 Glu 和 Xyl 各 1 分子，通过苷化位移表明 Xyl 连在 Glu 的 4 位，糖链与苷元 3-OH 成苷。

综上所述，A的结构确定为：菝葜皂苷元-3-$O$-$\beta$-D-吡喃木糖基-(1→4)-$\beta$-D-吡喃葡萄糖苷，命名为小百部苷A。

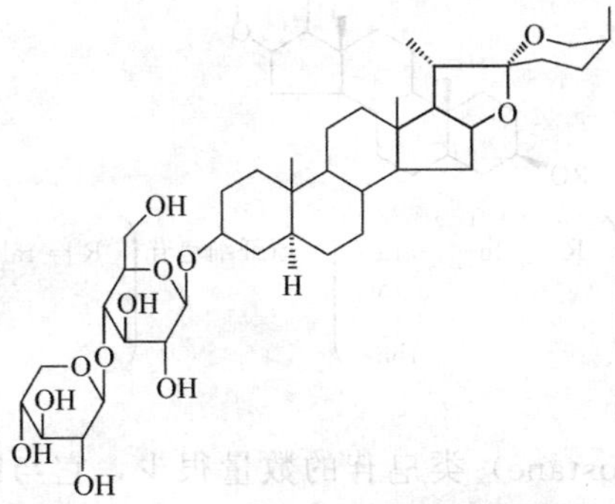


小百部苷A

### 7.4.3 代表性甾体皂苷

(1) 螺旋甾烷类皂苷

螺旋甾烷类化合物通常是以C-3位的羟基与糖结合生成皂苷，其他位置如C-1、C-2、C-5、C-11位的羟基有时也被苷化。近年来从植物中分得许多C-26位羟基苷化的皂苷，这些皂苷由于F环开环，性质上较为独特，因而把它们与螺旋甾烷类皂苷分开，放在后面讨论。

薯蓣属（*Dioscorea*）是薯蓣科中最大的一个属，其中大多数植物都含有甾体皂苷。20世纪30年代中期，从山萆薢（*D. tokoro*）中分离出了该属的第一个甾体皂苷元——薯蓣皂苷元之后，由于用简单而经济的方法将薯蓣皂苷元转化为甾体激素获得成功，薯蓣皂苷元成为合成激素药物的重要原料。迄今从薯蓣属植物中已分得大量甾体皂苷如延令草次苷（trillin）、纤细皂苷（gracillin）。

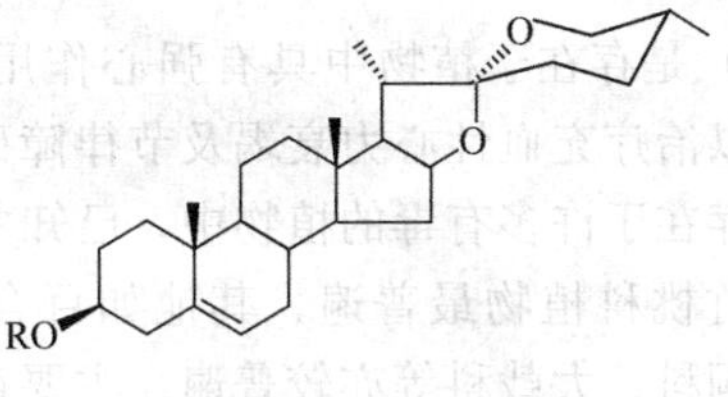


延令草次苷（R＝D-glu）

纤细皂苷（R ＝ D-glu $\overset{1\quad 3}{\text{———}}$ D-glu，D-glu 的 2 位与 L-rha 的 1 位相连：$\underset{1}{\overset{2}{|}}$ L-rha）

(2) 呋喃甾烷类皂苷

研究表明，一些螺旋甾烷类皂苷在新鲜的植物中实际上并不存在，而是在植物的干燥、储存过程中产生的，它们的原皂苷是F环开环后，26-位羟基苷化形成的呋喃甾烷类皂苷。呋喃甾烷类皂苷在早期的工作中没有发现，其原因一方面是原皂苷的极性大难以分离，另一方面由于没有认识到植物体内的酶对原皂苷的水解作用，以致在分离之前原皂苷已被转化为相应的次皂苷。对一些植物的重新研究表明这类原皂苷在含甾体植物的体内是普遍存在的。

薯蓣属植物中含有多种次皂苷。对新鲜的盾叶薯蓣（*D. zingiberensis*）研究表明，其中主要含有两种呋喃甾烷类原皂苷，原盾叶皂苷（protozingberenssaponin）和原纤细皂苷

(protogracillin)。

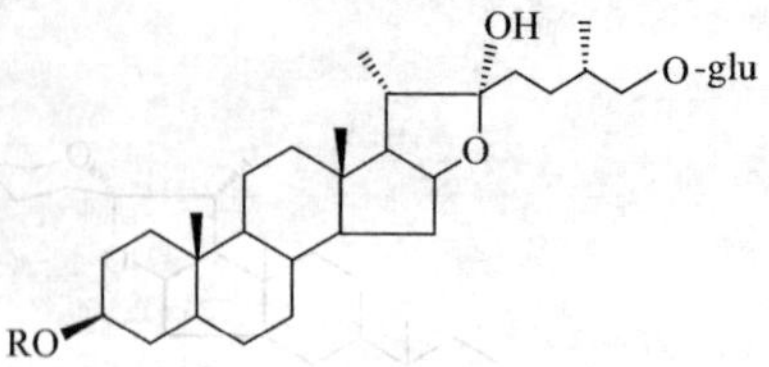

原盾叶皂苷 (R = glu $\overset{1\quad 2}{—}$ glu, 3→1 rha)　原纤细皂苷 (R = rah $\overset{1\quad 2}{—}$ glu, 3→1 glu)

(3) 呋喃螺旋甾烷类皂苷

呋喃螺旋甾烷（furospirostane）类皂苷的数量很少，它与螺旋甾烷类皂苷不同之处是其苷元的 F 环是呋喃环，而不是吡喃环。从新鲜的茄属植物颠茄（*Solanumculeatissimum*）中分离得到的颠茄皂苷（aculeatiside）A 和 B 就属于呋喃螺旋甾烷类皂苷。

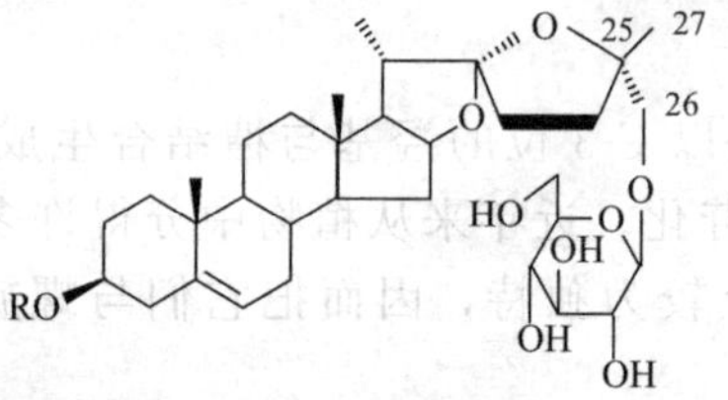

颠茄皂苷 A (R = D-glu $\overset{2\quad 1}{—}$ L-rha, 4→1 L-rha)　颠茄皂苷 B (R = D-glu $\overset{2\quad 1}{—}$ L-glu, 3→1 L-rha)

## 7.5 强心苷

强心苷（cardiac glycosides）是存在于植物中具有强心作用的甾体苷类化合物。目前临床上应用的达二三十种，主要用以治疗充血性心力衰竭及节律障碍等心脏疾患，如毛花苷 C、地高辛、毛地黄毒苷等。强心苷存在于许多有毒的植物中，已知主要有十几个科几百种植物中含有强心苷，特别以玄参科、夹竹桃科植物最普遍，其他如百合科、萝摩科、十字花科、卫矛科、豆科、桑科、毛茛科、梧桐科、大戟科等亦较普遍。主要存在于植物的果、叶或根中。

### 7.5.1 强心苷的化学结构

强心苷的结构比较复杂，是由强心苷元（cardiac aglycone）与糖两部分构成的。强心苷元中甾体母核四个环的稠合方式与甾醇不同。天然存在的强心苷元的 B/C 环都是反式，C/D环都是顺式，A/B 环两种稠合方式都有，以顺式稠合的较多，反式稠合的较少。

在强心苷元分子的甾核上，$C_3$ 和 $C_{14}$ 位都有羟基取代，$C_3$-OH 大多是 $\beta$-构型。$C_{14}$ 羟基由于 C/D 环是顺式，所以都是 $\beta$-构型。甾核上也可能有羰基或双键存在。强心苷元甾核的 $C_{10}$ 上大多是甲基，也可能是醛基、羟甲基、羧基。强心苷元均属甾体衍生物，其结构特征是在甾体母核的 $C_{17}$ 位上均连接一个不饱和内酯环。

根据其在甾体母核的 $C_{17}$ 位上连接和不饱和内酯环的不同，可将强心苷元分成为两类。

(1) 甲型强心苷

由甲型强心苷元与糖缩合而成的苷常称为甲型强心苷。甲型强心苷元又称强心甾烯，其基本母核称为强心甾，此类苷元在其甾体母核部分的 $C_{17}$ 位上连接的是五元不饱和内酯环即 $\triangle^{\alpha,\beta}$-$\gamma$-内酯，故甲型强心苷元共由 23 个碳原子组成。在已知的强心苷中，绝大多数属于此类，如紫花洋地黄苷 A 是由洋地黄苷元与 3 分子的 2-去氧糖洋地黄毒糖和 1 分子的葡萄糖组成的。

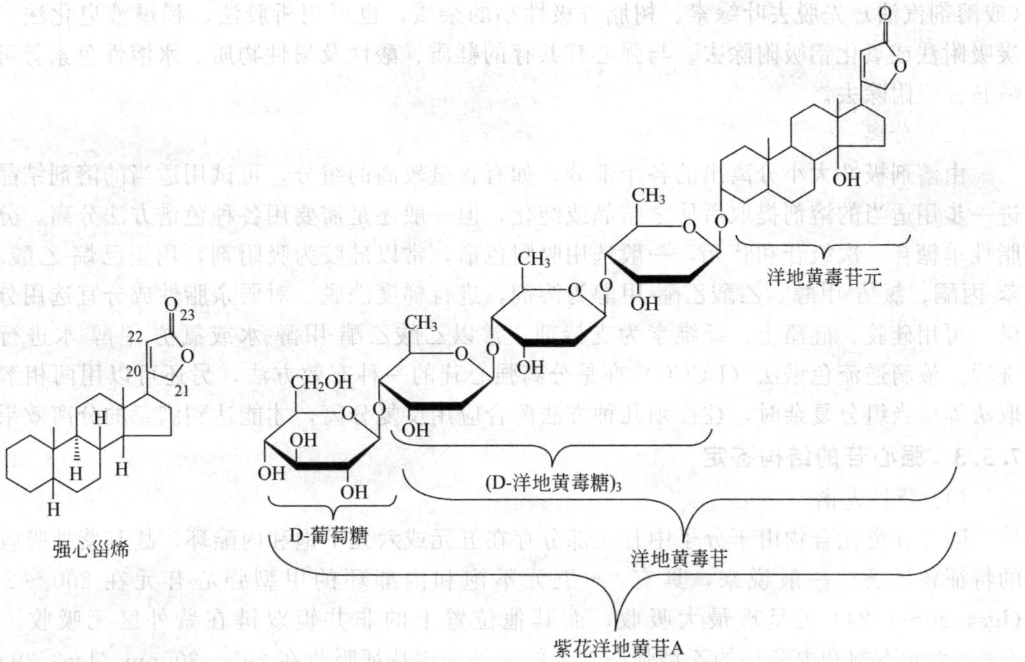


(2) 乙型强心苷

由乙型强心苷元与糖缩合而成的苷常称为乙型强心苷。乙型强心苷元又称蟾蜍甾二烯或海葱甾二烯，其基本母核称为蟾蜍甾或海葱甾。此类苷元在其甾体母核部分的 $C_{17}$ 位上连接的六元不饱和内酯环即$\triangle^{\alpha\beta,\gamma\delta}$-双烯-$\delta$-内酯，故乙型强心苷元共由 24 个碳原子组成。其 $C_{17}$ 侧链亦为-$\beta$-构型。自然界中仅少数强心苷元属于这一类，如绿海葱苷是由绿海葱苷元与一分子-$\alpha$-D-葡萄糖组成的。

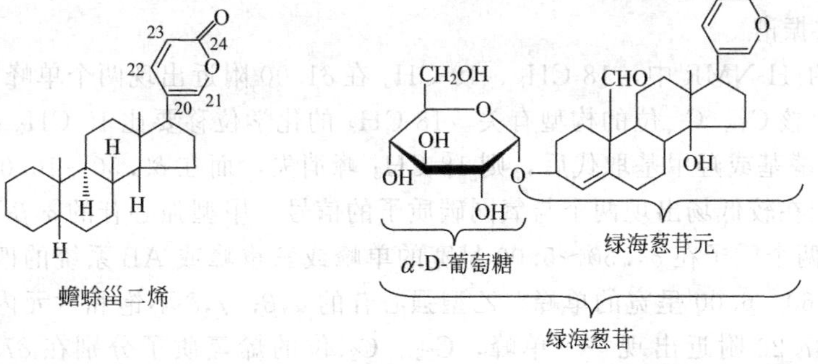


## 7.5.2 强心苷的提取分离

从植物中分离提纯强心苷是比较复杂与困难的工作，这是因为它在植物中的含量一般都比较低（1%以下），又常常与性质相类似的皂苷等混杂在一起，如洋地黄叶中含洋地黄皂苷，而且同一植物又常含几种甚至几十种性质近似的强心苷，每一种苷又有原生苷、次生苷（提取过程中部分水解而成的苷）与苷元的区别，又常与糖类、皂苷、色素和鞣质等成分共存，这些都增加了分离提纯工作的难度。

(1) 提取

植物中的强心苷有亲脂性苷、弱亲脂性苷或水溶性苷之分，但它们均能很好地溶于乙醇或甲醇中，通常使用70%～80%的乙醇为提取溶剂。原料是种子或含脂类杂质较多时，须先用石油醚（或溶剂汽油）脱脂后提取；原料是叶或全草时，含叶绿素较多，可用石油醚（或溶剂汽油）先脱去叶绿素、树脂等极性小的杂质，也可用析胶法、稀碱液皂化法、活性炭吸附法或氧化铝吸附除去。与强心苷共存的鞣质、酸性及酚性物质、水溶性色素等可用聚酰胺柱吸附除去。

（2）分离

由溶剂极性大小分离出的各个部分，如有含量较高的组分，可试用适当的溶剂结晶，再进一步用适当的溶剂提取后使之结晶或纯化，但一般还是需要用各种色谱方法分离。分离亲脂性单糖苷、次级苷和苷元，一般选用吸附色谱，常以硅胶为吸附剂，用正己烷-乙酸乙酯、苯-丙酮、氯仿-甲醇、乙酸乙酯-甲醇为溶剂，进行梯度洗脱。对弱亲脂性成分宜选用分配色谱，可用硅胶、硅藻土、纤维素为支持剂，常以乙酸乙酯-甲醇-水或氯仿-甲醇-水进行梯度洗脱。液滴逆流色谱法（DCCC）亦是分离强心苷的一种有效方法，另还可以用两相溶剂萃取法等。当组分复杂时，往往须几种方法配合应用反复分离，才能达到满意的分离效果。

### 7.5.3 强心苷的结构鉴定

（1）紫外光谱

强心苷类化合物由于分子中苷元部分存在五元或六元不饱和内酯环，故其紫外吸收光谱的特征较显著。一般说来，具有$\triangle^{\alpha\beta}$五元不饱和内酯环的甲型强心苷元在200～217nm（lgε4.20～4.24）处呈现最大吸收，而其他位置上的非共轭双键在紫外区无吸收。具有$\triangle^{\alpha\beta,\gamma\delta}$六元不饱和内酯环的乙型强心苷元的紫外光谱特征吸收在295～300nm（lgε3.39）处。两类强心苷元的紫外吸收光谱的特征吸收区别显著，可供结构鉴别。

（2）红外光谱

强心苷类化合物由于分子中苷元上具有不饱和内酯结构，$\upsilon_{C=O}$峰为特征吸收峰，其波数与环内共轭程度有关，而与分子中其他基团无关。$\triangle^{\alpha\beta}$五元不饱和内酯环一般在1800～1700cm$^{-1}$处有两个强吸收峰，$\triangle^{\alpha\beta,\gamma\delta}$六元不饱和内酯环的羰基吸收峰与五元不饱和内酯环相同，也有两个吸收峰，但由于环内共轭程度增高，导致两个吸收峰较五元不饱和内酯环的相应吸收分别向低波数位移约40cm$^{-1}$。

（3）核磁共振谱

强心苷元的$^1$H-NMR中，18-$CH_3$、19-$CH_3$在δ1.00附近出现两个单峰，这两个甲基的化学位移值与甾核$C_3$、$C_{14}$位的构型有关。18-$CH_3$的化学位移要比19-$CH_3$处于较低场。如果$C_{10}$位甲基被醛基或羟甲基取代后，则18-$CH_3$峰消失，而在δ9.50～10.00出现一个醛基质子的单峰，或在较低场出现两个与氧同碳质子的信号。甲型强心苷的$\alpha,\beta$-不饱和五元内酯环中，$C_{21}$位的两个质子在δ4.50～5.00呈宽的单峰或三重峰或AB系统的四重峰，$C_{22}$位的烯氢质子在δ5.60～6.00呈宽的单峰。乙型强心苷的$\alpha,\beta$；$\gamma,\delta$不饱和六元内酯环中，$C_{21}$位的烯氧质子在δ7.20附近出现一个单峰，$C_{22}$、$C_{23}$位的烯氢质子分别在δ7.80和δ6.30附近，各出现一个双峰。

强心苷的$^{13}$C-NMR波谱特征有一些不完善的经验性总结，在强心苷元的结构分析中，可供借鉴。若强心甾烯结构中有羟基，此羟基不仅使与之相连的α碳向低场位移，也使β碳向低场位移。若$C_5$位有β-OH，则$C_4$、$C_6$位的亚甲基碳向低场位移。当羟基被酰化后，酰氧基碳向低场位移，而其β碳则向高场位移。在5α-H系列的强心甾烯的A/B环中，多数碳的化学位移值比于5β-H系列的强心甾烯处于低场2～8。但5α-H系列的10-$CH_3$的化学位移值一般在12.0附近，而5β-H系列一般在24.0附近。强心甾烯中的双键对5α-H系列和5β-H系列化学位移值的影响基本一致。

（4）质谱

甲型强心苷元当 $C_{16}$ 位无羟基取代时，其质谱中都出现 $m/z$ 111 的碎片离子；当 $C_{16}$ 位有羟基取代时，此离子移到 $m/z$ 127。不少甲型强心苷元的质谱中还存在离子 $m/z$ 124。在洋地黄毒苷元和异羟基洋地黄毒苷元的质谱中，各存在离子 $m/z$ 163 和 $m/z$ 164。这些离子都含有五元环内酯部分或内酯环加 D 环的结构。乙型强心苷元质谱中出现含有六元内酯环 $m/z$ 109，$m/z$ 123，$m/z$ 135，$m/z$ 136 等碎片离子。此外，A，B，C 环含有 $C_{14}$-羟基和另一羟基时，甲型和乙型强心苷元的质谱中，还会出现不含内酯环，而是由 D 环的 $C_{13}$-$C_{17}$ 键断裂后与 $C_{14}$-OH 引起 C 环重排为五元环的 $m/z$ 221，$m/z$ 203 等离子。而再多一个羟基时，则出现 $m/z$ 219，$m/z$ 201 等离子。

强心苷元的单糖苷和多糖苷在电子撞击（EIMS）下，分子离子峰经常难以出现。采用场解吸质谱（FDMS），可得到较强的离子峰，用于测定强心苷类的分子量和糖的连接顺序。

## 习　　题

1. 选择题

（1）提取强心苷通常用的溶剂是（　　）

a. 热水　　b. 碱水　　c. 50%～60%乙醇　　d. 70%～80%乙醇

（2）不同的甾体皂元与浓 $H_2SO_4$ 作用后，均出现的吸收峰波长是（　　）

a. 220～240nm　　b. 270～275nm　　c. 300～360nm　　d. 370～400nm

（3）作用于五元不饱和内酯环的反应是（　　）

a. Liebermann-Burchard 反应　　b. Keller-Kiliani 反应　　c. Kedde 反应　　d. Saikowski 反应

（4）除以下哪种物质之外，都可能为强心苷碱水解的结果（　　）

a. 除去 α-去氧糖　　b. 酰基水解　　c. 苷元异构化　　d. 内酯环开裂

（5）红外光谱可用于鉴定甾体皂苷元结构中的（　　）

a. C═O 位置　　b. OH 位置　　c. F 环 $C_{25}$-$CH_3$ 构型　　d. 双键位置

2. 写出下列化合物的学名：

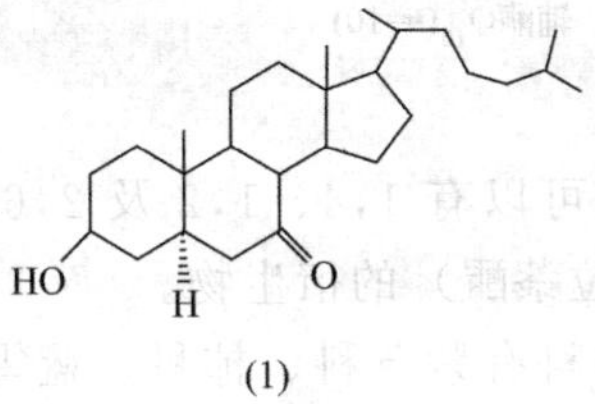

(1)

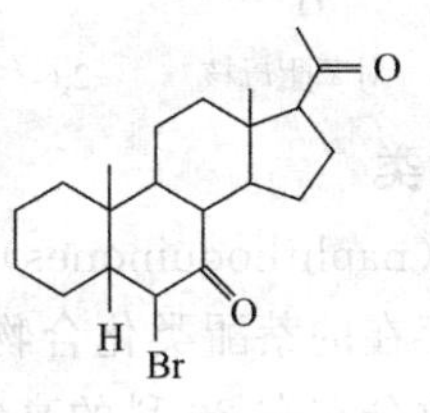

(2)

3. 为什么用常法酸水解皂苷有时得不到真正的苷元？如何才能得到真正的皂苷元？并说明其简单原理。

4. 试将胆甾醇转变成：

（1）5α-胆甾-3-酮；　　（2）5α-胆甾-3β,6α-二醇。

5. 用简单化学方法区别胆甾醇、胆酸、雌二醇、睾丸酮和孕甾酮。

6. 甲型强心苷和乙型强心苷元的紫外吸收光谱在何处呈最大吸收？

7. 某中药材中含有亲脂性强心苷和弱脂性强心苷，另外还有叶绿素、鞣质等成分，如何分离得到两部分原生强心苷？

# 第8章　醌类化合物

## 8.1　概述

醌类化合物（quinones）是天然产物中一类比较重要的活性成分，是指分子内具有不饱和环二酮结构（醌式结构）或容易转变成这样结构的天然有机化合物，包括苯醌、萘醌、菲醌和蒽醌等，它们都具有一定的生理活性。

### 8.1.1　苯醌类

苯醌类（benzoquinones）化合物从结构上可分为对苯醌和邻苯醌两大类，邻苯醌结构不稳定，故天然存在的苯醌类多为对苯醌衍生物，常见的取代基有—OH、—$OCH_3$、—$CH_3$或其他烃基侧链。

苯醌类化合物存在于27科高等植物中，在低等植物棕色海藻中也发现苯醌类化合物。天然苯醌类化合物多为黄色或橙色的结晶体，如存在于中药风眼草果实中的2,6-二甲氧基对苯醌，为黄色结晶，具有较强的抗菌作用；存在于生物界的泛醌类（ubiquinones）能参与生物体内的氧化还原过程，是生物氧化反应的一类辅酶，称为辅酶Q类（coenzymes Q），其中辅酶$Q_{10}$（$n$=10）已用于治疗心脏病、高血压及癌症。

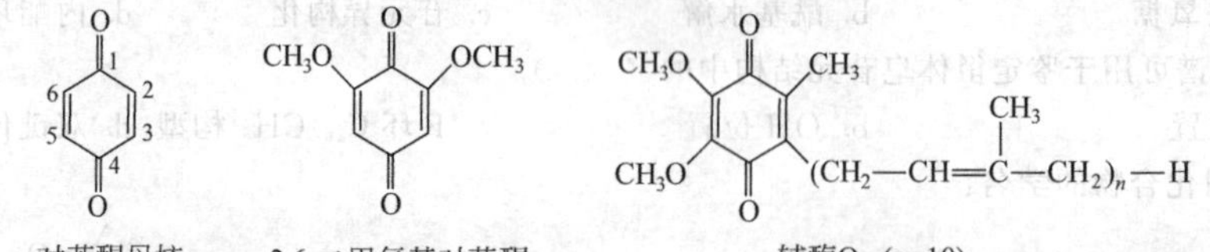

对苯醌母核　　2,6-二甲氧基对苯醌　　辅酶$Q_{10}$($n$=10)

### 8.1.2　萘醌类

萘醌类（naphthoquinones）化合物从结构上考虑可以有1,4、1,2及2,6-萘醌三种类型。但天然存在的萘醌类化合物多为1,4-萘醌（即对位萘醌）的衍生物。

萘醌大致分布在20科的高等植物中，含量较高的科有紫草科、柿科、蓝雪科、紫葳科等。在低等植物地衣类、藻类中也有分布。许多萘醌类化合物具有显著的生物活性。如胡桃叶及其未成熟的果实中均含有胡桃醌，为橙色针状结晶，具有抗菌、抗癌及中枢神经镇静作用；茅膏菜和白雪花中的蓝雪醌（又名矶松素）为橙色结晶，有抗菌、止咳及祛痰作用；从中药紫草及软紫草中分得的一系列紫草素及异紫草素类衍生物具有止血、抗炎、抗菌、抗病毒及抗癌作用，为中药紫草中的主要有效成分。

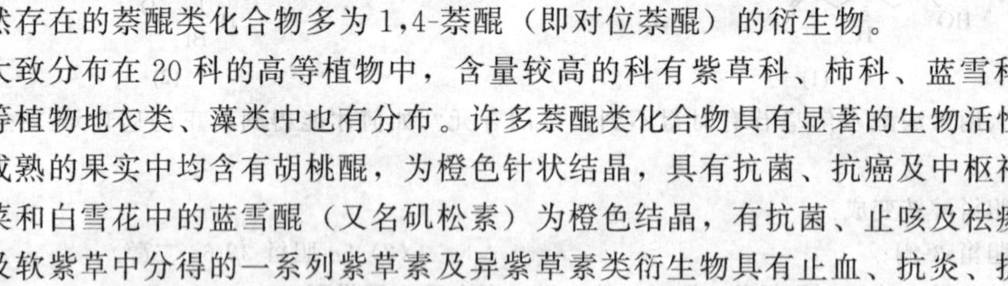

萘醌　　胡桃醌　　蓝雪醌　　紫草素　R=┈┈OH　异紫草素　R=━OH

### 8.1.3　菲醌类

天然的菲醌（phenanthraquinone）衍生物包括邻菲醌及对菲醌两种类型，基本结构如下：

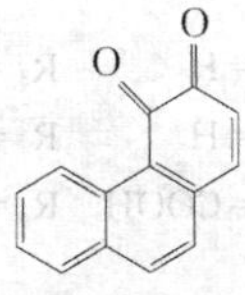

邻菲醌（Ⅰ）

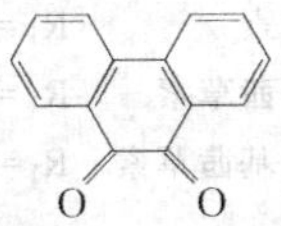

邻菲醌（Ⅱ）

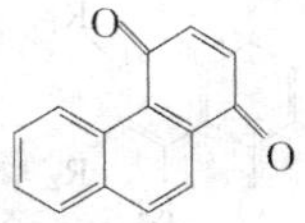

对菲醌

含菲醌类的植物分布在唇形科、兰科、豆科、番荔枝科、使君子科、蓼科、杉科等高等植物中，在地衣中也有分离得到。如从中药丹参根中提取得到的多种菲醌衍生物，均属于邻菲醌类和对菲醌类化合物。丹参醌类成分具有抗菌及扩张冠状动脉的作用，由丹参醌Ⅱ$_A$制得的丹参醌Ⅱ$_A$磺酸钠注射液可增加冠脉流量，临床上治疗冠心病、心肌梗死有效。

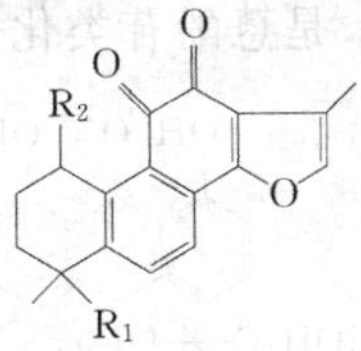

| | | |
|---|---|---|
| 丹参醌Ⅱ$_A$ | $R_1=CH_3$ | $R_2=H$ |
| 丹参醌Ⅱ$_B$ | $R_1=CH_2OH$ | $R_2=H$ |
| 羟基丹参醌Ⅱ$_A$ | $R_1=CH_3$ | $R_2=OH$ |
| 丹参酸甲酯 | $R_1=COOCH_3$ | $R_2=H$ |

### 8.1.4 蒽醌类

蒽醌类（anthraquinones）成分包括蒽醌衍生物及不同还原程度的蒽衍生物，如氧化蒽酚、蒽酚、蒽酮及蒽酮的二聚物等。天然蒽醌以9,10-蒽醌最为常见，比较稳定。蒽醌类化合物大致分布在30余科的高等植物中，含量较多的有蓼科、鼠李科、茜草科、豆科、百合科、玄参科等，在地衣类和真菌中也有发现。

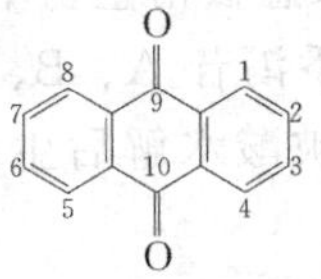

1、4、5、8位为$\alpha$位；
2、3、6、7位为$\beta$位；
9、10为中位（*meso*位）

蒽醌

多数蒽醌的母核上有不同数目的羟基取代，其中以二元羟基蒽醌为多。在$\beta$位多有—$CH_3$、—$CH_2OH$、—CHO、—COOH等基团取代，个别蒽醌化合物还有两个以上碳原子的侧链取代。

（1）蒽醌衍生物

蒽醌的结构类型有一定的规律性。根据羟基在母核上的位置，可将羟基蒽醌衍生物分为两类。

① 大黄素型　这种类型的蒽醌其羟基分布在两侧苯环上，多呈棕黄色。许多重要的中药如大黄、决明子等含有致泻作用的1,8-二羟基蒽醌衍生物均属于这一类型，以下五种大黄素型羟基蒽醌在中药中分布比较广泛。

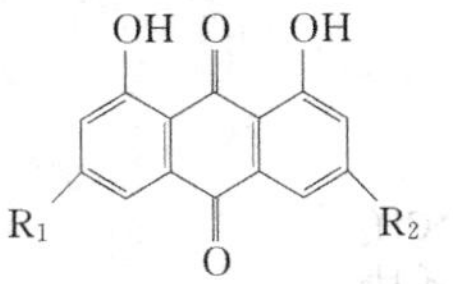

| | | |
|---|---|---|
| 大黄酚 | $R_1=CH_3$ | $R_2=H$ |
| 大黄素 | $R_1=CH_3$ | $R_2=OH$ |
| 大黄素甲醚 | $R_1=CH_3$ | $R_2=OCH_3$ |
| 芦荟大黄素 | $R_1=H$ | $R_2=CH_2OH$ |
| 大黄酸 | $R_1=H$ | $R_2=COOH$ |

羟基蒽醌衍生物多与葡萄糖、鼠李糖结合成苷而存在，有单糖苷，也有双糖苷，如大黄酚-8-*O*-$\beta$-D-葡萄糖苷、大黄素-8-*O*-$\beta$-D-龙胆双糖苷、大黄酸-8-*O*-$\beta$-D-葡萄糖苷等。

② 茜素型　分子中的羟基分布在一侧的苯环上，颜色为橙黄至橙红。例如中药茜草中

的茜草素（alizarin）及其苷类等，它们除药用外，还是重要的天然染料。

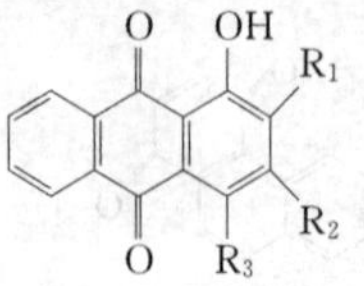


| | | | |
|---|---|---|---|
| 茜草素 | $R_1=OH$ | $R_2=H$ | $R_3=H$ |
| 羟基茜草素 | $R_1=OH$ | $R_2=H$ | $R_3=OH$ |
| 伪羟基茜草素 | $R_1=OH$ | $R_2=COOH$ | $R_3=OH$ |

（2）蒽酚（或蒽酮）衍生物

蒽醌在酸性条件下被还原，生成蒽酚及其互变异构体蒽酮。

蒽酚类衍生物也以游离苷元和结合成苷两种形式存在。*meso*-位上的羟基与糖结合的苷，其性质比较稳定，只有经过水解除去糖以后才易被氧化。

羟基蒽酚类对霉菌有较强的杀灭作用，是治疗皮肤病有效的外用药，如柯桠素（chrysarobin）治疗疥癣等症，效果较好。如芦荟中的芦荟苷，是蒽酚苷类化合物。

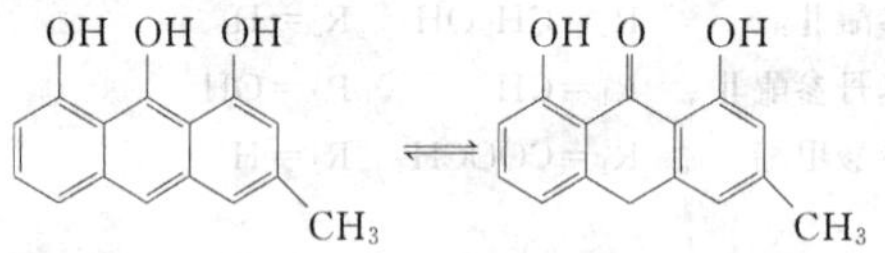


柯桠素

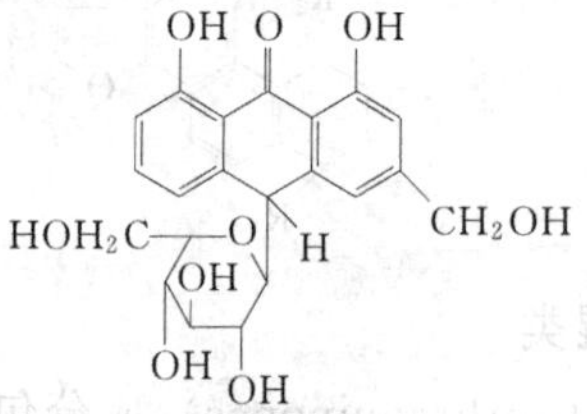


芦荟苷

（3）二蒽酮类衍生物

二蒽酮类成分可以看成是两分子的蒽酮通过蒽环中位碳原于相互结合而成的衍生物，有的还可能在连接后再发生脱氢氧化而成。在这些双蒽核衍生物中比较常见而重要的是二蒽酮衍生物类，例如大黄及番泻叶中致泻的主要成分番泻苷 A、B、C、D 等皆为二蒽酮类衍生物。番泻苷 A（sennoside A）是黄色片状结晶，被酸水解后生成两分子葡萄糖和一分子番泻苷元 A（sennidin A）。

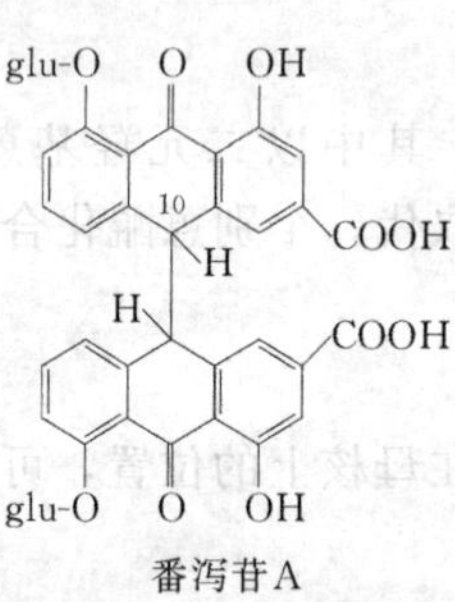


番泻苷A

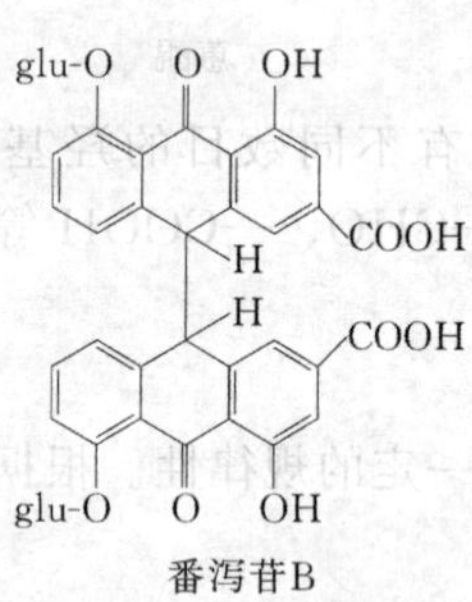


番泻苷B

二蒽酮衍生物除 $C_{10}$-$C_{10'}$ 的结合方式外，尚有其他形式。如金丝桃素（hypericin）为萘并二蒽酮类衍生物。存在于金丝桃属某些植物中，具有抑制中枢神经的作用。近年研究发现金丝桃素具有抗 HIV 病毒活性的作用。

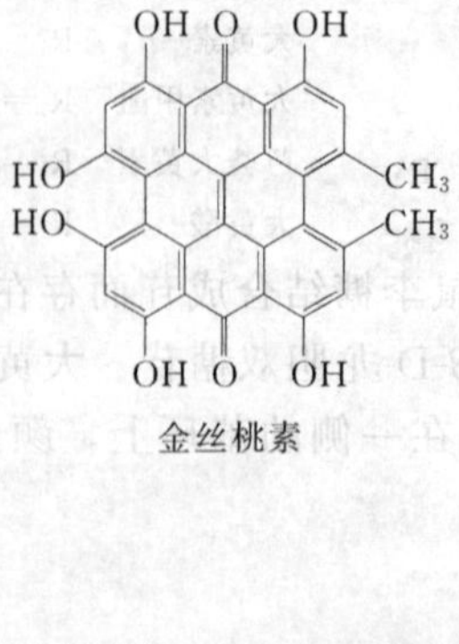


金丝桃素

## 8.2 醌类化合物的性质

### 8.2.1 一般性质

醌类化合物多为黄色至橙色的固体，取代的助色团如酚羟基等越多，颜色也就越深。游离的醌类化合物一般具有升华性。小分子的苯醌类及萘醌类还具有挥发性，能随水蒸气蒸馏，可据此进行分离和纯化工作。

游离醌类苷元极性较小，一般溶于乙醇、乙醚、苯、氯仿等有机溶剂，基本上不溶于水。与糖结合成苷后极性显著增大，易溶于甲醇、乙醇中，在热水中也可溶解，但在冷水中溶解度大大降低，几乎不溶于苯、乙醚、氯仿等极性较小的有机溶剂中。

### 8.2.2 酸性

醌类化合物多具有酚羟基，故具有一定的酸性。在碱性水溶液中成盐溶解，加酸酸化后游离又可重新沉淀析出。酸性强弱与分子中是否存在羧基以及酚羟基的数目和位置等有很大关系。以游离蒽醌类衍生物为例，酸性强弱按下列顺序排列：

含 COOH 者＞含 2 个以上 $\beta$-OH 者＞含 1 个 $\beta$-OH 者＞含 2 个以上 $\alpha$-OH 者＞含 1 个 $\alpha$-OH 者

醌类化合物酸性强弱的不同，可用于提取分离过程，称为梯度 pH 萃取法。例如用碱性强弱不同的水溶液（5%$NaHCO_3$、5% $Na_2CO_3$、1%NaOH、5%NaOH）溶液顺次抽提，则酸性较强的化合物（带 COOH 或两个以上 $\beta$-酚羟基）能被碳酸氢钠溶液提出；酸性较弱的化合物（带一个 $\beta$-酚羟基）能溶于碳酸钠溶液中；酸性更弱的醌类化合物（含两个或两个以上 $\alpha$-酚羟基）则能溶于 1%NaOH 溶液中；酸性最弱的醌类成分（只有一个 $\alpha$-酚羟基者）只能溶于碱性更强的 5%NaOH 水溶液中。

### 8.2.3 呈色反应

醌类化合物的呈色反应如下。

(1) 碱性条件下的呈色反应

羟基醌类在碱性溶液中发生颜色改变，会使颜色加深。多呈橙、红、紫红色及蓝色。例如羟基蒽醌类化合物遇碱显红～紫红色的反应称为 Bornträger's 反应，该显色反应与形成共轭体系的酚羟基和羰基有关。用本反应检查天然药物中是否含有蒽醌类成分时，可取中草药粉末约 0.1g，加 10%$H_2SO_4$ 水溶液 5mL，置水浴上加热 2～10min。放冷后，加 2mL 乙醚振摇，静置后分出醚层溶液，加入 1mL5%NaOH 水溶液，振摇，如有羟基蒽醌存在，则醚层应由黄色褪为无色，而水层显红色。

(2) 无色亚甲蓝显色反应

无色亚甲蓝（leucomethylene blue）溶液用于 PPC 和 TLC 作为喷雾剂，是检出苯醌类及萘醌类的专用显色剂。试样在白色背景上作为蓝色斑点出现，可借此与蒽醌类化合物相区别。

无色亚甲蓝溶液可按下法配制：取 100mg 亚甲蓝溶于 100mL 乙醇中。加入 1mL 冰醋酸及 1g 锌粉，缓缓振摇直至蓝色消失，即可备用。试样最低检出限约为 1 $\mu$g/mL。

(3) 与金属离子的反应

在蒽醌类化合物中，如果有 $\alpha$-酚羟基或邻位二酚羟基结构时，则可与 $Mg^{2+}$、$Pb^{2+}$ 等金属离子形成配合物。

以乙酸镁为例：羟基蒽醌与 0.5%乙酸镁的甲醇或乙醇溶液可产生稳定的橙红色、紫红色或紫色的络合物。反应很灵敏，产生的颜色随分子中羟基的位置而异，可借此识别羟基在蒽醌环上的位置。试验时可将样品溶液滴于滤纸上，干燥后喷 0.5%乙酸镁的甲醇溶液，并于 90℃加热 5min 即可显色。

(4) 对亚硝基二甲基苯胺反应

羟基蒽醌类化合物，尤其是 1,8-二羟蒽酮衍生物，当 9 位或 10 位未取代时，能与 0.1%的对亚硝基二甲苯胺的吡啶溶液反应而呈色。该反应不受黄酮类、香豆素、糖类及酚类化合物的干扰。

## 8.3 醌类化合物的提取分离

醌类化合物结构不同，其物理性质和化学性质相差较大，而且以游离苷元以及与糖结合成苷两种形式存在于植物体中，特别是在极性及溶解度方面差别很大，没有通用的提取分离方法。

### 8.3.1 醌类化合物的提取

(1) 水蒸气蒸馏法

适用于分子量小的苯醌及萘醌类化合物。由于具有挥发性可随水蒸气蒸馏出来，故可以用此法进行提取。例如白雪花中蓝雪醌（萘醌类）的提取，是将白雪花粗粉加水浸泡，然后进行水蒸气蒸馏，馏出液放置后即有结晶析出，抽滤，用甲醇重结晶即得蓝雪醌。

(2) 有机溶剂提取法

游离蒽醌类成分常用不同极性的溶剂顺次进行分级提取，并可得到初步的分离。但羟基蒽醌在石油醚、苯、乙醚及氯仿中的溶解度并不大，在石油醚中更低，所以提取时需花较长时间连续进行。提取液再进行浓缩，有时在浓缩过程中即可析出结晶。

(3) 碱提取-酸沉淀法

用于提取带游离酚羟基的醌类化合物。酚羟基与碱成盐而溶于碱水溶液中，酸化后酚羟基被游离而沉淀析出。

(4) 其他方法

提取蒽醌苷类一般选用乙醇或甲醇做溶剂，此时亦可同时提出游离蒽醌类，故回收溶剂后可得到总蒽醌。若用水为溶剂提取蒽苷类，应注意酶、酸和碱的作用，避免结构发生改变。若要提取还原型蒽衍生物（如蒽酮），则需注意避免被氧化，尤其避免有碱存在，因在碱性介质中更易发生氧化反应，故提取时最好在惰性气流下操作，所用药材也以新鲜为好。

近年来超临界流体萃取法和超声波提取法在醌类成分提取中也有应用，既提高了提出率，又避免醌类成分的分解。

### 8.3.2 醌类化合物的分离

(1) 游离醌类化合物的分离

采用上述几种方法提取的游离醌类化合物，常常是多种性质相近的醌类混合物，还需要进一步分离，一般可采用溶剂分步结晶法、梯度 pH 萃取法和色谱法。对于结构极性差别大的蒽醌混合物，可利用不同极性的溶剂分别萃取分离。

梯度 pH 萃取法是分离游离蒽衍生物的经典方法，也是最常用的手段。根据蒽醌的 $\alpha$ 位及 $\beta$ 位羟基酸性差异及羧基的有无，利用不同碱性的水溶液，从有机溶剂中将此类蒽醌混合物逐一提取分离，使混合物得到一定程度的分离，但对性质相似，酸性差别不大的羟基蒽醌混合物的分离则存在着局限性。此法对水溶性的蒽醌苷类不适用。

羟基蒽酮类化合物，因在稀碱液中较相应的蒽醌难溶，故蒽衍生物的苯提取液用稀氢氧化钾液萃取时（应避免氧化），则可分出蒽醌，而使蒽酮类留在苯液中。

色谱法对蒽衍生物的分离效果好，一般都先用经典方法对蒽衍生物进行初步分离后，再结合柱色谱或制备性薄层色谱作进一步的分离，游离蒽衍生物多用吸附柱色谱，但羟基蒽醌能与氧化铝形成牢固的络合物难以洗脱，故一般选用硅胶、磷酸氢钙、聚酰胺等为吸附剂。一般而言，酸性强的蒽衍生物被吸附的性能也强，羟基蒽醌类比羟基蒽酚类容易被吸附。某些蒽衍生物由于酸性相近，被吸附的程度也很相似，用柱色谱较难完全分离，此时可将混合物进行乙酰化，使其转化为乙酸酯后再进行色谱分离。

(2) 蒽醌苷类与游离蒽醌衍生物的分离

蒽醌苷类与蒽醌衍生物苷元的极性差别较大，故在有机溶剂中的溶解度不同。将含有蒽醌衍生物的乙醇提取液浓缩后，用与水不相混溶的有机溶剂反复萃取，游离蒽醌将转溶于有机溶剂中，蒽醌苷类仍留于水溶液。常用的有机溶剂有氯仿、乙醚、苯等，但某些苷类也可溶于含水乙醚中应当引起注意。也可以将上述浓缩液减压蒸干，置回流提取器中，用氯仿等有机溶剂提取游离蒽衍生物，此时蒽苷将留在残渣内。

(3) 蒽醌苷类的分离

蒽醌苷类因其分子中含有糖，故极性较大，水溶性较强，分离较苷元困难，一般不易得到纯品，需要结合吸附或分配柱色谱进行分离。但在色谱之前，往往采用溶剂法或铅盐法处理粗提物，除去大部分杂质，制得较纯的总苷后再进行色谱分离。用溶剂法除杂质，是用中等极性的有机溶剂如乙酸乙酯、正丁醇等，自除去游离蒽衍生物的溶液中将蒽苷萃取出来，再作进一步的分离，如虎杖中蒽苷的分离，将其浸膏的水溶液用氯仿回流，溶出大黄素等游离蒽醌，残余的水溶液用乙酸乙酯萃取，即得到大黄素苷的棕色粉末。用铅盐法除杂质，通常是在除去游离蒽醌衍生物的水溶液中加入醋酸铅溶液，使之与蒽醌苷类结合生成沉淀。滤过后沉淀用水洗净，再将沉淀悬浮于水中，按常法通入硫化氢气体使沉淀分解，释放出蒽醌苷类并溶于水中，滤去硫化铅沉淀，水溶液浓缩，即可进行色谱分离。

色谱法为分离蒽醌苷类化合物最有效的方法，常用的柱色谱填料有聚酰胺、硅胶及葡聚糖凝胶等，有效结合各种色谱方法，一般都能获得满意的分离效果。随着高效液相色谱和制备型中、低压液相色谱的应用，使蒽醌苷类化合物得到更有效分离。近年来高速逆流色谱，毛细管电泳也已广泛地应用于蒽醌苷类的分离。

应用聚酰胺为吸附剂的色谱法，对羟基蒽衍生物的分离效果良好。应用葡聚糖凝胶柱色谱分离蒽醌苷类成分主要依据分子大小的不同，如大黄蒽苷类的分离：将大黄的 70%甲醇提取液加到凝胶柱上，并用 70%甲醇洗脱，分段收集，依次先后得到二蒽酮苷（番泻苷 B、A、D、C），蒽醌二葡萄糖苷（大黄酸、芦荟大黄素，大黄酚的二葡萄糖苷）、蒽醌单糖苷（芦荟大黄素、大黄素、大黄素甲醚及大黄酚的葡萄糖苷）、游离苷元（大黄酸、大黄酚、大黄素甲醚、芦荟大黄素及大黄素）。当然，上述这些化合物是以分子量由大到小的顺序流出色谱柱的。

大黄中 5 种游离苷元可用薄层色谱检识。展开剂：石油醚（30～60℃）-甲酸乙酯-甲酸（15∶5∶1）或正己烷-乙酸乙酯-甲酸（30∶10∶0.5）。显色：置紫外灯（365nm）下检视，再置氨蒸气中熏数分钟后，于日光下检视。

## 8.4 醌类化合物的结构测定

醌类化合物的结构测定是一个难点，结构分析时，一般先通过显色反应确定属于醌类成分后，再分析紫外光谱、红外光谱、核磁共振谱和质谱。

### 8.4.1 紫外光谱

醌类化合物由于存在较长的共轭体系在紫外区域均出现较强的紫外吸收。苯醌类的主要吸收峰有三个：240nm、285nm、400nm。萘醌主要有四个吸收峰：245nm、251nm、257nm、335nm。当分子中有—OH，—OMe等助色团时，可引起分子中相应的吸收峰向红位移。

羟基蒽醌衍生物有五个吸收峰，分别由苯样结构及醌样结构引起，由第Ⅰ峰确定酚OH的数量，当蒽醌母核上带有1个、2个、3个、4个酚OH时，第Ⅰ峰分别出现在222.5nm、225nm、(230±2.5) nm、236nm；由第Ⅲ峰（262～295nm）的吸收强度lgε值确定有无$\beta$酚羟基，若lgε>4.1，说明有$\beta$酚羟基；若lgε<4.1，则说明无$\beta$酚羟基；第Ⅴ峰的峰位受$\alpha$酚羟基的影响，有一个$\alpha$酚羟基，第Ⅴ峰在400～420nm，有两个$\alpha$酚羟基，第Ⅴ峰的峰位受羟基位置的影响，规律为：1,5-二羟基在418～440nm、1,8-二羟基在430～450nm、1,4二羟基在470～500nm，以此可确定$\alpha$酚羟基的数目。

### 8.4.2 红外光谱

醌类化合物的红外光谱的主要特征是羰基吸收峰以及双键和苯环的吸收峰。羟基蒽醌类化合物在红外区域有$\upsilon_{C=O}$（1675～1653cm$^{-1}$）、$\upsilon_{OH}$（3600～3130cm$^{-1}$）及$\upsilon_{芳环}$（1600～1480cm$^{-1}$）的吸收。其中$\upsilon_{C=O}$吸收峰位与分子中$\alpha$-酚羟基的数目及位置有较强的规律性，对推测结构中$\alpha$-酚羟基的取代情况有重要的参考价值。如有两个羰基峰，一个在较低波数，则两个羰基的化学环境不同，其一必然是与$\alpha$-羟基形成了氢键，故推测有$\alpha$-羟基，当两峰相差24～38cm$^{-1}$时，可确定只含一个$\alpha$-羟基，当两峰相差40～57cm$^{-1}$时，则认为是含1,8-二羟基的蒽醌；若只含一个羰基峰，则有两种情况：一种是有数个$\alpha$-羟基，分别与两个羰基形成氢键；另一种是没有$\alpha$-羟基，后者的峰位在1675cm$^{-1}$较高波数区。

### 8.4.3 核磁共振谱

(1) 醌类化合物的$^{1}$H-NMR谱

在醌类化合物中，只有苯醌及萘醌在醌环上有质子，在无取代时化学位移$\delta$值分别为6.72 (s)（对苯醌）及6.95 (s)（1,4-萘醌）。

蒽醌母核共有8个芳氢，可分为$\alpha$-及$\beta$-两类，呈$A_2B_2$系统，$\alpha$-芳氢处于羰基的负屏蔽区，受羰基影响大，处于较低磁场，峰中心在$\delta$ 8.07左右；而$\beta$-芳氢受羰基影响较小，共振发生在较高磁场，峰中心位置在$\delta$ 6.67左右。

在取代蒽醌中，如有孤立芳氢，则氢谱中应出现单峰，如有相邻芳氢，则出现相互邻偶的两个重峰（$J_{邻}$=6～9Hz），如有间位二芳氢，则为远程偶合（$J_{间}$=0.8～3.1Hz）的二重峰，若两个间位芳氢之间有甲基取代，则为丙烯偶合，两个芳氢表现为两个宽单峰。

(2) 醌类化合物的$^{13}$C-NMR谱

$^{13}$C-NMR作为一种结构测试的常规技术已广泛用于醌类化合物的结构研究。常见的$^{13}$C-NMR谱以碳信号的化学位移为主要参数，通过测定大量数据，已经积累了一些较成熟的经验规律。下面分别是1,4-萘醌类化合物和9,10-蒽醌类化合物的$^{13}$C-NMR谱，当环上有取代基时，母核各碳信号化学位移值会呈现规律性的位移。

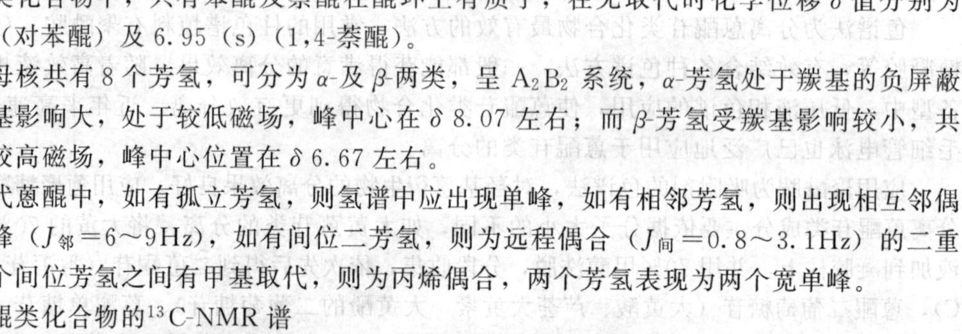

### 8.4.4 质谱

对所有游离醌类化合物，其 MS 的共同特征是分子离子峰通常为基峰，裂解时均相继失去 1～2 个分子 CO，形成较强的碎片离子峰。

对苯醌、1,4-萘醌、9,10-蒽醌类化合物的裂解过程如下：

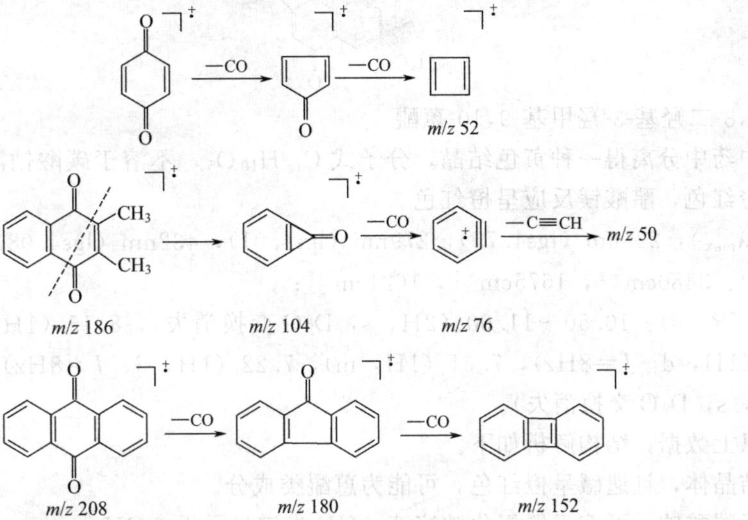


蒽醌衍生物与蒽醌母核的裂解过程相似，羟基蒽醌可以连续失去多个 CO，例如单羟基蒽醌与双羟基蒽醌可分别失去三个 CO 和四个 CO 分子，而具有 $m/z$ 140 和 $m/z$ 128 的强峰。

但要注意，蒽醌苷类化合物用常规电子轰击质谱得不到分子离子峰，其基峰一般为苷元离子，需用场解吸质谱（FD-MS）或快原子轰击质谱（FAB-MS）才能出现准分子离子峰，以获得分子量的信息。

### 8.4.5 醌类化合物的结构解析实例

（1）3-甲氧基-7-甲基胡桃醌

从柿子中分得一种橙红色针晶，不溶于碳酸钠，可溶于氢氧化钠溶液并呈橙红色。

FIR-MS：分子离子峰（$M^+$）的质量数为 218.057；

UV（$\lambda_{max}$）：249nm，290nm，420nm；

IR（$\upsilon$）：3430cm$^{-1}$，1655cm$^{-1}$，1638cm$^{-1}$；

$^1$H-NMR（$\delta$）：11.80（1H，s），7.10（1H，d，$J=1.5$Hz），7.50（1H，d，$J=1.5$Hz），7.01（1H，s），3.96（3H，s），2.46（3H，s）。

通过上述光谱数据，其结构推导过程如下。

该化合物的高分辨质谱（FIR-MS）给出分子离子峰（$M^+$）的质量数为 218.057，表明分子式为 $C_{12}H_{10}O_4$。其 UV 光谱吸收带 $\lambda_{max}$/nm：249，290，420，IR 光谱中有 2 个羰基吸收峰 1655cm$^{-1}$，1638cm$^{-1}$及苯环特征吸收峰，具有萘醌类化合物的特征相符，表明为萘醌衍生物。

UV 中的 $\lambda_{max}$ 为 420nm 吸收带，IR 中出现 $\upsilon$ 为 1655cm$^{-1}$和 1638cm$^{-1}$的两个羰基吸收峰，和$^1$H-NMR 中 $\delta$11.80（1H，s）均说明为苯环上带有酚羟基且处于 $\alpha$ 位，UV 中的 $\lambda_{max}$ 为 290nm 吸收带显示醌环上还存在强给电子作用取代基。$^1$H-NMR 中 $\delta$7.10（1H，d，$J=1.5$Hz）和 $\delta$7.50（1H，d，$J=1.5$Hz）为芳环上处于间位两个质子信号，$\delta$2.46（3H，s）为甲基受到苯环去屏蔽作用信号，以上三种氢信号说明在苯环上 $\alpha$-酚羟基的间位有甲基取

代。[1] H-NMR 中 δ3.96（3H，s）为醌环上的起强给电子作用的取代基甲氧基，通过制备其甲基化衍生物的方法，与已知化合物标准图谱比较，确定甲氧基连接在3位上，综上所述，该化合物结构定为3-甲氧基-7-甲基胡桃醌。

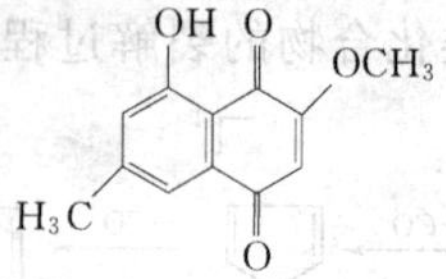


（2）1,8-二羟基-3-羟甲基-9,10-蒽醌

自某中药中分离得一种黄色结晶，分子式 $C_{15}H_{10}O_5$，不溶于碳酸钠溶液，溶于氢氧化钠溶液呈橙红色，醋酸镁反应呈橙红色。

UV（$\lambda_{max}$）：225nm（lgε4.75），279nm（lgε4.01），432nm（lgε4.08）；

IR（υ）：3480cm$^{-1}$，1675cm$^{-1}$，1621cm$^{-1}$；

$^1$H-NMR（δ）：10.50～11.00（2H，s，$D_2O$ 交换消失），8.15（1H，s），7.25（1H，s），7.75（1H，d，$J$=8Hz），7.61（1H，m），7.22（1H，d，$J$=8Hz），4.55（2H，s），5.60（1H，s，$D_2O$ 交换消失）。

根据以上数据，结构解析如下。

黄色结晶体，且遇碱呈橙红色，可能为蒽醌类成分。

不溶于碳酸钠，可溶于氢氧化钠溶液，UV 光谱显示无 β-OH。

IR 示 1,8-二羟基取代。

$^1$H-NMR 显示 1 侧的苯环上有邻三氢存在，即一侧苯环为单取代，另一侧苯环有间位氢存在，取代基有—$CH_2OH$ 存在。

$^1$H-NMR 质子信号归属如下：10.50～11.00 为 1,8 位 OH，8.15（1H，s）为 4 位 H，7.25（1H，s）为 2 位 H，7.75（1H，d，$J$=8Hz）为 5 位 H，7.61（1H，m）为 6 位 H，7.22（1H，d，$J$=8Hz）为 7 位 H，4.55（2H，s）为 $CH_2OH$ 上 $CH_2$，5.60 为 $CH_2OH$ 上 OH。

综合以上分析结果，推断该化合物结构为 1,8-二羟基-3-羟甲基-9,10-蒽醌。

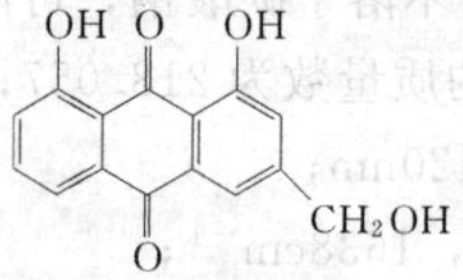


## 8.5 代表性含醌类天然产物

### 8.5.1 大黄

大黄属蓼科植物掌叶大黄（*Rheum Palmatum* L.），唐古特大黄（*Rheum tanguticum* Maximet Balf.）和药用大黄（*Rheum Officinale* Baill.）的干燥根及根茎，具有通里攻下，清热解毒，活血化瘀等药效。

大黄中的化学成分有蒽苷、芪苷、鞣苷等，其中以蒽醌成分为主。大黄中的化学成分随品种不同而有差异，羟基蒽醌衍生物总量约为 2%～5%，其中游离羟基蒽醌的含量较少，一般占总量的 1/10 至 1/5，包括大黄酚、大黄素、芦荟大黄素、大黄酸和大黄素甲醚。

大黄中的羟基蒽醌衍生物主要以苷类存在，大黄中的五种游离蒽醌均可与葡萄糖结合成苷。蒽醌苷中糖的部分多结合在苷元 $C_8$ 或 $C_1$ 位上，也有结合在其他位置上的，如大黄素-

6-葡萄糖苷、芦荟大黄素-ω-*O*-β-D-葡萄糖苷。

大黄中还存在着三种双葡萄糖苷，分别是大黄酚、芦荟大黄素和大黄酸的衍生物，此外还从药用大黄中分离到大黄素甲醚-8-*O*-β-D-龙胆双糖苷。

大黄中的二蒽酮衍生物多以苷的形式存在，番泻苷的含量约占0.87%，番泻苷A、C、E的含量比番泻苷B、D、F多，其中以番泻苷A含量最多。由新鲜大黄中还曾分离出游离的番泻苷元C和大黄二蒽酮B和C。

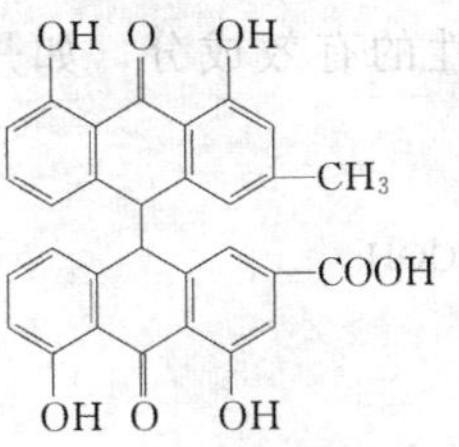

大黄二蒽酮B

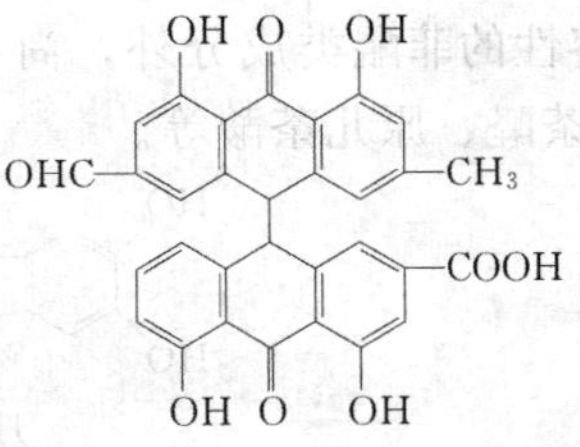

大黄二蒽酮C

大黄中蒽醌衍生物的种类、存在形式、含量与品种、采集时间及储存时间均有关系，如新鲜大黄中含有还原状态的蒽酚及蒽酮较多，在储存过程中逐渐氧化为蒽醌。

此外，大黄中还含有痕量（或少量）的土大黄苷及其苷元土大黄苷元，在结构上为二苯乙烯的衍生物，属于芪类。劣等大黄中土大黄苷的含量高，因此通常认为含有土大黄苷的大黄质量较次，在不少国家药典中规定，大黄中不得检出这一成分。

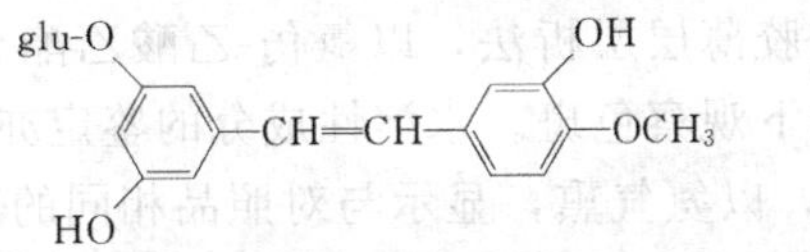

土大黄苷（3,3′,5′-三羟基-4-甲氧基-1,2-二苯基乙烯-3′-β-D-葡萄糖苷）

大黄中含有10%～30%的鞣质，主要有大黄鞣质及其相关物，如没食子酸、儿茶精和大黄四聚素。大黄鞣质具有止泻作用，与蒽苷泻下作用恰好相反。此外，大黄中还含有树脂类物质约10.4%，为蒽衍生物与树脂及没食子酸、桂皮酸的结合物。

大黄具有泻下、抗菌、解痉等多种药理作用，其游离蒽醌具有抗菌活性，而蒽苷类具有泻下作用，这是因为结合型的苷具有保护作用，可通过消化道到达大肠，再经酶或细菌分解为苷元，刺激大肠而引起肠的蠕动增加。

### 8.5.2 丹参

中药丹参为唇形科植物丹参（*Salvia maliltiorrhiza* Bge.）的干燥根及根茎。具有祛瘀止痛、活血调经、养心除烦等功效。对冠心病、心肌梗塞、肝脾肿大均有一定疗效。药理作用表明丹参对心血管系统具有多方面的作用，能增加冠脉流量，扩张周身血管，降低血压。丹参还具有抗菌作用，对中枢神经系统具有镇静和镇痛作用。

从丹参根中分出多种菲醌衍生物，其中丹参醌、隐丹参醌、丹参醌$\mathrm{II}_A$、丹参醌$\mathrm{II}_B$、丹参酸甲酯、羟基丹参醌$\mathrm{II}_A$、二氢丹参醌Ⅰ及次甲基丹参醌均为邻醌型菲醌；而丹参新醌甲、乙、丙则属于对醌型的菲醌类。

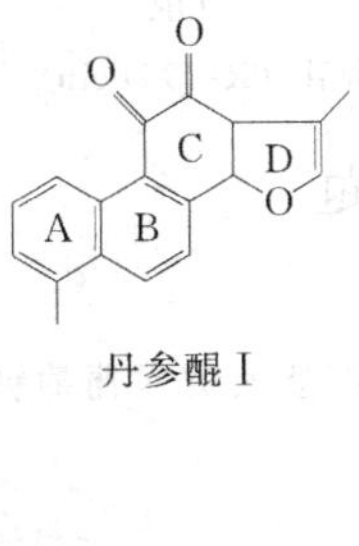

丹参醌Ⅰ

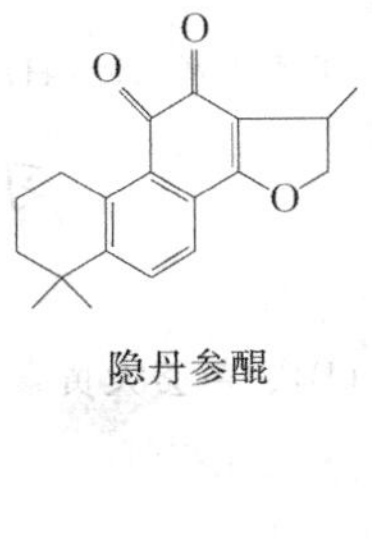

隐丹参醌

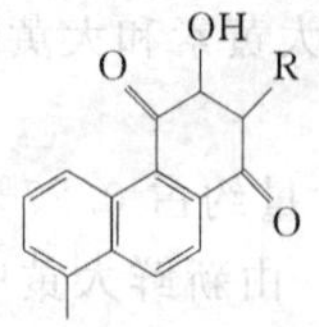

丹参新醌甲： R＝ —CH(CH₃)CH₂OH （丹参醌 A）

丹参新醌乙： R＝ —CH(CH₃)₂ （丹参醌 B）

丹参新醌丙： R＝ —$CH_3$ （丹参醌 C）

丹参除含有脂溶性的菲醌类成分外，尚含水溶性的有效成分，如丹参素［β-(3,4-二羟苯基）乳酸］、原儿茶醛、原儿茶酸等。

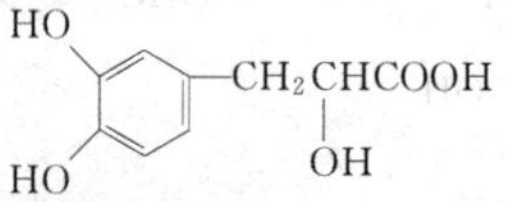

丹参素

丹参菲醌类化合物多为紫色、红色、橙色等结晶，不溶于水，溶于有机溶剂。多数为中性，但丹参新醌甲、乙、丙（丹参醌 A、B、C）因结构中含有醌环上的羟基，显酸性，可溶于碱性水溶液。

丹参菲醌类的提取分离可用乙醚为溶剂，提取液用 5% $Na_2CO_3$ 液萃取，醚层含中性成分，通过硅胶柱层析及制备薄层分离可得到丹参醌Ⅰ、$Ⅱ_A$、$Ⅱ_B$ 及隐丹参醌等。碱水层含酸性成分的盐，酸化后用乙醚萃取酸性成分，再经硅胶层析及薄层制备，得到丹参新醌甲、乙、丙。

丹参醌类的鉴定常用硅胶薄层层析法，以氯仿-乙酸乙酯（9∶1）或苯-甲醇（9∶1）为展开剂，标准品对照，日光下观察色斑。水溶性成分的鉴定亦用硅胶薄层层析法，展开剂为氯仿-丙酮-甲酸（8∶1∶1），以氨气熏，显示与对照品相同的色斑。

丹参菲醌类化合物及原儿茶酸具有抗菌作用，丹参素具有改善心功能，舒张冠脉平滑肌作用，原儿茶醛有增加冠脉流量作用。临床上有用丹参酮$Ⅱ_A$ 经磺化作用，在结构的呋喃环上引入磺酸基后再制成水溶性的钠盐供注射用，可增加冠脉血流量，改善心肌功能。

### 8.5.3 虎杖

虎杖为蓼科植物虎杖（*Polygonum cuspidatum* Sieb. et Zucc.）的干燥根茎及根。具有活血止痛、清利湿热、止咳化痰等功效。外用治疗火伤及跌打损伤，亦有泻下作用。

虎杖中含有多种游离蒽醌化合物及其苷类。游离蒽醌衍生物有大黄酚、大黄素、大黄素甲醚等，为抗菌有效成分。结合蒽醌苷含有大黄素甲醚-8-葡萄糖苷及大黄素-8-葡萄糖苷。此外虎杖中还含有白黎芦醇（resveratrol，又称芪三酚或 3,4′,5-三羟基芪），以及与葡萄糖形成的苷即白黎芦醇苷（又称虎杖苷或 3,4′,5-三羟基芪-3-β-D-葡萄糖苷），具有降血脂作用及镇咳作用。此外还含有萘醌化合物（7-乙酰基-2-甲氧基-6-甲基-8-羟基-1,4-萘醌）及酚性成分、黄酮类化合物、鞣质等。在新鲜的虎杖根中还含有少量的大黄酚蒽酮，是以蒽苷的结合形式存在的，但在生长三年以后的根中此种蒽酮，特别是结合形式的蒽酮苷则显著的减少。

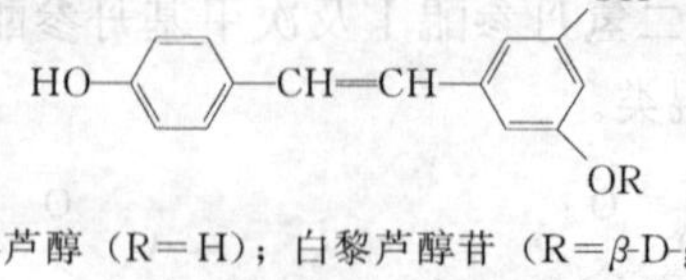

白黎芦醇（R＝H）；白黎芦醇苷（R＝β-D-glu）

## 习　题

1. 选择题

（1）大黄酚（A）、大黄素（B）、芦荟大黄素（C）和芦荟大黄素葡萄糖苷（D）四种化合物，在硅胶

TLC 上 $R_f$ 值大小顺序是（　　）

a. A>B>C>D　　b. A>C>B>D　　c. B>A>C>D　　d. D>C>A>B

（2）下列说法不正确的是（　　）

a. 碱液反应是指羟基蒽醌类化合物在碱液中显红～紫红色的反应

b. 蒽酚或蒽酮类只存在于新鲜药材中

c. 羟基蒽醌类化合物的紫外吸收谱中有四个主要吸收峰带

d. 羟基蒽醌类化合物的紫外吸收谱中的 240～260nm 峰是由其苯样结构引起的

（3）在大黄总蒽醌的提取液中，若要分离大黄酸、大黄酚、大黄素、芦荟大黄素、大黄素甲醚，采用哪种分离方法最佳（　　）

a. pH 梯度萃取法　　b. 分步结晶法

c. 碱性酸沉法　　d. pH 梯度萃取法与硅胶柱色谱结合法

（4）番泻苷 A 与 $FeCl_3$/HCl 反应生成（　　）

a. 2 分子大黄酸　　b. 2 分子大黄酸葡萄糖苷

c. 2 分子芦荟大黄素　　d. 1 分子大黄酸及 1 分子芦荟大黄素

（5）羟基蒽醌苷元混合物溶于有机溶剂中，用 5%NaOH 萃取（　　）

a. 只能萃取出酸性较弱的蒽醌

b. 只能萃取出酸性较强的蒽醌

c. 只能萃取出酸性强的蒽醌

d. 可萃取出总的羟基蒽醌混合物

2. 下列化合物中酸性最强的是______，属于苯醌类的是______，属于萘醌类的是______，属于二蒽酮类衍生物的是______。

a. 辅酶 $Q_{10}$　b. 紫草素　c. 大黄素甲醚　d. 伪羟基茜草素　e. 金丝桃素

3. 简述醌类化合物的主要呈色反应。

4. 羟基蒽醌类化合物遇碱液显红色，其原理是什么？必要条件是什么？

5. 醌类化合物的酸性大小与结构中哪些因素有关？其酸性大小有何规律？

6. 在提取分离时，为了得到原始的蒽酮（或蒽酚），应注意什么？

7. 中药虎杖中含有大黄素、大黄酚、大黄素甲醚、大黄素-8-D-葡萄糖苷、大黄素甲醚-8-D-葡萄糖苷、白藜芦醇、白藜芦醇苷等成分，试设计从虎杖中提取分离游离蒽醌的流程。

8. 从天然药物黄花中得到一种蒽醌化合物：为黄色结晶，m. p. 243～244℃，分子式为 $C_{16}H_{12}O_6$（$M^+$ 为 300）。溶于 5%氢氧化钠水溶液呈深红色，不溶于水，可溶于 5%的碳酸钠水溶液。与醋酸镁反应呈橙红色，与 $\alpha$-萘酚-浓硫酸不发生反应。主要光谱数据为：

IR（$\upsilon_{max}$，$cm^{-1}$）：3320，1655，1634；

$^1H$-NMR（$\delta$）：3.67（3H，s），4.55（2H，s），7.22（1H，d，$J$=8Hz），7.75（1H，d，$J$=8Hz），7.61（1H，m）、7.8（1H，s）。

试推测其结构式。

9. 自某中药分离得到一黄色结晶，分子式为 $C_{15}H_{10}O_5$，不溶于碳酸钠，可溶于 NaOH 呈橙红色，醋酸镁反应呈橙红色。

IR（$\upsilon_{max}$，$cm^{-1}$）：3480，1675，1621；

UV（$\lambda_{max}$）：225（log ε 4.75），279（log ε 4.01），432（log ε 4.08）；

$^1H$-NMR（$\delta$）：10.50～11.00（2H，s，$D_2O$ 交换消失），8.15（1H，s），7.25（1H，s），7.75（1H，d，$J$=8Hz），7.61（1H，m），7.22（1H，d，$J$=8Hz），4.55（2H，s），5.60（1H，s，$D_2O$ 交换消失）。

试推出其结构，解释理由，并归属质子信号。

10. 查阅文献简述虎杖苷的理化性质、提取方法和药理作用。

# 第 9 章　香豆素和木脂素

香豆素（coumarin）和木脂素（lignans）属于天然苯丙素类成分。苯丙素类是由醋酸或苯丙氨酸和酪氨酸衍生而成，后两种物质脱氨生成桂皮酸的衍生物。除香豆素和木脂素外，多数天然芳香化合物都是依这一生物合成途径而产生。

## 9.1　香豆素

香豆素是邻羟基桂皮酸的内酯。香豆素的母核为苯并 *α*-吡喃酮。香豆素类成分广泛分布于植物界，在伞形科、豆科、芸香科、茄科和菊科中分布更多。常见中药如秦皮、补骨脂、白芷、前胡、独活、茵陈、蛇床子等都含有香豆素类成分。在植物体内，它们往往以游离状态或糖结合成苷的形式存在，通常嫩枝中含量较高。香豆素类具有多方面的生活活性，如抗菌消炎、抗凝血、扩张冠状动脉、抗癌、治疗肝炎及白癜风等作用。

### 9.1.1　香豆素的分类

香豆素母核上常有各种不同的取代基，有的还可环合成环氧结构，因此常将香豆素类化合物按结构的不同而进行分类。

(1) 简单香豆素类

仅在苯核上具有取代基的香豆素，一般称为简单香豆类。这一类香豆素多数在 $C_7$ 位上有含氧基团的存在，7-羟基香豆素（伞形香豆素）可以认为是香豆素类成分的母体。在 $C_5$、$C_6$、$C_8$ 等位置上也都可能有含氧基团的存在。最常见的为羟基、甲氧基、亚甲二氧基和异戊烯基等。异戊烯基除接在氧上以外，也有直接接在苯环碳原子上的，$C_6$ 和 $C_8$ 位出现的较多。如：

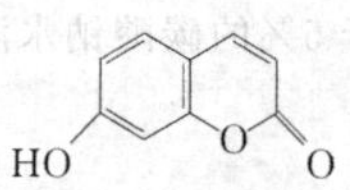

伞形香豆素

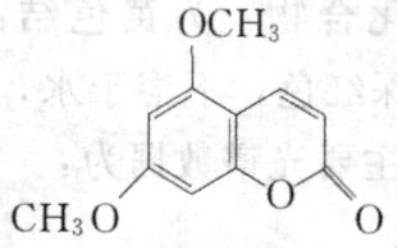

茵陈素

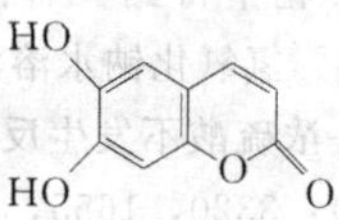

七叶内酯

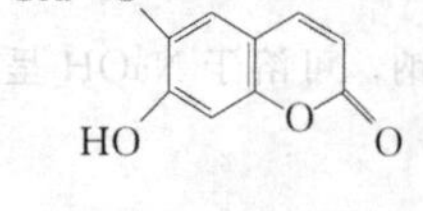

七叶苷

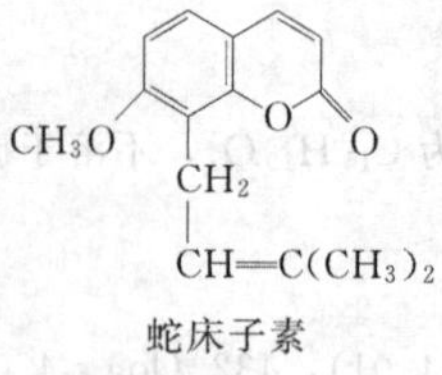

蛇床子素

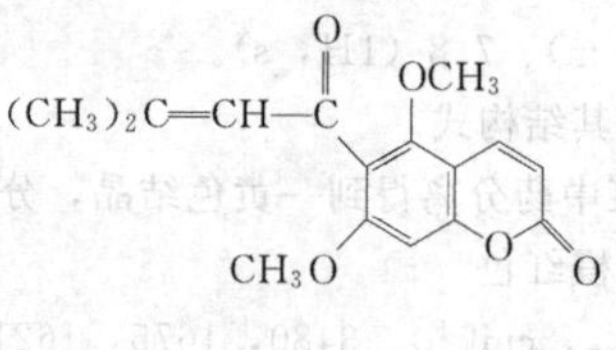

白芷内酯

(2) 呋喃香豆素类

呋喃香豆素结构中的呋喃环往往是由香豆素苯核上所存在的异戊烯基与其邻位的酚羟基环合而成，成环后有时可因降解而失去三个碳原子，呋喃香豆素又分为线型（linear）和角型（angular）两种类型。线型分子是由 $C_6$-异戊烯基与 $C_7$-羟基环合而成（即 6,7-呋喃香豆素），三个环是处于一条直线上；角型分子是由 $C_8$-异戊烯基与 $C_7$-羟基成环（即 7,8-呋喃香豆素），三个环处在一条折线上。

一些呋喃香豆素化合物如下：

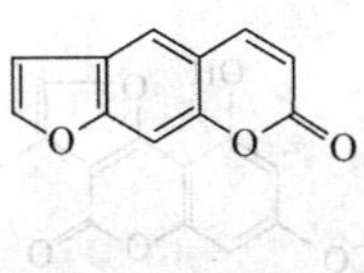

补骨酯素

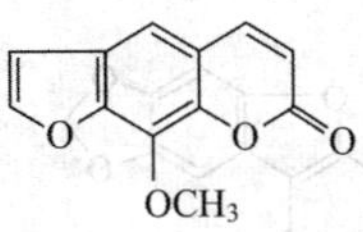

佛手内酯

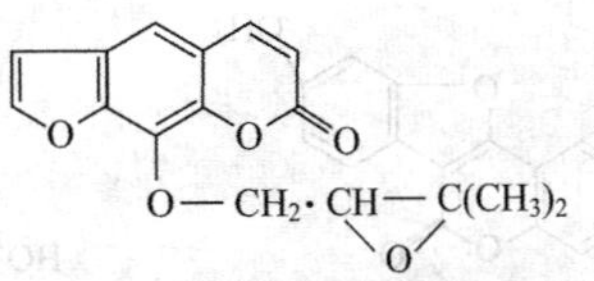

氧化前胡素

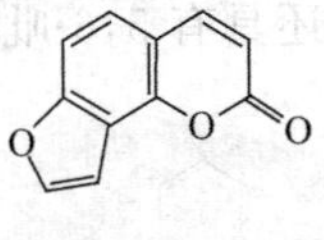

异补骨脂素

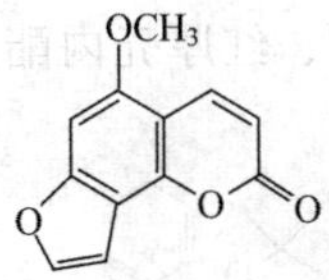

异佛手内酯

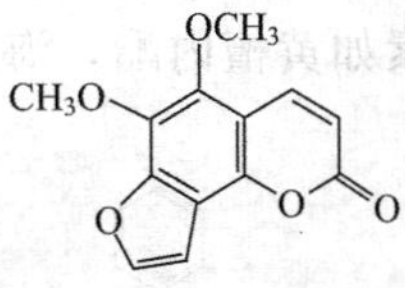

虎耳草素

(3) 吡喃香豆素类

与呋喃香豆素相似，吡喃香豆素结构中的吡喃环往往也是由香豆素苯上 $C_6$ 或 $C_8$ 的异戊烯基与 $C_7$-羟基环合而成，此类香豆素在天然产物中并不多见。吡喃香豆素也分成直型（即 6,7-吡喃香豆素）和角型（即 7,8-吡喃香豆素）两种类型。此外，也还发现有 5,6-吡喃香豆素和双吡喃香豆素的存在。如：

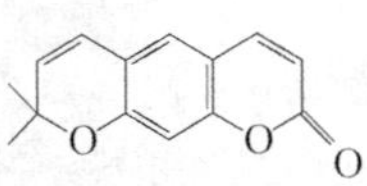

花椒素甲

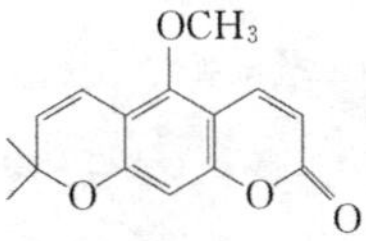

花椒素乙

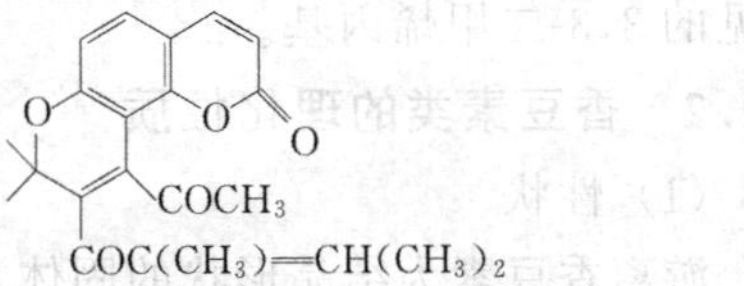

白花前胡甲素

近年来，由伞形科植物中分离到多种线型二氢吡喃香豆素酯类化合物，因具有钙拮抗活性而引起重视，从前胡中分离到的角型二氢吡喃香豆素类多为凯尔内酯的衍生物。

(4) 异香豆素类

异香豆素是香豆素的异构体，在植物体中存在的多数是二氢异香豆素的衍生物。如：

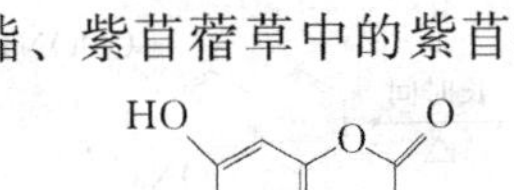

茵陈内酯

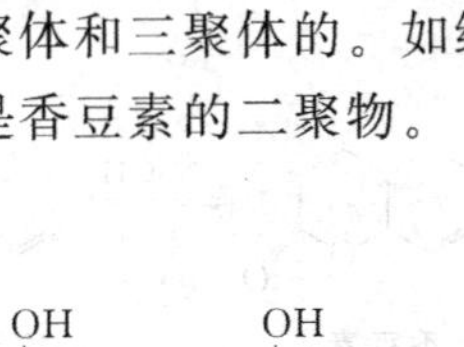

甘茶叶素

(5) 双香豆素类

和其他产物一样，香豆素类成分中也发现有二聚体和三聚体的。如续随子（千金子）中分离出的双七叶内酯、紫苜蓿草中的紫苜蓿酚等都是香豆素的二聚物。

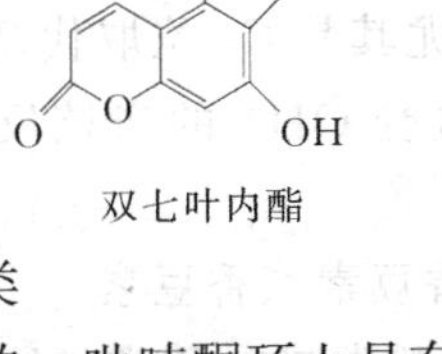

双七叶内酯

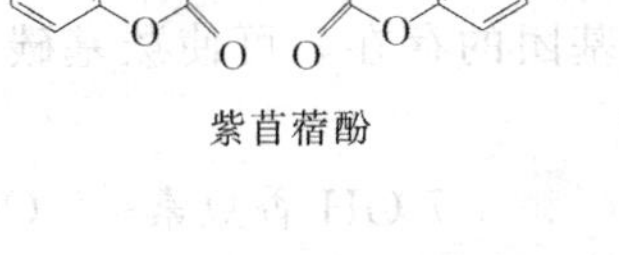

紫苜蓿酚

(6) 其他香豆素类

这是指在香豆素的 $\alpha$-吡喃酮环上具有取代基的一类香豆素，取代基接在 $C_3$ 和 $C_4$ 位上，常见的有苯基、羟基、异戊烯基等基团。例如，苜蓿中的拟雌内酯和苜蓿内酯，旱莲草（墨旱莲）中的蟛蜞菊内酯均具有相似的结构，是香豆素 3,4-骈呋喃衍生物。前两个化合物都具有雌性激素样的作用。

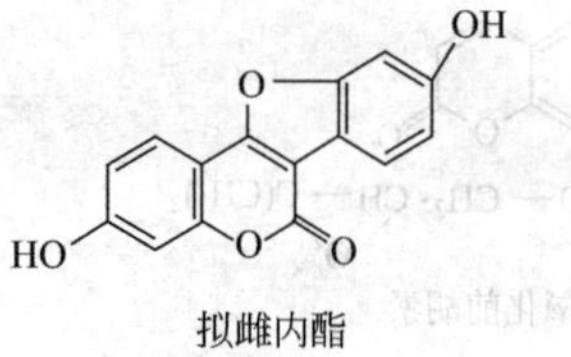
拟雌内酯

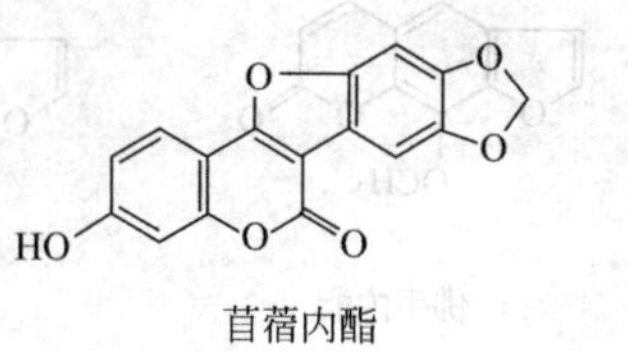
苜蓿内酯

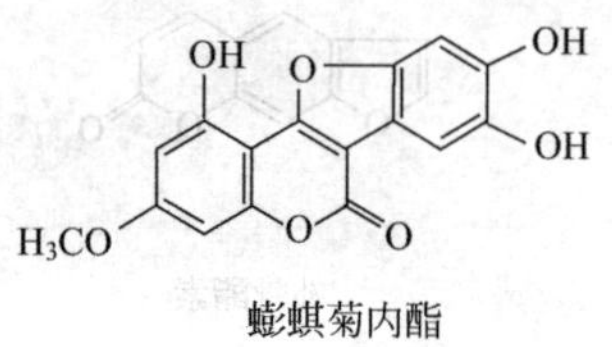
蟛蜞菊内酯

4-苯基香豆素如黄檀内酯，海棠果内酯、红厚壳内酯，后二者还具有 5,6-吡喃香豆素的结构。

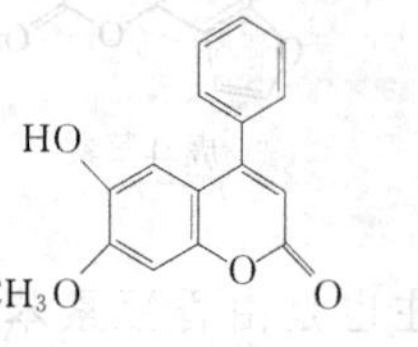
黄檀内酯

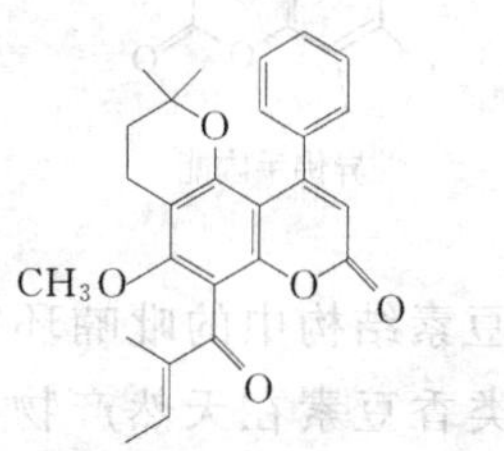
海棠果内酯

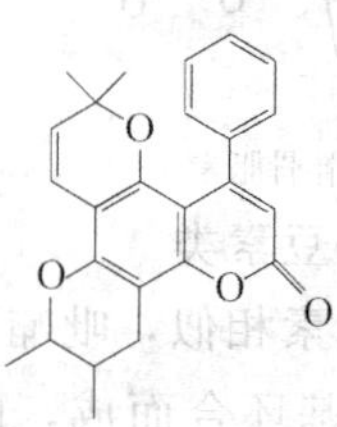
红厚壳内酯

香豆素的 $C_3$ 位取代更少些，若导入戊异烯基团，常见为 1,1-二甲烯丙基，而不是通常所见的 3,3-二甲烯丙基。

### 9.1.2 香豆素类的理化性质

(1) 性状

游离香豆素为结晶形状的固体，有一定的熔点，多具有芳香气味。分子量小的香豆素有挥发性，能随水蒸气蒸出，并能升华。香豆素苷类多数无香味和的挥发性，也不能升华。

(2) 溶解性

游离香豆素能溶于沸水，难溶于冷水，易溶于甲醇、乙醇、氯仿、乙醚等溶剂，可溶于石油醚。香豆素苷类能溶于水、甲醇、乙醇、而难溶于乙醚、苯等极性小的有机溶剂。羟基香豆素能溶于氢氧化钠等强碱性水溶液，在酸水中溶解度较小。

(3) 内酯的性质和碱水解反应

香豆素分子中具有 $\alpha,\beta$-不饱和内酯的结构，具有内酯化合物的通性。例如在稀碱液的作用下，香豆素内酯环可被水解开环，生成顺邻羟基桂皮酸盐的黄色溶液。顺邻羟桂皮酸不易游离存在，其盐的水溶液一经酸化即闭环生成为原来的内酯结构。香豆素如果与碱液长时间加热，水解产物顺邻羟桂皮酸衍生物则发生异构化，转变为反式邻羟基桂皮酸的衍生物，再经酸化也不再发生内酯化闭环反应。此外紫外光照射也可使顺邻羟桂皮酸异构化成反式结构。

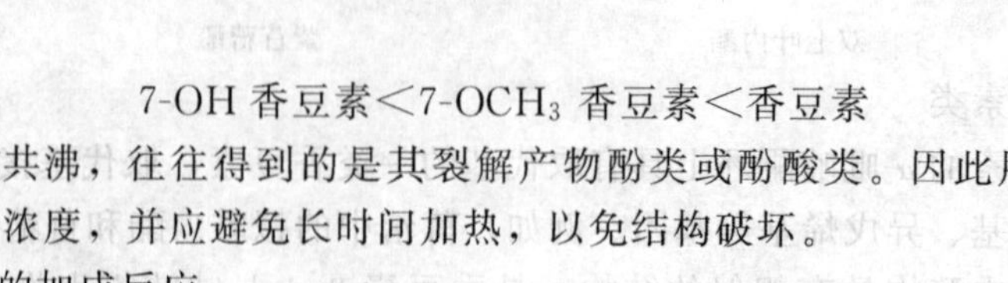

香豆素　　顺邻羟桂皮酸钠　　反邻羟桂皮酸钠

香豆素内酯环发生碱水解反应的速度与芳环上尤其是 $C_7$ 位取代基的性质有关，例如羟基或甲氧基等供电基团的存在，可使羰基碳难以接受 $OH^-$ 的亲核反应。其水解的难易顺序为：

$$\text{7-OH 香豆素} < \text{7-OCH}_3\ \text{香豆素} < \text{香豆素}$$

香豆素与浓碱共沸，往往得到的是其裂解产物酚类或酚酸类。因此用碱液提取香豆素时，必须注意碱的浓度，并应避免长时间加热，以免结构破坏。

(4) 3,4-双键的加成反应

由于香豆素的 3,4-双键与羰基和苯环形成共轭体系，因此双键的不饱和性表现较弱，不易氢化，如某些香豆素的侧链上有双键，则一般侧链上的双键可先氢化，若继续氢化，则3,4-双键也可加氢，生成二氢香豆素衍生物。

溴可与香豆素加成，生成3,4-二溴香豆素，再经氢氧化钠处理后，可脱去一分子溴化氢而生成3-溴香豆素，此反应可证明香豆素的结构。

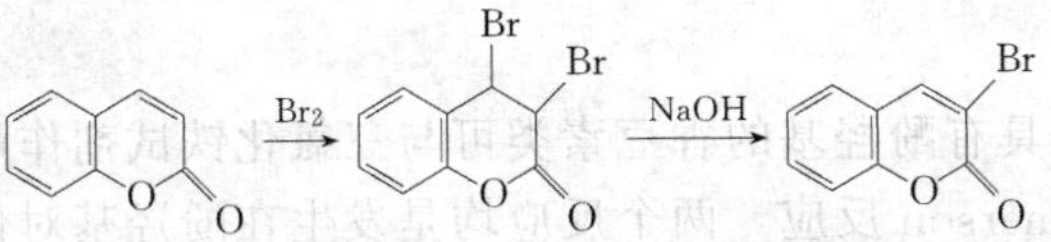


(5) 氧化反应

苯环上无羟基的香豆素比较稳定，不易氧化，如果用 $KMnO_4$ 为氧化剂进行氧化，可使3,4-位双键断裂，生成水杨酸的衍生物；若先将香豆素氢化成二氢香豆素再进行氧化，则因3,4-位无双键，不易断裂，结果氧化发生在苯环上，生成丁二酸。

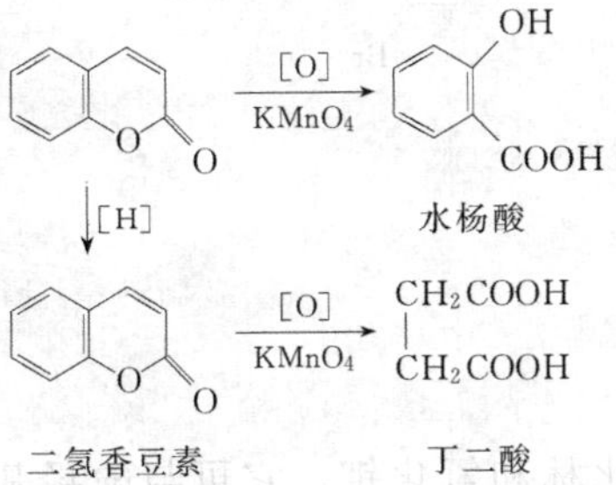


具有烃基侧链的香豆素如果先进行氢化，再用高锰酸钾氧化，则除丁二酸外，还可获得具有侧链结构的羧酸。如果直接用铬酸氧化，则反应较缓和，一般仅侧链的双键被氧化。

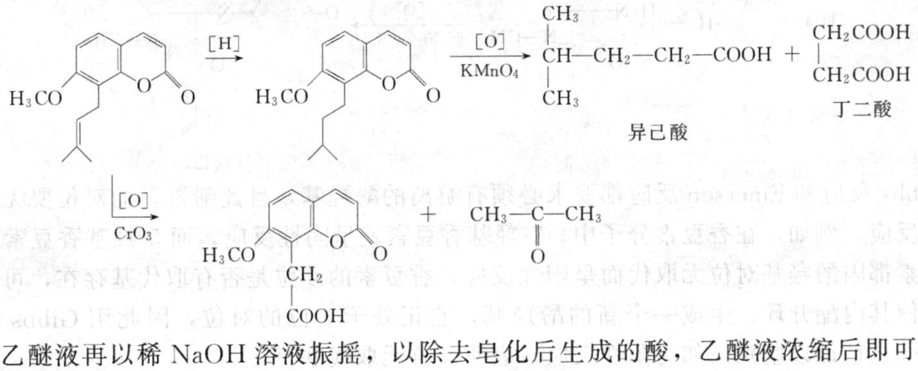


此乙醚液再以稀 NaOH 溶液振摇，以除去皂化后生成的酸，乙醚液浓缩后即可析出香豆素的结晶。

### 9.1.3 香豆素类的检识

(1) 荧光

香豆素母核本身无荧光，但其衍生物如羟基香豆素类在紫外光下大多能显出蓝色荧光，在碱溶液中荧光更为显著。香豆素类荧光的有无与分子中取代基的种类和位置有一定的关系，但其规律尚不清楚。一般在7位上引入羟基即有强烈的蓝色荧光，甚至在可见光下也能辨认清晰，加碱后可变为绿色荧光。但如在8位再引入一个羟基时，则荧光即减至极弱，或不显荧光，例如白瑞香素（7,8-二羟基香豆素）即无荧光，呋喃香豆素类多显蓝或褐色荧光，但较弱，有时难以辨认。例如比克白芷素和脱水比克白芷素在紫外光下都呈褐色荧光。荧光的显示在层析上常用以检识香豆素类的存在。

(2) 显色反应

① 异羟肟酸铁反应　由于香豆素类具有内酯环结构，在碱性条件下可开环，与盐酸羟

胺缩合生成异羟肟酸，然后再在酸性条件下与三价铁盐络合成盐而显红色。

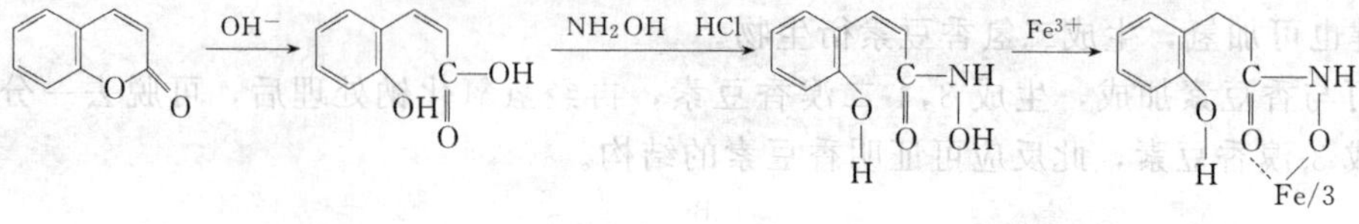

（红色）

② 三氯化铁反应　具有酚羟基的香豆素类可与三氯化铁试剂作用产生不同颜色。

③ Gibbs 反应和 Emerson 反应　两个反应均是发生在酚羟基对位的活泼氢反应。

Gibbs 试剂是 2,6-二氯（溴）苯醌氯亚胺，它在弱碱性条件下可与酚羟基对位的活泼氢缩合，生成蓝色的化合物。

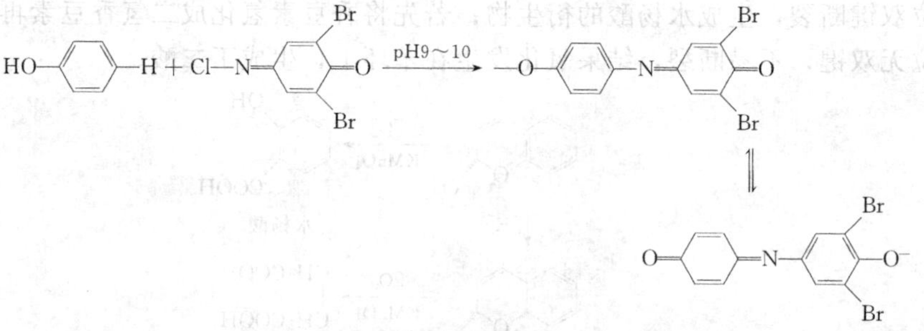

（蓝色）

Emerson 试剂为氨基安替比林和氰化钾，它可与酚羟基对位的活泼氢发生缩合反应，生成红色化合物。

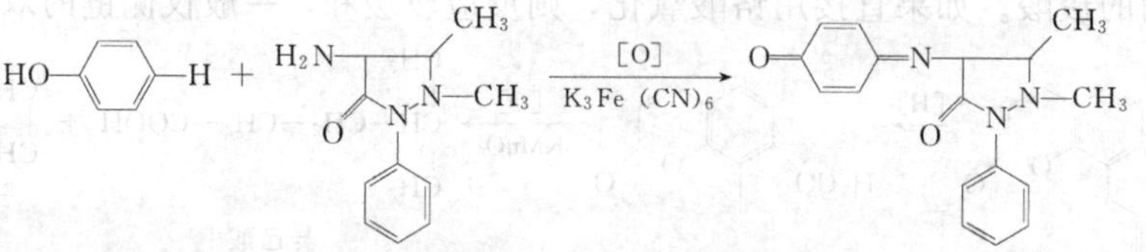

（红色）

Gibbs 反应和 Emerson 反应都要求必须有游离的酚羟基，且此酚羟基的对位要无取代才呈阳性反应。例如，在香豆素分子中，7-羟基香豆素就呈阴性反应，而 5-羟基香豆素或 8-羟基香豆素都因酚羟基对位无取代而呈阳性反应。香豆素的 6 位是否有取代基存在，可先加碱水解，使其内酯开环，生成一个新的酚羟基，它正处于 6 位的对位，因此用 Gibbs 试剂或 Emerson 试剂加以鉴别，如为阳性反应，表明 6 位无取代基存在。

### 9.1.4　香豆素的提取分离

香豆素的提取常有以下几种方法。

（1）水蒸气蒸馏法

小分子的游离香豆素因具有挥发性，可采用水蒸气蒸馏法提取。

（2）碱溶酸沉法

利用香豆素类可溶于热碱液中、加酸又析出的性质，可用 0.5％氢氧化钠水溶液（或醇溶液）加热提取，提取液冷却后，再用乙醚除去杂质，然后加酸调节 pH 至中性，适当浓缩，再酸化，则香豆素类或水溶性小的苷即可析出。但必须注意不可长时间加热，以免破坏结构。

（3）系统溶剂提取法

常用石油醚、乙醚、乙酸乙酯、甲醇等不同极性的溶剂顺次提取，各提取液浓缩后有可能获得香豆素结晶。如为混合物，再结合其他方法进行进一步的分离。其中石油醚对香豆素的溶解度并不大，但由于连续回流提取时杂质的助溶作用，往往也可溶于石油醚中，经浓缩放冷后，即可析出较纯的香豆素结晶。石油醚还可以溶出其他脂溶性成分，如不含香豆素，对以后几种溶剂的提取液的处理也是十分有益的。乙醚是多数游离香豆素的良好溶剂，但也会溶出其他脂溶性成分，需要进一步分离纯化。其他极性较大的游离香豆素和香豆素苷类还可以继续用乙醇或甲醇提取。

未知结构的香豆素类化合物也可按以下流程（图 9-1）进行提取和分离，效果较好。

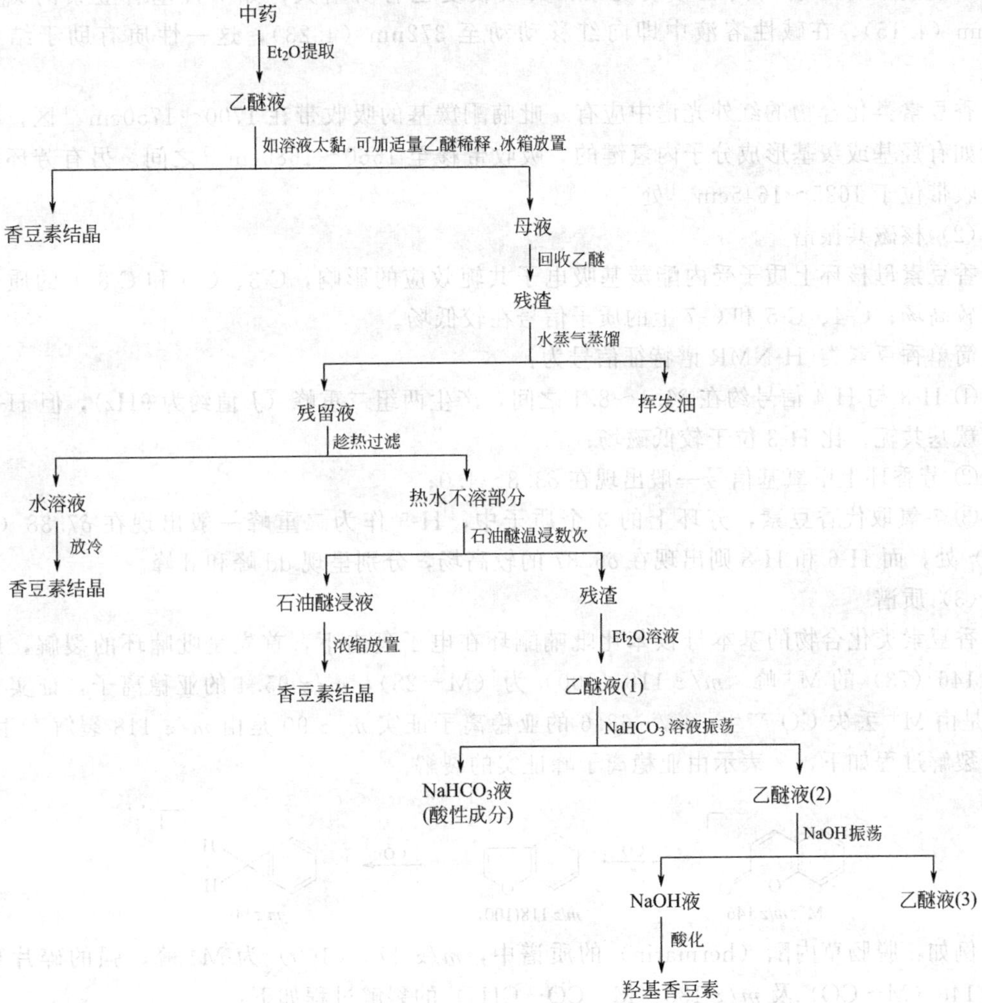


图 9-1　香豆素类化合物提取和分离流程

乙醚液（3）中有时还可能有香豆素的存在，可加氢氧化钾乙醇液在室温下进行皂化，然后加水，减压下蒸去乙醇，残留液用乙醚萃取不皂化物；碱液经酸化后也用乙醚抽提。

（4）色谱方法

结构相似的香豆素混合物最后必须经色谱方法才能有效分离，柱色谱吸附剂可用中性和酸性氧化铝以及硅胶，碱性氧化铝慎用。常用己烷和乙醚，己烷和乙酸乙酯等混合溶剂洗脱。其他吸附剂有用混以甲酰胺或乙二醇的纤维素来分离呋喃香豆素或酯类香豆素，用活性炭-硅藻土混合物分离香豆素苷类。

## 9.1.5 香豆素的结构鉴定方法

(1) 紫外和红外光谱

香豆素类化合物的紫外吸收与 α-吡喃酮相似，在 300nm 处可有最大吸收，但吸收峰的位置与取代基有关，未取代的香豆素，其紫外吸收光谱一般可呈现 275nm、284nm 和 310nm 三个吸收峰，如分子中有羟基存在，特别在 C-6 位或 C-7 位上，则其主要吸收峰均向红移位，有时几乎并成一个峰。在碱性溶液中，多数香豆素类化合物的吸收峰位置较在中性或酸性溶液中有显著的向红移动现象，其吸收度也有所增大，如 7-羟基香豆素的 $\lambda_{max}$ 为 325nm (4.15)，在碱性溶液中即向红移动动至 372nm (4.23)，这一性质有助于结构的确定。

香豆素类化合物的红外光谱中应有 α-吡喃酮羰基的吸收带在 1700～1750cm$^{-1}$ 区，羰基附近如有羟基或羧基形成分子内氢键的，吸收带移至 1660～1680cm$^{-1}$之间。另有芳环的双键吸收带位于 1625～1645cm$^{-1}$处。

(2) 核磁共振谱

香豆素母核环上质子受内酯羰基吸电子共轭效应的影响，C-3、C-6 和 C-8 上的质子信号在较高场；C-4、C-5 和 C-7 上的质子信号在较低场。

简单香豆素类$^1$H-NMR 谱特征信号为：

① H-3 与 H-4 信号约在 δ6.1～8.1 之间，产生两组二重峰（$J$ 值约为 9Hz），但 H-4 由于与羰基共轭，比 H-3 位于较低磁场；

② 芳香环上甲氧基信号一般出现在 δ3.8～4.0；

③ 7-氧取代香豆素，芳环上的 3 个质子中，H-5 作为二重峰一般出现在 δ7.38（$J$＝9Hz）处，而 H-6 和 H-8 则出现在 δ6.87 的较高场，分别呈现 dd 峰和 d 峰。

(3) 质谱

香豆素类化合物的基本母核苯比吡喃酮环在电子轰击下，首先是吡喃环的裂解，形成 $m/z$ 146 (73) 的 $M^+$ 峰，$m/z$ 118 (100) 为 (M－28)，$m/z$ 95.4 的亚稳离子，证实 $m/z$ 118 是由 $M^+$ 丢失 CO 产生；$m/z$ 68.6 的亚稳离子证实 $m/z$ 90 是由 $m/z$ 118 裂解产生的。主要裂解过程如下，* 表示由亚稳离子峰证实的裂解。

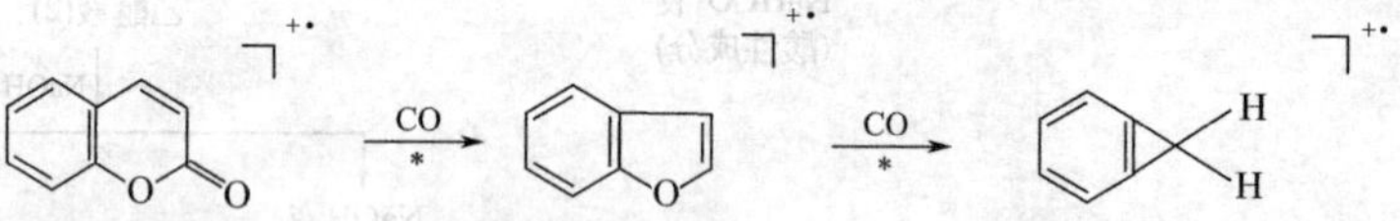


$M^+$. $m/z$ 146　　$m/z$ 118(100)　　$m/z$ 90

例如：脱肠草内酯 (herniarin) 的质谱中，$m/z$ 176 (100) 为 $M^+$ 峰，强的碎片离子 $m/z$ 148 (M－CO) 及 $m/z$ 133 (M－CO－$CH_3$) 的裂解过程如下：

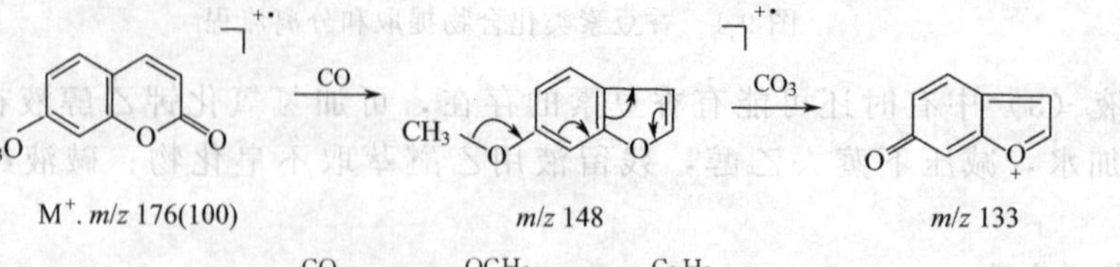


$M^+$. $m/z$ 176(100)　　$m/z$ 148　　$m/z$ 133

$$m/z148 \xrightarrow{CO} m/z120 \xrightarrow{OCH_3} m/z89 \xrightarrow{C_2H_2} m/z63$$

$$m/z133 \xrightarrow{CO} m/z105 \xrightarrow{CO} m/z77 \xrightarrow{C_2H_2} m/z51$$

游离香豆素大多是低极性和亲脂性的，一部分与糖结合的极性较大，故开始提取时先用系统溶剂法较好。香豆素分子过去认为较稳定，因此利用它的内酯性质以酸碱处理，或利用它的挥发性以真空升华或水蒸馏的方法来分离纯化。现在渐渐明白香豆素并不稳定，遇酸、碱、热、色谱时的吸附剂，甚至重结晶的溶剂都有使之发生变化的可能，由此所获得的物质，过去被认为是新发现的香豆素，后来证实只是次生物质。

## 9.2 木脂素

木脂素类多数是游离的，也有少量与糖结合成苷而存在，由于较广泛地存在于植物的木部和树脂中，或开始析出时呈树脂状，故称为木脂素。

木脂素是一类由苯丙素双分子聚合而成的天然成分，组成木脂素的单体有四种，①桂皮酸，偶有桂皮醛；②桂皮醇；③丙烯苯；④烯丙苯。

木脂体可进一步分为木脂素类（lignans）和新木脂素类（neoligans）。按照传统的分类定义：由 $C_6$-$C_3$ 单元侧链中 $\beta$ 碳连接生成的木脂体称为木脂素，而非 $\beta$-$\beta$ 碳连接的木脂体称为新木脂素。例如，(+)-松脂素（pinoresinol）(2) 是由 2 分子松柏醇（coniferol）(1) 通过侧链 $\beta$ 碳氧化偶合而成，属于木脂类；而去氢二聚松柏醇（dehydroidi coniferol）(3) 则属新木脂素类。

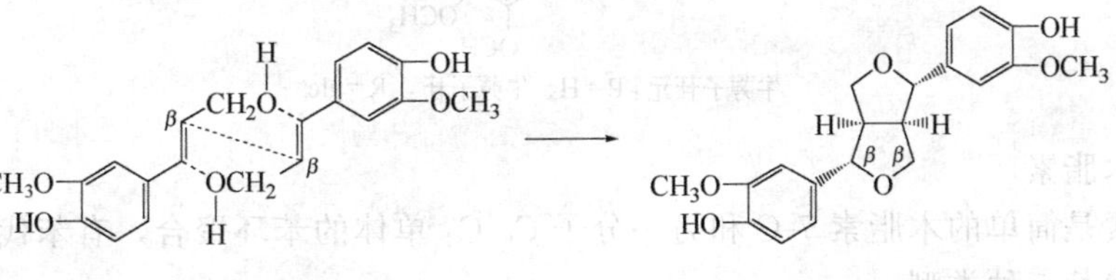

(1) (2)

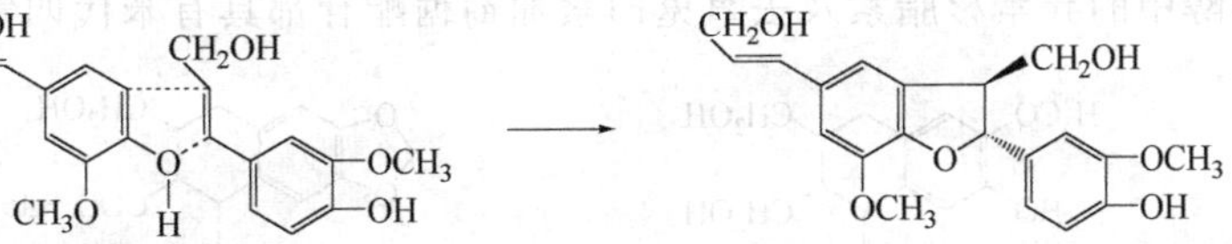

(1) (3)

### 9.2.1 木脂素的分类

已知木脂素按其基本碳架及缩合情况，可分为以下几种类型。

(1) 简单木脂素

基本母核是由两分子 $C_6$-$C_3$ 单体通过侧链 $\beta$-C 原子聚合而成。如愈创木树脂及珠子草中的叶下珠脂素均属简单木脂素。

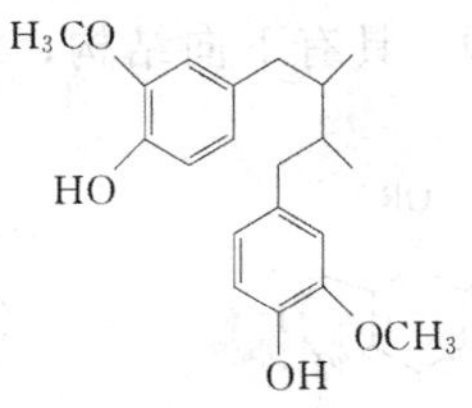

二氢愈创木脂

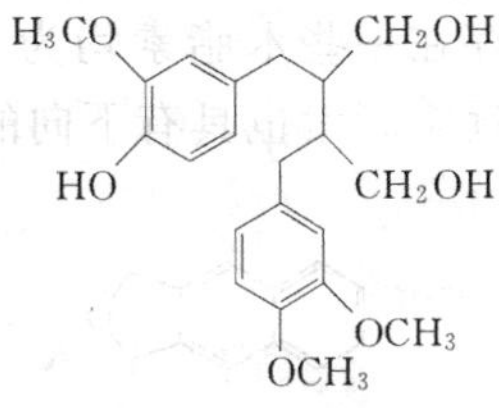

叶下珠脂素

(2) 单环木脂素

基本结构是二分子 $C_6$-$C_3$ 单体除侧链 $\beta$-C 聚合外，尚存在一个四氢呋喃环。根据环合位置不同有三种。

如翼梗五味子中的恩施脂素、毕澄茄果实中的落叶松脂素均属于不同环合位置的单环氧木脂素。

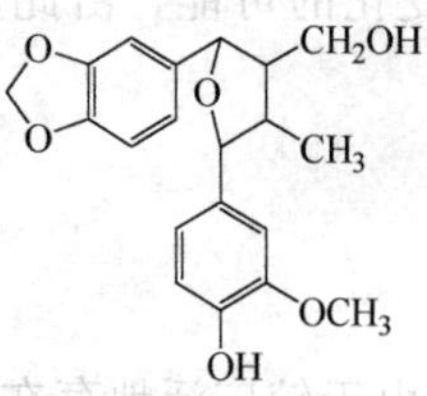

毕澄茄脂素

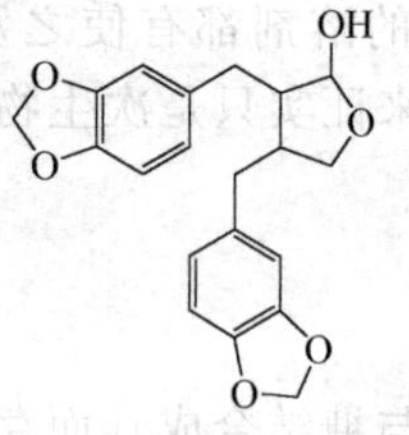

L-落叶松脂素

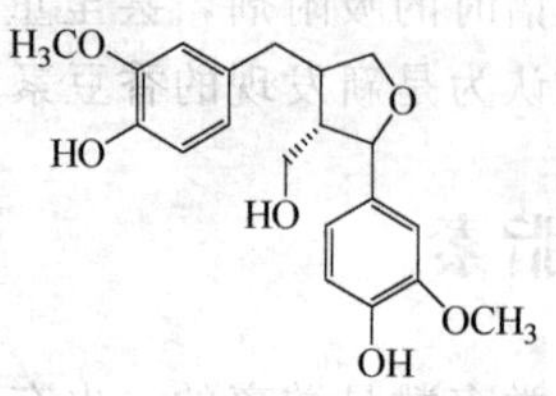

恩施脂素

(3) 木脂内酯

基本结构特点是两分子 $C_6$-$C_3$ 聚合体的侧链部分有饱和五元内酯环。如牛蒡子的主要成分牛蒡子苷元都属于木脂内酯类。

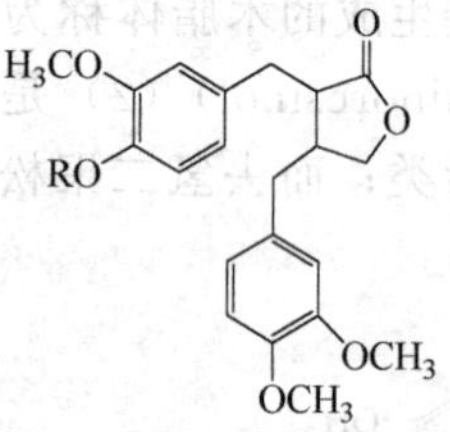

牛蒡子苷元：R=H；牛蒡子苷：R=glc

(4) 环木脂素

环木脂素是简单的木脂素 7-C 和另一分子 $C_6$-$C_3$ 单体的苯环聚合，有苯代四氧萘、苯代二氢萘和苯代萘三种类型。

中国紫杉醇中的异紫杉脂素及去氧鬼臼素葡萄糖酯苷都具有苯代四氢萘的基本结构。

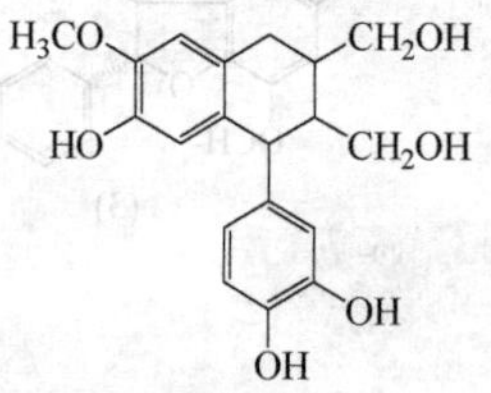

异紫杉脂素

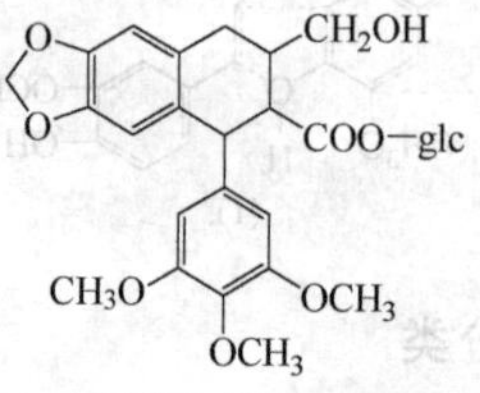

去氧鬼臼素葡萄糖酯苷

(5) 环木脂内酯

环木脂内酯是木脂素结构中并合有内酯环，按其内酯环合方向可分为上向和下向两种类型：上向的称为 4-苯代萘酞型，下向的称为 1-苯代萘酞型。

鬼臼属植物中存在一些木脂素均为 1-苯代萘酞型，具有下向结构，如 1-鬼臼毒脂素及异鬼臼酯酮。中国远志脂素也具有下向的结构。

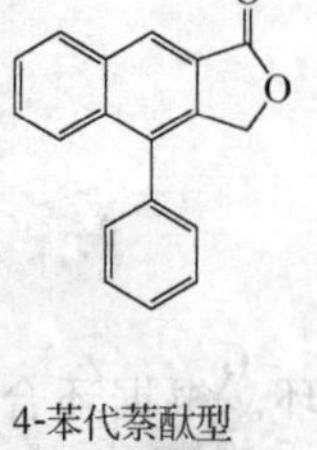

4-苯代萘酞型

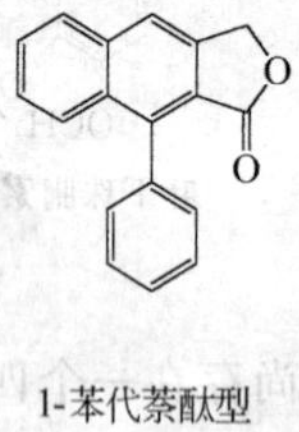

1-苯代萘酞型

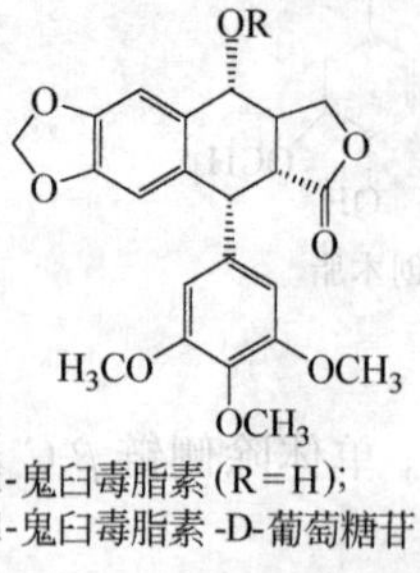

1-鬼臼毒脂素 (R=H)；
1-鬼臼毒脂素 -D-葡萄糖苷 (R=glc)

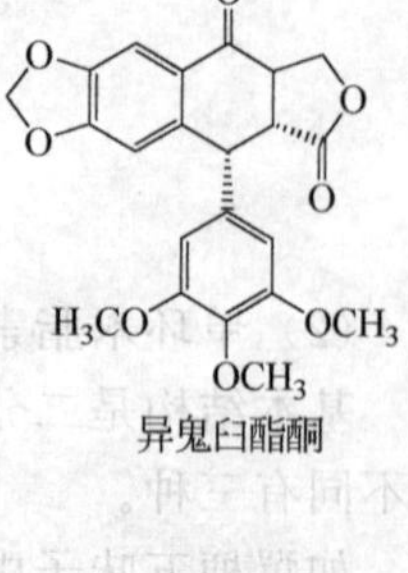

异鬼臼酯酮

(6) 双环氧木脂素

双环木脂素是两分子 $C_6$-$C_3$ 单体侧链 $\beta$-C 聚合，并在聚合键上形成两个四氢呋喃环。

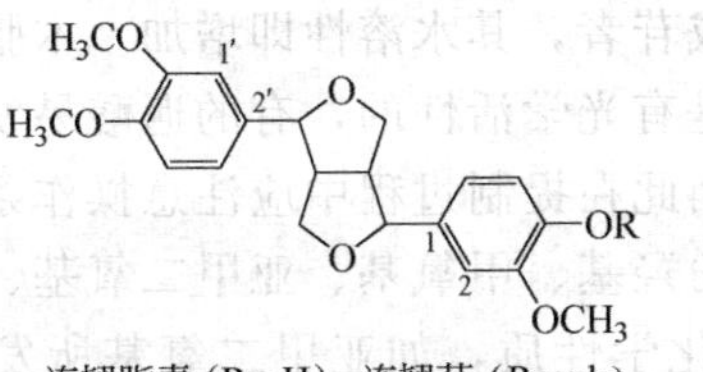

连翘脂素 (R=H); 连翘苷 (R=glc)

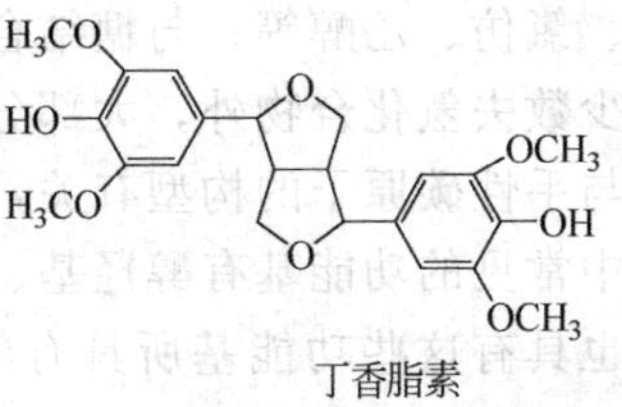

丁香脂素

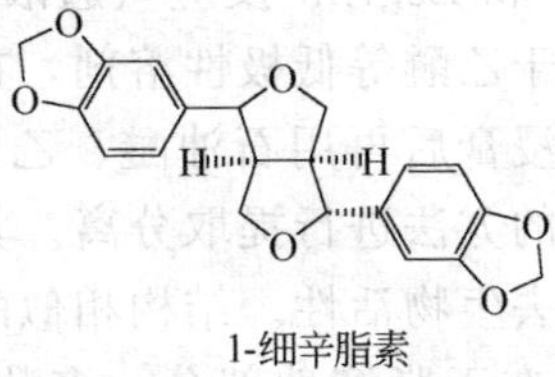

1-细辛脂素

连翘中的连翘脂素和连翘苷，刺五加中和丁香脂素及细辛中的细心脂素均为双环氧木脂素。

(7) 联苯环辛烯型木脂素

联苯环辛烯型木脂素的基本结构特征既具有联苯的结构，又具有环辛烯八元环。五味子果实中含有多种联苯环辛烯型木脂素，如五味子素、五味子醇等。人们根据治疗肝炎有效成分五味子丙素（schisandrin C）的化学结构合成了一系列类似物，并筛选出联苯双酯具有很好的降酶和治疗乙型肝炎的作用。近年来又在联苯双酯基础上创制了新一代治疗肝炎新药双环醇（bicyclol，商品名：百赛诺）。

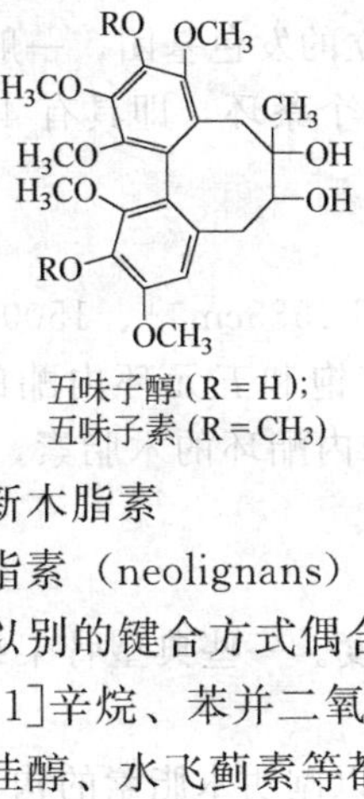

五味子醇 (R=H);
五味子素 ($R=CH_3$)

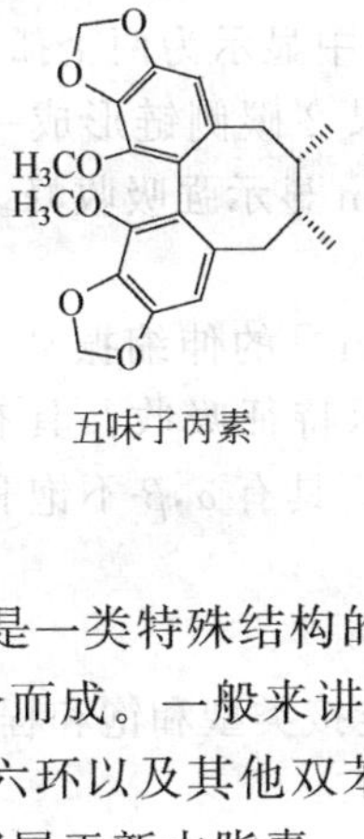

五味子丙素

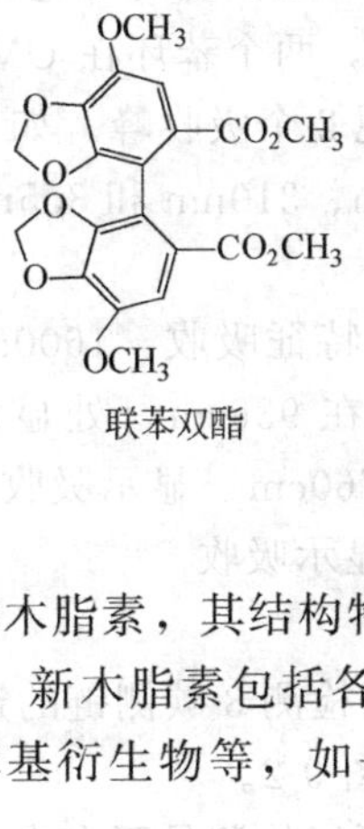

联苯双酯

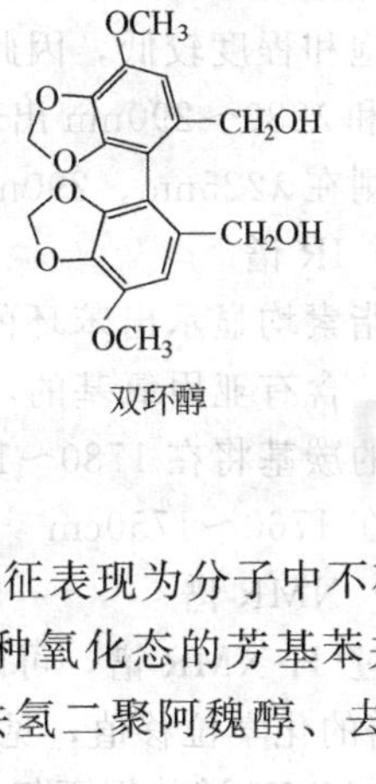

双环醇

(8) 新木脂素

新木脂素（neolignans）是一类特殊结构的木脂素，其结构特征表现为分子中不存在 *β-β* 键，而是以别的键合方式偶合而成。一般来讲，新木脂素包括各种氧化态的芳基苯并呋喃、双环[3,2,1]辛烷、苯并二氧六环以及其他双苯基衍生物等，如去氢二聚阿魏醇、去氢二聚对羟基肉桂醇、水飞蓟素等都属于新木脂素。

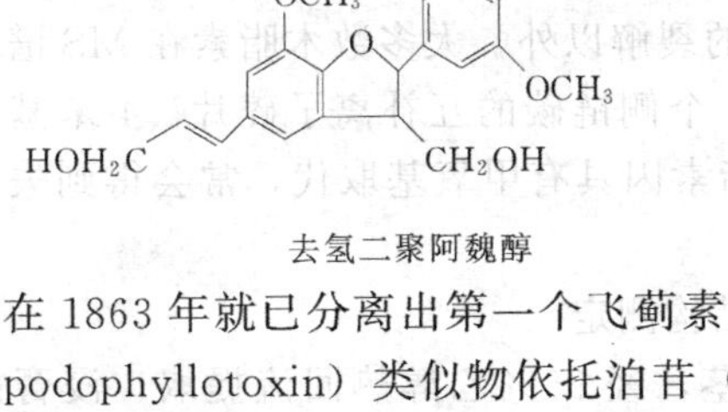

去氢二聚阿魏醇

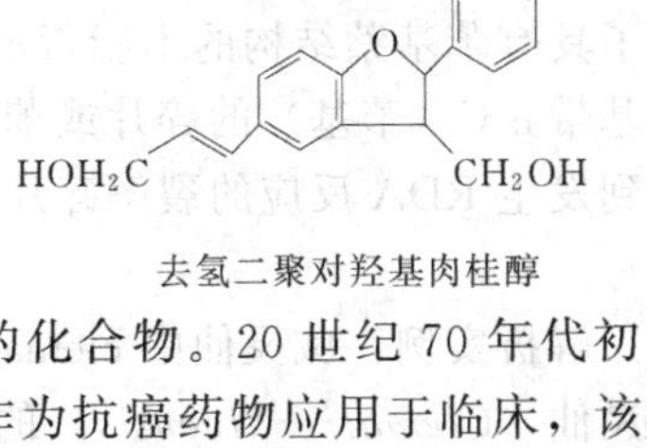

去氢二聚对羟基肉桂醇

早在 1863 年就已分离出第一个飞蓟素木脂类结构的化合物。20 世纪 70 年代初当鬼臼毒素（podophyllotoxin）类似物依托泊苷（Eptoside）作为抗癌药物应用于临床，该类物质引起人们高度重视，成为近 30 年来较为活跃的研究领域之一，并相继发现不少此类化合物具有重要生理活性，如抗癌、保肝、抗病毒、酶抑制和血小板活化因子（PAF）拮抗等。

### 9.2.2 木脂素的性质

木脂素多数为白色晶体，仅少数能升华。游离的木脂素是亲脂性的，一般难溶于水，而易溶于苯、乙醚、氯仿、乙醇等；与糖结合成苷者，其水溶性即增加。木脂素分子中有多个手性碳原子，除少数去氢化合物外，大部分是有光学活性的，有的遇酸易发生异构化。木脂素的生理活性常与手性碳原子的构型有关，因此在提制过程中应注意操作条件。

木脂素分子中常见的功能基有醇羟基、酚羟基、甲氧基、亚甲二氧基、羧基、酯基及内酯环等，因此它也具有这些功能基所具有的化学性质，如亚甲二氧基所发生的 Labat 反应（遇浓硫酸及没食子酸产生蓝绿色）和 Ecgrine 反应（遇浓硫酸及变色酸产生蓝绿色）。

游离的木脂素是亲脂的，能溶于乙醚等低极性溶剂，在石油醚中溶解度极小，提取时常用乙醇或丙酮提取，提取液浓缩成浸膏后再用石油醚、乙醚溶解，经多次溶出容易得纯品。木脂素苷类亲水性较强，可按苷类的方法进行提取分离。具有内酯结构的木脂素也可用碱提取，但要注意结构发生异构化而失去生物活性。结构相似的木脂素还需要采用色谱方法进行分离。在提取分离过程中，主要存在于脂溶性部分，多数可用硅胶色谱分离。如果含酚羟基，则与酚性成分的分离方法类似。在薄层色谱上，可用 5%磷钼酸乙醇液、30%硫酸乙醇液等，喷洒后于 100℃加热数分钟，各类木脂体可显示不同的颜色，并可依此初步推断其结构类别。超临界提取已在木脂体的分离中得到有效的应用。

### 9.2.3 木脂素的结构鉴定

木脂素的结构鉴定是波谱分析、衍生物制备和氧化分解法的综合应用，其中 NMR 对木脂素的测定已积累了较多的数据。

（1）UV 谱

紫外光谱可以用于区分 3 碳侧链的不饱和程度。多数木脂素由于 3 碳侧链不成环，或成环后不饱和程度较低，因此，两个苯环在 UV 中显示为两个孤立的发色基团，一般在$\lambda$220～240nm 和$\lambda$280～290nm 出现 2 个吸收峰。如果 2 碳侧链形成一个萘环，即具有 4-苯基萘的结构，则在$\lambda$225nm、290nm、310nm 和 355nm 显示强吸收峰。

（2）IR 谱

木脂素均显示出苯环的特征吸收：1600cm$^{-1}$的伸缩振动和 1585cm$^{-1}$、1500cm$^{-1}$的变形振动。含有亚甲氧基的，在 936cm$^{-1}$处显示特征吸收，具有饱和五元环内酯的木脂素，其内酯的羰基将在 1780～1760cm$^{-1}$显示吸收，具有$\alpha,\beta$-不饱和内酯环的木脂素，其内酯的羰基将在 1760～1750cm$^{-1}$显示吸收。

（3）NMR 谱

通过$^{1}$H-NMR 谱，可以检测 3 碳侧链的连接类型和饱和程度。一些典型骨架结构的$^{1}$H-NMR 谱的化学位移值，见图 9-2。

$^{13}$C-NMR 谱数据不仅可以检测是否含有内酯结构，而且可以阐明木脂素的构型和构象。

（4）MS 谱

除了具有苯基萘结构的木脂素不易发生骨架的裂解以外，大多数木脂素在 MS 谱中可以得到苯基带$\alpha$-C（苄基）的碎片或苯基带各自的 3 个侧链碳的互补离子碎片。4-苯基四氢萘可以得到发生 RDA 反应的裂解碎片。大多数木脂素因具有甲氧基取代，常会得到失去甲氧基的碎片。

（5）解析实例：威灵仙中 clemaphenol A 的结构测定

威灵仙（*Clematis chinensis*）的干燥根和根茎，经 95%乙醇热回流提取，浸膏的乙酸乙酯可溶部分经硅胶柱色谱分离得到一种木脂素化合物 clemaphenol A。高分辨质谱给出分子式 $C_{20}H_{22}O_6$，$[\alpha]_D^{25}+72°$（$CHCl_3$）。IR：3400cm$^{-1}$（br，羟基），1460～1610cm$^{-1}$（芳环），860cm$^{-1}$，830cm$^{-1}$（1,2,4-或 1,3,4-三取代苯）。从$^{1}$H-NMR 上可见到$\delta$ 5.6（OH）、$\delta$ 3.90（-$OCH_3$）、$\delta$ 3.10（8,8′-H），$\delta$ 4.74（d，$J$=4.1Hz）为 7,7′-H；$\delta$ 3.87（dd，$J$=

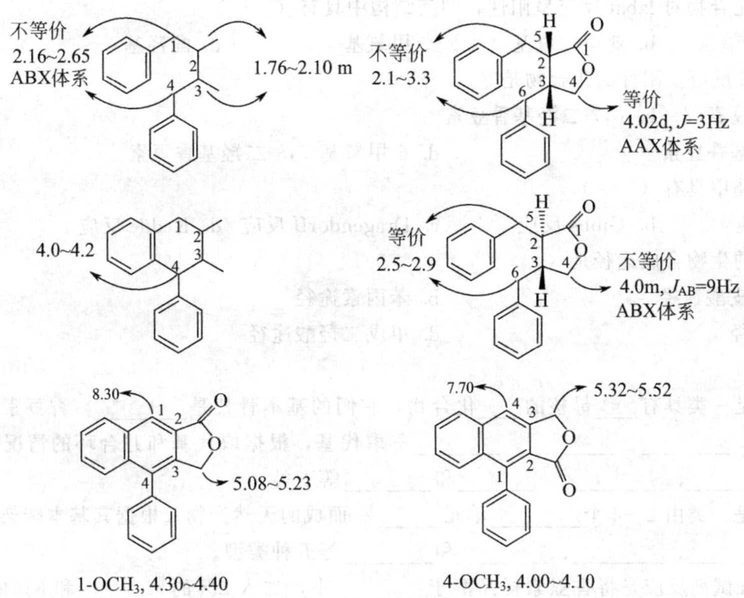


图 9-2 木脂素中一些典型骨架结构的[1]H-NMR 谱的化学位移值

8.8，3.3Hz）和$\delta$ 4.26（dd，$J$＝8.8，6.6Hz）分别为9,9′的直立键和平伏健 H，这是一个四氢呋喃并四氢呋喃的结构。苯环连接在7,7′-位，是一个对称型结构，假如为不对称型结构，则9,9′-的 H 将是多重峰，而不是dd峰。芳香 H 只有3组峰，$\delta$ 6.90（d，$J$＝1.1Hz）、$\delta$ 6.82（dd，$J$＝8.2，1.1Hz）、$\delta$ 6.89（d，$J$＝8.2Hz），说明两个苯环取代相同，可能为1,3,4-取代，$\delta$ 3.90（3H，s）为甲氧基，$\delta$ 5.61（br）为羟基；再结合[13]C-NMR 数据，推测该化合物可能为（＋）-松脂素或另一新结构命名为 clemaphenol A。

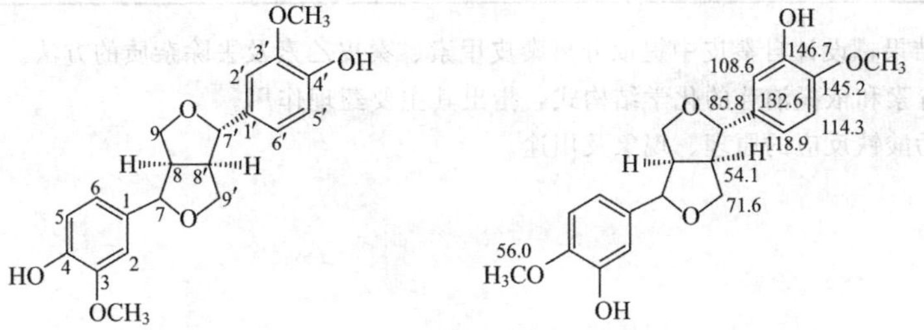

(+)-松脂素　　　　clemaphenol

余下的问题是推测—OH 和—$OCH_3$ 的取代位置，根据经典的化学显色方法确定酚羟基的位置，将此化合物、阿魏酸和异阿魏酸同点于一块聚酰胺薄膜上，用 90％甲醇展开，Gibbs 试剂（2,6-dibromoquinonechloroimide）显色，如果酚羟基的对位有游离 H，则反应呈蓝色，而且不褪色。薄层显色结果如下：该化合物和异阿魏酸斑点都呈湖蓝色，而且长久不褪色，而阿魏酸斑点呈深蓝色，在空气中蓝色褪去，且斑点中间变黄色，由此推断化合物中苯的取代位置与异阿魏酸一致。

## 习　　题

1. 选择题

（1）香豆素的基本母核是（　　）

a. 对羟基桂皮酸　　b. 苯并 $\alpha$-吡喃酮　　c. 苯并 $\gamma$-吡喃酮　　d. 反式邻羟基桂皮酸

(2) 若某一化合物对labat反应呈阳性，则其结构中具有（　　）

a. 苄基　　b. 亚甲二氧基　　c. 甲氧基　　d. 酚羟基

(3) Emerson反应呈阳性的化合物是（　　）

a. 7-羟基香豆素　　b. 6,7-二羟基香豆素

c. 5,8-二羟基香豆素　　d. 6-甲氧基-7,8-二羟基香豆素

(4) 五味子酯甲具有（　　）

a. Labat反应　　b. Gibbs反应　　c. Dragendorff反应　　d. Kedde反应

(5) 香豆素的生物合成途径是（　　）

a. 邻羟基桂皮酸途径　　b. 苯丙素途径

c. 莽草酸途径　　d. 甲戊二羟酸途径

2. 填空题

(1) 香豆素是一类具有____母核的____化合物，它们的基本骨架是________。香豆素基本结构中，环上常有________、________、________、________等取代基，根据取代基和并合环的情况，可将香豆素分为________、________、________、________和________等五类。

(2) 木脂素是一类由2～4个________单元________而成的天然产物。根据其基本碳架及缩合情况可分为________、________、________、________和________等五种类型。

(3) Emerson试剂反应是将香豆素样品溶于________中，加入2%的________和8%的________试剂，与酚羟基________位的________反应生成________色________。此反应可用于检识香豆素酚羟基________位或$C_6$位有无取代基。

3. 为什么可用碱溶酸沉法提取分离香豆素类成分？分析说明提取分离时应注意什么问题？

4. 如何利用$^1$H-NMR来判断双环氧木脂素异构体中芳香基的位置？

5. 中药秦皮中含有秦皮甲素、秦皮乙素、树脂及脂溶性色素，其中秦皮甲素、秦皮乙素的纸色谱试验结果如下：

| 展开剂 | $R_f$值(秦皮甲素) | $R_f$值(秦皮乙素) | 展开剂 | $R_f$值(秦皮甲素) | $R_f$值(秦皮乙素) |
|---|---|---|---|---|---|
| 水 | 0.77 | 0.50 | 氯仿 | 0.00 | 0.00 |
| 乙醇 | 0.79 | 0.80 | 乙酸乙酯 | 0.12 | 0.89 |

根据纸色谱结果，设计自秦皮中提取分离秦皮甲素、秦皮乙素及去除杂质的方法。

6. 写出鬼臼毒素和依托泊苷的化学结构式，指出其主要药理作用。

7. 简述异羟肟酸铁反应的原理、现象及用途。

# 第 10 章　其他类型天然产物

天然产物中除了糖和糖苷、生物碱、黄酮类、萜类、甾体类、醌类、香豆素和木脂素等化学成分外，还广泛存在鞣质、有机酸、氨基酸、蛋白质和酶等其他类型物质。昆虫信息素以及海洋天然产物等也是具有重要生理活性的天然产物。

## 10.1　有机酸

有机酸（不包括氨基酸）广泛存在于天然产物中，主要以盐的形式存在，如与钾、钠、钙等金属阳离子成盐，或与生物碱结合成盐等，亦有结合成酯的形式存在。也有少数有机酸以游离态存在，如地龙的止咳平喘有效成分为丁二酸。有机酸有些具有生理活性，如抗癌作用，原儿茶酸具抑菌作用，丹参中的 D-(+)-$\beta$-(3,4-二羟基苯) 乳酸是水溶性的扩张冠状动脉有效成分。

### 10.1.1　有机酸的类型

天然产物中存在的有机酸类型很多，主要分为脂肪族有机酸和芳香族有机酸两类。在药材中存在较为普遍的芳香族有机酸是羟基桂皮酸的衍生物，如对羟基桂皮酸、咖啡酸、阿魏酸、异阿魏酸和芥子酸等。咖啡酸具有止血、镇咳和祛痰作用。

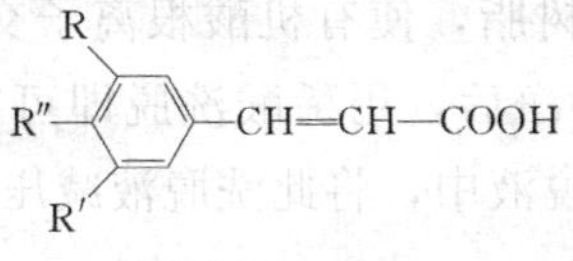

对羟基桂皮酸（R=R′=H，R″=OH）；
咖啡酸（R=OH，R′=H，R″=OH）；
阿魏酸（R=$OCH_3$，R′=H，R″=OH）；
异阿魏酸（R=OH，R′=H，R″=$OCH_3$）；
芥子酸（R=R′=$OCH_3$，R″=OH）；

咖啡酸在植物中有时以酸的形式存在，如茵陈利胆成分之一是 3-咖啡奎宁酸，又称绿原酸，而金银花抑菌的有效成分是 3,4-二咖啡酰奎宁酸，3,5-咖啡酰奎宁酸和 4,5-二咖啡酰奎宁酸的混合物。

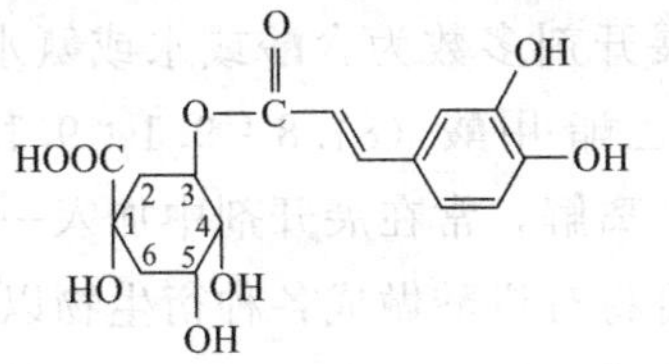

绿原酸(3-咖啡酰奎宁酸)

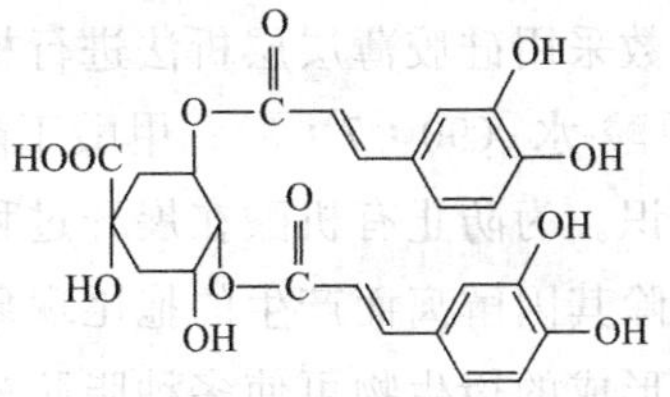

3,4-二咖啡酰奎宁酸

### 10.1.2　有机酸的提取分离

有机酸的提取分离一般常采用下列两种方法。

（1）有机溶剂提取法

由于游离的有机酸（分子量小的例外）易溶于有机溶剂而难溶于水，有机酸则易溶于水而难溶于有机溶剂，故一般可先酸化使有机酸游离，然后选用合适的有机溶剂提取。一般流程如下：

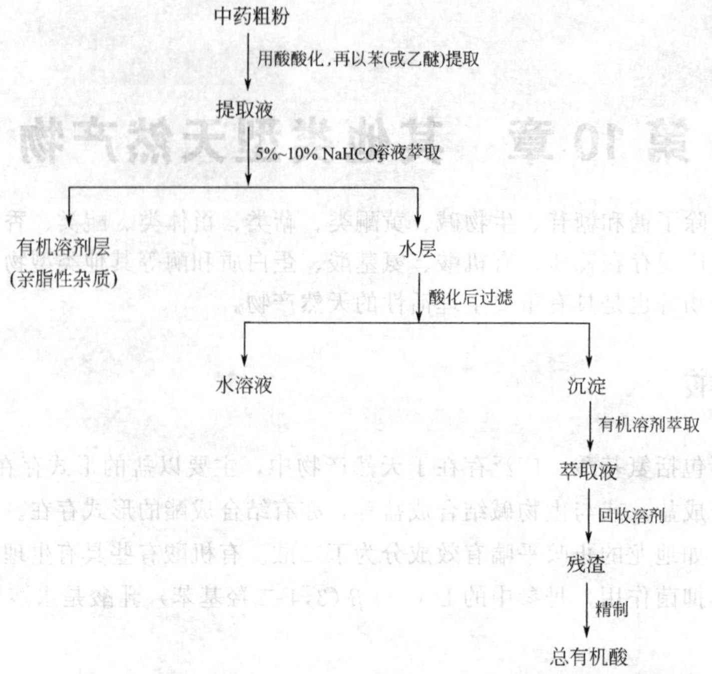


(2) 可将药材的水提取液通过强酸性阳离子交换树脂，以除去碱性物质，而酸性和中性物质则通过树脂流出，再将流出液通过强碱性阴离子交换树脂，有机酸根离子即被交换在树脂上，糖和其他中性杂质可流经树脂而被除去，将树脂用水洗净后，用稀酸或稀碱溶液即可将有机酸从柱上洗下。

也可将药材的水提取液先通过强碱性阴离子交换树脂，使有机酸根离子交换在树脂上，而碱性和中性杂质则流经树脂而除去，将树脂用水洗净后，用稀酸洗脱即可得游离的有机酸，但也可用稀氨水洗脱，有机酸即成铵盐而留于洗脱液中，将此洗脱液减压蒸去过剩的氨水，再加酸酸化，总有机酸即游离析出。

从上述两种方法得到的总有机酸，尚需采用分步结晶法或层析法进行分离，才能获得单体。

### 10.1.3 有机酸的检识

有机酸多数采用硅胶薄层层析法进行检识，展开剂多数为含酸或水或氨水的有机溶剂，如二异丙醚-甲酸-水（90：7：3）；甲酸丁酯-乙酸乙酯-甲酸（81.8：9.1：9.1）等。也可用纸色谱进行检识。为防止有机酸在展开过程中发生离解，常在展开剂中加入一定比例的甲酸或乙酸等以消除其因解离而产生的拖尾现象。也可将有机酸做成各种衍生物以改善其分离效果，例如与脲形成的衍生物可使多种脂肪酸得到分离。

有机酸常用的显色剂为pH指示剂，如溴甲酚绿、溴甲酚紫及甲基红-溴酚蓝混合指示剂等。当展开剂中含有酸性成分时，在喷洒上述显色剂以前，应先将薄层在120℃加热1h，以除去薄层板上的酸性背景，保证分离斑点的显色效果。

### 10.1.4 有机酸提取分离实例

(1) 北升麻中有机酸的提取分离

北升麻即兴安升麻，是常用的升麻品种之一，有解毒透疹、升提等功效。主要含有咖啡酸、阿魏酸、异阿魏酸等，其提取流程如下：

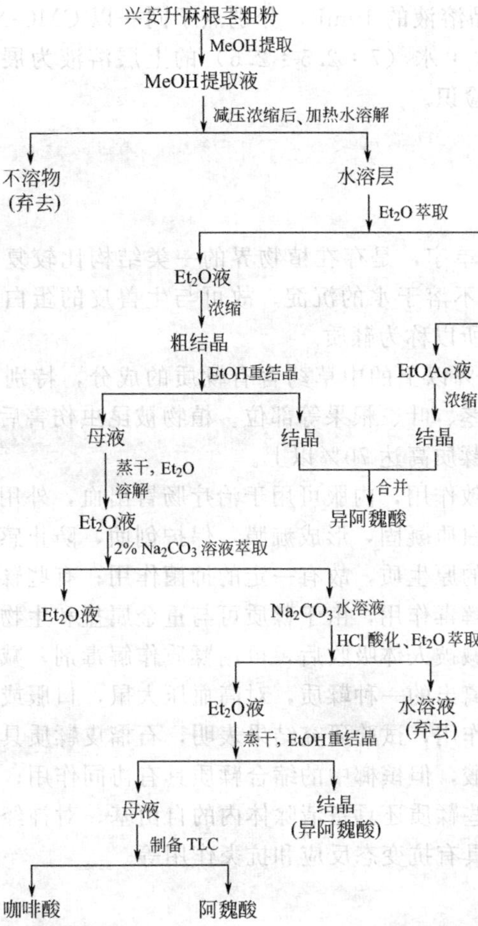


(2) 绿原酸的提取分离

金银花为忍冬科植物忍冬（*Lonicera japonica Thumb*）、红腺忍冬（*L. hypoglauca Miq.*）、山银花（*L. confuse DC.*）或毛花柱忍冬（*L. dasystyla Rehd*）的干燥花蕾或初开的花，为常用中药。金银花性寒味甘，具有清热解毒、凉散风热的功效。药理实验表明，金银花的醇提物具有显著的抗菌作用，其主要有效成分为有机酸。普遍认为绿原酸和异绿原酸是金银花抗菌作用的主要有效成分。现又证明，3,4-二咖啡酰奎宁酸、3,5-二咖啡酰奎宁酸和4,5-二咖啡酰奎宁酸的混合物也是金银花抗菌有效成分。

绿原酸的提取是利用绿原酸极性较大的性质，通常采用水煮提法、水煮醇沉淀，70%乙醇回流提取法从金银花、杜仲等药材中提取绿原酸。也可用水提石灰沉淀法提取绿原酸，但收率较低。这是由于绿原酸分子结构中含有酯键，用石灰水处理后的水溶液呈碱性，引起酯键水解而降低绿原酸的收率。

绿原酸的分离可采用离子交换法和聚酰胺吸附法。

① 离子交换法是利用绿原酸能够离解成阴离子状态，可与强碱型阴离子树脂交换进行分离纯化。

② 聚酰胺吸附法是将提取物溶于水，通过聚酰胺柱，依次用水、30%甲醇、50%甲醇和70%甲醇洗脱，收集70%甲醇洗脱液，浓缩得到粗品，再用重结晶法或其他色谱法进一步分离即可得到绿原酸。绿原酸为针状结晶（水），熔点208℃。

绿原酸的鉴定方法如下：取金银花粉末0.2g，加甲醇5mL，放置12h，过滤，滤液作为供试品溶液，另取绿原酸对照品，加甲醇制成每1mL含1mg的溶液，作为对照品溶液。

吸取供试品溶液 10～20$\mu$L，对照品溶液的 10mL，分别点于同一以 CMC-Na 为黏合剂的硅胶 H 薄层板上，以乙酸丁酯：甲醇：水（7：2.5：2.5）的上层溶液为展开剂，展开，取出，晾干，在紫外灯（365nm）下检识。

## 10.2 鞣质

鞣质（tanning）又称为鞣酸或单宁，是存在植物界的一类结构比较复杂的多元酚化合物。这类物质能与蛋白质结合形成不溶于水的沉淀，故可与生兽皮的蛋白质形成致密、柔韧、不易腐败又难以透水的皮革，所以称为鞣质。

鞣质广泛存在于植物界，约 70%以上的中草药含有鞣质的成分，特别在种子植物中分布很普遍。鞣质存在于植物的皮、茎、叶、根果等部位。植物被昆虫伤害后所形成的虫瘿中含有大量的鞣质，如五倍子所含量鞣质高达 70%以上。

鞣质具有多种生物活性：①收敛作用，内服可用于治疗肠胃出血，外用于创伤、灼伤的创面，鞣质可使表面渗出物中的蛋白质凝固，形成痂膜，保护创面，防止感染；②抗菌、抗病毒作用，鞣质能凝固微生物体内的原生质，故有一定的抑菌作用；有些鞣质还有抗病毒作用，如贯众鞣质可抗流感病毒；③解毒作用，由于鞣质可与重金属盐和生物碱产生不溶性沉淀，有些具有毒性的重金属或生物碱被人体吸收后，可用鞣质作解毒剂，减少有毒物质被人体吸收；④降压作用，从槟榔中分离出的一种鞣质，对高血压大鼠，口服或注射均有降压作用，而对正常血压无影响；⑤驱虫作用，试验研究结果表明，石榴皮鞣质具有驱虫作用；槟榔的驱虫有效成分主要是长链脂肪酸，但槟榔中的缩合鞣质具有协同作用；⑥其他作用，近代药理试验研究表明，分别发现有些鞣质还具备清除体内的自由基，对神经系统具有抑制作用，可降低血清中脲素氮的含量，具有抗变态反应和抗炎作用等。

### 10.2.1 鞣质的分类

根据鞣质的化学结构及其是否被酸水解的性质，可将鞣质分为两大类，即可水解鞣质和缩合鞣质。可水解鞣质是由酚酸与多元醇通过苷键和酯键形成的化合物，可被酸、碱和酶催化水解。根据可水解鞣质经水解后产生酚酸的种类，又可将其分为没食子酸鞣质和逆没食子酸鞣质。

(1) 没食子酸鞣质

这类鞣质水解后可生成没食子酸（或其缩合物）和（或）多元醇。

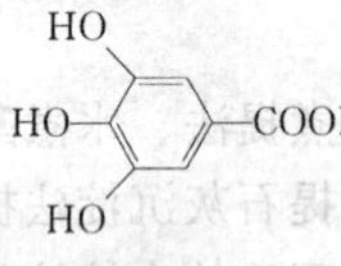


没食子酸

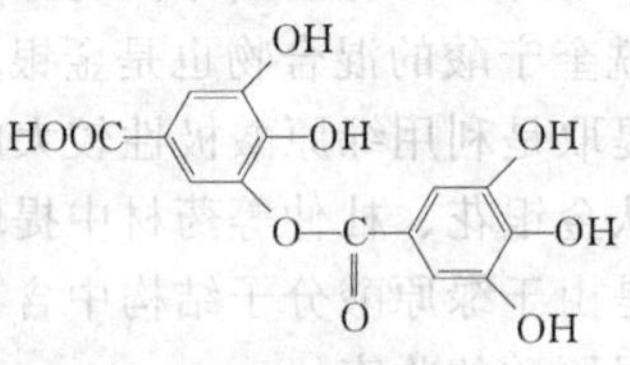


间-双没食子酸

没食子酸鞣质水解后产生的多元醇大多为葡萄糖。如五倍子鞣质的化学结构研究表明，其基本结构为 1,2,3,4,6-五-*O*-没食子酰-D-葡萄糖，在 2 位、3 位、4 位的没食子酰基上还可连多个没食子酰基。实际上，五倍子鞣质是具有这一基本结构的多没食子酰基化合物的混合物，结构如下：

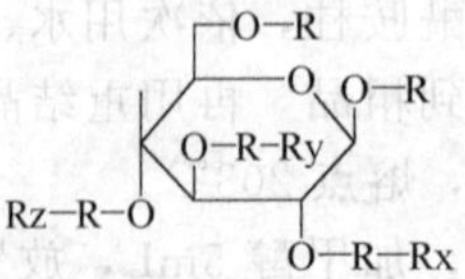


五倍子鞣质

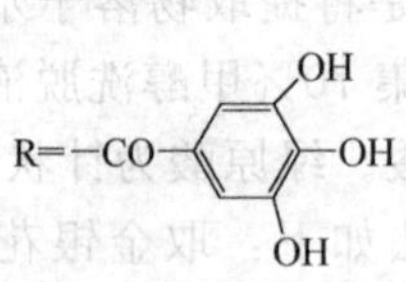


没食子酰基

（2）逆没食子酸鞣质

这类鞣质水解后产生逆没食子酸和糖，或同时有没食子酸其他酸生成。有些逆没食子酸鞣质的原生物并无逆没食子酸的组成，其逆没食子酸是由鞣质水解所产生的黄没食子酸或六羟基联苯二甲酸脱水转化而成。

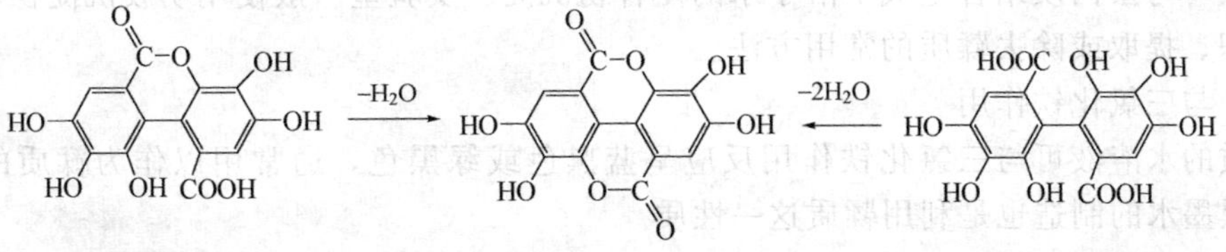


黄没食子酸　　逆没食子酸　　六羟基联苯二甲酸

例如，中药诃子含20%～40%的鞣质，为逆没食子酸型混合物，水解后可产生1mol黄没食子酸和2mol葡萄糖，前者脱水即生成逆没食子酸。

缩合鞣质不能被酸水解，经酸处理后反而缩合成不溶于水的高分子鞣酐，又称鞣红。

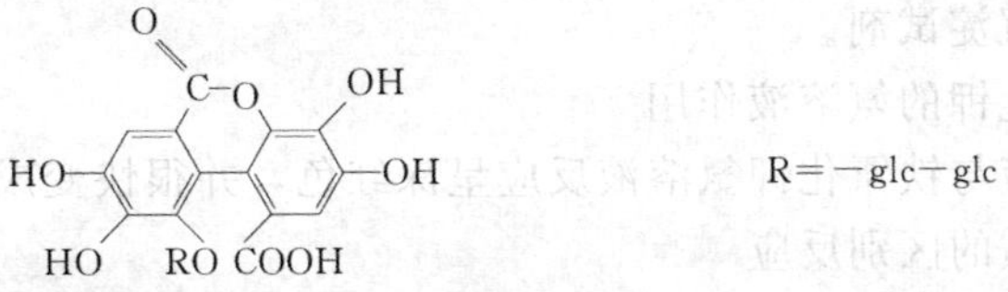


诃子鞣质

缩合鞣质的化学结构复杂，目前尚未完全弄清。但普遍认为，组成缩合鞣质的基本单元是黄烷-3-醇，最常见的是儿茶素。例如大黄鞣质是由表儿茶素的4位和8位碳碳结合，而且结构中尚存在没食子酰形成的酯键。

(+)-儿茶素(2*R*,3*S*)　　(−)-儿茶素(2*S*,3*R*)

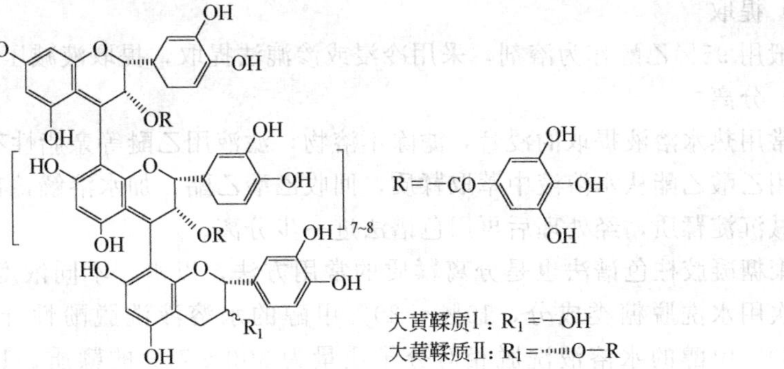

大黄鞣质Ⅰ：$R_1$=—OH

大黄鞣质Ⅱ：$R_1$=┉O—R

## 10.2.2 鞣质的性质

（1）性状

鞣质多为无定形粉末，相对分子质量在500～3000之间；呈米黄色、棕色、褐色等；具有吸湿性。

（2）溶解性

鞣质具有较强的极性，可溶于水、甲醇、乙醇、丙酮等亲水性溶剂，也可溶于乙酸乙酯，难溶于乙醚、氯仿等亲脂性溶剂。

（3）还原性

鞣质是多元酚类化合物，易氧化，具有较强的还原性，能还原多伦试剂和斐林试剂。

（4）与蛋白质作用

鞣质可与蛋白质结合生成不溶于水的复合物沉淀。实验室一般使用明胶沉淀鞣质。这是用以检识、提取或除去鞣质的常用方法。

（5）与三氯化铁作用

鞣质的水溶液可与三氯化铁作用反应呈蓝黑色或绿黑色，通常用以作为鞣质的检识反应，蓝黑墨水的制造也是利用鞣质这一性质。

（6）与重金属盐作用

鞣质的水溶液能与醋酸铅、醋酸铜、氯化亚锡等重金属盐产生沉淀反应，这一性质通常用于鞣质的提取分离或除去中药提取液中的鞣质。

（7）与生物碱作用

鞣质为多元酚类化合物，由于具有酸性，故可与生物碱结合生成难溶于水的沉淀，常作为检识生物碱的沉淀试剂。

（8）与铁氰化钾的氨溶液作用

鞣质的水溶液与铁氰化钾氨溶液反应呈深红色，并很快变成棕色。

（9）两类鞣质的区别反应

水解鞣质与缩合鞣质的定性鉴别见表10-1。

**表 10-1　两类鞣质的鉴别反应**

| 试　剂 | 水解鞣质 | 缩合鞣质 |
|---|---|---|
| 稀酸共沸 | 无沉淀 | 暗红色鞣红沉淀 |
| 溴水 | 无沉淀 | 黄色或橙红色沉淀 |
| 三氯化铁 | 蓝色或蓝黑色（或沉淀） | 绿色或绿黑色（或沉淀） |
| 石灰水 | 青灰色沉淀 | 棕色或棕红色沉淀 |
| 乙酸铅 | 沉淀 | 沉淀（可溶于稀乙酸） |
| 甲醛和盐酸 | 无沉淀 | 沉淀 |

### 10.2.3　鞣质的提取与分离

（1）提取

一般用95%乙醇作为溶剂，采用冷浸或渗漉法提取，提取液减压浓缩成浸膏。

（2）分离

通常用热水溶液提取的浸膏，滤除不溶物，滤液用乙醚等亲脂性有机溶剂除去脂溶性成分，再用乙酸乙酯从水溶液中萃取鞣质，回收乙酸乙酯，加水溶解，在水溶液中加入醋酸铅或咖啡碱沉淀鞣质，经处理后再用色谱法进一步分离。

葡聚糖凝胶柱色谱法也是分离鞣质的常用方法，以水、不同浓度的甲醇和丙酮作洗脱剂。依次用水洗脱糖类成分，10%～30%甲醇的水溶液洗脱酚性苷类成分（如黄酮苷），40%～80%甲醇的水溶液洗脱相对分子质量为300～700的鞣质。100%甲醇洗脱出相对分子质量为700～10000的鞣质，50%丙酮的水溶液可洗脱相对分子质量大于10000的鞣质。

薄层色谱、纸色谱和高效液相色谱也广泛用于鞣质的分离。

### 10.2.4　除鞣质的方法

在很多中药中，鞣质不是有效成分。由于鞣质的性质不稳定，致使中药制剂易于变色、浑浊或沉淀，从而影响制剂的质量，可采用以下方法除去中药提取物中的鞣质。

(1) 热处理冷藏法

鞣质在水溶液中是一种胶体状态，高温可破坏胶体使之聚集，低温则可降低其运动的稳定性而使之沉淀。因此可先将药液蒸煮，然后冷冻放置，过滤，即可除去大部分鞣质。

(2) 石灰沉淀法

利用鞣质与钙离子结合生成不溶性沉淀，在中药的水提取液中加入氢氧化钙，使鞣质沉淀析出；或在中药原料中拌入石灰乳，使鞣质与钙离子结合为不溶性产物，再用水或其他溶剂提取有效成分。

(3) 铅盐沉淀法

在中药的水提取液中加入饱和的醋酸铅或碱式醋酸铅溶液，可使鞣质沉淀完全，然后按常规方法除去滤液中过剩的铅盐。

(4) 明胶沉淀法

在中药的水提取液中，加入适量4%明胶溶液，使鞣质沉淀完全，滤除沉淀，滤液减压浓缩至小体积，加入3～5倍量的乙醇，以沉淀过量的明胶。

(5) 聚酰胺吸附法

将中药的水提取液通过聚酰胺柱，鞣质与聚酰胺以氢键结合而牢牢吸附在聚酰胺柱上，80%乙醇难以洗脱，而中药中其他成分均可被80%乙醇洗脱下来，以此达到除去鞣质的目的。

(6) 醇溶液调pH法

利用鞣质与碱成盐后难溶于醇的性质，可在乙醇溶液中用40%氢氧化钠调pH 9～10，使鞣质沉淀而后滤除。

## 10.3 氨基酸、蛋白质和酶

### 10.3.1 氨基酸

氨基酸（amino-acid）广泛存在于动、植物体中，除构成蛋白质的氨基酸外，其他游离氨基酸也大量存在于中草药中，有些氨基酸为中药的有效成分，例如，使君子中的使君子氨酸具有驱蛔作用；毛边南瓜子中的南瓜子氨酸具有治疗丝虫病和血吸虫病的作用；天冬、玄参、棉根中的天门冬素具有镇咳和平喘作用；三七中的田七氨酸具有止血作用。

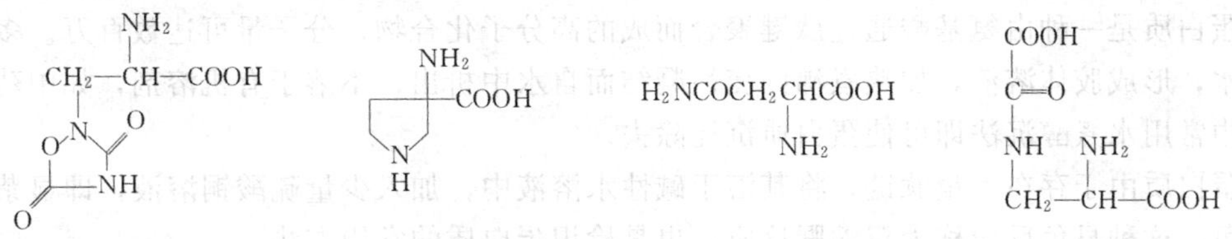

使君子氨酸　　南瓜子氨酸　　天门冬素　　田七氨酸

氨基酸为酸碱两性化合物，一般能溶于水，易溶于酸水和碱水，难溶于亲脂性有机溶剂。

氨基酸的检识试剂有茚三酮试剂、吲哚醌试剂及1,2-萘醌-4-磺酸试剂，后两种试剂对不同氨基酸显示不同的颜色，但其检出灵敏度不及茚三酮试剂，故常用于氨基酸检识的试剂多为茚三酮。

氨基酸一般采用以下提取分离方法。

(1) 水提取法

药用植物粗粉用水浸泡，过滤，减压浓缩至1mL相当于1g生药，加2倍量乙醇沉淀去蛋白质、糖类杂质，过滤，滤液浓缩至小体积，然后通过强酸性阳离子交换树脂，用$1mol \cdot L^{-1}$氢氧化钠或$1\sim2mol \cdot L^{-1}$氨水洗脱，收集对茚三酮呈阳性的部分即为总氨基酸。

(2) 稀乙醇提取法

药用植物粗粉用70%乙醇回流或冷浸，乙醇提取液经减压浓缩至无醇味，然后按水提法通过适当的阳离子交换树脂，即得总氨基酸。

总氨基酸进一步的分离，一般是先用纸色谱检查含有几种氨基酸，然后再选择分离方法。氨基酸的分离方法有以下几种。

① 离子交换法　这是分离氨基酸的常用的方法，可直接将水或稀乙醇提取物，通过装有阳离子交换树脂的交换柱。在酸性条件下，带正电荷的氨基与树脂上的$—SO_3H$交换。由于氨基酸的正电荷随溶液的pH发生变化，同一氨基酸在不同pH条件下和不同氨基酸在同一pH环境中所带的正电荷各不相同，与$—SO_3H$上的氢离子交换能力强弱也不同。利用这种差别，使相互分离。例如板蓝根中氨基酸的分离，在阳离子交换树脂柱上，酸性氨基酸的交换能力最弱，中性氨基酸较强，碱性氨基酸最强。

② 成盐法　利用某些酸性氨基酸与重金属化合物如氢氧化钡或氢氧化钙生成难溶性盐，某些碱性氨基酸与一般酸成盐而与其他氨基酸分离，如南瓜中的南瓜子氨酸是通过与高氯酸成结晶性盐而分离出的。

③ 电泳法　带电质点在电场中向电荷相反的方向移动的现象称电泳。氨基酸是两性电解质，在同一pH条件下，各种氨基酸所带电荷不同，若将混合氨基酸的水溶液置于电泳凝胶或纸片上，在一定的电场中，中性氨基酸留于中间原处，具净正电荷的氨基酸移向阴极，具净负电荷的氨基酸移向阳极。移动速度与溶液的pH有关，溶液的pH愈接近等电点，则氨基酸所带的净电荷愈低，移速愈慢，反之，则加快。因此，适当调节氨基酸混合液的pH，可达到分离混合氨基酸的目的。

### 10.3.2 蛋白质

蛋白质（protein）大量存在于中草药中，在中药制剂的工艺中，大多数情况将其作为杂质除去。但近几十年来，随着对中药化学成分的深入研究，陆续发现有些中草药的蛋白质具有一定的生物活性。例如，天花粉中的天花粉蛋白有引产作用，临床用于中期妊娠引产，并用于治恶性葡萄胎；半夏鲜汁中的半夏蛋白具有抑制早期妊娠作用。

蛋白质是一种由氨基酸通过肽键聚合而成的高分子化合物，分子量可达数百万。多数可溶于水，形成胶体溶液，加热煮沸则变性凝结而自水中析出；不溶于有机溶剂，如中药制剂生产中常用水煮醇沉法即可使蛋白质沉淀除去。

蛋白质由于存在大量肽链，将其溶于碱性水溶液中，加入少量硫酸铜溶液，即显紫色或紫红色，这种显色反应称为双缩脲反应，也是检识蛋白质的常用方法。

蛋白质在水和其他溶剂中的溶解度，因蛋白质种类的不同有较大的差异。白蛋白和碱性蛋白质在水中的溶解度较大，大多数的其他蛋白质在水中的溶解度较低。有的可溶于稀无机酸或碱溶液或稀盐溶液中，如球蛋白类、谷蛋白类。一般的分离方法，可用水提取液以硫酸铵饱和，沉淀出蛋白质，或用5%～10%NaCl水溶液作为在植物中提取蛋白质的溶剂，提取液中加入NaCl饱和析出蛋白质。也常利用透析法提纯蛋白质，或以递增浓度的二醇或丙酮分段提取，分别加入适量乙醚沉淀出蛋白质。进一步分离蛋白质，常采用离子交换柱色谱，或凝胶过滤法，电泳法，超速离心法等。

### 10.3.3 酶

酶是一种活性蛋白质，除具有蛋白质的通性外，还具有促进中药化学成分水解的性质，如苷类。酶的水解作用具专属性，而这种活性酶往往与被水解成分共存于同一植物体内，这是中药化学成分研究和中药制剂生产过程中应考虑的问题。在大多数情况下，需防止酶水解中药中欲提取的成分，避免成分的分解，必须使酶变性而破坏其活性，如加热、加入电解质或重金属盐等均能使酶失去活性；有时则要利用酶水解的专属性，有选择性的水解某种苷键，如强心灵的生产工艺流程即是利用酶解，使黄夹苷甲和黄夹苷乙分子的葡萄糖去掉，所得次生苷的强心作用提高 5 倍左右。

## 10.4 植物激素、昆虫信息素和农用天然产物

自然界的生命体内存在着各种各样的化学信息素（semiochemicals），它是在个体之间传播信息的一种物质，运用于体内，操纵着从生到死的各个生命阶段，释放于体外，起着吸引异性、正常生活、繁衍后代、防卫自身和参与社会活动等生命现象的控制作用。生命和天然的化学信息素很可能是同根而生，可以说，化学信息素起着生命全过程的控制作用，达到体内和体外的高度协调和有机统一，控制目的不同，信息素的成分也不同。

化学信息素通常在生物体中含量极低，它们可能是单一的有光学活性的化合物，也可能是由并不等量的对映异构体所组成。立体化学和生物活性的关系十分复杂，呈现出多样性的响应关系。有机合成在化学生态学中发挥了重要的作用，通过对映异构体的选择性合成得到进行生物测试所需数量并由此可以确定它们的结构及立体构型，了解化合物的结构与其生物活性的关联。人类对天然化学信息素的研究正显示出不可估量的科学威力。

### 10.4.1 植物激素

植物激素（phytohormone）是在植物特定部位进行生物合成，在植物体内向各器官传导的调控植物生理现象的物质。目前，主要的植物激素有如下所示的 7 类。

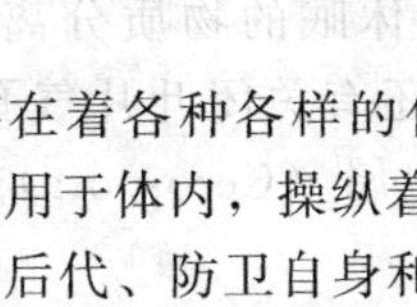


吲哚-3-乙酸(生长素, IAA)

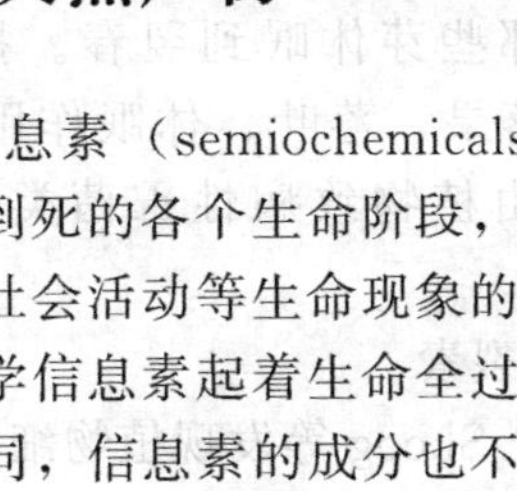


赤霉素(GA3)

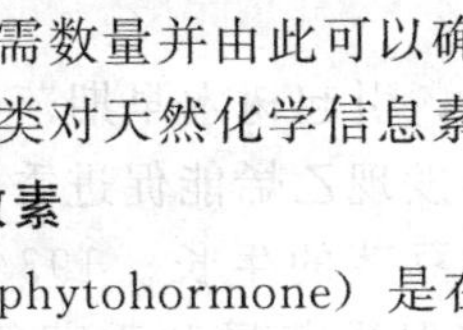


脱落酸(ABA)

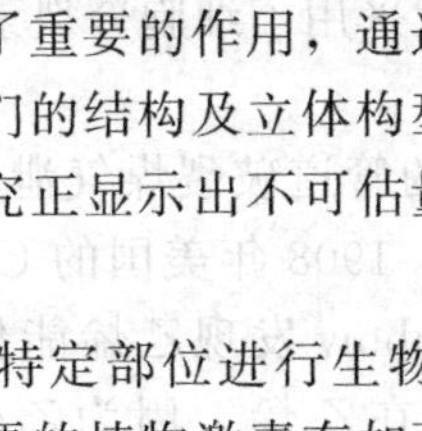


玉米素(细胞分裂素类)

$H_2C=CH_2$

乙烯

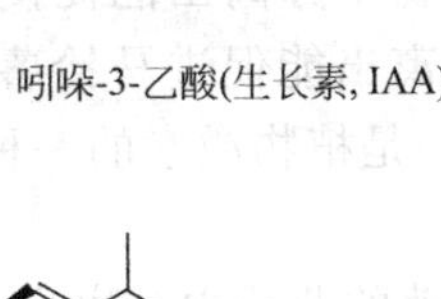


茉莉酮酸

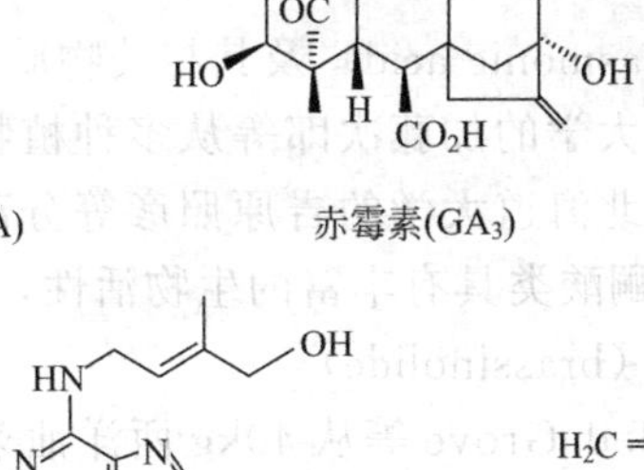


油菜素内酯(BR)

(1) 吲哚乙酸

荷兰有机化学家F. Kögl于1934年从人尿中提取出促进植物生长的物质，并命名为异植物生长素。日本东北大学学者于1925年首次合成了吲哚-3-乙酸。现在称为植物生长素(auxin)，是调控植物生长的重要激素之一。

(2) 赤霉素类（gibberellins）

1938年由东京大学的薮田贞治郎与住木谕介从水稻恶苗病菌的培养滤液中分离出的物质。赤霉素是一种结构较复杂的物质，也是另一种调控植物生长的重要激素。

(3) 脱落酸（abscisic acid）

1963年由美国的F. T. Addicott与大熊和彦等从300kg的棉籽中获得9mg结晶，该物质经英国的J. W. Cornforth等研究发现与植物的休眠现象有关。白桦和枫树，从夏季到初秋形成新芽，那些芽休眠到翌春。把诱导休眠的物质分离出来，就是脱落酸，脱落酸除了具有促使落果、落叶、休眠作用外，还有关闭叶片气孔抑制水分蒸腾的作用。另外，脱落酸还可由植物致病性霉菌类的尾孢属（Cecospora）与灰孢霉属（Botrytic）产生。

(4) 植物细胞分裂素

1955年美国的F. Skoog等发现植物细胞分裂素类（cytokin-ins），它能促进植物细胞分裂。1964年澳大利亚的D. S. Letham从60kg未成熟的玉米种子中分离出0.7mg的玉米素(zeatin)，玉米素是具代表性的细胞分裂素。植物细胞分裂素能促进细胞的分裂与分化。园艺观赏用的兰花等组织培养中就采用了细胞分裂素。

(5) 乙烯

19世纪末，街道的煤气灯的管道破裂煤气泄漏之处，引起树木早期落叶，这说明煤气中有某种物质在起作用，不久，1908年美国的Crocker发现乙烯能促进香石竹茎和花的生长。随后，1911年俄国的Nejubow发现乙烯能促进大豆茎的生长。1934年证实了苹果果实释放出的挥发性成分中存在乙烯。因为乙烯具有促进苹果和香蕉等果实成熟的作用，实际上在香蕉生产中已被利用。现在已详细搞清了乙烯由1-氨基环丙烷酸生物合成的过程。

(6) 茉莉酮酸（jasmonic acid）及其相关物质

1980年大阪府立大学的加藤次郎等从多种植物中分离出能促使植物衰老的茉莉酮酸与其甲酯物质。1989年北海道大学的吉原照彦等分离出能促进马铃薯块茎形成的与糖苷相关的块根油酮酸。茉莉酮酸类具有丰富的生物活性，是植物激素的一种。

(7) 油菜素内酯（brassinolide）

1979年美国的M. d. Grove等从40kg西洋油菜的花粉中分离出4mg结晶，通过X-射线结晶分析确定结构。油菜素内酯具有使细胞伸长与膨大的效果。

### 10.4.2 昆虫信息素

昆虫内激素主要包括脑激素、蜕皮激素和保幼激素三大类。蜕皮激素是昆虫的幼虫蜕皮成蛹时必需的激素，第一个被成功地分离出的昆虫激素是Butenandt A. FJ. 等经过11年的努力，于1954年从500kg蚕蛹中分得的25mg蜕皮激素，到1965年确定了它们的结构。保幼激素主要起抑制变态以维持幼虫状态的作用，1956年，从天蚕中首先获得含保幼激素的活性油成分，1967年，得到300μg纯品，并依靠这点量正确定出了它的结构。至今已发现4种保幼激素，将它们喷施于蚕，可使蚕体增大，生长期延长，蚕丝增产。有意思的是，本来仅仅是从昆虫和甲壳动物中才获得的蜕皮激素却被发现也存在于一些植物之中，如百日青、牛膝等，露水草中的β-蜕皮激素更高达2%以上。但人们仍不清楚存在于这些植物中的蜕皮激素具有的生态意义。

（1）昆虫变态激素

昆虫变态激素又称蜕皮激素，最初是在昆虫体内发现，有促进细胞生长作用，刺激真皮细胞分裂，产生新的表皮，有使昆虫脱皮的能力，对人体有促进蛋白质合成作用，在植物体内此类成分亦有发现，如牛膝、川牛膝含有的脱皮甾酮、20-羟基蜕皮酮等。

昆虫变态激素亦为甾体化合物，结构中 A/B、B/C、C/D 环的骈合为顺式、反式、反式。$C_6$ 位常为羰基，$C_7$、$C_8$ 位为双键，构成 $\alpha,\beta$ 不饱和酮结构。另外具有多个羟基，$C_{17}$ 位连接的侧链由 8～10 个碳组成，且含有羟基。

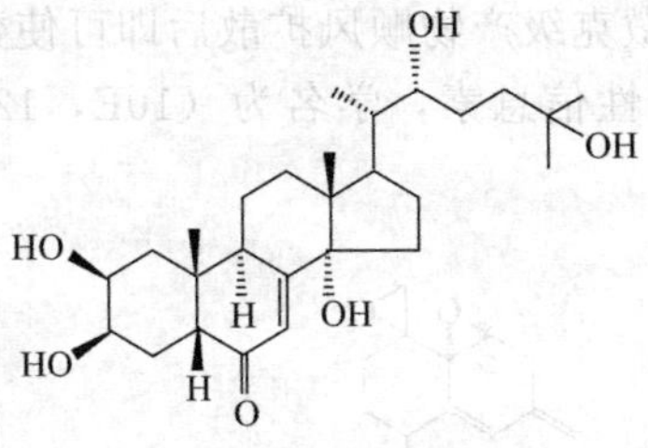
蜕皮酮($\alpha$-蜕皮酮)

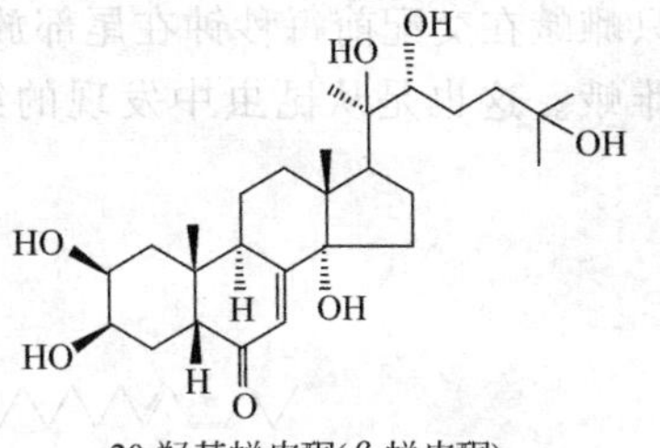
20-羟基蜕皮酮($\beta$-蜕皮酮)

昆虫变态激素在昆虫体内含量极微，一般采用有机溶剂提取，然后用逆流分配法分离纯化。

（2）保幼激素类

保幼激素（juvenile hormone，JH）的作用，顾名思义主要是抑制变态以维持幼虫的形态。昆虫变态过程不仅通过变态激素（MH）来调控，更主要的原因是因为在此过程中保幼激素的缺失。保幼激素还有许多其他作用，如控制间歇期、卵蛋白的合成（蛋黄素，vitellin）、卵巢的发育、蝗虫和蚜虫的发育期、决定蜜蜂中从蜂后到工蜂的各个等级、控制信息素的产生及对其反应等。保幼激素在昆虫体内的含量极低，Röller 等获得 300mg 纯粹的 JH，质谱分析得分子式为 $C_{18}O_{30}O_3$；用 200mg 测定 $^1$H-MHR 谱；结合微量化学衍生化，最后确定出其化学结构，包括双键构型，但环氧基的构型未定。分子中包括甲酯部分一共有 18 个碳，称为 $C_{18}$-JH，又称 JH-Ⅰ。不久又从中分得含量更低的 $C_{17}$-JH，或称 JH-Ⅱ。

一些常见的保幼激素类和有关物质的结构如下：

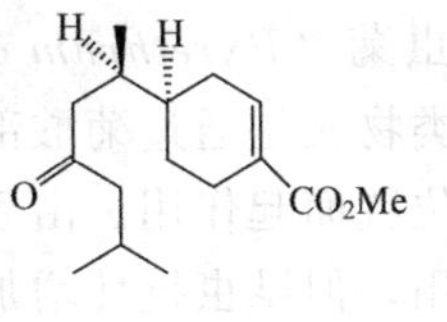
保幼酮

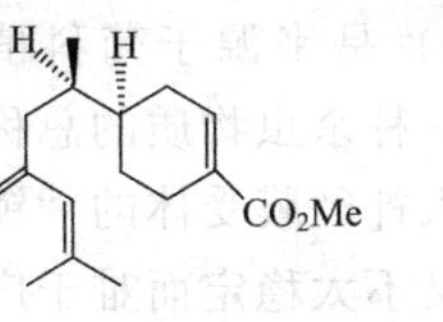
脱氢保幼酮

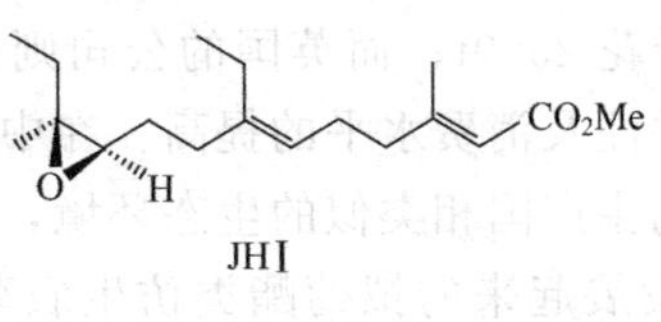
JHⅠ

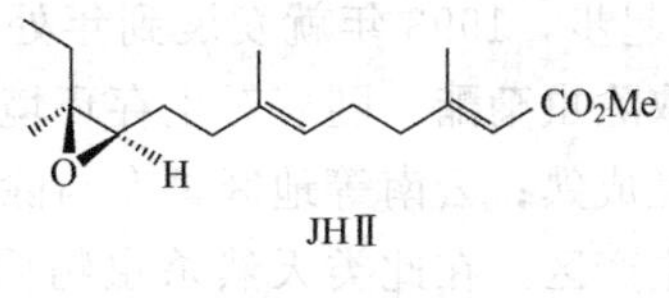
JHⅡ

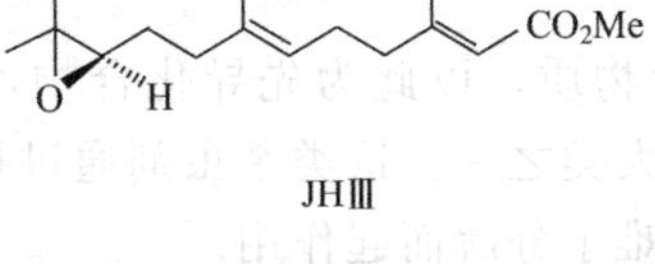
JHⅢ

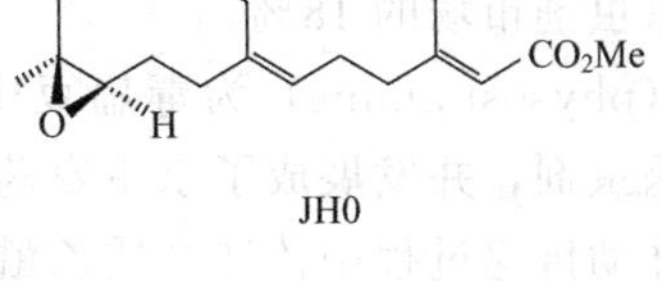
JH0

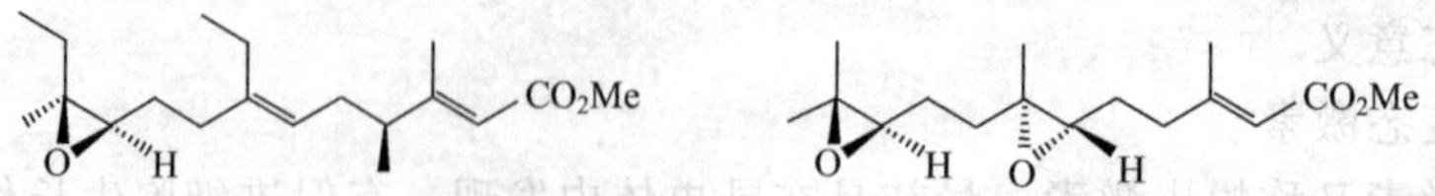


昆虫外激素又称昆虫信息素，包括性、集结、追踪、警告、产卵等各种信息等。所有的这些信息素含量虽然极微，但生理效果十分明显。

信息素中研究得最多发展最快的是性信息素。Butenandt经过20多年的努力，于1959年从50万只雌性未交配过的蚕蛾中分出12mg性信息素，发现它只要$10^{-12}$g就能使雄性蚕蛾兴奋，一只雌蛾在交配前每秒钟在尾部放出毫微克级产物顺风扩散后即可使数千米外的雄蛾迎风飞向雌蛾。这也是从昆虫中发现的第一个性信息素，学名为（10E，12Z)-十六碳二烯醇。

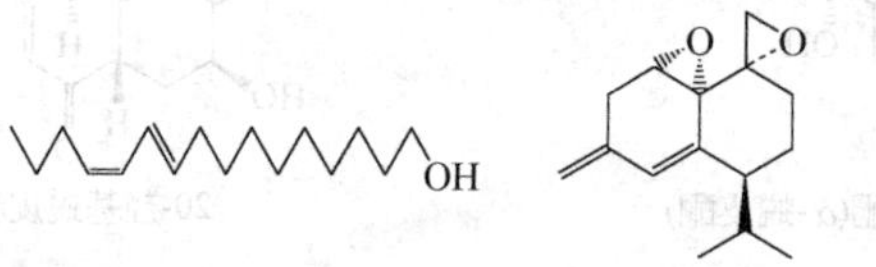


近10年来，昆虫生长调节激素的研究有了飞跃性进展，铃模等首次从家蚕头部分离到脑激素（前胸腺刺激激素），系与胰岛素（insulin）的结构非常相似的蛋白质；他们通过合成并将其活化，得到了与天然物活性相同的蛋白质因而证实了化学结构，同时将该激素的cDNA片断重组到大肠杆菌中，通过微生物生物合成得到具有生物活性的前胸腺激素。昆虫的其他一些激素如羽化激素和休眠激素等均为肽类物质，并确定了结构。

昆虫信息素也是近几年研究较多的物质。性信息素也有不少应用，如棉铃虫的性诱激素已应用于诱杀棉铃虫控制其大爆发。

### 10.4.3 农用天然产物

来源于植物的杀虫物质，结构多样、种类繁多，充分反映出植物与昆虫的相互制约，相互依存。在众多的天然杀虫化合物中，被广为应用并形成产业，一直在社会发展中起重要作用的并不多。

除虫菊酯（pyrethrins)(1～6）是来源于菊科植物除虫菊（*Pyrethrum cineraefolium*）干花提取物，是具有极强活性的6种杀虫物质的总称。这类物质是通过菊酸部分的偕二甲基和醇部分侧链上的不饱和部分嵌入神经膜受体的“锁眼”位置而起作用。由于是多种杀虫物质混合而成，且成本较高，结构又不太稳定而难于广泛使用，但昆虫抗性增加缓慢，因而一直显示极高的活性。该类物质已应用半个多世纪，却仍是目前的开发热点。澳大利亚的除虫菊公司1986年起步，1993年就发展到年处理干花2500t；而英国的公司则迅速将超临界新技术应用于提取除虫菊酯。随着对生存环境的关注及消费水平的提高，在中国形成天然菊酯产业的时机已经成熟；云南等地区具有与除虫菊主产国相类似的生态环境，完全有可能成为除虫菊的另一主产区。在此类天然杀虫物质上发展起来的拟菊酯类仿生农药，则已有近30种投产，约占杀虫剂市场的18%。

毒扁豆碱（physostigmine）为毒扁豆中剧毒物质，以此为先导化合物，合成了一大类氨基甲酸酯类杀虫剂，并发展成了杀虫农药中3大类之一。这类杀虫剂通过抑制乙酰胆碱酯酶，使在神经冲动传递过程中传递介质乙酰胆碱难于分解而起作用。

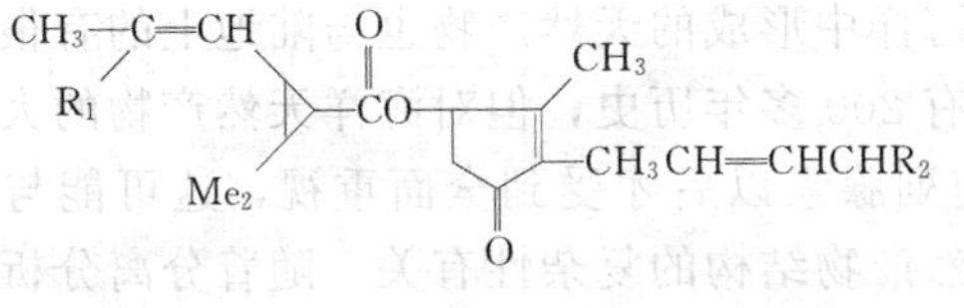

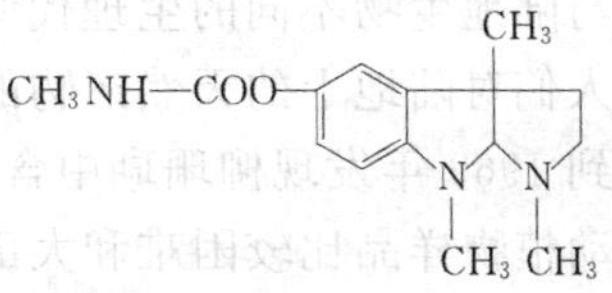

毒扁豆碱

| | | $R_1$ | $R_2$ |
|---|---|---|---|
| 除虫菊酯 | 1 | $CH_3$ | $CH_2$ |
| | 2 | $COOCH_3$ | $CH_2$ |
| 瓜菊酯 | 3 | $CH_3$ | $CH_3$ |
| | 4 | $COOCH_3$ | $CH_3$ |
| 茉莉菊酯 | 5 | $CH_3$ | $CH_3$ |
| | 6 | $COOCH_3$ | $CH_3$ |

还可以举出一些农用天然产物的例子，如20世纪30年代发现的赤霉素类化合物是一种强烈影响植物生长和发育的植物内源激素，它能引起稻秧疯长而变化直到枯萎，同时还有促进植物雄化、阻止老化和单性结果等作用，适当运用则可使果实肥大，蔬菜休眠期，促进花卉开花。另一方面，人们也开发出不少抑制赤霉素生物活性的阻滞剂，如矮壮素之类生长调节剂以使植物节间缩短起到增产作用。20世纪80年代以来，从油菜花粉中分离得到的一类含七元环的甾醇内酯被发现具有增加植物营养体的生长和促进受精作用，对农业增产有明显的效果。研究者们不辞辛劳，在油菜花上采集花粉的蜜蜂腿脚上收集花粉，结果从227kg花粉中得到15mg样品，它们的结构虽然较为复杂，但有机化学家也已经能够在实验室中成功地进行全合成和结构改造工作。

从某种意义上讲，自然界本身亦是创制农药的最好设计师。已经知道有400多种植物含有天然抗拒昆虫进攻的物质，还有几百种天然的植物含有这样那样的生长调节活性物质。人类对生物界的了解还很不深透，但所取得的成果已经能导致农业生物学的一次次革命，增加产量，提高质量和品种的同时留下一个更美好的地球环境。不可否认的是，自然界的各种因素十分复杂，基础研究工作还做得远远不够，还有大量的事情要做。如，植物病毒也是造成农作物减产和品质劣化的重要原因之一，杀植物病毒剂（phytovirucides）的研究也和杀虫剂、除草剂一样开始活跃起来。细胞激素（kinetines）作为一种内源激素可促进细胞分裂，刺激生长发育和防止衰老的作用。化学杂交剂（hybrizing agent）可阻止植株发育和自花授粉，从而通过异花授粉来获取植物杂交种子。绿色植物在进行光合作用的同时还进行着吸收氧气放出二氧化碳的另一种呼吸作用，这种光呼吸作用（photorespiration）使碳素损失，净光合率下降，导致作物产量下降。利用有机化合物，对光呼吸作用进行化学控制的研究报道也逐年增加。一门研究生物体如何利用化学信息素进行种属内部和不同种属之间相互作用的新兴学科——化学生态学（chemical ecology），已经兴起，其基本内容即是有关化学信息素的分离，结构鉴定和合成及应用。

## 10.5 海洋天然产物

海洋的面积约占地球表面积的70%左右，海洋中的动物和植物远比陆地上的多，计有30门50万种以上，如海洋动物的种类据统计是陆地上的4倍，光海绵的种类就有5000多种。由于海洋生物的生态环境与陆地生物全然不同，从海洋生物所处的海水这一特殊的环境来看，它们没有大的温差变化，盐浓度高，水压大，生物体较易受到病原微生物的侵袭并且一般是用整个机体来吸收稀薄的营养。由于生存环境的这些特点；海洋生物在其进化过程中产生了与陆地生物不同的生理代谢系统。在海洋中形成的天然产物也与陆地上的有很多差异之处。人们对陆地上的天然产物的研究已经有 200 多年历史，但对海洋天然产物的大规模研究，直到 1969 年发现柳珊瑚中含有丰富的前列腺素以后才受到全面重视，这可能与在海洋中采集动植物样品比较困难和大部分海洋天然产物结构的复杂性有关。随着分离分析仪器和结构快速测定方法的改进提高，特别是进入 20 世纪 80 年代以来，对高极性有机化合物的分离纯化技术和新颖生理活性试验方法的开发和手性有机合成技术的进步，使包括海洋微生物代谢产物在内的海洋天然产物的研究取得了长足的进步。

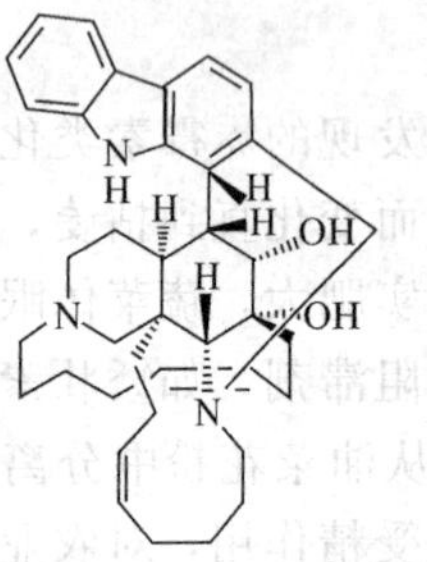

maeganedin

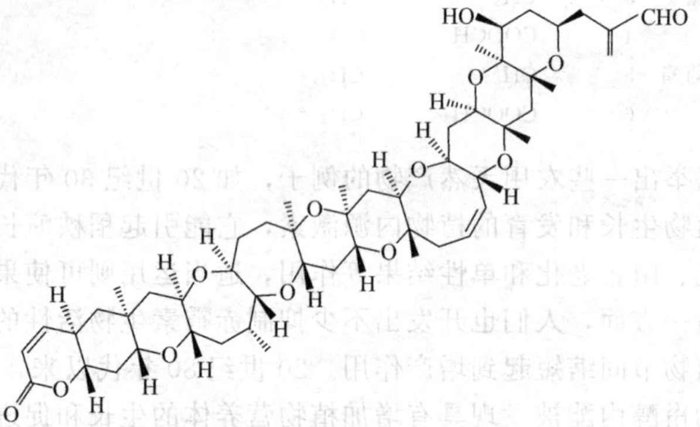

brevetoxin B

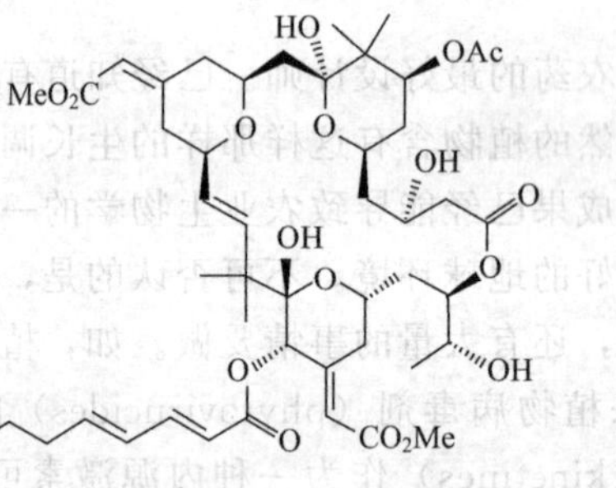

bryostatin

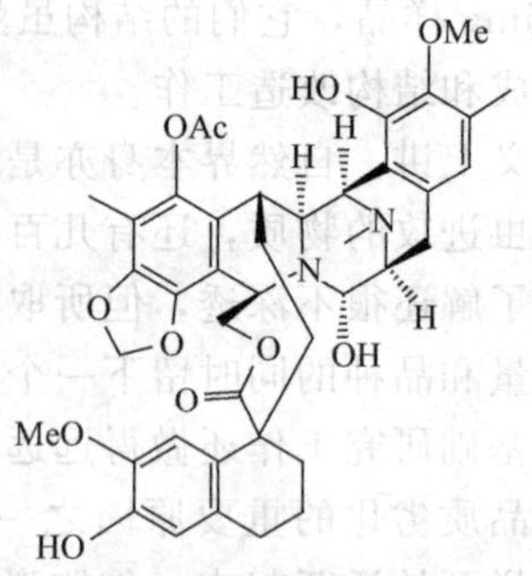

ecteinascidin 743

海洋天然产物研究的范围主要包括海洋植物、低等无脊椎动物和微生物三大种群。由于生态环境的巨大差异，海洋生物的次生代谢产物无论结构还是生理功能均与陆地生物有很大不同，主要表现为分子骨架的重排、迁移和高度氧化，分子结构庞大、复杂、分子中手性原子多。海洋天然有机化合物的类型包括萜类、甾体、生物碱、多肽，大环内酯、前列腺素类似物、聚多烯炔化合物、聚醇和聚醚等。海洋次生代谢产物往往结构中含有一些独特的化学官能团。例如，多卤素取代的化合物；含硫甲胺基化合物；含腈基、异腈基、异硫腈基的倍半萜和二萜等。许多化合物如以 maeganedin 为代表的大环二胺类海洋生物碱的生物合成途径至今仍不清楚。一些著名的海洋天然产物如短裸甲藻毒素（brevetoxin B）、沙海葵毒素（palytoxm）和草苔虫内酯（bryostatin）都是通过化学手段结合波谱技术（包括单晶 X-射线衍射）成功确定结构的范例。

许多海洋化合物显示多种多样的生物活性，其中以抗炎和细胞毒性尤为突出。美国是世界上最早开展海洋药物研究的国家。美国国立卫生研究院（NIH）癌症研究所（NCl）每年投于海洋药物研究的科研经费占全部天然药物研究经费的一半以上，他们的巨大投入已获得丰厚的回报。仅目前正在 NCI 进行临床疗效评价的海洋抗癌药物就至少有 6 个。例如，ecteinascidin 743、dolastatin 10、halichondrin B 等。此外，还有一些很有前景的海洋药物候选物正在进行临床前研究。海洋生物活性物质不仅对治疗癌症，而且在治疗其他多种疾病方面也具有巨大的潜力和美好的应用前景。例如，加勒比海的一种柳珊瑚 *Pseudopterogorgla elisabethae* 中发现的活性成分 pseudopterosin A 具有很强抗炎活性而被用于皮肤过敏性疾病的治疗。以上列举的几个例子仅只是 NIH 公开报道的。事实上，还有很多海洋药物正处于临床研究的不同阶段。

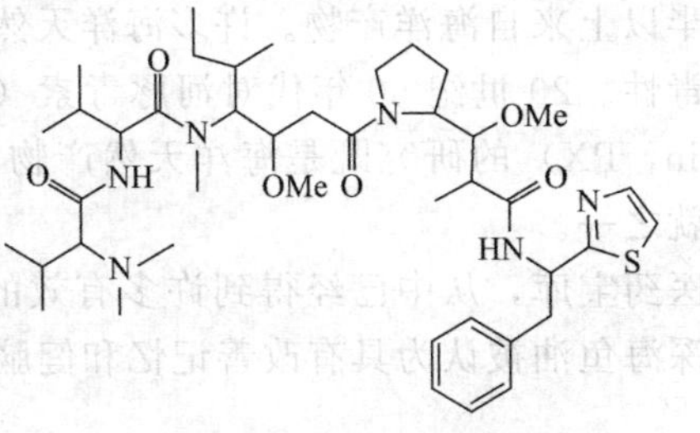

dolastatin 10

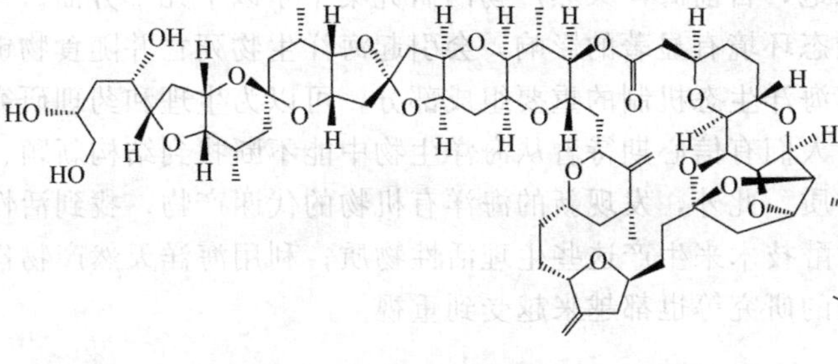

halichondrin B

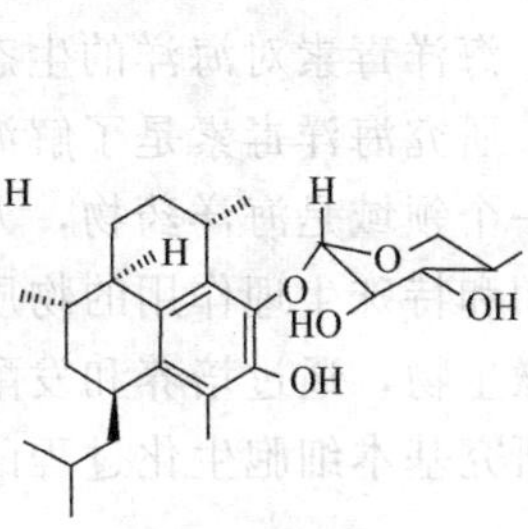

pseudopterosin A

另外，有不少含卤化合物的结构是陆地上看不到的，例如：

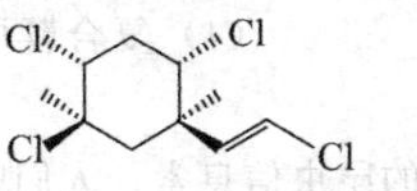

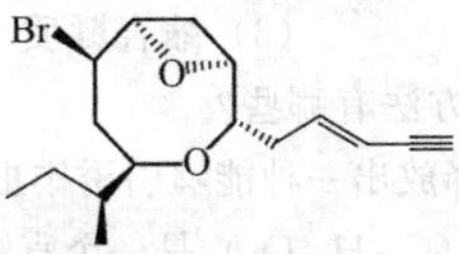

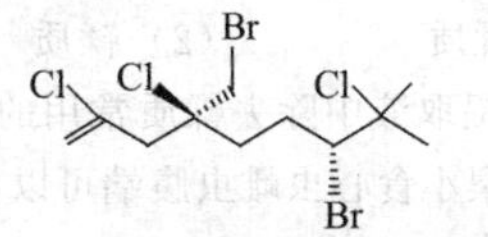

地球上有80%的生物生活在海洋中，但已被研究过的还只有百分之几。对海洋天然产物的研究不但能促进生物学的发展，也能不断发现新型结构的化合物，提出更合理的生物合成途径，促进食物和医药农药的发展。如从海洋异足索沙蚕中分离出一个毒性较大结构异常简单的杀虫有效成分沙蚕毒素，日本科学家对其构效关系作详尽研究后，从几百种相关的候选化合物中开发出巴丹（padan）这一广谱高效但对人畜无害的农药，年产量占到日本农药总耗量的20%以上。这种以具有明显生理活性的天然产物为先导化合物（lead compounds），加以结构改造，合成出结构简单但具有重要应用价值的类似物的研究思路和方法，也是有机合成化学和天然产物化学的一个重要研究领域。

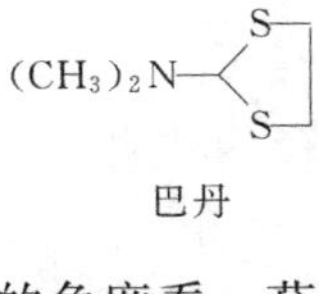

巴丹

沙蚕毒素

又如，从生源合成的角度看，萜类化合物在陆地上多是由质子诱导环化而成，而海洋萜类化合物却主要由卤离子特别是 Br-诱导而形成的：

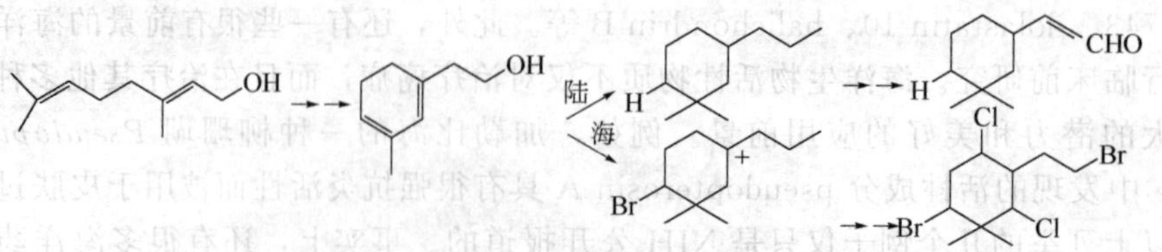


许多海洋天然产物具有特殊的生理功能。据报道，美国国立肿瘤研究所每年筛选几万种新的抗肿瘤药物，其中一半以上来自海洋产物。许多海洋天然产物有毒，但实际上许多抗肿瘤的活性物质都有一定的毒性。20 世纪 60 年代对河豚毒素（tetrodotoxin，TTX）和 70 年代对沙海葵毒素（palytoxin，PX）的研究既是海洋天然产物的代表性研究成果，也是有机化学学科发展的标志性成就之一。

海洋还是一个极大的医药宝库，从中已经得到许多有效的药物，可用于治疗心律失常、结核病和抗病毒作用等，深海鱼油被认为具有改善记忆和健脑及调节血脂的作用而成为一个受到瞩目的新保健品种。

海洋是地球上生命的发源地，目前海洋天然产物的研究集中于以下几个方面。一个是海洋毒素，海洋毒素对海洋的生态环境有显著的影响，会引起海洋生物死亡并随食物链影响人类食物，研究海洋毒素是了解海洋生态机制的重要组成部分，可以为生理和药理研究提供工具。另一个领域是海洋药物，人们有信心期待着从海洋生物中能不断找到结构新颖、带有奇异官能团和特殊生理作用的物质。此外，发现新的海洋有机物的代谢产物，找到活性化合物的起源微生物，通过培养和发酵技术来生产这些生理活性物质；利用海洋天然产物作为生化探针去研究基本细胞生化过程的研究等也都越来越受到重视。

## 习　题

1. 名词解释

（1）可水解鞣质　　（2）鞣质　　（3）缩合鞣质　　（4）复合鞣质

2. 从中草药提取液中除去鞣质常用的方法有哪些？

3. 未交配的梨小食心虫雌虫腹端可以释放出一种能够引诱雄虫的昆虫信息素，人们曾经合成了该信息素用于对该害虫的防治。已知这种性信息素 A($C_{12}H_{26}O_2$）是一个直链化合物，可使溴的 $CCl_4$ 溶液褪色，且无 HBr 逸出。A 在 NaOH 水溶液中加热处理后分出的有机相主要是化合物 B($C_{12}H_{24}O$)，B 可被 $CrO_3$-$H_2SO_4$ 试剂氧化为 C($C_{12}H_{22}O_2$）。若把 C 用臭氧处理然后水解，得到化合物 D（$C_4H_8O_2$）和 E($C_8H_{14}O_4$）。D 与 E 可溶解在 $NaHCO_3$ 水溶液中，试写出化合物 A、B、C、D、E 的结构式。

4. 应用离子交换法分离有机酸的原理是什么？

5. 什么是氨基酸的等电点？氨基酸在等电点时有何性质？

# 第 11 章　生物转化在天然产物研究中的应用

## 11.1　概述

生物转化是一种以生物工程方法，以微生物或酶进行的有机化学反应。例如，在非活性碳原子上引入羟基，这通过一般的化学方法是不可能达到的，由此可合成抗炎活性更强的醋酸氢化可的松，改良的抗癌药物 10-羟基喜树碱以及治疗阿米巴痢疾的 9α-羟基锥丝碱和 12α-羟基锥丝碱。

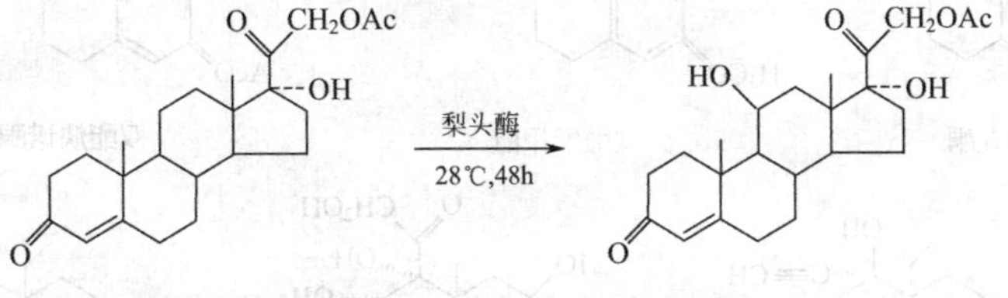


11-去羟醋酸氢化可的松　　醋酸氢化可的松

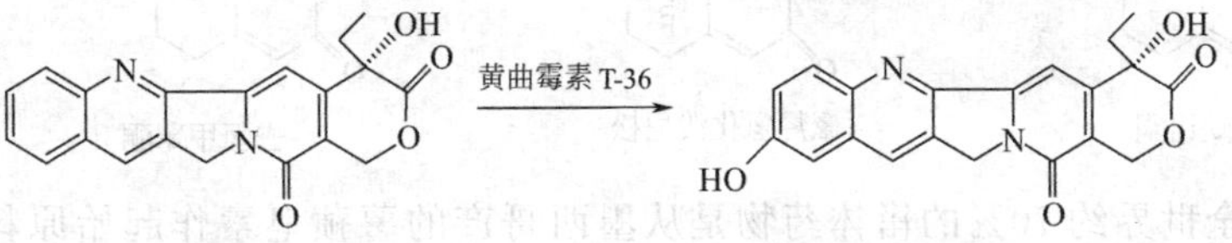


喜树碱　　10-羟基喜树碱

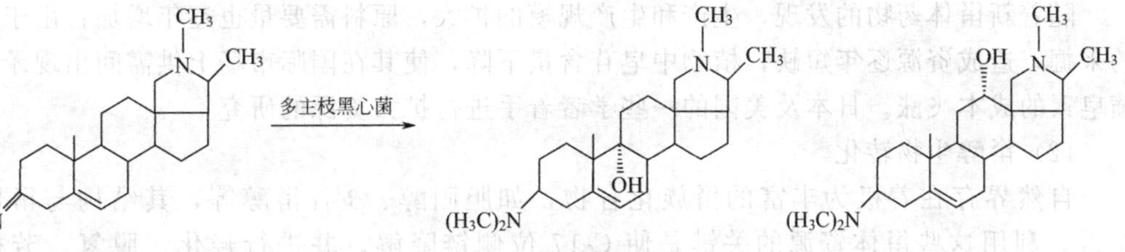


锥丝碱　　9α-羟基锥丝碱　　12α-羟基锥丝碱

再如生物转化在脱氢方面的一些应用，抗炎药物乙酸强的松可由乙酸可的松 C-1,2 位去氢制得，它的抗炎作用比乙酸可的松强 3～4 倍，副作用也小；以前用二氧化硒法脱氢，收率低，而采用简单节杆菌脱氢后，收率高达 85％左右。

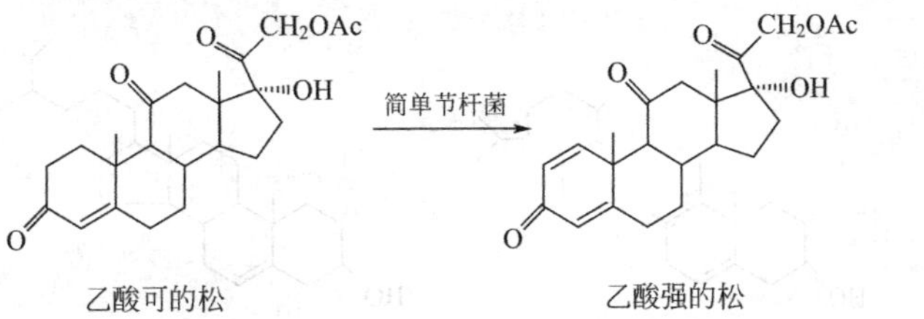


乙酸可的松　　乙酸强的松

由于生物转化条件温和、选择性高、立体专一性强、方法简便，所以在手性中间体、药物合成等方面有较广泛的应用，越来越受到有机化学家、微生物学家和药物化学家的重视。下面结合天然产物研究着重在甾体药物合成及不对称合成方面作些阐述。

## 11.2 生物转化应用于甾体药物合成

### 11.2.1 甾体药物与甾醇生物转化

（1）甾体药物

甾体药物是制药工业中极为重要的产品，它包括性激素、避孕药、肾上腺皮质激素、同化激素等，例雄激素睾丸酮、雌激素炔雌醇甲醚（mestranol）、孕激素双酯炔诺酮（ethynidiol diacetate）、避孕药甲基炔诺酮（norgestrel）、皮质激素氟烃氢化泼尼松（triamcinolone）、同化激素去氢甲睾酮（metandienone）等。

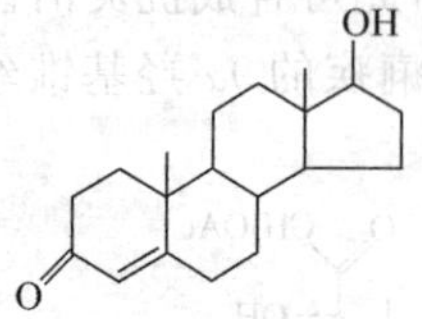

睾丸酮

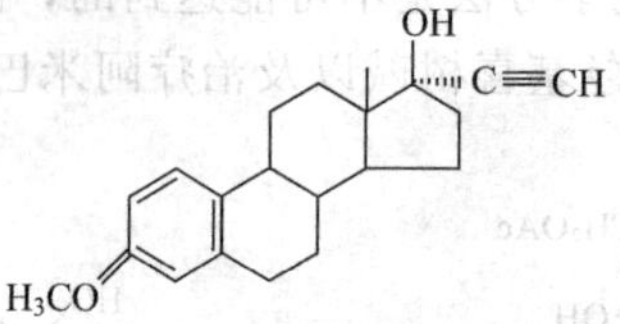

炔雌醇甲醚

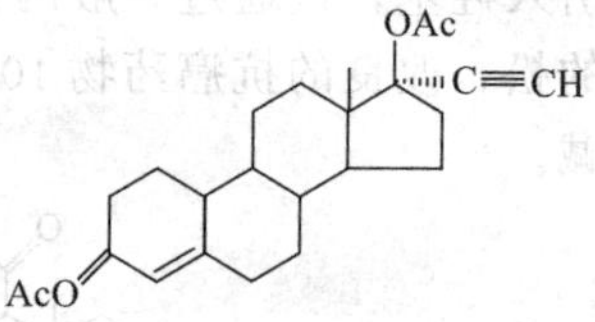

双酯炔诺酮

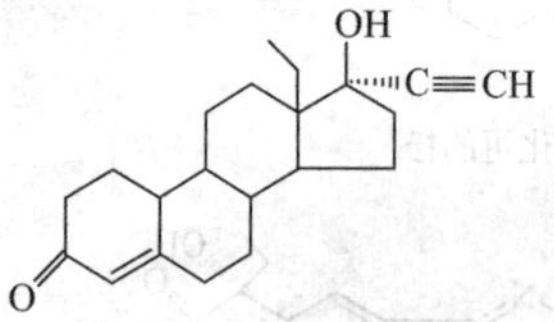

甲基炔诺酮

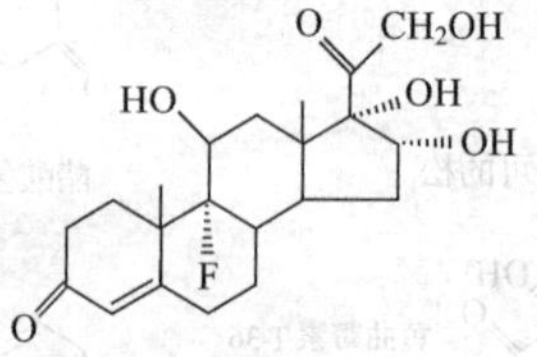

氟烃氢化泼尼松

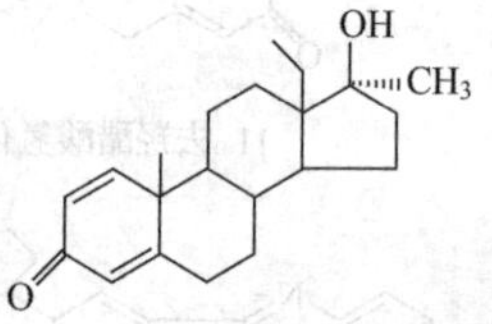

去氢甲睾酮

1968 年，全世界约 70％的甾体药物是从墨西哥产的薯蓣皂素作起始原料进行生产。图 11-1 表示由薯蓣皂素及中间体 ADD 出发生产的甾体激素。

随着新甾体药物的发现，生产和生产规模的扩大，原料需要量也逐年增加；由于不合理的采掘，造成资源逐年短缺，植物中皂苷含量下降，使其在国际市场上供需间出现矛盾，薯蓣皂素的成本飞涨。日本及美国的一些学者着手进行扩大资源的研究。

（2）甾醇生物转化

自然界存在着极为丰富的甾族化合物，如胆固醇、β-谷甾醇等，其结构与甾体药物相近，利用这些甾体资源的关键是使 C-17 位侧链降解，并进行羟化、脱氢、芳构化等一些反应。因为以 $CrO_3$ 氧化，使侧链降解获得 17-酮基化合物的方法，收率＜9％，并无实用价值，所以国外一些学者用生物转化的方法，达到了 C-17 位侧链降解这一目的，并可在甾核结构上一些非活性部位发生羟化、脱氢、环氧化等反应，从而获得所需的甾体药物。

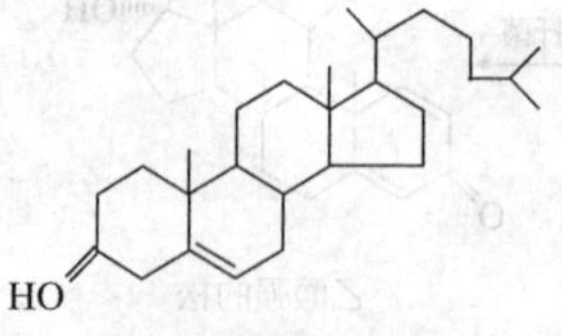

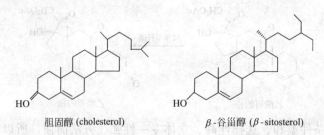

胆固醇 (cholesterol)

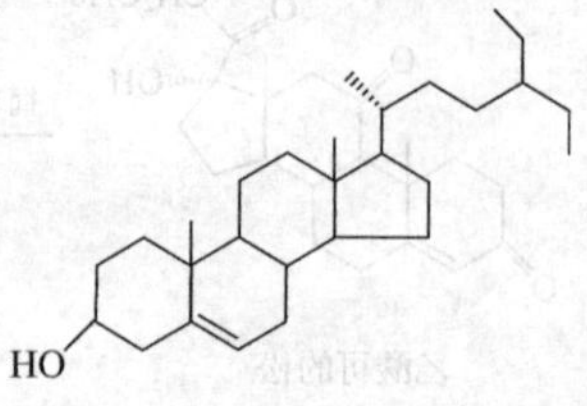

β-谷甾醇 (β-sitosterol)

一般认为胆固醇经过体内生物转化，即在酶的作用下，使其侧链降解，并经过其他的一些转化而产生各种化合物，具体过程见图 11-2。因此，人们预料也许微生物也具有

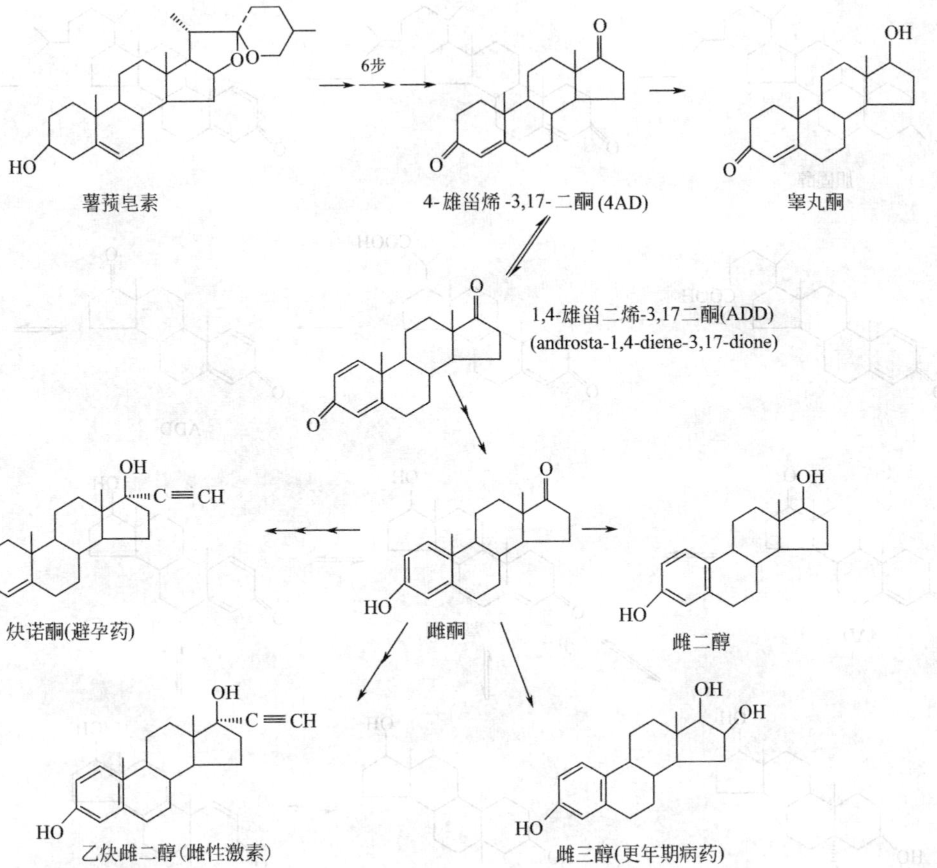


图 11-1　薯蓣皂素制备甾体药物过程

各种酶能使侧链切断。文献报道，早期工作集中在微生物的筛选，希望能找到一种能保持甾体母核而能切断侧链的菌种，但不论是放线菌、细菌、霉菌或酵母菌，都没有成功。虽发现了一些菌株能分解甾体化合物而产生二氧化碳及水，但不能区别侧链和母核上的碳碳键。

### 11.2.2　甾体侧链的选择性降解

甾醇代谢过程中，如希望某中间体累积，一般可采用诱变技术使微生物失去进一步分解该中间体的能力；或加入酶抑制剂，使参与该反应的酶失活。

(1) 通过诱变技术选择性降解甾体侧链

通过诱变技术得到选择性降解甾体侧链而不导致甾体母核破坏的生化阻断突变株。诱变一般是采用物理方法，如紫外线照射，化学诱变剂，如 $N$-甲基-$N'$-亚硝基胍等。

由诱变产生生化阻断的突变株中，由于酶的缺损，导致甾体降解不完全，使发酵液中能产生大量积累所需产物的中间体，如 4AD、ADD 等。

(2) 酶抑制剂存在下甾体侧链的选择性降解

甾体化合物如胆固醇等的微生物降解历程是侧链端甲基的羟基化，羟基被氧化形成羧基，羧酸的 $\beta$-氧化而导致碳链的缩短。当侧链断裂以后，发生 9 位羟基化，接着 B 环的开裂，再进一步分解而产生二氧化碳和水。所以 9 位羟基化是甾体母核分解的开始，若能抑制 9 位羟化酶，有可能使 ADD 积累，供进一步合成其他药物用。

已知 9 位羟化酶是单一氧化酶，具有几个蛋白质并形成一个电子转移链，其中有的蛋白

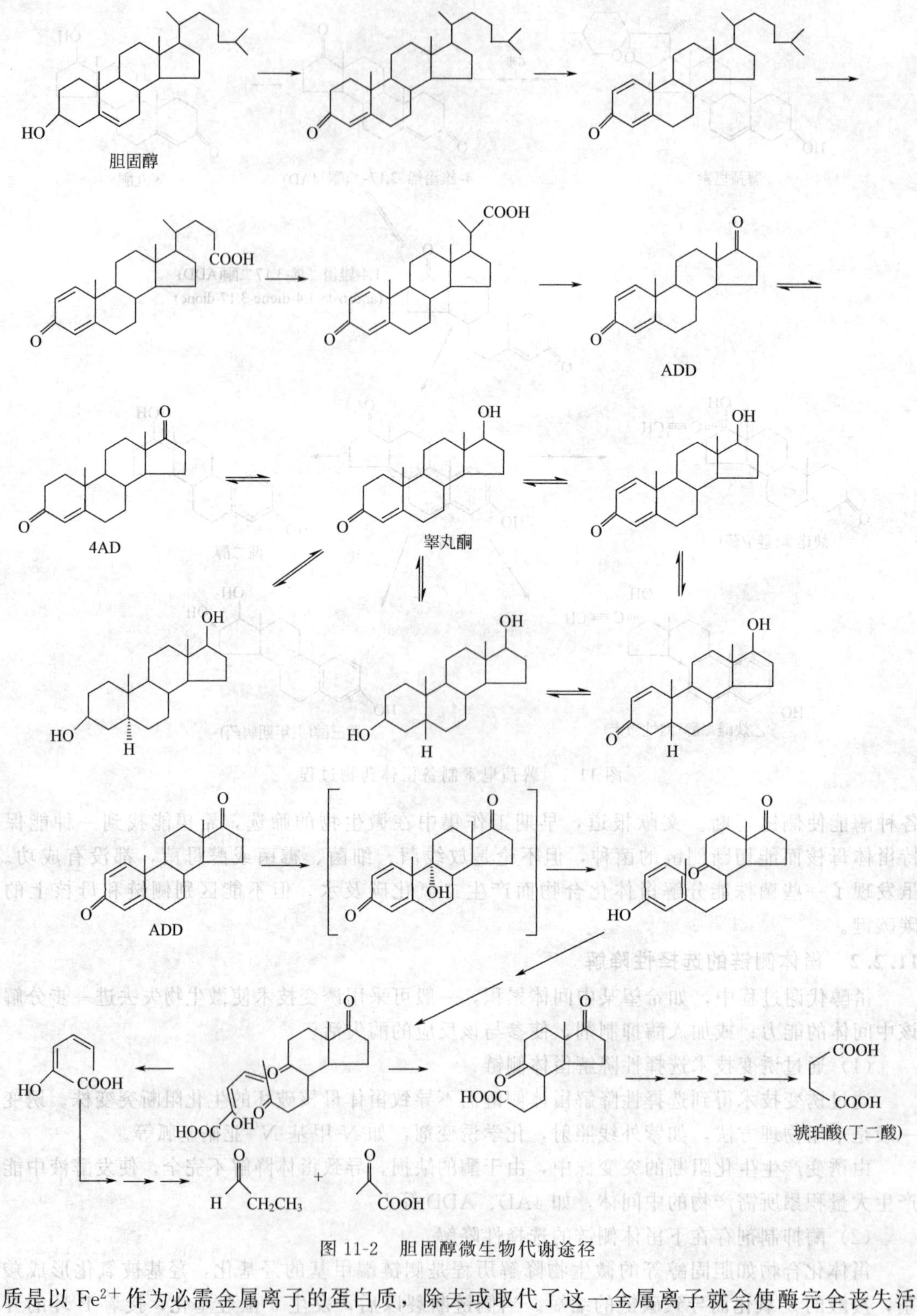


图 11-2　胆固醇微生物代谢途径

质是以 $Fe^{2+}$ 作为必需金属离子的蛋白质，除去或取代了这一金属离子就会使酶完全丧失活力，因此常用金属螯合剂来除去 $Fe^{2+}$，或用性质相似而无活性的离子来取代 $Fe^{2+}$。

金属螯合剂中必须具备 $Fe^{2+}$ 螯合能力及亲脂性，例如，$\alpha,\alpha'$-联吡啶（$\alpha,\alpha'$-dipyridyl）、邻二氮杂菲（ortho-phenanthroline）及 8-羟基喹啉（8-hydoxy-quinoline）的效果较好。乙

二胺四乙酸（EDTA）螯合能力很强，但是在脂肪族分子中又带有负电荷，亲脂性差，不能抑制 9-羟基化酶，使 ADD 积累；使用时同时加入表面活性剂，如月桂基硫酸钠或十六烷基三甲基铵溴化物，同样也能使 ADD 积累。

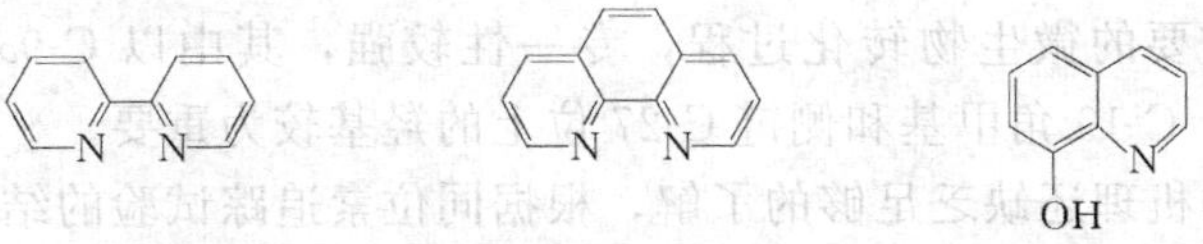

α,α′-联吡啶　　邻二氮杂菲　　8-羟基喹啉

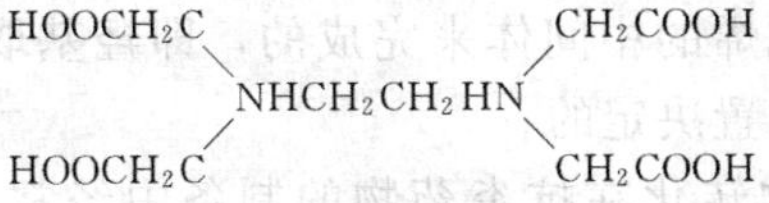


EDTA

还发现 $Ni^{2+}$、$Co^{2+}$ 等能抑制 9 位羟基化，$Fe^{2+}$、$Ni^{2+}$ 及 $Co^{2+}$ 离子半径分别为 $0.83\times10^{-10}$m、$0.78\times10^{-10}$m、$0.82\times10^{-10}$m，十分接近，所以 $Ni^{2+}$、$Co^{2+}$ 在 9-羟基化反应中，与 $Fe^{2+}$ 交换而抑制 9-羟化酶的活力而导致 ADD 的积累。

（3）侧链降解实例

周维善等科研人员曾从胆固醇乙酸酯和 β-谷甾醇乙酸酯经三步化学反应制得 19-羟基胆固醇乙酸酯和 19-羟基-β-谷甾醇乙酸酯，将这两个化合物分别用分支杆菌-209-20 转化，结果 19-羟基胆固醇乙酸酯和 19-羟基-β-谷甾醇乙酸酯的侧链被降解，得到产物 19-羟基-4-雄甾烯-3,17-二酮，产率分别为 67%和 57%。19-羟基-4-雄甾烯-3,17-二酮可以作为合成19-去甲甾体药物的原料，而且这一步微生物转化可以在较高的底物浓度下进行，其路线见图 11-3。

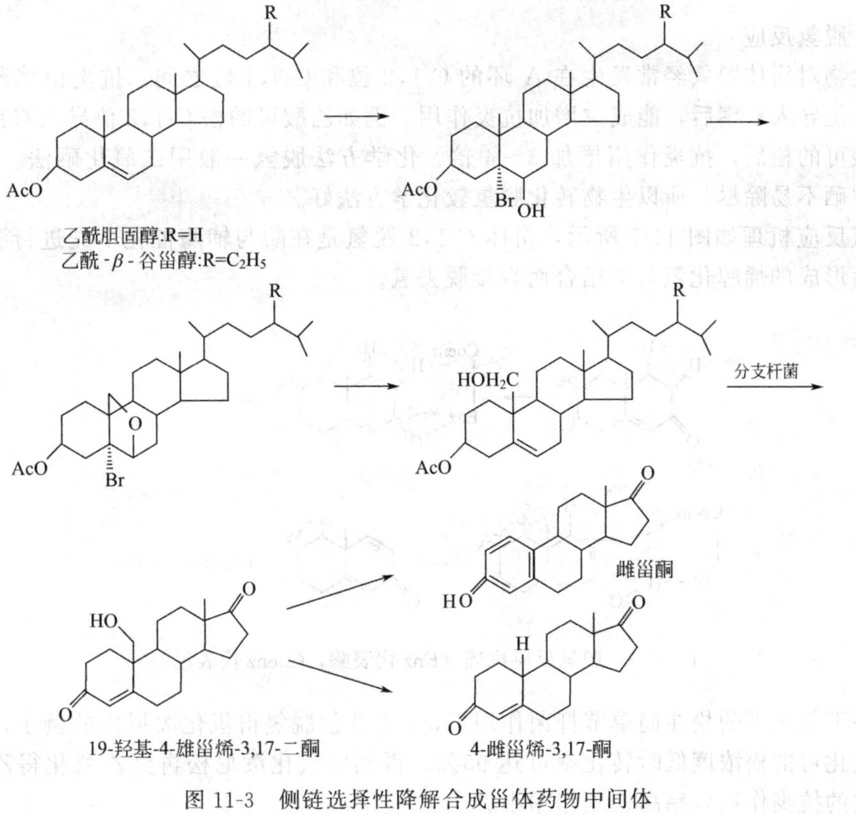


图 11-3　侧链选择性降解合成甾体药物中间体

### 11.2.3 甾体生物转化的反应类型

除了上述甾体侧链的降解外，甾体生物转化的反应类型主要还有以下三类。

(1) 羟化反应

羟化反应是最重要的微生物转化过程，专一性较强，其中以 C-9$\alpha$、C-11$\alpha$、C-11$\beta$、C-16$\alpha$、C-16$\beta$、C-17$\alpha$、C-19 角甲基和侧链 C-27 位上的羟基较为重要。

目前对羟化酶的机理还缺乏足够的了解，根据同位素追踪试验的结果认为羟基形成的机理为：转化到甾体上的羟基是直接取代甾体碳架上的氢的位置，且取代过程中没有产生立体构型的变化，也不是通过形成烯的中间体来完成的，即羟基取代的立体构型（$\alpha$ 型或 $\beta$ 型）是由氢原子原来所占的空间位置决定的。

C-11$\alpha$、C-11$\beta$ 羟化的生物转化在抗炎药物的制备中经常用到，例由薯蓣皂素经开环、氧化、环氧化等和成中间产物 16,17$\alpha$-环氧黄体酮，用黑根霉在 C-11$\alpha$ 位上引入羟基，再经溴化氢开环脱溴，进行 C-21 碘置换，得抗炎药物乙酸可的松，见图 11-4。此法工艺简便，总收率约 34%。

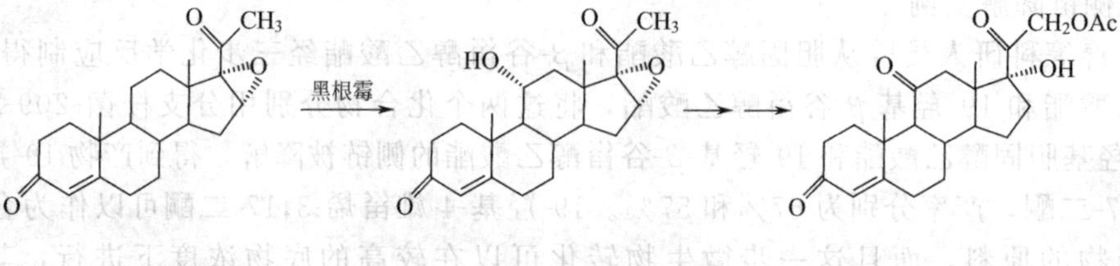


16,17$\alpha$-环氧黄体酮　　乙酸可的松

图 11-4　C-11$\alpha$ 位羟化

(2) 脱氢反应

微生物对甾体脱氢经常发生在 A 环的 C-1,2 位和 C-3,4 位之间。抗炎甾体药物的母核在 C-1,2 位导入双键后，能成位增加抗炎作用。例如乙酸可的松 C-1,2 位导入双键生成 1,2-脱氢乙酸可的松后，抗炎作用增加 3～4 倍。化学方法脱氢一般用二氧化硒法，收率较低，且产品中硒不易除尽，所以生物转化脱氢较化学方法好。

脱氢反应机理如图 11-5 所示，甾体 C-1,2-脱氢是在酶与辅酶催化下先进行了酮的烯醇化，然后形成的烯醇化氢与酶结合而直接脱去氢。

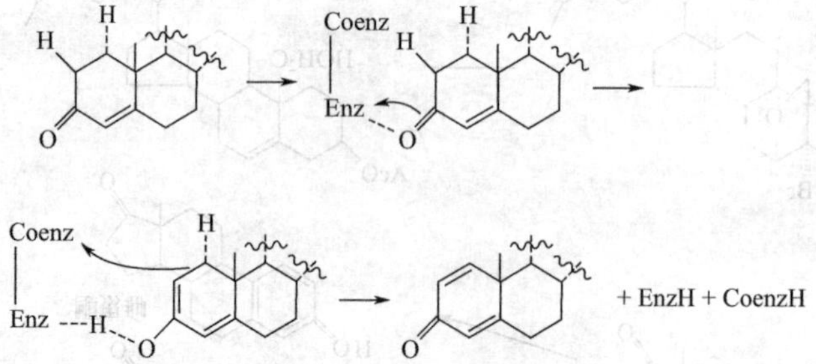


图 11-5　脱氢反应机理（Enz 代表酶，Coenz 代表辅酶）

看一下氢化可的松在简单节杆菌作用下，C-1,2 位脱氢得氢化泼尼松的例子，见图 11-6 所示，氢化可的松浓度低时转化率可达 95%，得到的氢化泼尼松再经乙酰化得乙酸氢化泼尼松，它的抗炎作用效率高、副作用小。

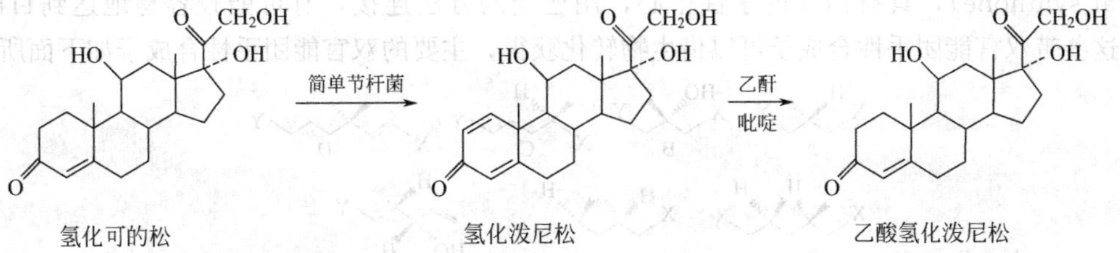


图 11-6　乙酸氢化泼尼松的制备

（3）芳构化反应

生物转化甾体时，芳构化主要发生在 A 环上，芳构化反应是合成雌激素的一类重要反应。芳构化酶是属于细胞色素 P450 的一种复合酶，可氧化脱去 $C_{19}$ 类固醇的 19-甲基，使 A 环芳构化，从而转变成 $C_{18}$ 雌激素如雌酮、雌二醇等，过程如下所示。

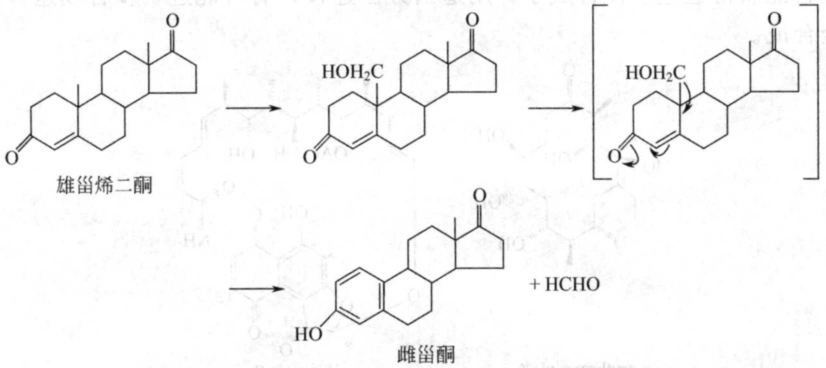


另外，由于 A 环芳构化以后，甾核对微生物较稳定，设想可进行甾醇侧链的降解直接合成雌激素等药物。有人利用 *Nocardia* sp.（ATCC 19170），成功地直接从 19-羟基-4-胆甾烯-3-酮及 19-羟基-4-谷甾烯-3-酮来制备雌甾酮：

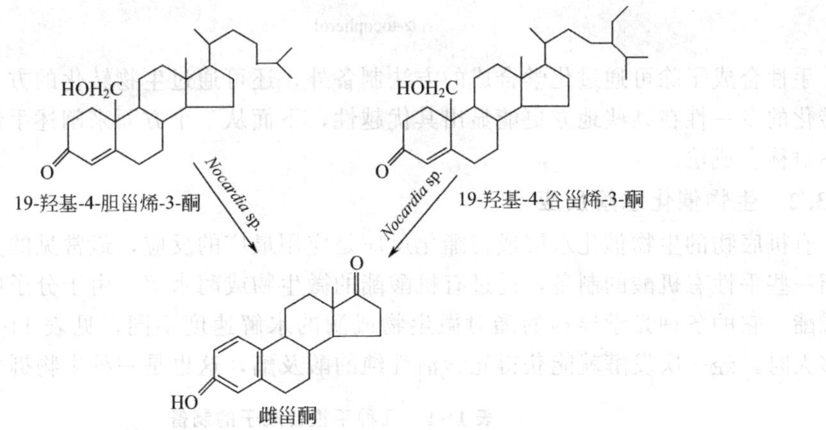


## 11.3　生物催化不对称合成

### 11.3.1　手性合成子

天然产物大都有一个或数个手性中心，它们的合成常常用不对称合成法引入手性中心，或者用化学拆分法将光学异构体分开而得到天然产品。如果先合成带双官能团的手性合成子

(chiral synthone)，具有需要的手性中心，用适当的方法连接，有可能较容易地达到目的。

这些带双官能团手性合成子可以借生物转化获得，主要的双官能团手性合成子如下面所示。

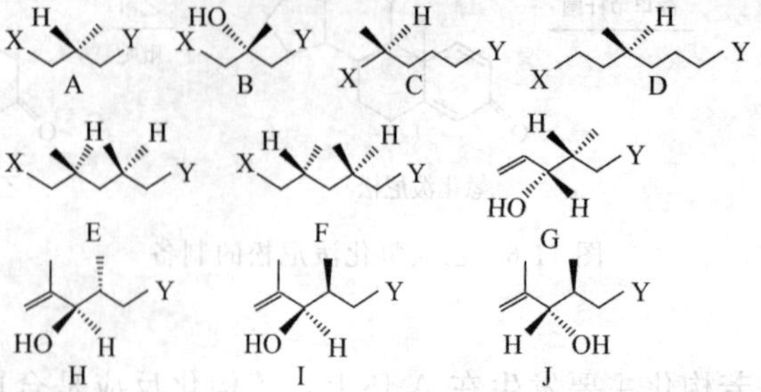


例如，手性天然产物红诺霉素（erythronolide A）、利福霉素（rifamycin S）、α-生育酚（α-tocopherol）等，都具有多个手性中心，并可以分解成若干个带有手性中心的片段，即手性合成子。若能获得这些手性合成子，用适当方法连接，有可能进一步合成这些化合物，即可完成其全合成。

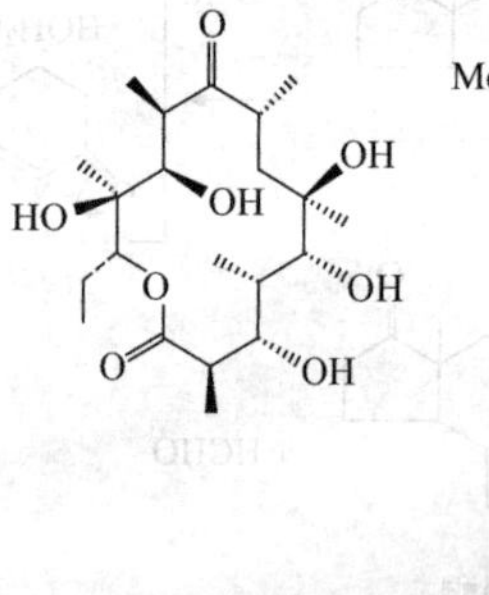

erythronolide A

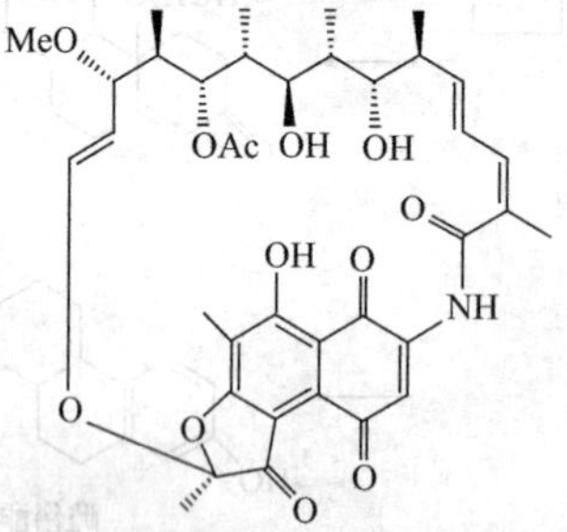

rifamycin S

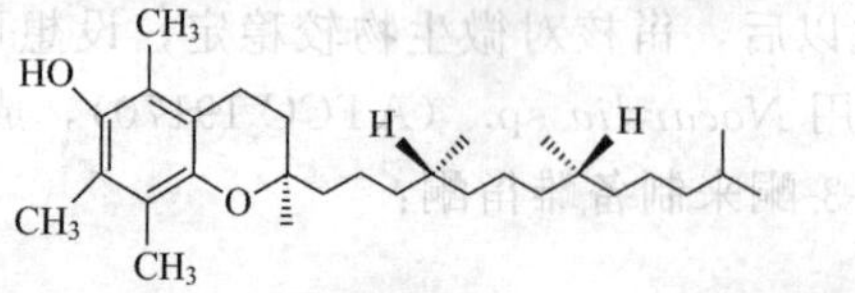

α-tocopherol

手性合成子除可通过化学合成的方法制备外，还可通过生物转化的方法来合成，而且生物转化的专一性在某些地方更能显出其优越性，下面从三个方面来阐述手性合成子的生物催化不对称合成法。

### 11.3.2 生物催化水解反应

有机底物的生物催化水解或转酯化反应是应用最广的反应，最常见的为酯和酰胺。这里介绍一些手性有机酸的制备，通过有机酸酯的微生物或酶水解。由于分子中手性中心靠近有机酸酯，它的各种光学异构的酯对微生物或酶的水解速度不同，见表 11-1。若水解速度差别够大时，经一次发酵就能获得光学活性纯的酸及酯，这也是一种生物拆分法

**表 11-1 几种手性合成子的制备**

| 序号 | 底　物 | 微生物或酶 | 产物有机酸构型 | *E* |
|---|---|---|---|---|
| 1 | 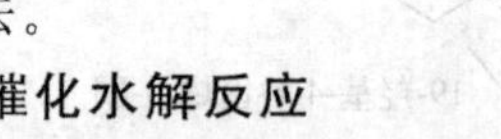 | *Gliocladium roseum* | 2*S*,4*R* | 100 |
| 2 | 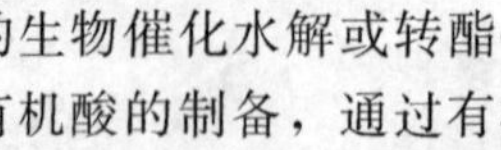 | *Gliocladium roseum* | 2*R*,4*R* | 11 |

续表

| 序号 | 底　物 | 微生物或酶 | 产物有机酸构型 | $E$ |
|---|---|---|---|---|
| 3 | 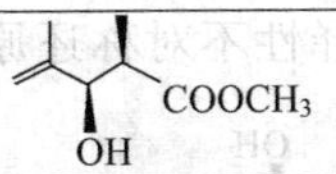 | *Gliocladium roseum* | 2*S*,3*S* | 20 |
| 4 | 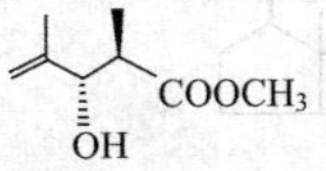 | 猪肝脏酯水解酶 | 2*S*,3*R* | 9.7 |
| 5 | 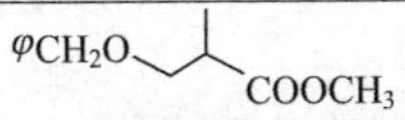 | *Enerbacter cloacae* | *R* | 100 |
| 6 | 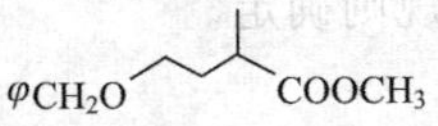 | *Bacillus* sp. | *R* | 14 |

表11-1中$E$代表水解速率常数，当$E$接近100时，两种光学异构体水解速率相差很大，产物接近光学纯度。当$E$值不够大时，例如底物6水解时，$E=14$，经一次发酵只能得到光学活性纯度为72%的酸；但经过二次发酵，也能得到光学活性纯度（*ee*）大于98%的产品，过程如下所示：

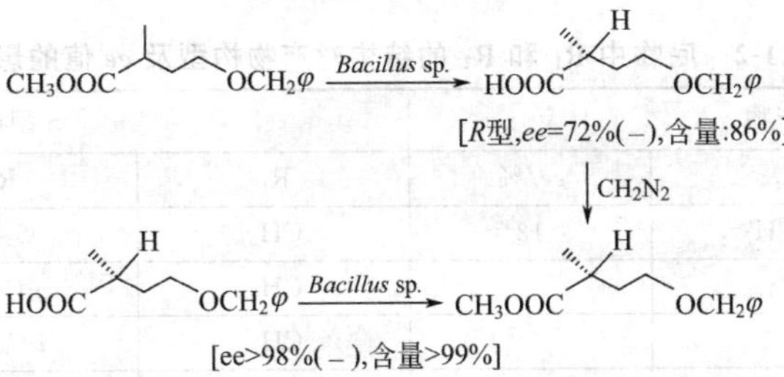


再看下面的例子，它是酶催化合成手性合成子的成功例子。

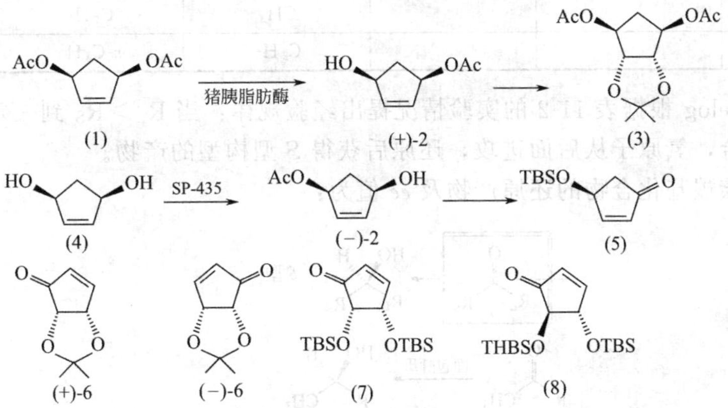


TBS:水杨酸叔丁基苯基酯

已发现许多酶，如乙酰胆碱酯酶、猪胰脂肪酶（PPL）、假丝酵母 *Candida antarcita* 脂肪酶可用于从（1）中制备对映体纯的环戊烯醇（＋）-2，通过在有机介质中与乙酸异丙烯酸酯进行SP-345酶催化的乙酰化反应，从二醇（4）中制得了对映体（－）-2。因此，经过常规的化学转化，从（3）和（5）可以得到许多天然产物分子制备中有用的关键中间体环戊酮衍生物（＋）-6、（－）-6、7和8。

### 11.3.3　生物催化不对称还原反应

微生物内部含有多种氧化-还原酶，可利用它来进行氧化及还原反应，微生物还原的特点是立体选择性还原，可引进手性中心。前手性羰基官能团的不对称还原反应在有机合成中是极有用的生物转化反应，能进行不对称还原的微生物很多，有细菌、根霉、酵母等，其中以酵母应用最多，例周维善等利用啤酒酵母进行羰基的选择性不对称还原反应：

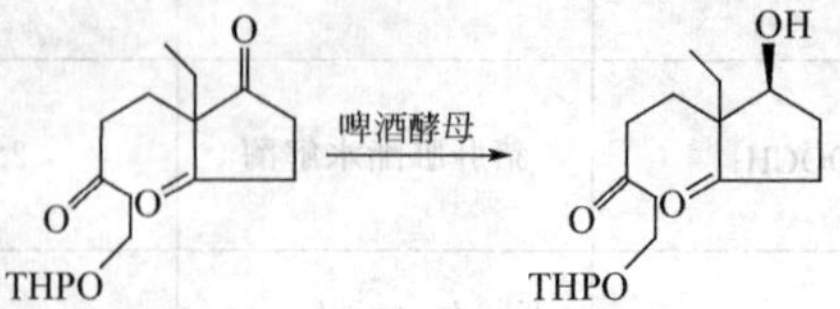


微生物不对称还原得到产物的构型可由 Prelog 经验规则确定。

（1）Prelog 经验规则

前手性羰基化合物可由酵母等微生物还原为手性产物，底物中 $R_1$ 和 $R_2$ 的结构不同，则产物的构型及 *ee* 值也不同，结果见表 11-2。

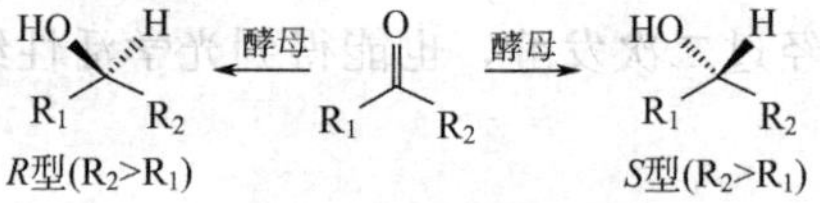


**表 11-2　底物中 $R_1$ 和 $R_2$ 的结构对产物构型及 *ee* 值的影响**

| *R* 型产物 | | | *S* 型产物 | | |
|---|---|---|---|---|---|
| $R_1$ | $R_2$ | *ee*/% | $R_1$ | $R_2$ | *ee*/% |
| $C_2H_5$ | *n*-$C_4H_7$ | 13 | $CH_3$ | $C_2H_5$ | 67 |
| | | | $CH_3$ | *n*-$C_3H_7$ | 64 |
| | | | $CH_3$ | *i*-$C_3H_7$ | 90 |
| | | | $CH_3$ | *n*-$C_4H_9$ | 82 |
| | | | $CH_3$ | —$(CH_2)_3C{\equiv}CH$ | 99 |
| | | | $CH_3$ | $C_6H_5$ | 89 |
| | | | $C_2H_5$ | *n*-$C_3H_7$ | 12 |

1965 年 Prelog 根据表 11-2 的实验情况提出经验规律：当 $R_L > R_S$ 到一定程度，分子前面部分与酶结合，氢原子从后面进攻，还原后获得 *S* 型构型的产物。

一些芳香族羰基化合物的还原产物及 *ee* 值为：

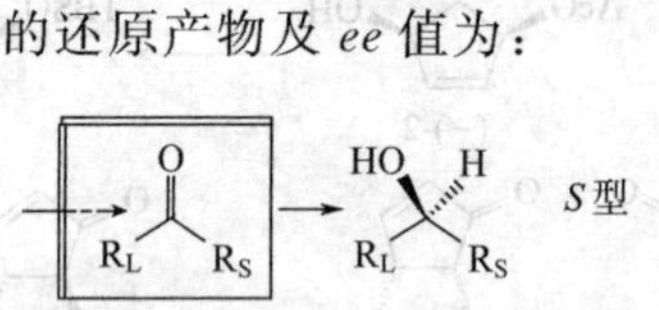


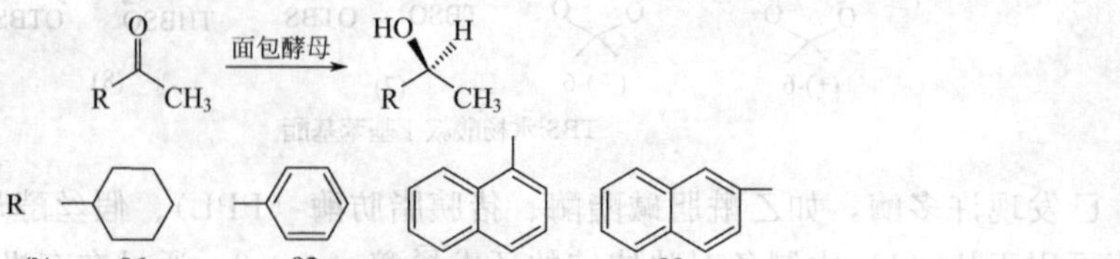


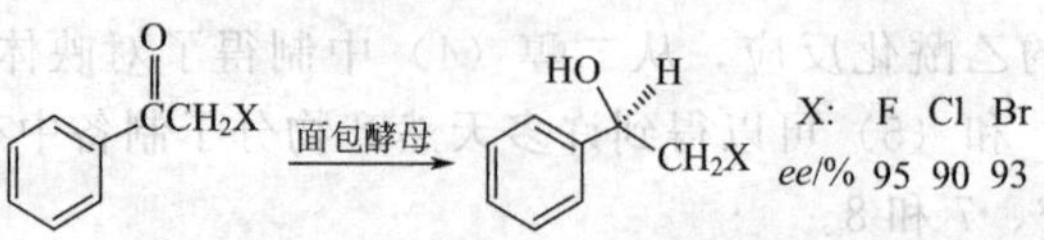


Prelog 经验规则能用来预测部分微生物还原产物的构型，但是其本质还远没有阐明。它是否具有普遍意义，它的机理是单一种酶作用的结果还是多种酶竞争反应的结果，都有待

进一步证明。

(2) 羰基的酵母还原

$\beta$-酮酸酯、芳香酮、$\alpha,\beta$-不饱和酮等羰基化合物都可被酵母不对称还原，面包酵母不对称还原乙酰乙酸乙酯为 $S$-3-羟基丁酸乙酯是最典型的例子。

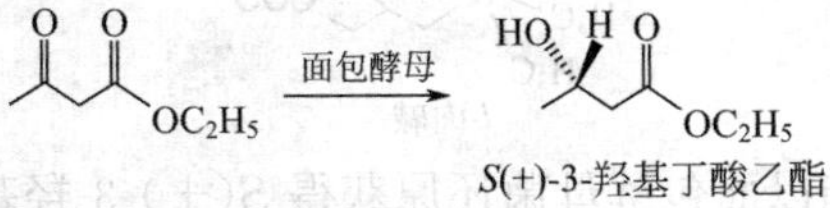


研究表明，底物结构改变会影响产物手性中心光学纯度，如下面反应所示。表 11-3 表明了底物结构变化对产物 $ee$ 值的影响。

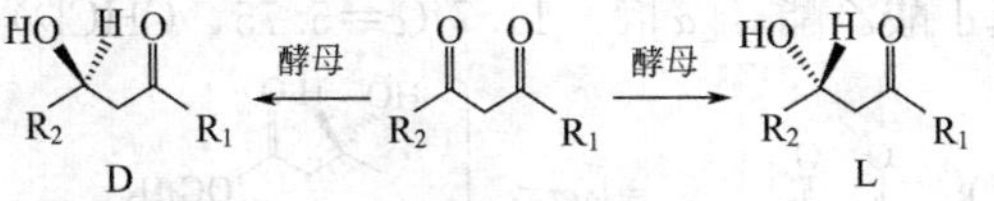


**表 11-3　底物结构对产物 $ee$ 值的影响**

| D 型产物 | | | L 型产物 | | |
|---|---|---|---|---|---|
| $R_2$ | $R_1$ | $ee$/% | $R_2$ | $R_1$ | $ee$/% |
| $CH_3CH_2$ | $OC_2H_5$ | 44 | $CH_3$ | $OC_2H_5$ | 95 |
| $CH_3CH_2CH_2$ | OH | 约 100 | $CH_3CH_2$ | $OC_8H_{17}$ | 99 |
| $CH_3CH_2CH_2CH_2$ | OH | 约 100 | $CH_3CH_2CH_2$ | $OC_8H_{17}$ | 71 |
| $CH_2{=}CHCH_2CH_2$ | OH | 99 | $ClCH_2$ | $HNC_6H_5$ | 97 |
| $C_6H_5$ | $OC_2H_5$ | 约 100 | | | |

实验表明，当 $R_1$ 增大时产物以 L-成分为主，而当 $R_2$ 增大时，产物以 D-成分为主。

微生物不对称还原在甾体药物的合成中也有应用，例如甾体口服避孕药 D-18-甲基炔诺酮 (9) 及 D-18-甲基二烯炔诺酮 (10) 是两种已知的具有较高生物活性的口服避孕药，这两种口服避孕药可用全合成制成，其中关键中间体 (12) 可采用酵母对 (11) 进行不对称还原，达到具有光学活性的效果，且比化学方法经济。上海有机化学所甾体激素小组采用啤酒酵母菌 2.346 从 (11) 到 (12) 得率为 83.3%，m.p. 90～92℃，$[\alpha]_D^{12}$ +13.9°。

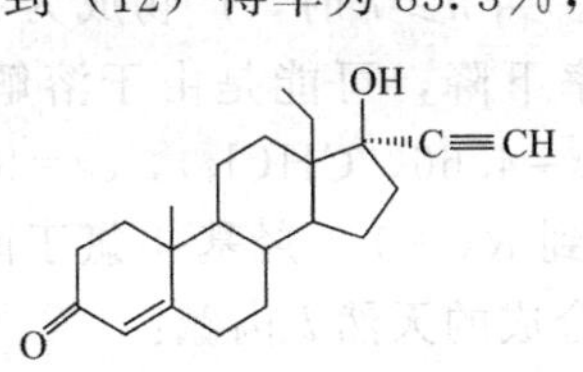


(9)

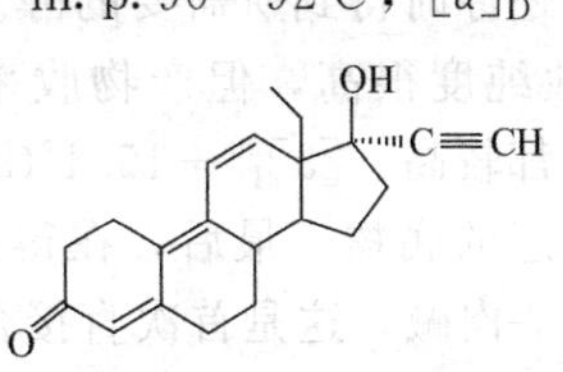


(10)

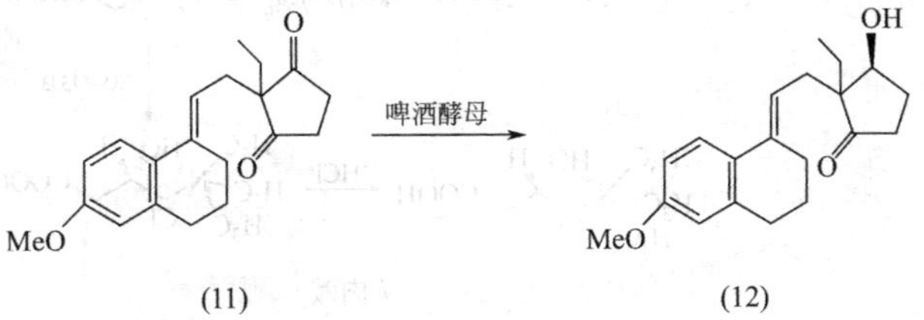


(11)　　(12)

(3) $l$-肉碱的合成

$l$-肉碱 ($l$-carnitine) 是从动物横纹肌中分离得到的一种天然成分，它是脂肪代谢过程中的载体，脂肪酸与它结合后才能进入线粒体，进行代谢，产生能量。可用于治疗心脏及初

生儿的 $l$-肉碱缺乏症；近年来也用于提高运动员训练时的运动耐受量；而其 $d$-异构体是拮抗剂，临床只使用 $l$ 型化合物。目前生产是先合成消旋体，再以化学法拆分得光学活性化合物，此法收率低、方法繁琐。20 世纪 80 年代实现了 $l$-肉碱的不对称合成。

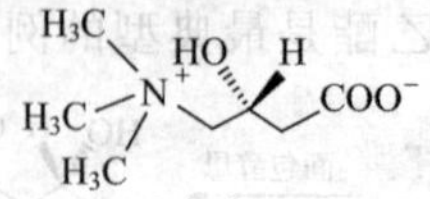

$l$-肉碱

如前所述，乙酰乙酸乙酯以面包酵母菌还原获得 $S(+)$-3-羟基丁酸乙酯，其羟基与 $l$-肉碱中羟基的构型相同，后面期望用相同方法来合成 $l$-肉碱的中间体，再与三甲胺反应制备 $l$-肉碱。遗憾的是当 4-氯代乙酰乙酸乙酯以面包酵母还原时，其产物羟基在前面，是所需化合物的对映体 $S(-)$-4-氯-3-羟基丁酸乙酯，$[\alpha]_D^{23}-11.7°(c=5.75, CHCl_3)$ ($ee=55\%$)。

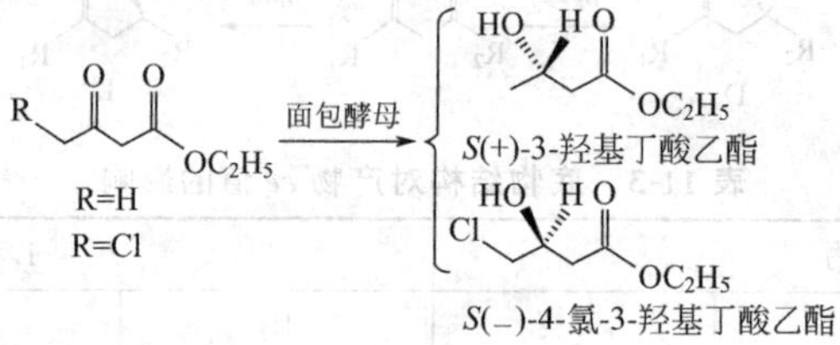


此后，人们尝试将 4-氯-3-氧代丁酸乙酯用各种微生物进行还原，期望得到 $R(+)$-4-氯-3-羟基丁酸乙酯，但产物仍都是 $S$ $(-)$-4-氯-3-羟基丁酸乙酯，结果见表 11-4。

**表 11-4　4-氯-3-氧代丁酸乙酯微生物还原结果**

| 微生物 | 收率/% | $[\alpha]_D^{23}(CHCl_3)/(°)$ | 微生物 | 收率/% | $[\alpha]_D^{23}(CHCl_3)/(°)$ |
|---|---|---|---|---|---|
| *Candida lipolytica* | 66 | −20.98 | *Aspergillus amstelodami* | 35 | −21.41 |
| *Candida tropicalis* | 57 | −15.56 | *Gliocladium roseum* | 56 | −19.23 |
| *Hansenula anomala* | 64 | −18.29 | *Cunninghamella elegans* | 65 | −20.44 |
| *Pichia alcoholophila* | 69 | −21.16 | *Cladosarum olivaceum* | 55 | −17.46 |
| *Mycoderma cerevisiae* | 66 | −20.59 | *Penicillium roqueforti* | 10 | −19.17 |
| *Aureobasidium pullulans* | 49 | −22.60 | | | |

后来人们又尝试合成 $ClCH_2COCH_2COO(CH_2)_nH$ 的各种醇的酯，期望改变底物酯基的大小，使以微生物还原时得到所需要的醇。当 $n\geqslant7$ 时，产物成为 $R(+)$-异构体，当 $n>12$ 时，产物光学活性纯度很高，但产物收率下降，可能是由于溶解度的原因所致。$n=8$ 时，产率和光学纯度都较高，$[\alpha]_D^{23}+15.1°(c=4.66, CHCl_3)$，$ee=98\%$，即 4-氯-3-氧代丁酸辛酯是一种比较理想的底物。最后，在得到 $R(+)$-3-羟基-4-氯丁酸辛酯以后，采用以下方法直接合成天然的 $l$-肉碱，这是首次直接合成的天然 $l$-肉碱：

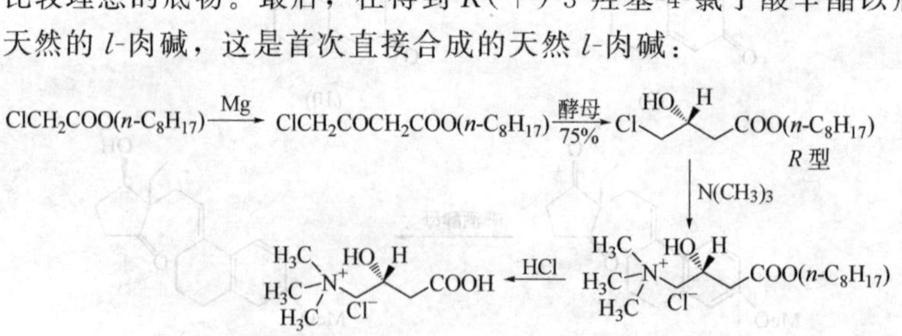


$l$-肉碱

### 11.3.4　对映选择性微生物氧化反应

自 20 世纪 50 年代以来就知道用假单胞菌 *Pseudomonas putida* 能将苯及其衍生物氧化为相应的环己二烯醇，如下所示：

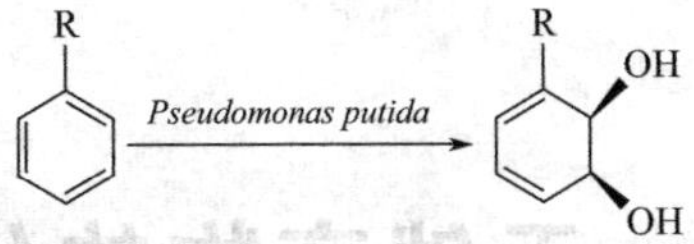


由 *Pseudomonas putida* 催化的溴苯的生物氧化产生二醇（13），二醇（13）经保护、醛基亚硝基亲二烯试剂的加成和还原等步骤生成（15），化合物（15）是制备 indolizidine（17）和（+）-1-deoxygalacto-nojirimycin（18）的关键中间体。

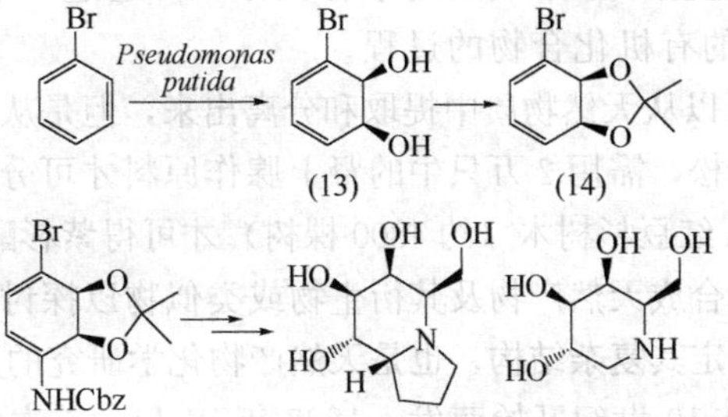


(13) (14)

(15) (16) (17)

另一个广泛研究的生物氧化反应是用单加氧酶为催化剂的环酮的 Baeyer-Villiger 型氧化。一个例子是酵母试剂用于催化一系列 2-，3-，4-取代的环己酮的氧化，以良好产率和高 *ee* 值生成相应的内酯。表 11-5 总结了由 2-取代环己酮出发的 Baeyer-Villiger 的氧化结果。

**表 11-5 酵母催化的 2-取代环己酮的 Baeyer-Villiger 氧化动力学拆分**

| | R | Me | Et | *n*-Pr | *i*-Pr | 烯丙基 | *n*-Butyl |
|---|---|---|---|---|---|---|---|
| 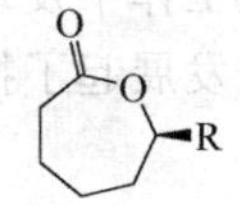 | 产率/%<br>*ee*/% | 50<br>49 | 79<br>95 | 54<br>97 | 41<br>≥98 | 59<br>≥98 | 59<br>≥98 |
| 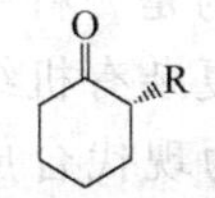 | 产率/%<br>*ee*/% | —<br>— | 69<br>≥98 | 66<br>92 | 46<br>96 | 58<br>≥98 | 64<br>98 |

取代莰酮也可用微生物催化进行 Baeyer-Villiger 氧化。

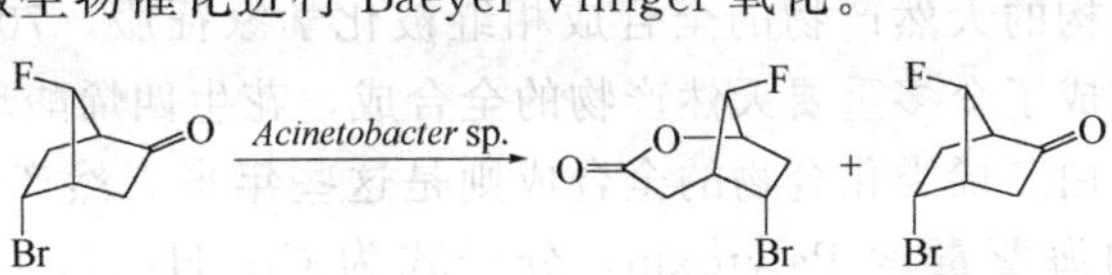


*ee*：97%　　*ee*：95%

生物转化在天然产物化学研究中极为重要，是一项既有理论意义，又有实用价值的工作，在国民经济中，日益显示它的重要性，有着极为广阔的前景。

## 习 题

1. 在天然产物的合成中，生物转化法与化学转化方法相比有哪些特点？
2. 通过甾醇的生物转化进行甾体药物生产的意义是什么？
3. 在微生物的生物降解中为什么要阻止甾体 B 环的开裂？可采取哪些措施防止 B 环的开裂。
4. 微生物转化按化学反应主要可分成几类？
5. 查阅文献，简述新技术在生物转化合成天然产物中的应用。
6. 查阅文献，举出生物转化在合成天然产物中的实例。

# 第 12 章　天然产物的化学合成

有机合成是有机化学的中心，是有机化学也是整个化学中最具创造性的领域之一。有机合成是利用天然资源或工业生产中形成的简单有机分子，通过一系列化学反应合成得到各种复杂结构的天然或非天然的有机化合物的过程。

虽然许多有机化合物可以从天然物质中提取和分离出来，但是从天然物质中提取有机物是有限的。有些药物，例如可的松，需用 2 万只牛的肾上腺作原料才可分离出 200mg；又如抗癌药紫杉醇（taxol），需砍伐约 11t 红豆杉树木（约 4800 棵树）才可得紫杉醇 1kg。因此人工合成药物是医药主要来源之一。同时，合成天然产物及其衍生物或类似物以探讨生物活性，或合成天然微量结构不确定的天然产物以确定其复杂结构，也是天然产物化学研究的重要内容之一。

天然产物的有机合成在 19 世纪开始萌发。1827 年 Wohler 首次实现了尿素的人工合成，这标志着合成有机化学的历史开端。随着有机结构理论，特别是有机化学的先驱者 Robinson 提出的有机结构电子理论的发展和逐步完善，合成有机化学的发展在 20 世纪取得了辉煌的成就。1917 年 Robibson 实现了托品酮（tropanone）全合成，标志着现代合成有机化学和天然产物合成的开始。随着杰出的有机化学家 Woodward 在 1944 年（和 Doering 一起）首次完成了结构复杂的天然生物碱奎宁（quinine）全合成，1954 年又完成了马钱子碱（strychnine）的首次全合成，开创了复杂结构天然产物全合成研究的新纪元，是有机化学家向大自然挑战的重要里程碑，直至 1973 年与 Eschenmoser 合作实现了维生素 $B_{12}$ 的人工合成，并在这一研究工作中发现和总结了协同反应过程中的轨道对称守恒原则，这一规律的揭示对有机化学理论的发展起了推动作用，对合成有机化学的理论和方法具有深远的指导意义。

与此同时，20 世纪 60 年代以来发展的有机合成设计，使有机合成从一向以为是“科学的艺术”发展成为可以计划的“系位工程”。著名有机化学家 Corey 发展了构筑复杂有机结构的逆合成分析法（retrosynthetic analysis）并引入合成子（synthon）概念，为现代合成化学的理论和方法的理性化认识和天然产物化学合成的广泛、深入开展奠定了基础。在这一发展时期，许多复杂结构的天然产物的全合成相继被化学家征服，70～80 年代 Corey 将此设计思想身体力行，完成了众多重要天然产物的全合成，花生四烯酸环氧化酶和脂氧化酯代谢产物前列腺素类以及白三烯类化合物的全合成则是这些年来天然产物合成中的经典之作。90 年代初 kishi 小组的海葵毒素 Palytoxin，分子式为 $C_{130}H_{229}N_3O_{53}$，相对分子质量是 2697，分子内有 64 个手性碳原子的合成是天然有机合成领域里程碑式的成就。这些有机化学实践的成功极大地推动了有机化学理论和实验方法的飞速发展。这一领域的研究和探索取得的成就在很大程度上反映了现代有机化学的总体发展水平，是人类有机化学知识、智慧和创造力的集中体现。天然产物的种类繁多、化学结构极其多样、复杂，其合成研究是一项极富挑战性和探索性的研究工作，也是最能体现化学家创造性和智慧、灵感的研究领域。这一学科的发展不仅使有机化学本身得到了推动和发展，同时对有机化学与相关学科，如医学、药学、生命科学等很多研究领域的交叉起了巨大促进的作用。

具有显著生物活性和药物发展潜力的复杂结构的天然产物全合成研究，国际竞争也十分激烈，往往是一个新型结构的天然产物刚刚被发现不久，就会有多个研究小组同时开展其全合成研究，而且在相对较短的时间内就会有多个不同的合成相继完成，有关的类似物合成、生理活性实验及细胞作用受体等化学生物学研究工作也会同时展开。这种激烈竞争的局面充分显示了天然产物合成化学的生命活力和核心学科作用，同时这种竞争使得新的、更有效的合成策略和合成方法不断的引入和快速发展。特别是近几年来，新型骨架结构的天然产物的发现，如GP-263，114，K252a，lactacystin等天然产物的全合成研究和化学生物学研究，这种国际竞争的氛围促进了以天然产物为核心的多学科交叉的综合性研究和相互合作。不言而喻，合成化学家们更期望在全合成研究的过程中发现新的反应性、规律和现象并实践新的合成策略、方法的设计和运用。

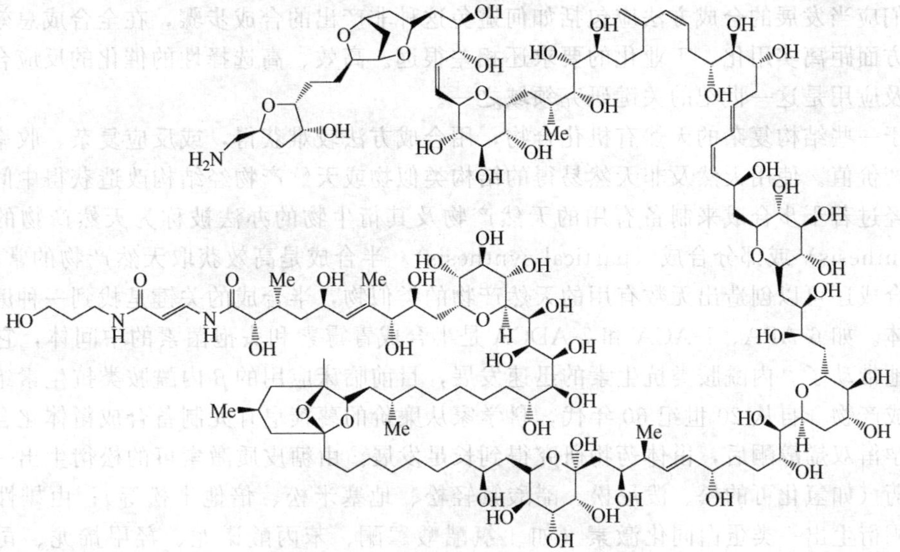

海葵毒素(palytoxin)

近几年来，合成有机化学的研究目标从天然产物向类天然产物的“非天然产物”及类似物方向发展，这一发展趋势是应人类对于更快速、更有效地寻找和发现新的抵御疾病的药物分子的要求而产生的，结合简捷、高效、高选择性合成方法和组合化学合成方法以及现代分子生物学、细胞生物学、高通量活性筛选方法等。

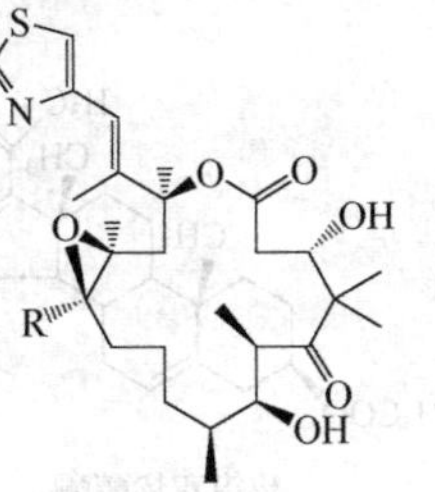

Epothilones(R=H,Me)

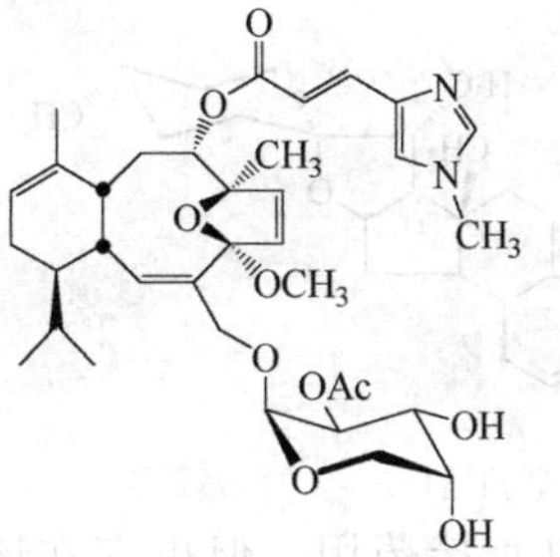

Eleutherobin

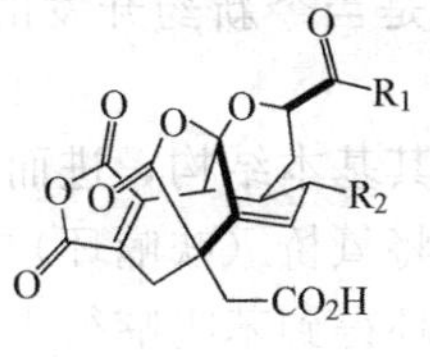

CP-263, 114

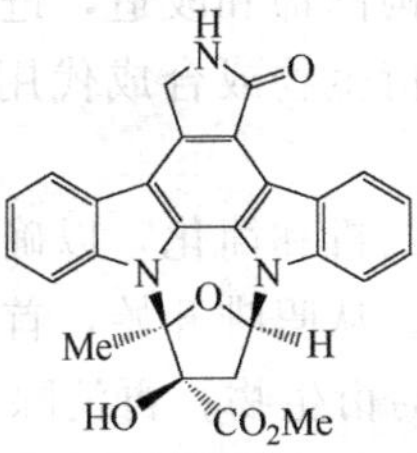

K252a

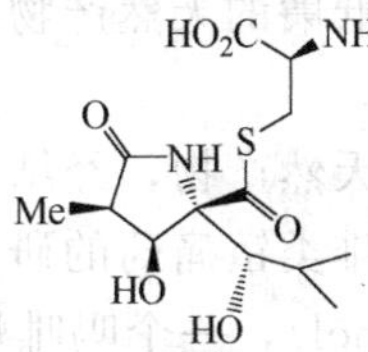

Lactacystin

天然产物的仿生合成（Biomimetic synthesis）已越来越受到人们的重视，其原因是合成化学家追求更高效、简捷的“自然”合成方法。人们对于天然产物的生物合成和生源研究一直非常的重视，随着生物有机化学的进展，人们对天然产物生物合成过程的认识不断深入，合成化学家们得到了许多新的启示，在合成思路、策略和方法以及有机结构与反应性的关系等方面有了进一步的发展，但距离“理想”的化学合成还很遥远。如 C—H 键的活化、水相体系的合成化学反应和催化反应等课题的研究必将备受关注。这一领域的发展，将成为今后天然产物合成领域新的热点，以至将会出现“化学仿生学”（Chemical biomimetics）等新的热门领域。

虽然已成功地合成了一些结构异常复杂的天然产物，但这与有效的、实用的制备还差得很远，例如保护基团的广泛使用证明合成化学家在有效地控制官能团的化学选择性还差得很远，我们应当发展的合成方法应包括如何避免这种非产出的合成步骤，在全合成总效率和总收率等方面距离实用化、工业化的要求还相差很远。高效、高选择性的催化的反应合成方法的发展及应用是这一世纪的关键研究领域之一。

对于一些结构复杂的天然有机化合物，用合成方法较难获得，或反应复杂、收率低没有工业生产价值。使用天然及非天然易得的结构类似物或天然产物经结构改造获得中间体为原料，再经过若干步合成来制备有用的天然产物及其衍生物的办法被称为天然产物的半合成（semisynthesis）或部分合成（partical synthesis）。半合成是高效获取天然产物的常用方法，通过半合成还可以创造出无数有用的天然产物的类似物，半合成的关键是找到一种廉价易得的中间体。如 6-APA、7-ACA 和 7-ADCA 是半合成青霉素和头孢菌素的中间体，它们的出现极大地带动了 $\beta$-内酰胺类抗生素的迅速发展，目前临床应用的 $\beta$-内酰胺类抗生素绝大部分是半合成产物。自从 20 世纪 60 年代，科学家从廉价的薯蓣皂苷元制备合成甾体化合物重要中间体孕甾双烯醇酮后，甾体药物研究得到长足发展。由糖皮质激素可的松衍生出一大类甾体抗炎药（如氢化可的松、泼尼松、醋酸氟轻松、地塞米松、倍他米松等）；由雄性激素雄酮和睾酮衍生出一类蛋白同化激素（如 4-氯醋酸睾酮、苯丙酸诺龙、羟甲烯龙、司坦唑醇等）；由孕激素衍生出一大类甾体避孕药（如甲羟孕酮、甲地孕酮、氯地孕酮等）。

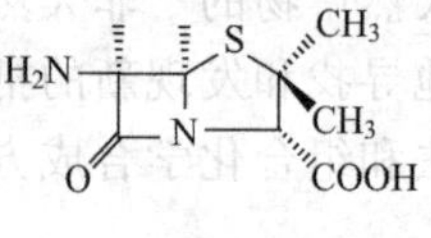

6-APA

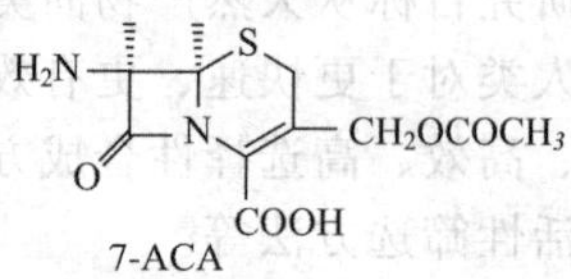

7-ACA

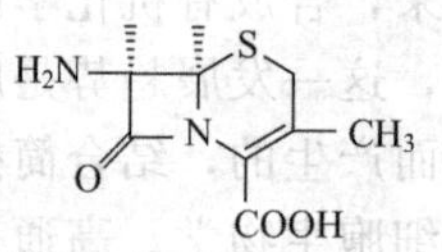

7-ADCA

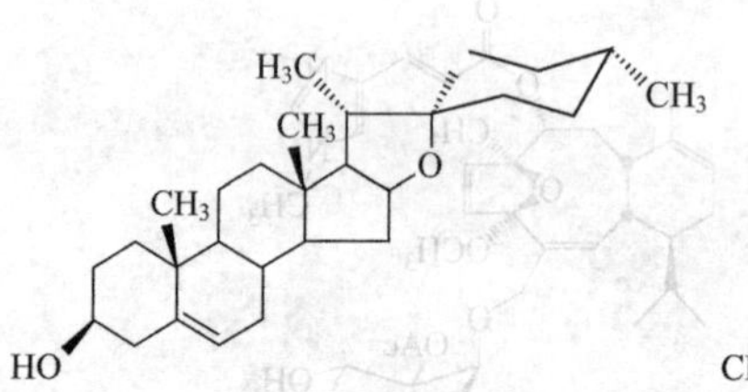

薯蓣皂苷元

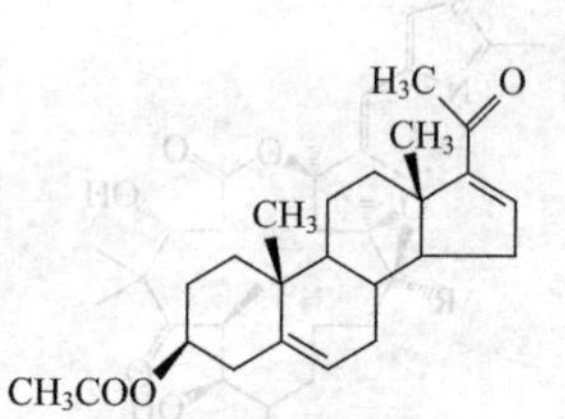

孕甾双烯醇酮

天然产物固然可以直接药用，但也存在诸如资源、成本、活性、毒性、理化性质等问题，因此，以天然产物为先导，经结构修饰和改造，进而开发活性更强、毒性更低、理化性质更优越、成本更低廉的天然产物的衍生物或合成代用品是当今新药开发的主要途径之一，有许多成功的例子。

由结构复杂的天然产物，经结构剖析和简化，以确定其基本结构，进而推测其受体结构的最成功例子是吗啡类镇痛药的研究。从吗啡开始，首先将氧桥（呋喃环）除去，产生了那洛非尔（Levorphanol），一个吗啡烃的衍生物；再消除 C 环得到苯吗喃衍生物，典型的药物是喷它佐辛（Pentazocine），它仅保留了 C 环的两个甲基，其优点是成瘾性低；在此基础上，再打开 B 环，得到结构最简单的吗啡类似物哌替啶（Petidine），如下所示。根据这些及其他众多的结构类似物构效关系的研究，确定了镇痛药的最基本的药效基团为一个含有碱性氮原子的哌啶环和与哌啶环以直立键相连的苯环。据此推测与之相适应的阿片受体模式为，一个阴离子部位（电荷中心），一个与吗啡的哌啶环部分相适应的空穴，一个适于芳香环的平面区域。以天然产物为先导，经结构修饰和改造，得到更好的衍生物或合成代用品的例子还有很多。如青蒿素→蒿甲醚，紫杉醇→多西紫杉醇，东莨菪碱→溴化异丙东莨菪碱，氯霉素→无味氯霉素、氯霉素琥珀酸单酯钠，红霉素→罗红霉素、阿奇霉素、克拉红霉素，可的松→醋酸氢化可的松、地塞米松、倍他米松、氟轻松等，睾酮→苯丙酸睾酮、诺龙等。

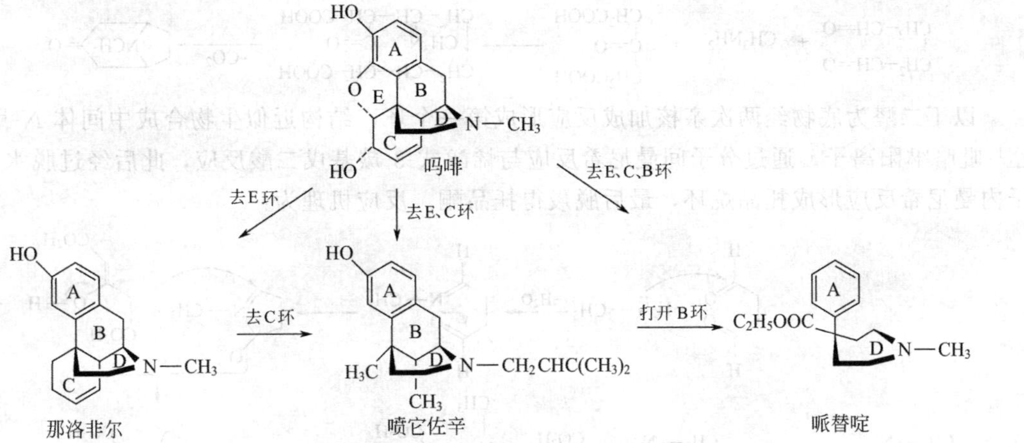


下面通过几个例子说明多步骤合成天然产物的路线设计。

## 12.1 托品酮的合成

1902 年德国化学家 Willstatter 合成托品酮（tropanone）是一项很杰出的工作，也是当时合成化学的典范。托品酮是植物颠茄中所含莨菪碱的组成前体。

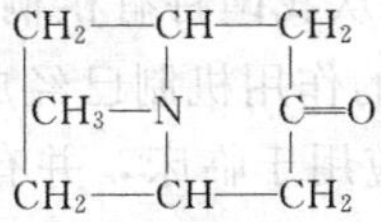

托品酮

托品酮合成路线是以环庚酮为原料，经卤化、氨解、甲基化、消除等 20 多步反应。托品酮的合成对于颠茄生物碱结构的确证，以及阿托品作为药物的使用起了重要的作用。下面是它的具体合成路线：

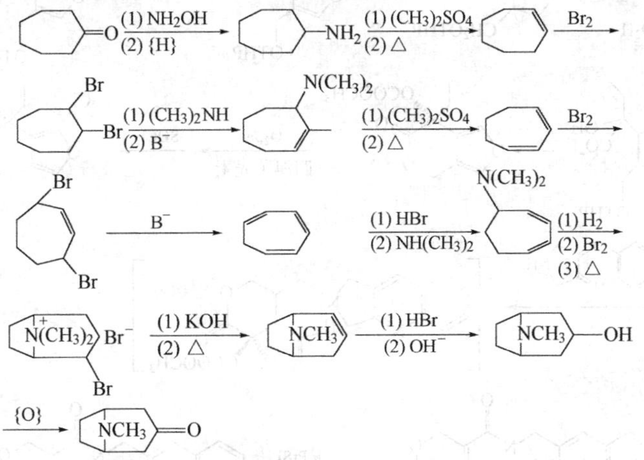


20 世纪初期至 50 年代之间有机合成工作有了飞跃发展。1917 年英国化学家 Robinson（1947 年获诺贝尔奖）采用全新而简洁的合成方法合成了托品酮。这条路线是从生源学说角

度，模拟自然界植物体合成莨菪碱的过程，以丁二醛、甲胺和丙酮二羧酸为原料，经 Mannich 反应一步缩合成环。反应在缓冲水溶液中进行，采用的反应温度及溶液 pH 值均接近天然条件，仅用两步，总收率达 90%。Robinson 的托品酮合成方法是一直沿用到后来的工业化生产中，其合成路线可按下述反应所示：

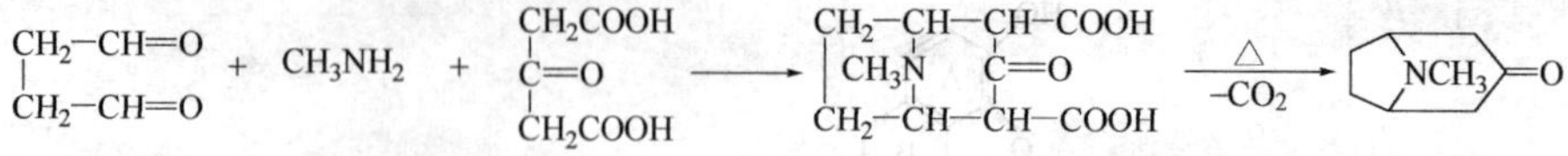


以丁二醛为底物经两次亲核加成反应形成第一个环，结构近似生物合成中间体 *N*-甲基-△[1]-吡咯啉阳离子，通过分子间曼尼希反应与烯醇式-3-羰基戊二酸反应，此后经过脱水，分子内曼尼希反应形成托品烷环，最后脱羧得托品酮。反应机理为：

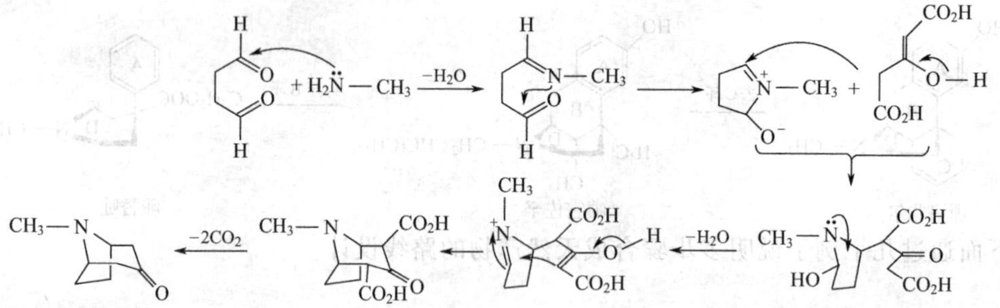

托品酮

## 12.2 喜树碱的合成

喜树碱（camptothecin，CPT）是从我国特有栱桐科植物喜树中分离得到的一种天然生物碱。CPT 及其衍生物由于具有独特的作用机制已经成为近 20 年来抗肿瘤药物研究的热点之一。目前已有 3 个喜树碱类衍生物应用于临床，并有多个衍生物处于临床研究阶段。

1975 年，Corey E. J. 等人首次以 3，4-呋喃二甲为起始原料，合成了具有光学活性的天然喜树碱。

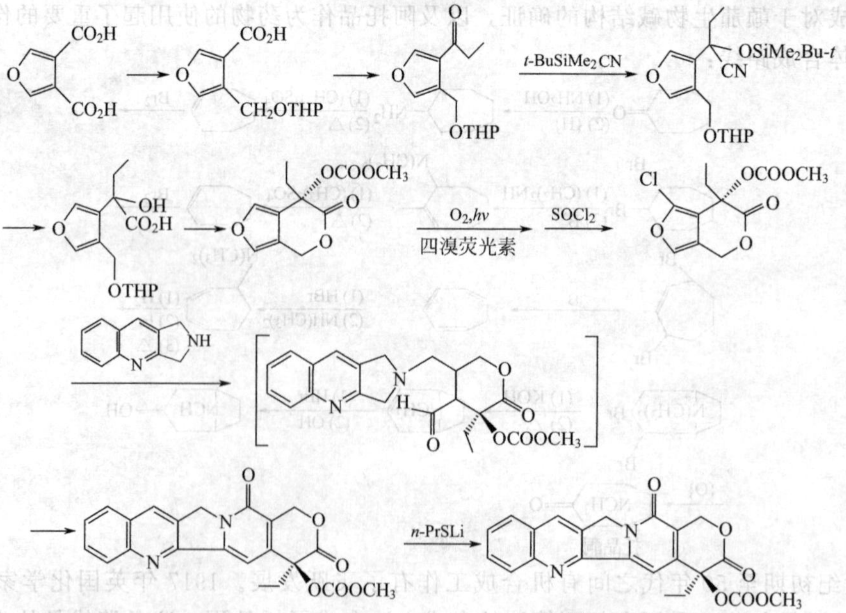

20(S)喜树碱

继 Corey E. J. 等人之后，1978 年我国科学家合成了消旋的喜树碱，合成路线如下：

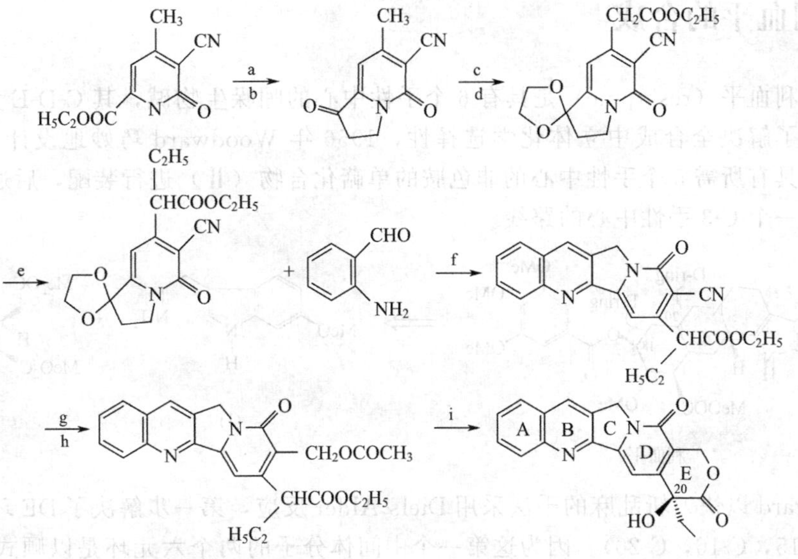


a. $K_2CO_3$，DMF，丙烯酸甲酯；b. HCl，HAc；c. $(CH_2OH)_2$；d. $(EtO)_2CO$，NaH，$PhCH_3$；
e. $C_2H_5I$，NaH，DMF；f. HCl-HAc；g. $Ac_2O$-HAc，[H]；h. $NaNO_2$；i. $CuCl_2$，DMF，[O]

在上述合成路线中，B、C、D 环的形成都很简洁，合成的中心工作是围绕 E 环而展开的，其中形成化合物 I 是该路线的关键所在，这一步使得 20-位碳原子活化，使后面的反应能顺利地进行，从而形成 20-位的季碳。这条路线的另一个特点是所用的试剂都很简单，合成中的分离方法主要是重结晶，几乎不用柱层析，共总产率高达 18%。

20 世纪 90 年代 Comins 用分子内 Heck 反应构建 C 环，提供了一条很简洁的合成路线。

对喜树碱进行结构修饰合成其衍生物具有重要主义，目前用于临床的喜树碱衍生物如拓扑泰康（topotecan）以喜树碱为原料，在乙酸中用 Adam's 铂催化氢化成 1,2,6,7-四氢喜树碱，再用乙酸铅氧化脱氢得 10-乙酰氧喜树碱和喜树碱的混合物。用乙酸水解混合物，制备型 HPLC 分离，所得化合物在 37% 甲苯及 40% 二甲胺水溶液中进行 Manich 反应得 topotecan。它的盐酸盐有很好水溶性，溶液的酸性避免了因内酯开环而降低活性的可能。这种结构修饰方法简便，产物疗效好，毒性有可能降低。Topotecan 已被广泛用于治疗卵巢癌与小细胞肺癌。

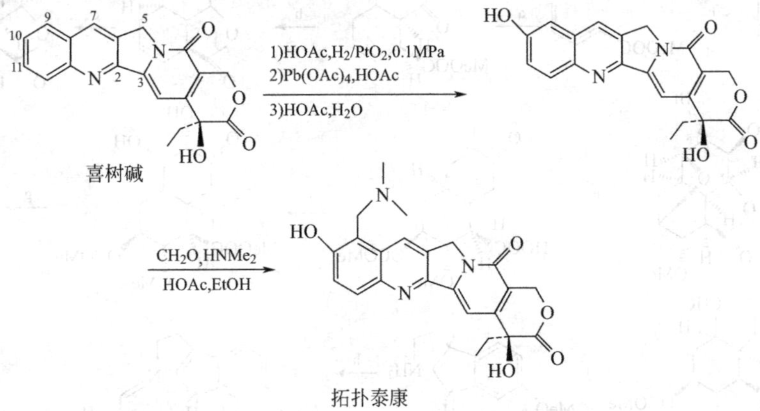


拓扑泰康

其他喜树碱的衍生物如喜树碱-11（CPT-11）或依利诺泰康（irinotecan），是另一个由 FDA 于 1996 年批准上市的喜树碱类似物，也是从喜树碱为原料合成的。目前正在临床试用的 9-硝基喜树碱、9-氨基喜树碱、7-氰基喜树碱等均可从喜树碱进行结构修饰后得到。

## 12.3 利血平的合成

降压药利血平（reserpine）是具有 6 个手性中心的吲哚生物碱，其 C-D-E 为顺-反-顺三联稠环。为了解决全合成中立体化学选择性，1956 年 Woodward 巧妙地设计了色胺（Ⅰ）和一个预先具有所需 5 个手性中心的非色胺的单萜化合物（Ⅱ）进行装配，后通过差向异构化建立最后一个 C-3 手性中心的路线。

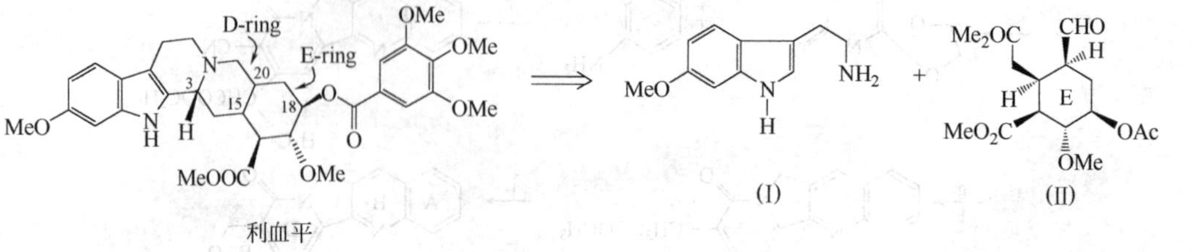


Woodward 以快刀斩乱麻的手法采用 Diels-Alder 反应，第一步解决了 DE 环的三个不对称中心（C-15，C-16，C-20）。因为这第一个中间体分子的两个六元环是以顺式并合（屋顶状），与它反应的许多试剂，都只能在外侧（屋脊）攻击，当酮基被还原后，得到的二醇朝内，其中一个接近酯基的就与它缩合，生成内酯；另一个朝内的羟基便可以被利用，即于远方双键构成含氧环，以确立 C-19 的构型，这样处理，在 C-18 引进一溴原子，这个分子的形状，像一个半开的壳，更能保证外侧反应发生。这个空间屏障因素，有利于把溴原子交换为甲氧基，并保持 α 构型，其实在置换时立体电子效应也辅助同一反应途径。到此阶段，连续五个相邻的不对称中心，就已经妥善安置了。在合成的后段需要反转 C-3 的构型。这个反转因为要违反热力学原理，把比较稳定的分子变成比较不稳定的异构物，当然非常困难，如果没有巧妙的策略，是不会成功的。Woodward 教授想到 C-16 及 C-18 上的两个官能基，可以被诱导生成五元环内酯，迫使分子内各单元的构型改变。内酯环需要变轴向键结，使一切赤道向的键也同时更改。最关键的是连接吲哚环到 D 环的 C-2/C-3 键，因轴向化而碰到内酯环，分子的稳定性大减，于是在 2,2-二甲基丙酸加热时，C-3 构型反转，使吲哚回归赤道向便有可能了。然后，把内酯环打开，酯化羟基及羧基，就结束整个合成工作了。

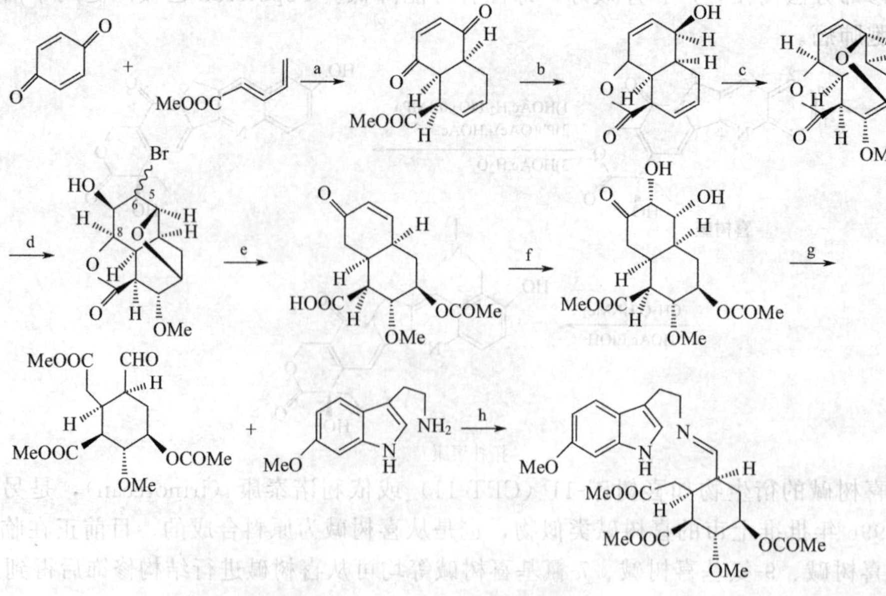

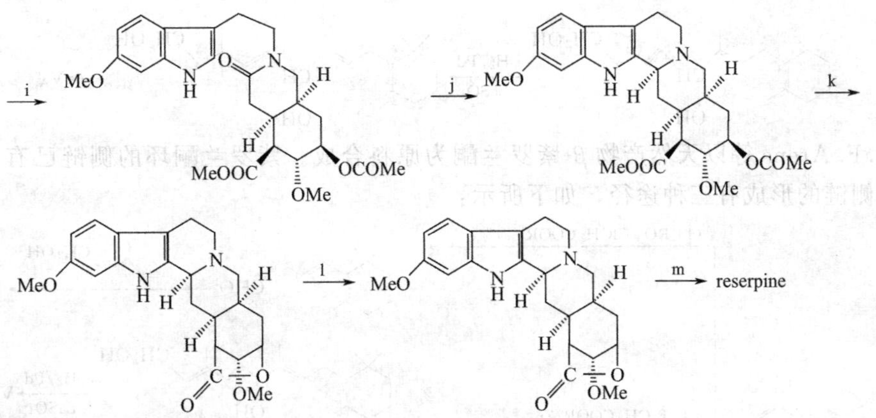

a. PhH，回流；b. Al（Oi-Pr）$_3$，i-PrOH；c. ①$Br_2$；②NaOH，MeOH；d. NBS(aq)·$H_2SO_4$，30℃；e. ①$CrO_3$/HOAc；②Zn/HOAc；f. ①$CH_2N_2$；②$Ac_2O$；③$OsO_4$，$NaClO_3$，$H_2O$；g. ①$HIO_4$；②$CH_2N_2$；h. PhH；i. $NaBH_4$/MeOH；j. ①$POCl_3$；②$NaBH_4$；k. ①KOH/MeOH；②HCl；③DCC/Py；l. $t$-$BuCO_2H$，二甲苯；m. ①NaOMe，MeOH，回流；②3，4，5-（MeO）$_3C_6H_2COCl$，吡啶

## 12.4 维生素 $A_1$ 的合成

$V_A$ 中包括 $V_{A_1}$、$V_{A_2}$，在视觉的光化学过程中起重要作用，存在于咸水鱼或淡水鱼的鱼肝中。$V_{A_1}$ 是一个长链多烯烃，结构如下：

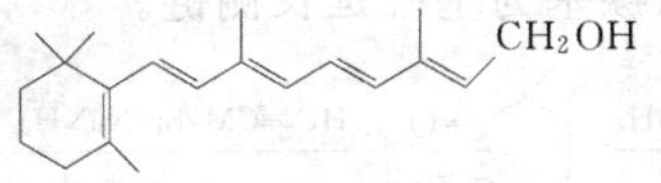

合成方法有多种，分别介绍如下。

① O. Ialer 全合成法，是由最简单原料开始的方法，反应式表示如下：

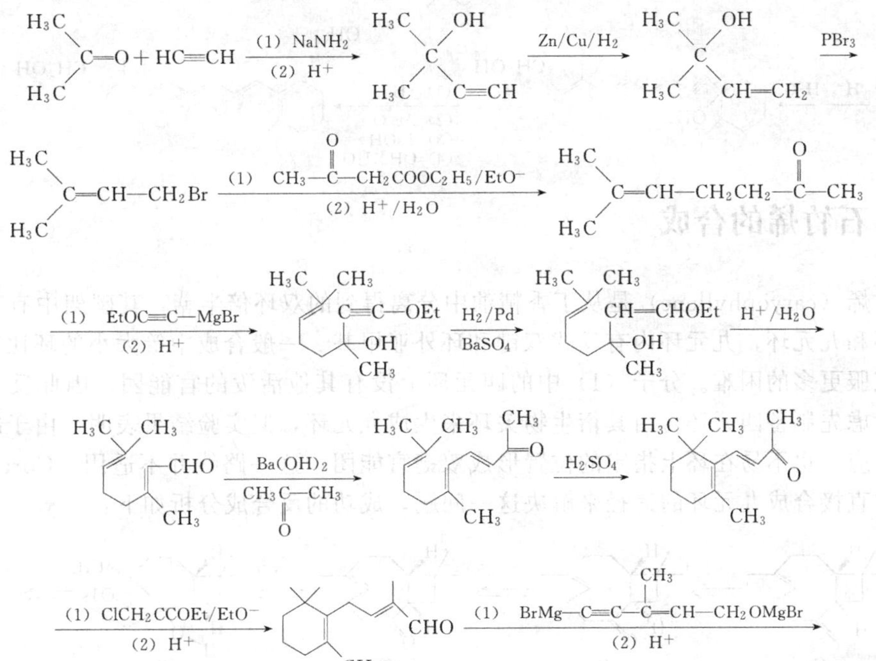

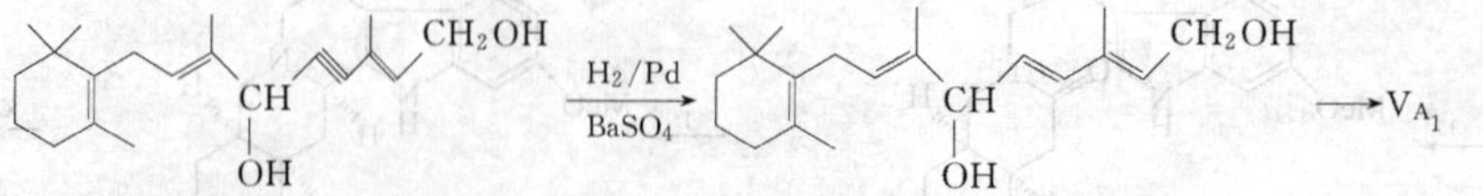


② J. F. Arens 等以天然产物 $\beta$-紫罗兰酮为原料合成。紫罗兰酮环的侧链已有四个碳原子，$V_{A_1}$ 侧链的形成有三种途径，如下所示：

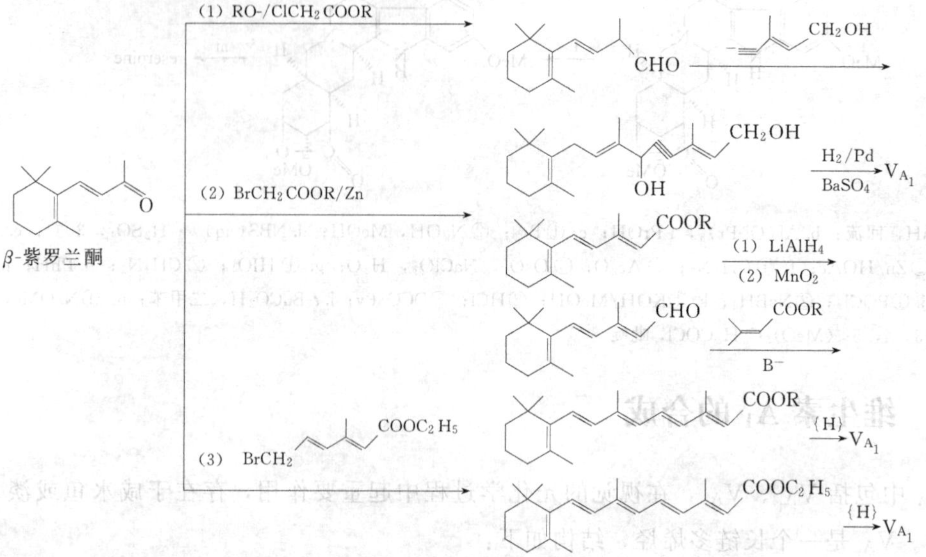


③ 2-甲基环己酮为原料，以羰基为基础延长侧链。

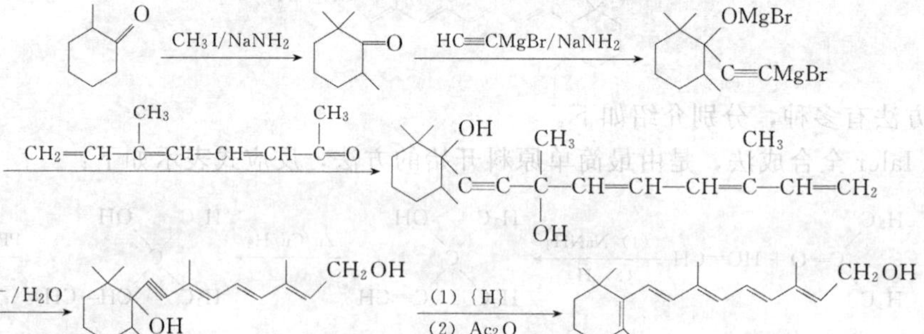


## 12.5 石竹烯的合成

石竹烯（caryophyllene）是从丁香精油中分离得到的双环倍半萜，其碳架中有一个并联的四元环和九元环，九元环内有反式双键和环外亚甲基。一般合成中等大小的环比其他大小的环要克服更多的困难。分子（1）中的四元环上没有其他活泼的官能团，因此反合成分析时可以考虑先制备四元环再由其衍生物关环来生成九元环，但实验结果表明，由于缺少有效的成环反应，也不易在环上指定的位置形成双键官能团，这一路线并不适用。Corey 小组改用不经过直接合成九元环的途径来解决这一问题，成功的反合成分析如下：

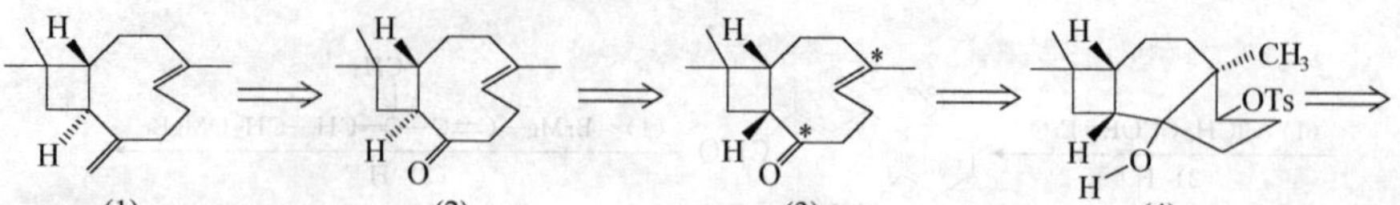


(1) (2) (3) (4)

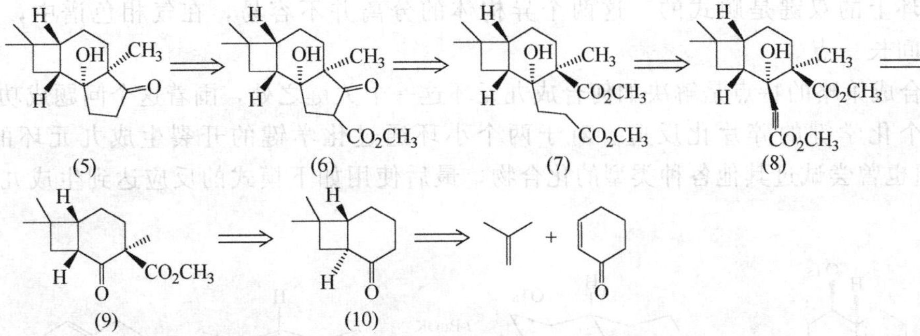


将（1）中的环外双键转化为酮官能团，羰基可以通过碱催化的异构化影响到四元环和九元环并联的立体化学，使其形成热力学上更为稳定的反式联结构型，这也正是全合成中要解决的一个问题。因此，也意味着可以不必先考虑这个问题。根据碎片化反应的反合成分析，将中间体化合物（3）中有星号的碳原子相连，就得到并连的五元、六元环结构问题，当离去基团与相邻角甲基处于顺式关系时能够生成反式双键。这样，构筑不易实现的九元环问题转化为合成四、五、六元三环稠合体系（5）的问题，引入活化基团再经切断分析，可得到前体化合物四、六双环稠合结构（10），后者的起始原料是异丁烯和环己烯酮。全合成的途径如下所示：

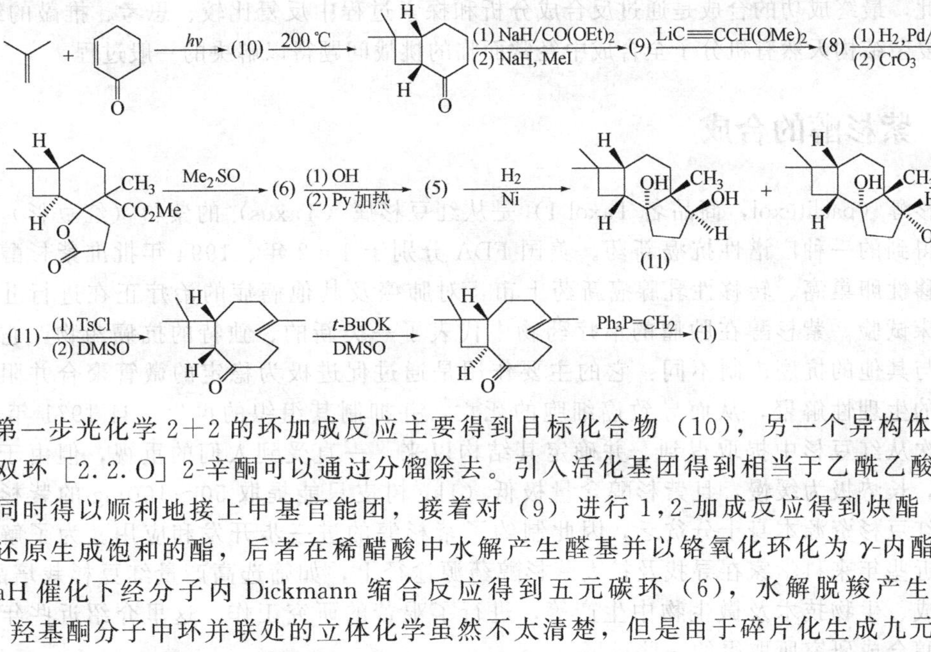


第一步光化学 2＋2 的环加成反应主要得到目标化合物（10），另一个异构体 8,8-二甲基双环［2.2.O］2-辛酮可以通过分馏除去。引入活化基团得到相当于乙酰乙酸酯的衍生物同时得以顺利地接上甲基官能团，接着对（9）进行 1,2-加成反应得到炔酯（8）再氢化还原生成饱和的酯，后者在稀醋酸中水解产生醛基并以铬氧化环化为 $\gamma$-内酯，内酯于 NaH 催化下经分子内 Dickmann 缩合反应得到五元碳环（6），水解脱羧产生羰基酮（5）。羟基酮分子中环并联处的立体化学虽然不太清楚，但是由于碎片化生成九元环的反应只与四个化学键有关，在控制九元环中双键几何构型的问题中要控制角甲基与其相邻离去基团的相对取向问题，它们彼此为顺式，则得到反式双键、彼此互为反式，则得到顺式双键。故而控制酮羰基的立体选择性还原反应至关重要。实验表明，用 Raney 镍催化氢化得到两个差异构体的混合物，分离提纯后，得到的甲基与邻位羟基互为顺式的化合物（4）与对甲苯磺酰氯反应，得到的磺酸酯在 DMSO 溶液中和其负离子反应，完成碳碳键的开裂，生成具有反式双键的九元环酮（2），然后再在叔丁醇溶液中与其钠盐作用进行双环连接处的差向异构化，最后与三苯基膦盐作用得到目标分子 *dl*-石竹烯。当用 $LiAlH_4$、$NaBH_4$ 或 $LiAl(OBu^t)_3H$ 等还原羟基酮（5）时，生成的都是甲基与邻位羟基互为反式的化合物（11）。同样经后续处理，可以得到 *dl*-异石竹烯，它与石竹烯的区别仅

在于九元环上的双键是顺式的。这两个异构体的分离并不容易，在气相色谱中，石竹烯的保留时间长一点。

这个合成策略的特点是解决如何合成九元环这一个关键之处，围着这个问题成功地运用了涉及四个化学键的碎片化反应。对于两个小环通过化学键的开裂生成九元环的问题，Corey小组也曾尝试过其他各种类型的化合物，最后使用如下模式的反应达到生成九元环的目的：

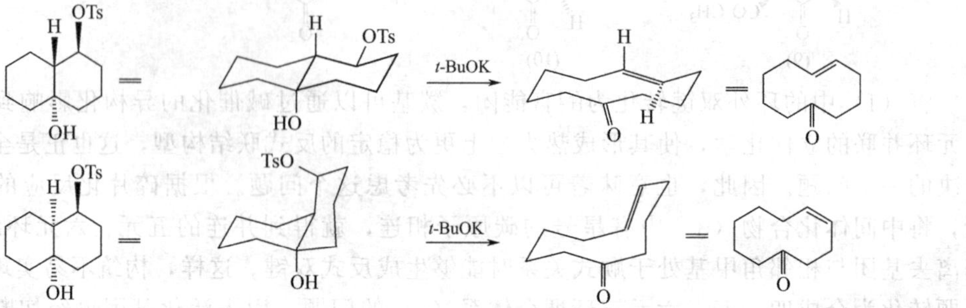


Corey 将这种策略巧妙地应用于双环倍半萜 *dl*-石竹烯的全合成中，通过这种碎片化反应立体控制地扩环成为九员环。

因此，最终成功的合成是通过反合成分析和探索过程中反复比较、思考、推敲的结果。这也是复杂结构天然有机分子全合成中经常面临的挑战问题得以解决的一般过程。

## 12.6 紫杉醇的合成

紫杉醇（paclitexol，商品名 Taxol 1）是从红豆杉属（Taxus）的紫杉（红豆杉）树皮中分离得到的一种广谱性抗癌新药。美国 FDA 分别于 1992 年、1994 年批准紫杉醇作为治疗转移性卵巢癌、转移性乳腺癌新药上市，对肺癌及其他癌症的治疗正在进行Ⅱ期或Ⅲ期临床试验。紫杉醇在肿瘤的治疗药物中代表了一类新的、独特的抗癌药物，它的抗癌机制与其他的抗癌机制不同：它的主要作用是通过促进极为稳定的微管聚合并阻止微管正常的生理性解聚，从而导致癌细胞的死亡，并抑制其组织的再生。自 1971 年 Wani 等人首次从红豆杉中提取得到、并确定其结构以来，一直受到人们的重视，但由于紫杉树矮小，长势极为缓慢，且紫杉醇含量极低（1kg 树皮只能提取 50～100mg 的紫杉醇），再加上红豆杉资源本身十分贫乏，因此制约了紫杉醇的进一步开发和应用。为了解决这问题，近些年来科学家在寻找及扩大紫杉醇药源途径上，如筛选高产量红豆杉栽培品种、化学合成、生物技术及微生物中生产等，进行了艰苦的研究工作。这里介绍近些年来有关紫杉醇合成研究所取得的一些进展。

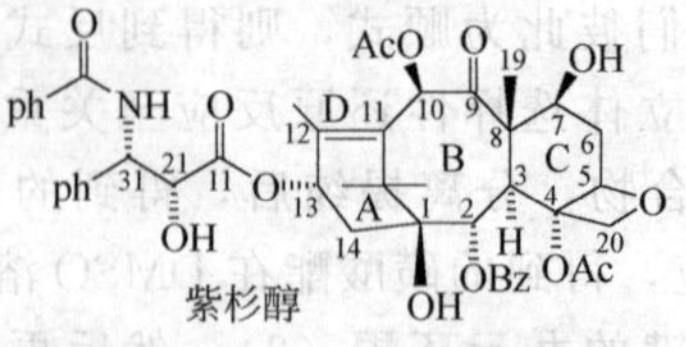


紫杉醇

紫杉醇的化学合成途径如下。

（1）由浆果赤霉素Ⅲ（baccatinⅢ）的半合成

由于浆果赤霉素Ⅲ（baccatinⅢ）和 10-脱乙酰浆果赤霉素Ⅲ（10-deacetyl baccatinⅢ）

在植物中的含量相对较高，因而将其转化为紫杉醇的工作可以大大地改善紫杉醇供应短缺的情况。

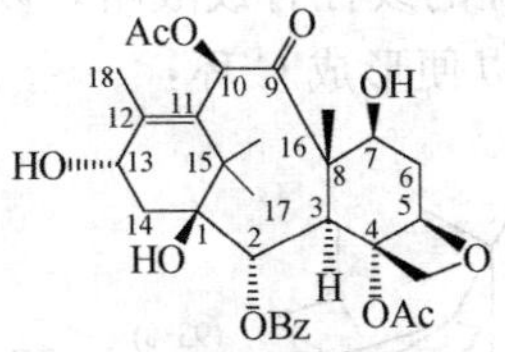

浆果赤霉素Ⅲ

尽管紫杉醇与浆果赤霉素的差别仅仅是一个简单的酰化反应，但是由于浆果赤霉素进行酰化时，13 位羟基周围的立体位阻，使得反应较为困难。

Potier 首先用肉桂酸对浆果赤霉素进行酰化，然后利用温和羟基氨基反应得到紫杉醇。尽管该反应的立体选择性和区域选择性较差，但是他们却利用该反应从 10-脱乙酰浆果赤霉素Ⅲ合成了紫杉醇衍生物 Taxotexe，在某些试验中，Taxotexe 显示优于紫杉醇的生物活性。

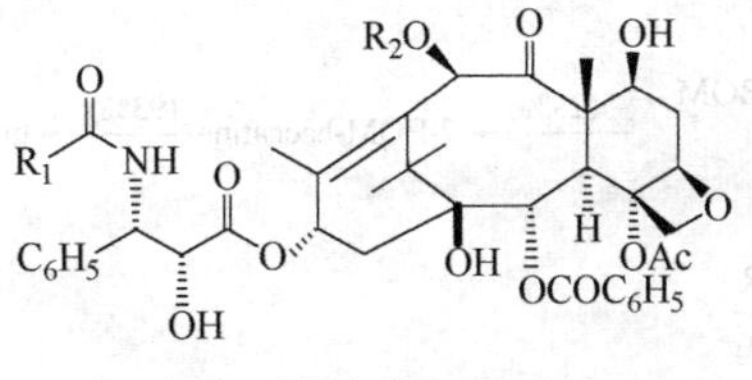

$R_1=(CH_3)_3CO$, $R_2=H$

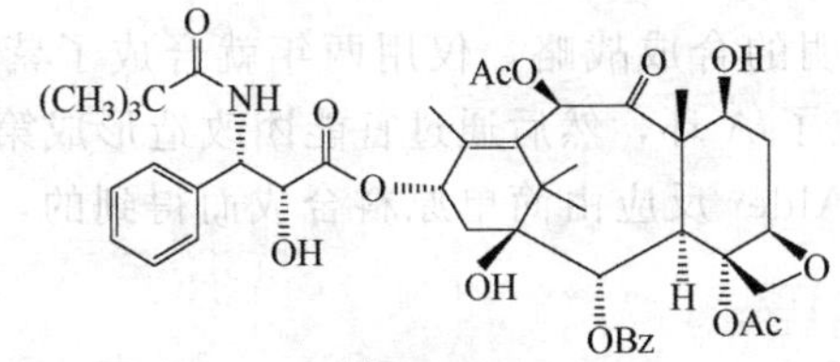

Taxotexe

紫杉醇的半合成研究与直接从植物提取紫杉醇的方法相比较主要有下面两个优点：①浆果赤霉素和 10-脱乙酰浆果赤霉素在植物中的含量远远高于紫杉醇，从文献上发表的结果来看，浆果赤霉素最好的提取收率为紫杉醇收率的 6 倍；②半合成紫杉醇的研究可以使紫杉醇侧链具有很大的变化性，Taxotexe 的合成就是一个很好的例子，这样就有可能在将来发现更强活性的紫杉醇衍生物。

（2）紫杉醇化学全合成

合成紫杉醇这一复杂的天然分子是有机合成化学家所面临挑战。全世界共有 40 多个一流的研究小组从事紫杉醇的全合成工作，主要分为两种合成战略：①线战略，即由 A 环到 ABC 环和由 C 环到 ABC 环；②会聚战略，即由 A 环和 C 环会聚合成 ABC 环：

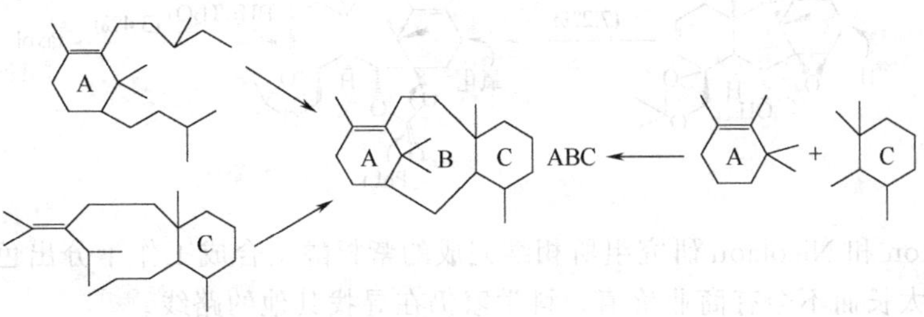

1994 年初，Holton 和 Nicolaou 几乎同时宣告紫杉醇的全合成获得成功。他们的成功，标志着有机合成化学登上了一个新的台阶。

Holton 采用了由 A 环到 ABC 环的线性合成战略，以樟脑为原料，通过数步反应先形成在 B 环上带有一个酮基的化合物，以便形成 C 环：

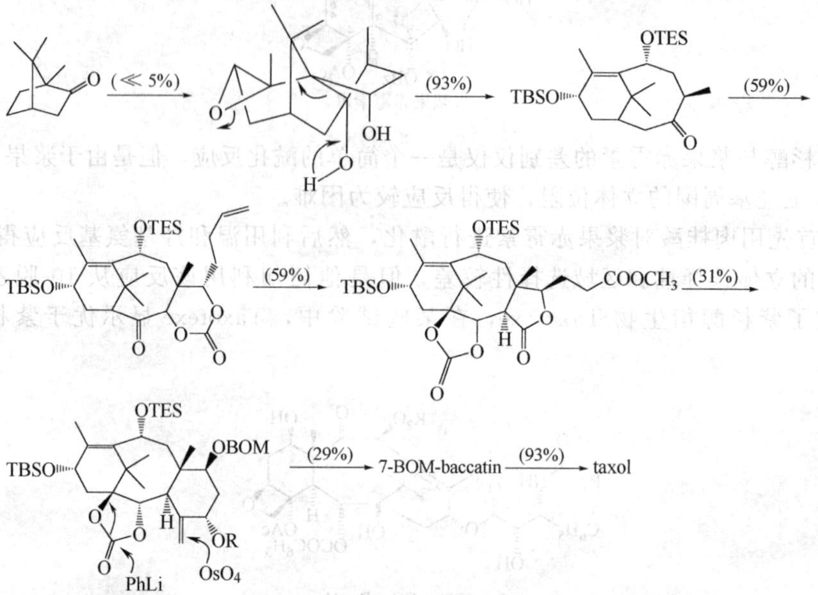


Nicolaou 则采用非常简明的合成战略，仅用两年就合成了紫杉醇。他采用非手性的原料，以 Diels-Alder 反应合成了 A 环，然后通过官能团改造形成第一个中间体化合物，另外一个中间体也是通过 Diels-Alder 反应由简单原料合成而得到的，然后两个中间体经过几步又合并成最后产物。

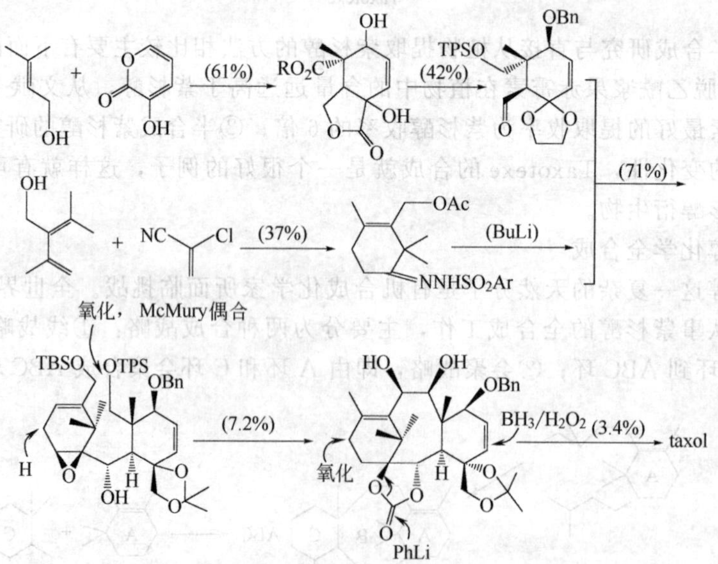


尽管 Holton 和 Nicolaou 研究组所相继完成的紫杉醇全合成工作十分出色，但由于紫杉醇的合成路线太长而不会有商业价值，科学家仍在寻找其他的路线。

(3) 紫杉醇的构效关系

如下图所示。

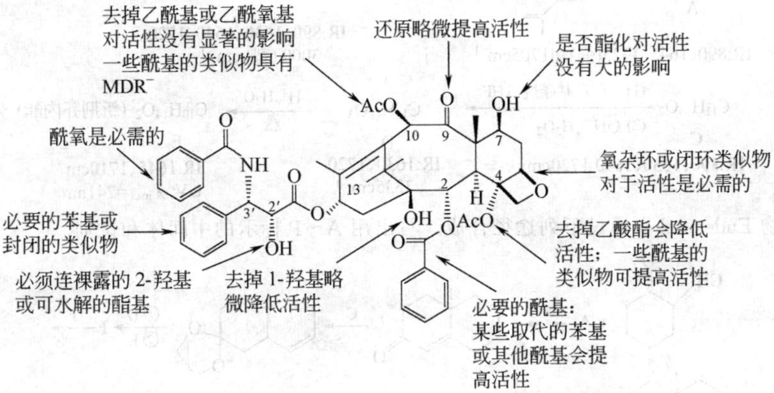


## 习　　题

1. 吲哚环广泛存在于天然产物中。在吲哚环的合成中，应用最广的合成方法是费歇尔（Fischer）合成法，它是醛、酮、酮酸、酮酸酯或二酮的芳基取代腙在氯化锌、三聚磷酸或三氟化硼等路易斯酸的催化下加热制得。例如：

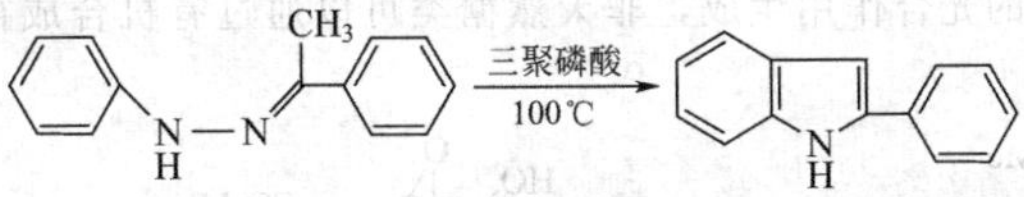


“褪黑素”（melatonin）是吲哚环衍生物，它具有一定的生物活性，可用对氨基苯甲醚为原料进行合成，反应过程如下：

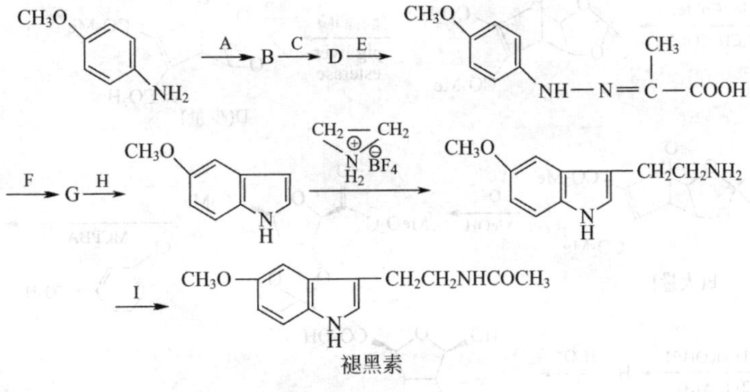

褪黑素

请写出 A、B、C、D、E、F、G、H、I 所代表的化合物的结构式或反应条件。

2. 欧洲榆树皮甲虫是荷兰榆树病的昆虫载体。化合物 F（multistriatin）是欧洲榆树皮甲虫凝集信息素所含组分之一。该化合物可由 A 通过下列步骤合成，试写出中间体化合物 B、C、D、E 的结构式。（TsCl 是对甲苯磺酰氯的缩写。）

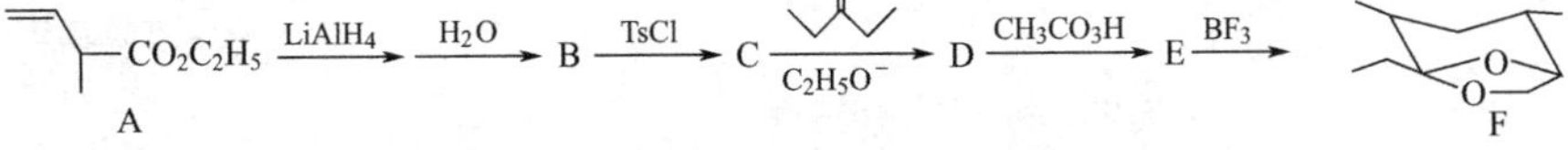

3. 彩虹萜（iridoids）是一类单萜烯，具有各种不同的高效的生物活性。它们被用作杀虫剂和动物的引诱剂，下列反应是新荆芥内酯（neonepetalactone，荆芥内酯之一）的合成，它是荆芥（catnip）的重要组

成，利用所给的信息推断有关化合物的结构，包括新荆芥酯本身的结构。

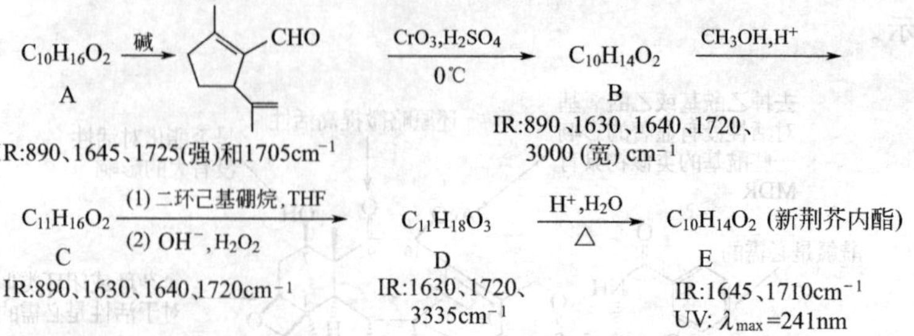


4. 天然产物 Eudesmol 可通过下列途径合成，写出用 A～P 标示的中间体和试剂。

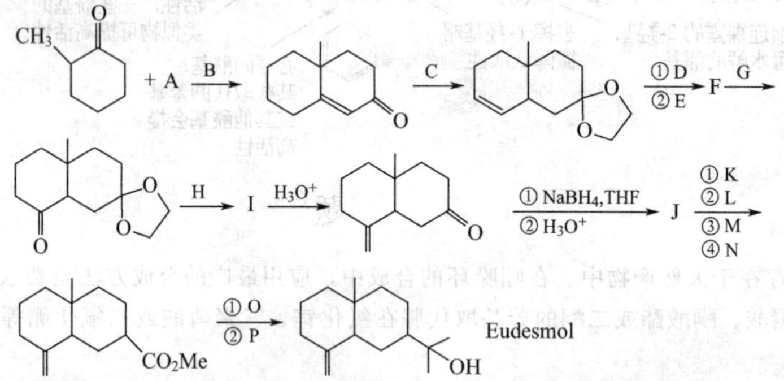


5. 天然糖类一般由植物的光合作用生成，非天然糖类可以通过有机合成得到。下图是非天然 L-核糖（化合物 I）的合成路线。

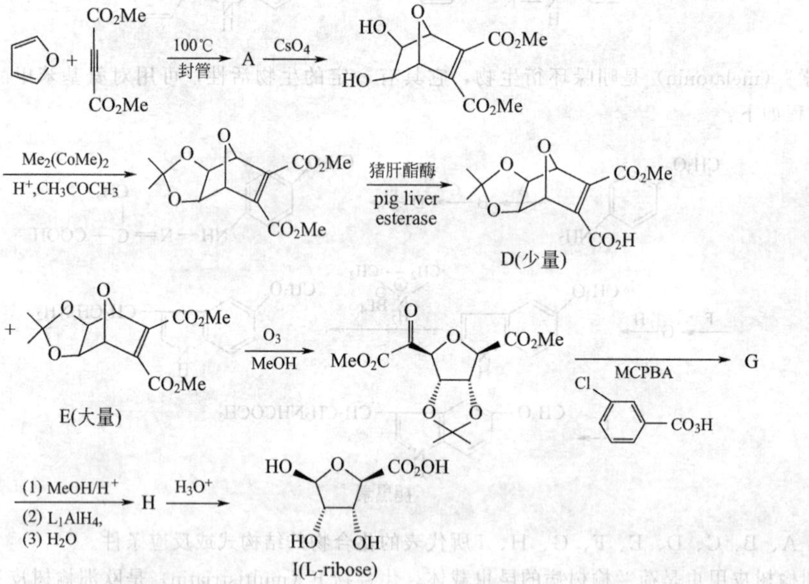


已知 H 的分子式为 $C_9H_{16}O_5$，H 的$^1$H-NMR（$CDCl_3$）数据如下：δ 1.24（s，3H），1.40（s，3H），3.24（m，1H），3.35（s，3H），3.58（m，2H），4.33（m，1H），4.50（d，$J$=6Hz，1H），4.74（d，$J$=6Hz，1H），4.89（s，1H）。请写出 A、G、H 的结构式。

# 附 录

## 各章习题参考答案

### 第 1 章　习题解答（略）

### 第 2 章　习题解答

1. 选择题

(1) b　(2) a　(3) a　(4) a　(5) d　(6) c　(7) c　(8) a

2. 略

3. 石油醚 ＞ 苯 ＞ 氯仿 ＞ 乙醚 ＞ 醋酸乙酯 ＞ 正丁醇 ＞ 丙酮 ＞ 乙醇 ＞ 甲醇 ＞ 水

4. ①浸渍法：水或稀醇为溶剂。②渗漉法：稀乙醇或水为溶剂。③煎煮法：水为溶剂。④回流提取法：有机溶剂为溶剂。⑤连续回流提取法：有机溶剂为溶剂。

5. 利用混合物中各成分在两相互不相溶的溶剂中分配系数不同而达到分离的目的。实际工作中，若水提取液中有效成分是亲脂性的，多选用亲脂性有机溶剂如苯、氯仿、乙醚等进行液-液萃取；若有效成分是偏于亲水性的，则改弱亲脂性溶剂如乙酸乙酯、正丁醇等，也可采用氯仿或乙醚加适量的乙醇的混合剂。

6. ①与溶剂有关：一般在水中吸附能力最强，有机溶剂中最弱，碱性溶剂中最弱。②与形成氢键的基团多少有关：分子结构中含酚羟基、羧基、醌或羰基越多，吸附越牢。③与形成氯键的基团位置有关：一般间位＞对位＞邻位。④芳香核、共轭双键越多，吸附越牢。⑤对形成分子内氢键的化合物吸附力减弱。

7. 略

8. (1) 性状观察：观察外观颜色是否均一，晶形是否一致。

(2) 物理常数测定：熔点（熔程应小于 2～3℃），比旋光度，沸点等。

(3) 色谱方法检查。TLC：选择三种不同类型的展开剂进行 TLC 检查，经自然光下观度、紫外灯下观察，两种不同显色试剂显色（其中必须有一种通用性的显色试剂），均应为单一而圆整的斑点。HPLC 或 GC：在两种不同色谱条件下，均为单一色谱峰。必要时应进行色谱峰纯度检查，符合要求。

9. 关键是选择适宜的溶剂：①溶剂对结晶成分热时易（可）溶，冷时析出（冷时难溶），对被结晶成分的溶解度随浓度不同而有显著差别；②与待提纯成分不发生化学反应；③沸点适中。

10. 原理是大分子不能通过透析膜而留在膜内溶液，小分子可通过透析膜在膜外溶液中，使分子大小不同的物质分离，主要是水溶液的脱盐，多糖、蛋白质的分离。

11. 实验式为：$C_{20}H_{22}N_2O_3$；分子式为：$C_{40}H_{44}N_4O_6$

12. 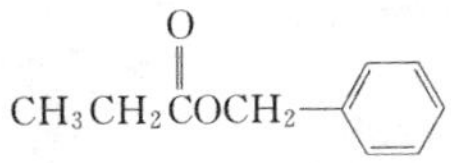

### 第 3 章　习题解答

1. 选择题

(1) d　(2) c　(3) b　(4) b　(5) d　(6) a　(7) b　(8) a

2. 略

3. 略

4. 略

5. 气相色谱法灵敏度高，又可同时进行分离和定性定量分析，所以在糖的鉴定中用的比较普遍。但糖类难以挥发和易形成端基异构体是气相色谱法鉴定糖的两个不利因素。实际应用中一般先将糖制备成三甲基硅醚衍生物，或将醛糖用 $NaBH_4$ 还原成多元醇，然后制成乙酰化物或三氟乙酰化物后再进行气相色谱分析，可增加挥发性，防止端基异构体的形成。混合物中的微量糖成分也可用气相色谱法鉴定。

6. ①测定物理常数（熔点、旋光度等）。②元素分析或高分辨质谱，测定分子量，推测出分子式。③酸水解得到单糖和苷元。④色谱法确定单糖种类及数量。⑤酶解法、NMR法、旋光法确定苷键构型。⑥全甲基化甲醇解法确定糖-糖、糖-苷元连接位置。⑦缓和酸水解、酶水解及质谱法确定糖-糖连接顺序。⑧化学法及光谱法确定苷元结构。

7.

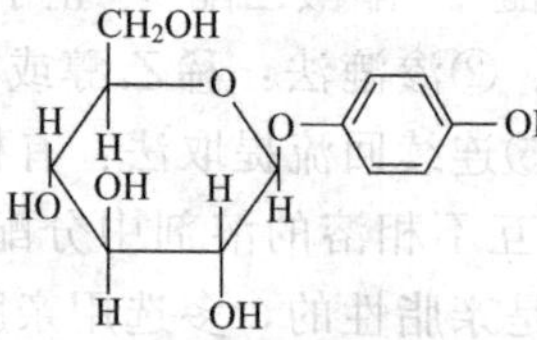

8.

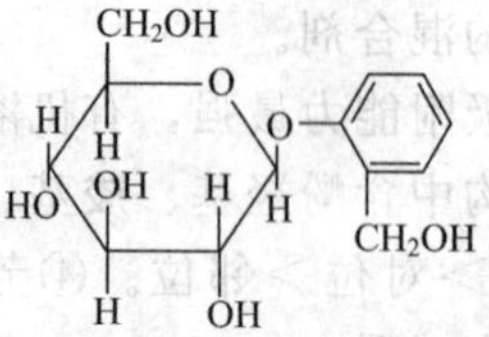

## 第 4 章　习题解答

1. （1）c　（2）b　（3）b　（4）a

2. 碱性　溶解度　特殊功能基团　极性

3. 低　高　弱　强　高　低　强　弱

4. 略

5. 略

6. 略

7.

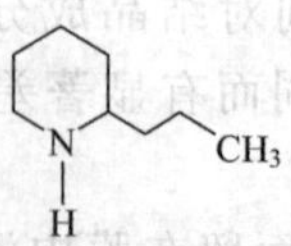

8.

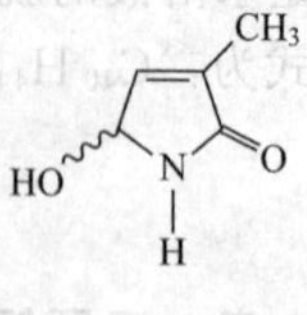

9. 略

## 第 5 章　习题解答

1. （1）a　（2）a　（3）b　（4）d　（5）c

2. 7，4′-二羟基　7 或 4′-羟基　一般酚羟基　5-羟基　对位　较强　分子内氢键　最弱

3.

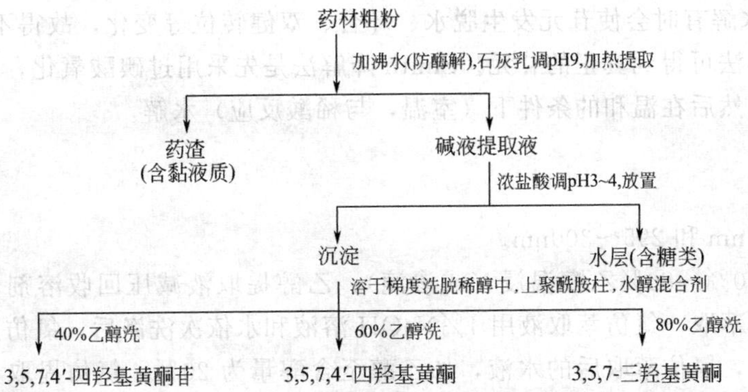


4. 略
5. 略
6. 略
7. 略
8.

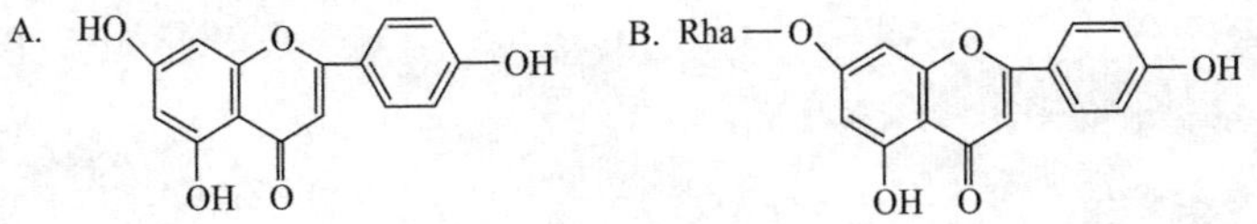


9. 略
10. 略

## 第 6 章　习题解答

1. (1) d　(2) c　(3) a　(4) a
2.

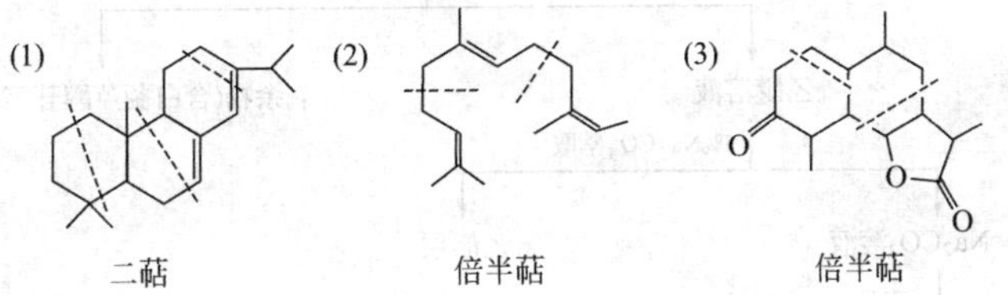


3.

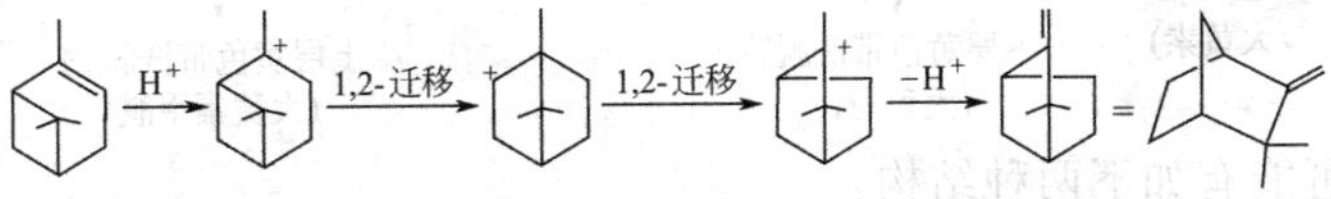


4. 略
5. 可在碱性条件下将穿心莲内酯中的酯键水解，变成盐的形式存在，以增加其水溶性。
6. 略
7. 略
8.

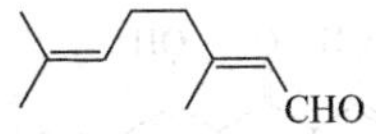


9. 略

## 第 7 章　习题解答

1. (1) d　(2) b　(3) c　(4) a　(5) c

2. （1）3β-羟基-5α-胆甾-7-酮　（2）6β-溴-5β-孕甾-7,20-二酮

3. 常法酸水解有时会使苷元发生脱水、环合、双健转位等变化，故得不到真正的苷元。采用 Smith 降解法可得到真正的苷元。Smith 降解法是先采用过碘酸氧化，使糖开环，再用硼氢化钠还原，然后在温和的条件下（室温，与稀酸反应）水解。

4. 略

5. 略

6. 200～217nm 和 295～300nm。

7. 中药用 70%～80%乙醇温浸（或渗漉），乙醇提取液减压回收溶剂，静置析胶，过滤，滤液用氯仿萃取，氯仿萃取液用 4%NaOH 溶液和水依次洗涤后，氯仿层回收溶剂得到亲脂性强心苷类，氯仿萃取后的水液，加乙醇至含醇量为 20%，氯仿提取，氯仿提取液回收溶剂得到弱亲脂性强心苷类。

## 第 8 章　习题解答

1. 选择题

（1）b　（2）c　（3）d　（4）a　（5）d

2. d，a，b，e

3. 略

4. 略

5. 略

6. 略

7. 提取分离游离蒽醌的流程为：

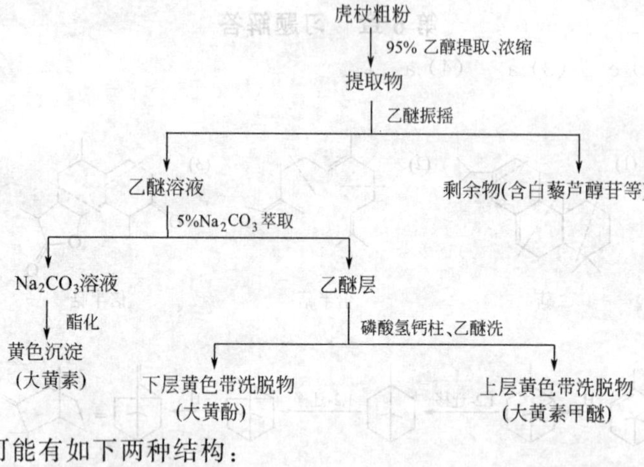


8. 该化合物可能有如下两种结构：

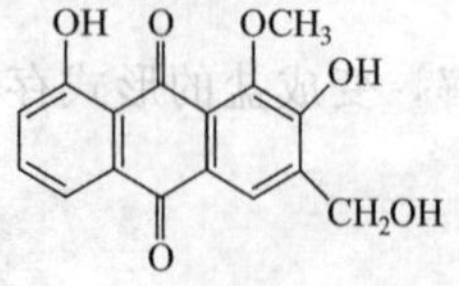


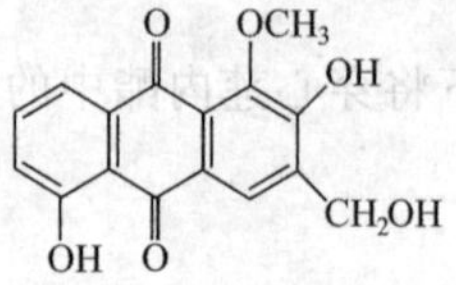


9.

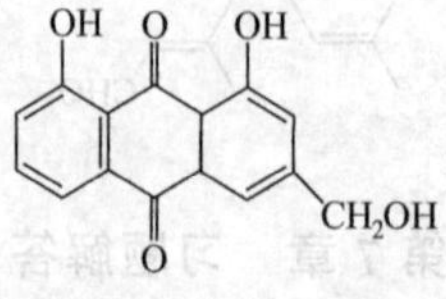


10. 略

## 第 9 章　习题解答

1. 选择题

(1) b　(2) b　(3) d　(4) a　(5) c

2. 略

3. 香豆素具有内酯或酚羟基，可溶于热碱液中，生成顺邻羟基桂皮酸盐，加酸后又重新环合成内酯而析出；在提取分离时须注意所加碱液的浓度不宜太浓，加热时间不宜过长，温度不宜过高，以免破坏内酯环。碱溶酸沉法不适合于遇酸、碱不稳定的香豆素类化合物的提取。

4. 若两个芳香基在同侧，则 H-2 和 H-1 及 H-6 与 H-5 均为反式构型，其 $J$ 值相同，约为 4～5Hz，若两个芳香基在异侧，则 H-2 和 H-1 为反式结构，$J$ 值为 4～5Hz，而 H-6 与 H-5 为顺式构型，其 $J$ 值为 7Hz。

5. 用乙醇提取得到总提取物，先用氯仿将亲脂性杂质萃取除去，再利用乙素亲脂性大于甲素，在乙酸乙酯中溶解度较大，用乙酸乙酯将乙素萃取得到，最后用正丁醇萃取得到甲素。

6. 略

7. 原理：略。现象：红色。用途：可用于羧酸、酯、内酯和香豆素类成分的检识和含量测定。尤其多用于香豆素类成分的预试和检识。

## 第 10 章　习题解答

1. 略

2. 略

3. A. $CH_3(CH_2)_2CH{=}CH(CH_2)_6CH_2O{-}\overset{\displaystyle O}{\overset{\|}{C}}{-}CH_3$

B. $CH_3(CH_2)_2CH{=}CH{-}(CH_2)_6CH_2OH$

C. $CH_3(CH_2)_2CH{=}CH(CH_2)_6COOH$

D. $CH_3(CH_2)_2COOH$

E. $HOOC{-}(CH_2)_6{-}COOH$

4. 有机酸以离子状态时，通过强酸性阳离子交换树脂时，碱性物质被吸附，而有机酸不被吸附，通过树脂流出，再将流出液通过强碱性阴离子交换树脂，有机酸根离子被交换在树脂上，糖和其他中性杂质可流经树脂而被除去，将树脂用水洗净，用稀酸或稀碱溶液洗脱，即可将有机酸从柱上洗下。

5. 略。

## 第 11 章　习题解答

1. 略

2. 略

3. 在微生物的生物降解中阻止 B 环的开裂，主要目的是让甾体降解不完全，使发酵液中能产生大量积累所需产物的中间体，如 4AD、ADD 等。甾醇代谢过程中，希望某中间体累积，第一种方法采用诱变技术，如紫外线照射、或加入化学诱变剂等使微生物失去进一步分解该中间体的能力；第二种方法是加入抑制 9 位羟化酶的抑制剂，$Fe^{2+}$ 是 9 位羟化酶起作用的必须金属离子，因此可加入除去 $Fe^{2+}$ 的金属螯合剂、加入可交换 $Fe^{2+}$ 的 $Ni^{2+}$、$Co^{2+}$ 等使 9 位羟化酶失活。

4. 主要可分为水解反应、还原反应、氧化反应等，还有降解反应、脱水反应和酰基化反应。

5. 略

6. 略

## 第 12 章 习题解答

1. 从 A 到 I 的答案如下，有些条件可以有其他答案，如 C 可以有其他还原剂；F 可以用其他路易斯酸。

A. HCl，$NaNO_2$；B. 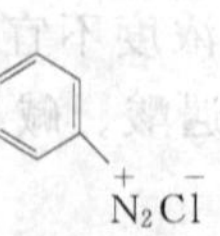；C. (1) $SnCl_2$；HCl；(2) $NaHSO_3$ 饱和水溶液；

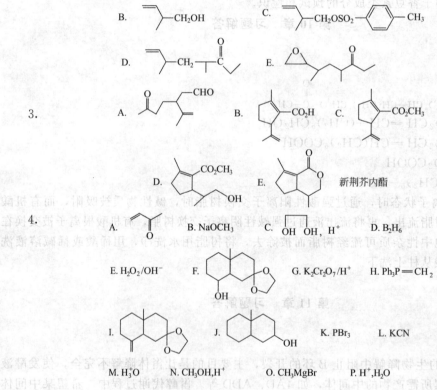

D. 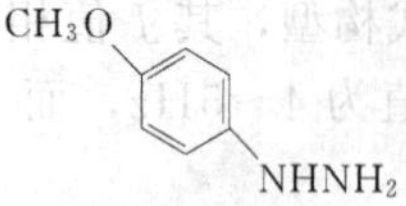；E. $CH_3COCOOH$，$-H_2O$；F. $ZnCl_2/PCl_5$，加热；

G. 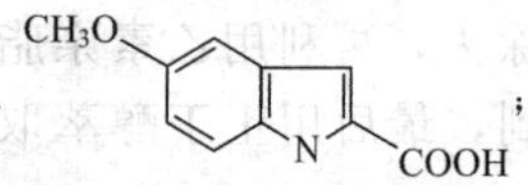；H. 加热、脱羧 ($-CO_2$)；I. $(CH_3CO)_2O$

2. 第一步由 A 到 B，涉及羧酸酯的还原；第三步由 C 到 D，涉及羰基化合物 α-碳的烷基化反应；第四步由 D 到 E，涉及用过氧酸氧化碳碳双键成环氧化合物；第五步由 E 到 F，涉及分子内缩酮化。

B. 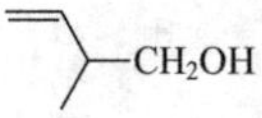 C. 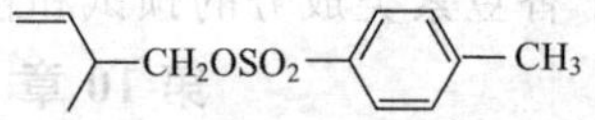

D. 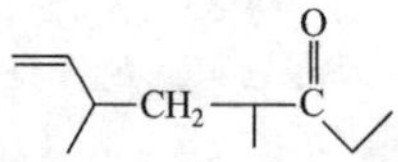 E. 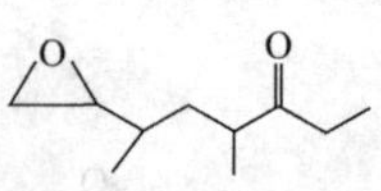

3. A. 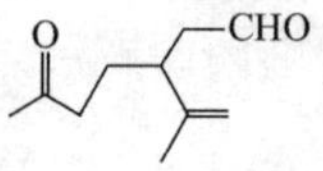 B. 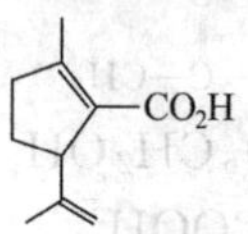 C. 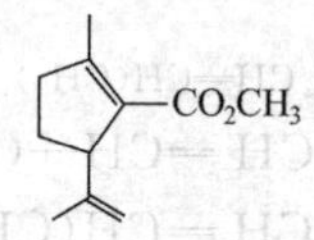

D. 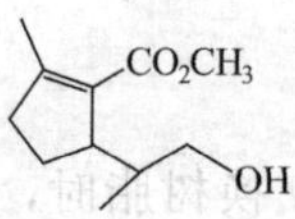 E. 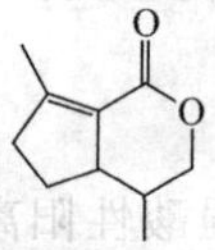 新荆芥内酯

4. A. 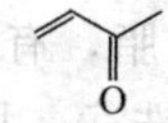 B. $NaOCH_3$ C. ，$H^+$ D. $B_2H_6$

E. $H_2O_2/OH^-$ F. 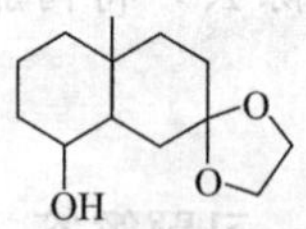 G. $K_2Cr_2O_7/H^+$ H. $Ph_3P{=}CH_2$

I. 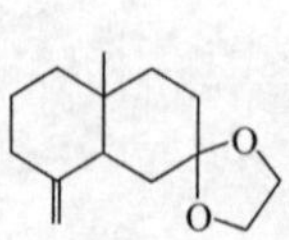 J. 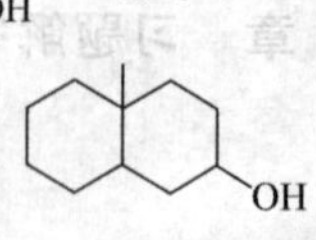 K. $PBr_3$ L. KCN

M. $H_3^+O$ N. $CH_3OH, H^+$ O. $CH_3MgBr$ P. $H^+, H_2O$

5. A. 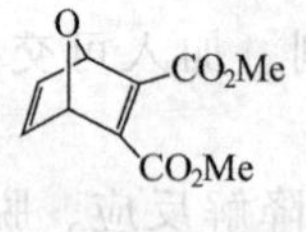 G. 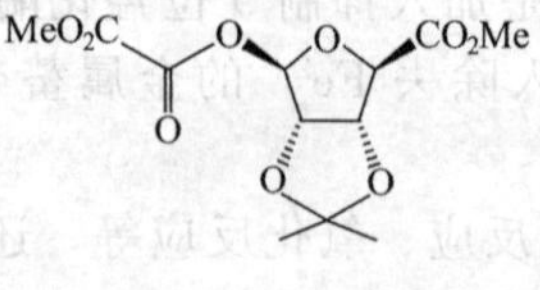 H. 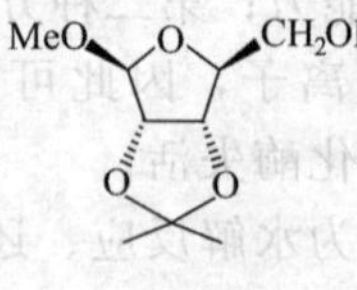

# 天然产物化学基础测试题（一）

## 一、选择题（20分）

1. 下列哪类化合物与茚三酮作用产生蓝紫色反应？（ ）

   a. 萜类　b. 黄酮　c. 蛋白质　d. 香豆素

2. 在苷的$^1$H-NMR谱中，$\beta$-葡萄糖苷端基质子的偶合常数是（ ）

   a. 17Hz　b. 6～9Hz　c. 2～3.5Hz　d. 11Hz

3. 以硅胶吸附色谱分离下列苷元相同的成分，最后流出色谱柱的是（ ）

   a. 三糖苷　b. 双糖苷　c. 单糖苷　d. 苷元

4. 若某一化合物对Labat反应是阳性，则其结构中具有（ ）

   a. 苄基　b. 亚甲二氧基　c. 甲氧基　d. 酚羟基

5. Dregendorff试剂常用作生物碱的显色剂，它的主要化学组成是（ ）

   a. 碘-碘化钾　b. 碘化铋钾　c. 碘化镉钾　d. 碘化汞钾

6. 下列哪个化合物属于异喹啉生物碱？（ ）

   a. 苦参碱　b. 黄连素　c. 利血平　d. 阿托品

7. 盐酸-镁粉试剂对下列何类化合物呈阳性反应？（ ）

   a. 黄酮　b. 查耳酮　c. 香豆素　d. 氨基酸

8. 香豆素类化合物具有（ ）

   a. $\alpha,\beta$-不饱和$\delta$内酯　b. $\alpha,\beta$-饱和$\delta$内酯

   c. $\alpha,\beta$-不饱和$\gamma$内酯　d. $\alpha,\beta$-饱和$\gamma$内酯

9. 中药玄参、地黄等经加工泡制后变成黑色，是因为这些中药中含有（ ）

   a. 皂苷　b. 黄酮　c. 环烯醚萜　d. 生物碱

10. 挥发油一般不含下列哪一类成分？（ ）

    a. 单萜　b. 倍半萜　c. 芳香化合物　d. 二萜

## 二、翻译题（10分）

1. Optical Rotatory Dispersion（ORD）
2. Counter Current Chromatography
3. High Performance Liquid Chromatography
4. Gradient Elution
5. Polysaccharides
6. 生物碱
7. 倍半萜
8. 构型
9. 构象
10. 生物活性

## 三、问答题（30分）

1. 在对天然产物化学成分进行结构测定之前，如何检查其纯度？（5分）
2. Sephadex LH-20与SephadexCT有何区别？Sephadex LH-20在中草药成分分离中有

何用途？（5 分）

3. 某中药乙醇提取液中含有酚性叔胺碱、非酚性碱、季铵碱、糖类等水溶性成分，如何分离得到各类生物碱？（10 分）

4. 苷类结构研究的一般程序及主要方法是什么？（10 分）

**四、结构推测题**（30 分）

1. 从某中药中分离得到一淡黄色结晶，m. p. 为 229～232℃，分子式为 $C_{17}H_{16}O_7$，HCl-Mg 反应（+），$FeCl_3$ 反应（+），$NaBH_4$ 反应（+），$Mg(Ac)_2$ 纸片反应在紫外灯下观察呈天蓝色荧光，$SrCl_2/NH_3$ 反应（−）。

主要波谱特征为：IR 示有羟基、苯环、羰基。UV $\lambda_{max}$（nm）MeOH：294（主峰），341（sh），NaOMe 谱带Ⅱ红移 34nm。$^1$H-NMR $\delta$：5.50（1H，dd，$J$=11/4Hz），3.24（1H，dd，$J$=16/11Hz），3.20（1H，dd，$J$=16/4Hz），6.90（2H，d，$J$=9Hz），7.40（2H，d，$J$=9Hz），2.25（3H，s），2.33（3H，s）。

MS（$m/z$）：300（$M^+$），180，120

问题：

（1）写出化合物的结构并简述理由。

（2）归属$^1$H-NMR 质子信号。

（3）说明质谱碎片离子的由来。

2. 早在 16 世纪，人们就将古柯叶的提取液用于疲劳。1826 年 Wohler 揭示了其活性成分是可卡因（一种毒品）A（$C_{17}H_{21}NO_4$）它虽然是很有效的局部麻醉药，但毒性大，易成瘾。A 用氢氧化钠水溶液水解，中和后得甲醇，苯甲酸和芽子碱 B（$C_9H_{15}NO_3$），B 用三氧化铬氧化得（$C_{19}H_{13}NO_3$），C 加热生成含有羰基的化合物 D（$C_8H_{13}NO$）并放出一种气体。D 在活性镍催化下氢化得到醇 E：

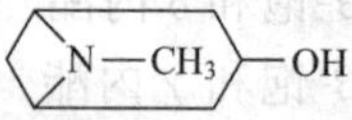


后来有人通过 Mannich 反应，以 $CH_3NH_2$、3-氧代戊二酸与 F 为反应物，一步反应就合成了 D，反应式如下：

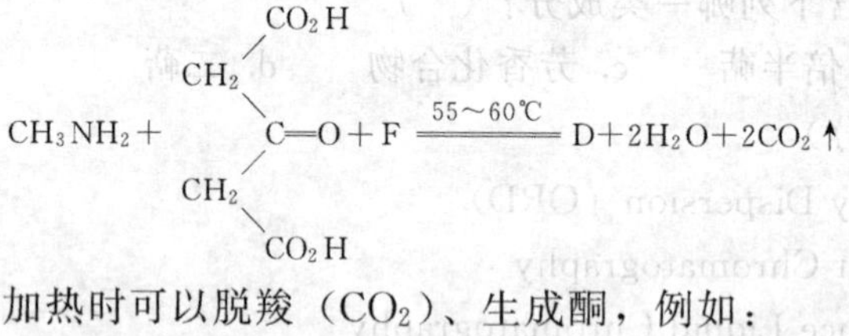


提示：① $\beta$ 酮酸在加热时可以脱羧（$CO_2$）、生成酮，例如：

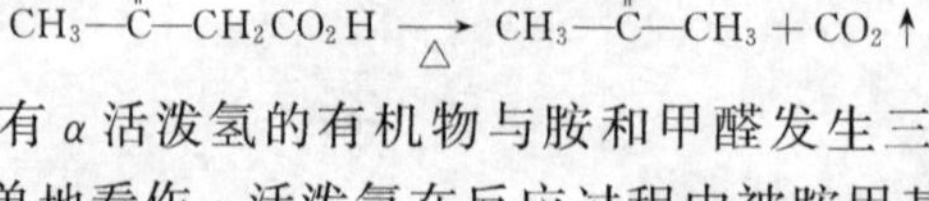


② Mannich 反应是含有 $\alpha$ 活泼氢的有机物与胺和甲醛发生三分子之间的缩合反应，放出水分子，该反应可以简单地看作 $\alpha$ 活泼氢在反应过程中被胺甲基取代，例如：

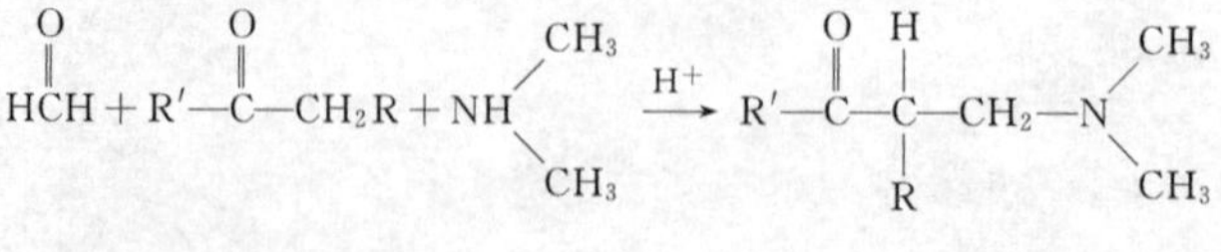


回答下列问题：

（1）写出 A、B、C、D 的结构式。

（2）写出 F 的结构式。

# 参考答案

## 一、选择题

1. c　2. b　3. a　4. b　5. b
6. b　7. a　8. a　9. c　10. d

## 二、翻译题

1. 旋光色散　2. 逆流色谱　3. 高效液相色谱
4. 梯度洗脱　5. 多糖　6. alkaloids
7. Sesquiterpenoids　8. Configuration　9. Conformation　10. bioactive

## 三、问答题

1.（1）性状观察：观察外观颜色是否均一，晶形是否一致。

（2）物理常数测定：熔点：熔距应小于 2～3℃；比旋度；沸点等。

（3）色谱方法检查：TLC：选择三种不同类型的展开剂进行 TLC 检查，经自然光下观察、紫外灯下观察、两种不同显色试剂显色（其中必须有一种通用性的显色试剂），均应为单一而圆整的斑点。

HPLC 或 GC：在两种不同色谱条件下，均为单一色谱峰。必要时应进行色谱峰纯度检查，符合要求。

2. Sephadex LH-20 是在 Sephadex G 的羟基上引入羟丙基而成，既有亲水性，又有亲脂性，不仅可在水溶液中应用，也可在极性有机溶剂或它们与水组成的混合溶剂中使用。Sephadex G 只可在水溶液中应用，而不能在有机溶剂或它们与水组成的混合溶剂中使用。

Sephadex LH-20 常以色谱方式分离中药成分，属于凝胶过滤色谱（排阻色谱、分子筛色谱）。其分离原理既有吸附原理，又有分子筛原理。如分离黄酮苷的混合物时，主要是分子筛作用。分子量越大越易洗脱；分离黄酮苷元的混合物时，主要是吸附作用，吸附力的大小与酚羟基的数目和位置有关系。苷元酚羟基越多，吸附力越强，洗脱越慢。

3. 中草药乙醇提取液回收溶剂，得到乙醇提取物。乙醇提取物加酸水溶解，得到酸水。酸水用氨水碱化至 pH 10～11，用氯仿萃取，分为氯仿层和碱水层。氯仿层用 2% NaOH 萃取，氢氧化钠萃取液加 $NH_4Cl$，用氯仿萃取。氯仿萃取液回收溶剂得到非酚性碱。碱水层加盐酸调 pH 3～4，加雷氏铵盐沉淀，沉淀用丙酮溶解，$Al_2O_3$ 柱色谱纯化，硫酸银，氯化钡分解，得到季铵碱盐酸盐。

4.（1）测定物理常数（熔点、旋光度等）。

（2）元素分析，测定分子量，推出分子式。

（3）酸水解得到单糖和苷元。

（4）色谱法确定单糖种类及数量。

（5）酸解法，NMR 法，旋光法确定苷键构型。

（6）全甲基化甲醇解法确定糖-糖，糖-苷元连接位置。

（7）缓和酸水解、酶水解及质谱法确定糖-糖连接顺序。

（8）化学法及光谱法确定苷元结构。

## 四、结构推测题

1. 淡黄色结晶、HCl-Mg 反应（＋）、$NaBH_4$ 反应（＋）、$Mg(Ac)_2$ 纸片反应在紫外灯

下观察呈天蓝色荧光，提示化合物为二氢黄酮。

$SrCl_2/NH_3$ 反应（－），示结构中无邻二羟基。

$FeCl_3$ 反应（＋），示结构中有游离酚羟基。

紫外光谱示该化合物为二氢黄酮，且有游离 7-OH。

$^1$H-NMR 示该化合物为二氢黄酮，且有游离 5′-OH、4′-OH 和 2 个甲氧基取代。

综合以上分析，推断该化合物结构为：5,7,4′-三羟基-6,8-二甲氧基二氢黄酮。

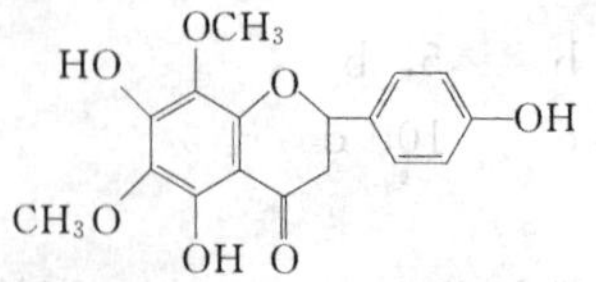


结构式如下：

$^1$H-NMR：

δ 5.50：2-H（与 3-Hb、3-Ha 发生邻位偶合，故为 dd 峰，$J$＝11/4Hz）

δ 3.24、3.20：3-Hb 与 3-Ha（二者互相偶合，且与 2-H 发生邻位偶合，故均为 dd 峰，但偶合常数不同）

δ 2.25、2.33：6,8-二甲氧基（3 个 H，且均为单峰，无偶合）

δ 7.40：2′,6′-H（$J$＝9Hz，与 3′,5′-H 发生偶合）

δ 6.90：3′,5′-H（$J$＝9Hz，2′,6′-H 发生偶合）

质谱（MS）：300 为该化合物的分子离子峰，180 和 120 为苷元由裂解方式Ⅰ得到的 $A_1^+$ 和 $B_1^+$ 碎片峰。

2.

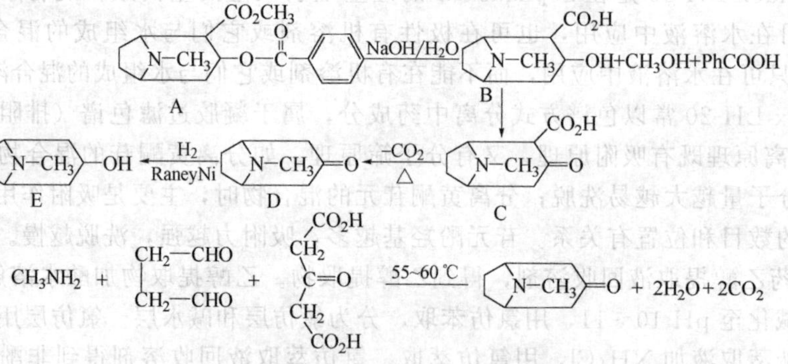

# 天然产物化学基础测试题（二）

## 一、选择题（20 分）

1. 在硅胶薄层色谱中（正相），下列何种说法正确？（ ）

   a. 对于相同的展开剂来说，如化合物的极性越大，其 $R_f$ 值越小；

   b. 对于相同的展开剂来说，如化合物的极性越大，其 $R_f$ 值也越大；

   c. 对于相同的化合物来说，如展开剂的极性增大，其化合物的 $R_f$ 值越小；

   d. 对于相同的化合物来说，如果展开剂的极性减小，其化合物的 $R_f$ 值越大。

2. 在硅胶柱色谱中（正相）下列哪一种溶剂的洗脱能力最强？（ ）

   a. 石油醚　b. 乙醚　c. 乙酸乙酯　d. 甲醇

3. 对挥发油中各组成成分进行定性、定量分析的最有效技术是（ ）

   a. HPLC　b. PC　c. GC-MS　d. NMR

4. 测定一个化合物分子量最有效的实验仪器是（ ）

   a. 元素分析仪　b. 核磁共振仪　c. 质谱仪　d. 红外光谱仪

5. 在苯分子中，两个相邻氢的偶合常数为（ ）

   a. 2～3Hz　b. 0～1Hz　c. 7～9Hz　d. 10～16Hz

6. 一个双取代键的两个质子间的偶合数为 8Hz，该化合物应为（ ）

   a. 顺式取代　b. 反式取代　c. 同碳取代　d. 顺式和反式取代都有可能

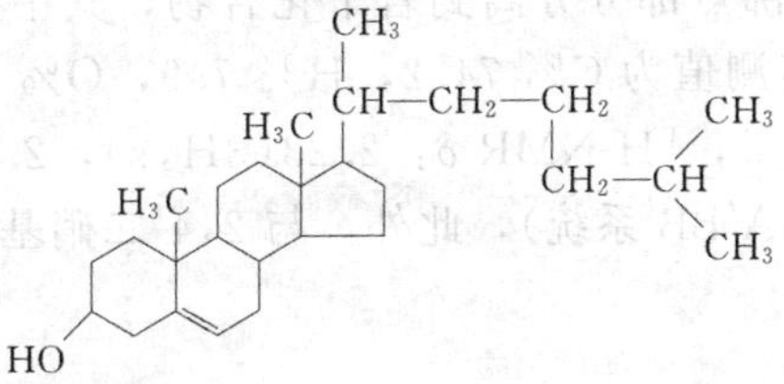


7. 该结构式代表了下列哪类化合物？（ ）

   a. 萜类　b. 甾族　c. 维生素　d. 碳水化合物

8. 甾体化合物的生物合成途径是（ ）

   a. 戊二烯途径　b. 异戊二烯途径　c. 甲戊二烯途径　d. 甲戊二羟酸途径

9. 某中草药甲醇提取液不加镁粉，只加盐酸即产生红色，则其可能含有（ ）

   a. 黄酮　b. 黄酮醇　c. 花色素　d. 异黄酮

10. 作用于五元不饱和内酯环的反应是（ ）

    a. Keller-Kiliani　b. Raym ond 反应　c. 三氯化锑反应　d. 过碘酸-对硝苯胺反应

## 二、名词解释（10 分）

1. 可水解鞣质
2. 生物碱
3. 鞣质
4. 香豆素
5. 生源的异戊二烯法则

## 三、问答题（30 分）

1. 用结晶法分离纯化中药化学成分时，在操作上有何主要要求？（5 分）

2. 简述异羟肟酸铁反应的原理，现象及用途（5 分）

3. 某挥发油的中性油部分含有醇类、醚类及含羰基的化合物，如何分离它们？（10 分）

4. 简述黄酮类化合物的主要分离方法及分离依据（10 分）

**四、结构推测题**（30 分）

1. 从某中草药中分离得到一个黄色结晶 A，分子式为 $C_{12}H_{20}O_{10}$，HCl-Mg 反应（+），$ZrOCl_2$ 反应黄色，加枸橼酸后黄色减退，$SrCl_2/NH_3$ 反应（−），Molish 反应（+）。

化合物 A 经酸水解得到化合物 B 及葡萄糖。

化合物 A 的主要波谱数据为：

UV $\lambda_{max}$（nm）MeOH：268，333；NaOMe：269，301，（sh），368；NaOAc：267，355，387

化合物 B 的分子式为 $C_{15}H_{10}O_5$，主要波谱数据如下：

UV $\lambda_{max}$（nm）MeOH：267，296（sh），336；NaOMe：275，324，392。NaOAc：274，301，376；NaOAc/$H_3BO_3$：268，302（sh），338；$AlCl_3$ 276，301，348，384；$AlCl_3$/HCl：276，301，348，384

$^1$H-NMR $\delta$：6.30（1H，s），6.20（1H，d，$J$ = 2.5Hz），6.50（1H，d，$J$ = 2.5Hz），6.90（2H，d，$J$=8.5Hz），7.75（2H，d，$J$=8.5Hz）

MS（$m/z$）：270（$M^+$），152，118

问题：（1）推断化合物 A、B 的结构并简述理由。

（2）归属$^1$H-NMR 质子信号。

（3）说明 MS 碎片离子峰的由来。

2. 从海南岛产沉香的低沸点部分分离到若干化合物，其中某一组分的质谱的分子离子峰 $m/z$=178；元素分析的实测值为 C% 74.2，H% 7.9，O% 17.9；IR$\nu_{max}$，2840，1715，1615，1588，1512，1360cm$^{-1}$，$^1$H-NMR $\delta$：2.23(3H,s)，2.90（4H，$A_2B_2$ 系统），3.90(3H,s)，6.80～7.20(4H,AA′BB′系统)，此外，与 2,4-二硝基苯肼试剂为阳性反应，试推出该化合物的结构式。

# 参考答案

## 一、选择题

1. a　2. d　3. c　4. c　5. c　6. a　7. b　8. d　9. c　10. b

## 二、名词解释

1. 分子中有酯键和苷键，在酸、碱　酶、的作用下，可水解成小分子酚酸类化合物和糖或多元醇。

2. 来源于生物界（主要为植物界）的一类N有机化合物的总称，大多具有较复杂的氮杂环结构，并具有生理活性和碱性。其中不包括氨基酸、多肽、蛋白质、B族维生素和硝基化合物。

3. 又称鞣酸或单宁，是一类存在于植物中，相对分子质量在500～3000之间，能与生物碱、明胶及其他蛋白质生成沉淀的水溶性的复杂的多元酚类化合物。

4. 具有苯并-$\alpha$-吡喃酮母核的一类天然有机化合物的总称，在结构上可以看成是顺邻羟基桂皮酸失水而成的内酯。

5. 萜类化合物的生源途径是由葡萄糖首先在酶的作用下形成乙酰辅酶A，再由乙酰辅酶A生成甲戊二羟酸，后者转化成焦磷酸异戊烯酯和焦磷酸$\gamma,\gamma$-二甲基烯丙酯，并由此衍生形成萜类化合物。此即为生源的异戊二烯法则。

## 三、问答题

1. 关键是选择适应的溶剂。具体要求是：

① 溶剂对结晶成分热时易（可）溶，冷时析出（冷时难溶），对被结晶成分的溶解度随浓度不同而有显著差别；

② 与成分不发生化学反应；

③ 沸点适中。

2. 原理：内酯结构在碱性下开环，与盐酸羟胺生成异羟肟酸，再在酸性条件下与三价铁离子生成红色化合物。

含有羧基的化合物与盐酸羟胺直接反应生成异羟肟酸，再在酸性条件下与三价铁离子生成红色化合物。

酯类化合物在碱性下水解，得到羧酸盐，与盐酸羟胺反应生成异羟肟酸，再在酸性条件下与三价铁离子生成红色化合物。

现象：红色。

用途：可用于羧酸、酯、内酯和香豆素类成分的检识和含量测定。尤其多用于香豆素类成分的预试和检识。

3. 中性油，加Girard试剂的乙醇溶液和10%乙酸，加热回流，待反应完成后加水稀释，用乙醚提取；乙醚提取后的水液，酸化，再用乙醚萃取，乙醚萃取液回收溶剂得到羰基化合物。

乙醚提取液回收溶剂得到残留物，加邻苯二甲酸酐进行反应，将生成物转溶于$NaHCO_3$溶液中，用乙醚提取，乙醚提取液回收溶剂得醚类成分。

乙醚提取后的碱水溶液，加NaOH皂化，用乙醚萃取，乙醚萃取回收溶剂得醇类成分。

分离流程如下：

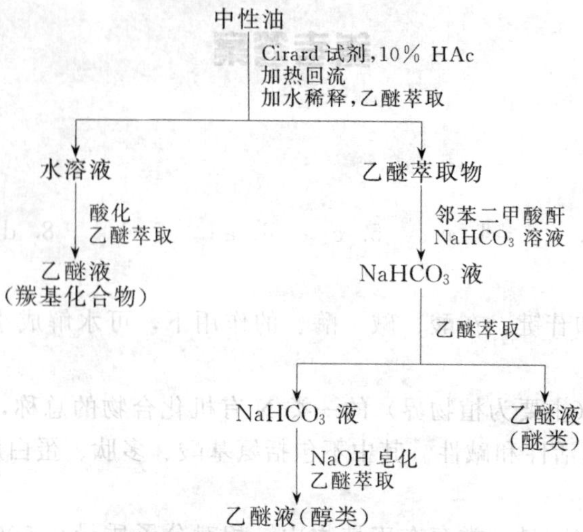


4.（1）系统溶剂萃取法：依极性及相应溶解性的差异分离。

（2）聚酰胺吸附法：依酚羟基与聚酰胺的吸附与不含酚羟基的成分分离。

（3）pH 梯度萃取法：依酸性差异分离。

（4）硼酸络合法：依有无邻二酚羟基进行分离。

（5）柱色谱法：

聚酰胺色谱：依酚羟基的数目及位置不同、化合物的结构类型不同所表现出来的与聚酰胺吸附力的差异进行分离。

硅胶色谱：依极性差异进行分离。

氧化铝色谱：仅用于无 3-OH、5-OH 及邻二酚羟基的黄酮的分离。

葡聚糖凝胶色谱：分离黄酮苷元时，依游离酚羟基数目不同所表现出来的与葡聚糖凝胶吸附力的差异进行分离；

分离黄酮苷时，依分子筛原理，按分子大小不同进行分离。

高效液相色谱：依极性差异进行分离。

**四、结构推测题**

1. 黄色结晶 HCl-Mg 反应（+），示化合物 A 为黄酮苷类成分。

Molish 反应（+），示化合物 A 为黄酮苷类成分。

化合物 A 经酸水解得到化合物 B 及葡萄糖。示化合物 A 为黄酮葡萄糖苷，化合物 B 为其苷元。

$ZrOCl_2$ 反应黄色，加枸橼酸后黄色减退，示化合物 A 结构中有 5-OH，无 3-OH。

$SrCl_2/NH_3$ 反应（−），示化合物 A 结构中无邻二酚羟基。

紫外光谱示化合物 A 有游离 5-OH 和 4′-OH，无游离 3-OH 和 7-OH；而其苷元化合物 B 有游离 5-OH、7-OH 和 4′-OH，无 3-OH。说明化合物 B 通过 7-OH 与葡萄糖相连形成化合物 A。

再结合氢谱数据可推断：

化合物 A 为芹菜素-7-*O*-葡萄糖苷（5,4′-二羟基黄酮-7-*O*-葡萄糖苷）

化合物 B 为芹菜素（5,7,4′-三羟基黄酮）

结构式如下：

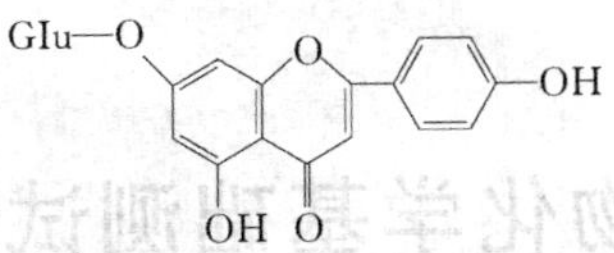

化合物 A

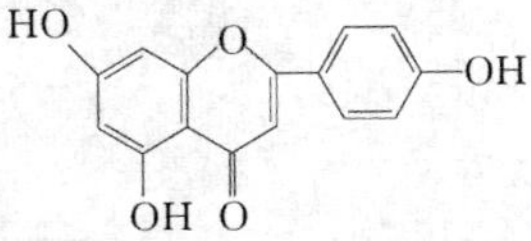

化合物 B

$^{1}$H-NMR $\delta$ 6.20：8-H（间位偶合，与 6-H 发生偶合）

6.50：6-H（间位偶合，与 8-H 发生偶合）

6.30：3-H（单峰，无偶合）

7.75：2′,6′-H（$J$=8.5Hz，与 3′,5′-H 发生偶合）

6.90：3′,5′-H（$J$=8.5Hz，与 2′,6′-H 发生偶合）

质谱（MS）：270（$M^+$）：B 的分子离子峰。152 和 118：苷元由裂解方式 I 得到的 $A_1^+$ 和 $B_1^+$ 碎片峰。

2.

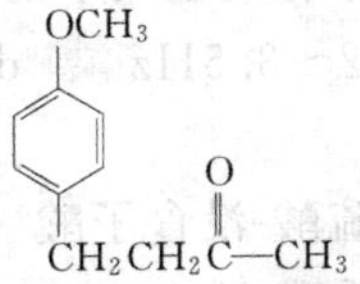

# 天然产物化学基础测试题（三）

## 一、选择题（20 分）

1. 下列说法何者正确？（　）

   a. 具有相同红外光谱的两种化合物，一定是相同的化合物
   b. 具有相同紫外光谱的两种化合物，一定是相同的化合物
   c. 具有相同红外光谱的两种化合物，不一定是相同的化合物
   d. 核磁共振谱不能测有机化合物的绝对构型

2. 下列化合物属二萜的是（　）

   a. 薄荷醇　　b. $\beta$-胡萝卜素　　c. 维生素 A　　d. 紫杉醇

3. 不同的甾体皂苷元与浓 $H_2SO_4$ 作用后，均出现的吸收峰波长是（　）

   a. 220～240nm　　b. 270～275nm　　c. 300～360nm　　d. 370～400nm

4. 在苷的 $^1$H-NMR 谱中，$\beta$-葡萄糖苷端基质子的偶合常数是（　）

   a. 17Hz　　b. 6～9Hz　　c. 2～3.5Hz　　d. 11Hz

5. Labat 反应的试剂组成是（　）

   a. 香草醛-浓 $H_2SO_4$　　b. 浓硫酸-没食子酸
   c. 浓 $H_2SO_4$-重铬酸　　d. 茴香醛-浓 $H_2SO_4$

6. 可以区别三萜皂苷和甾体皂苷的反应是（　）

   a. Kedde 反应　　b. 三氯化锑反应
   c. Liebermanm-Burchard 反应　　d. 氯仿-浓 $H_2SO_4$ 反应

7. 青蒿素的结构母核属于（　）

   a. 单萜　　b. 倍半萜　　c. 二萜　　d. 三萜

8. 研究苷的结构时，可用于推测苷键构型的方法是（　）

   a. 酸水解　　b. 碱水解　　c. 酶水解　　d. Smith 降解

9. 用碱性溶剂提取黄酮类化合物，为保护结构中的邻二酚羟基，常采用加入（　）

   a. 枸橼酸　　b. 磷酸　　c. 硼酸　　d. 醋酸

10. 生物碱的碱性强则其（　）

    a. $pK_a$ 大　　b. $pK_a$ 小　　c. $K_a$ 大　　d. $K_a$ 小

## 二、名词解释（10 分）

1. UV 光谱测定用的“诊断试剂”
2. 先导化合物
3. 缩合鞣质
4. 苷类
5. 木脂素

## 三、问答题（30 分）

1. 如果欲得到某一批中草药中生物碱相对比较集中的部位。试设计一简易处理流程。（5 分）

2. 在药物筛选过程中，某些多元酚类和鞣质类化合物会影响筛选结果；现欲在总提取

物筛选样品中除去这类化合物，试设计一处理方案。(5 分)

3. 某中药提取物中，含有山柰酚、槲皮素、杨梅素、芦丁和槲皮素-3-*O*-葡萄糖苷，请设计其分离方法。(10 分)

4. 试述 pH 梯度萃取法分离化学成分的原理。如何运用 pH 梯度萃取法分离不同碱性的生物碱？(10 分)

**四、结构推测题** (30 分)

1. 从中药黄芩中分离得到一黄色结晶，m. p.：300～302℃，分子式为 $C_{16}H_{12}O_6$，HCl-Mg 反应（+），$FeCl_3$ 反应（+），Gibbs 反应（−），$SrCl_2/NH_3$ 反应（−），Molish 反应（−），$ZrOCl_2$ 反应黄色，加枸橼酸黄色消失。

主要波谱数据为：MS（*m/z*）300（$M^+$），285，118；UV $\lambda_{max}$（nm）MeOH：277，328；$NaOCH_3$：284，300，400；NaOAc：284，390；$AlCl_3$：264（sh），284，312，353，400。

$^1$H-NMR $\delta$：3.82（3H，s），6.20（1H，s），6.68（1H，s），6.87（2H，d，$J$＝8.5Hz），7.81（2H，d，$J$＝8.5Hz），12.35（$^1$H，可被重水交换而消失）。

问题：(1) 写出化合物的结构并简述理由。

(2) 归属$^1$H-NMR 质子信号。

(3) 简明 MS 碎片离子峰的由来。

2. 从松树中分离得到的松柏醇，其分子式为 $C_{10}H_{12}O_3$。松柏醇既不溶于水，也不溶于 $NaHCO_3$ 水溶液。但当 $Br_2$ 的 $CCl_4$ 溶液加入松柏醇后，溴溶液的颜色消失而形成 A（$C_{10}H_{12}O_3Br_2$）；当松柏醇进行臭氧化及还原反应后，生成香荚醛（4-羟基-3-甲氧基苯甲醛）和 B（$C_2H_4O_2$）。在碱存在下，松柏醇与苯甲酰氯（$C_6H_5COCl$）反应，形成化合物 C（$C_{24}H_{20}O_5$），此产物使 $KMnO_4$（aq）褪色，它不溶于稀 NaOH 溶液。松柏醇与冷的 HBr 反应，生成化合物 D（$C_{10}H_{11}O_2Br$）。热的 HI 可使 ArOR 转变为 ArOH 和 RI，而松柏醇与过量的热 HI 反应，得到 $CH_3I$ 和化合物 E（$C_9H_9O_2I$）。在碱水溶液中，松柏醇与 $CH_3I$ 反应，形成化合物 F（$C_{11}H_{14}O_3$），该产物不溶于强碱，但可使 $Br_2/CCl_4$ 溶液褪色。

请写出化合物 A、B、C、D、E、F 及松柏醇的结构。

# 参考答案

## 一、选择题

1. a　2. c　3. b　4. b　5. b　6. c　7. b　8. d　9. c　10. a

## 二、名词解释

1. UV 光谱中，加入某些试剂导致光谱发生变化并可依据此变化判断化合物的结构，这些试剂对结构具有诊断意义，称为诊断试剂。

2. 先导化合物（lead structure）是指具有特征结构和生理活性并可通过结构改造优化其生理活性的化合物。

3. 不能被酸、碱、酶水解，但经酸处理后可缩合为不溶于水的高分子化合物鞣酐（或鞣红）。

4. 苷类又称配糖体，是糖或糖的衍生物与一类非糖物质通过糖的端基碳原子连接而成的化合物。

5. 木脂素是一类由两分子苯丙素衍生物（即 $C_6$-$C_3$ 单体）聚合而成的天然有机化合物。

## 三、问答题

1.

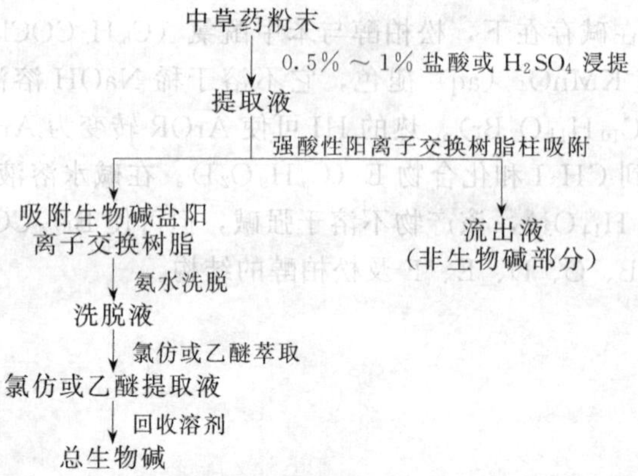


2. 在很多中药中，鞣质不是有效成分。由于鞣质的性质不稳定可使中药制剂易于变色、浑浊或沉淀，从而影响制剂的质量。可采用热处理冷藏法，石灰沉淀法、铅盐沉淀法、明胶沉淀法。聚酰胺吸附法、醇溶液调 pH 法除鞣质。例如石灰沉淀法是利用鞣质与钙离子结合生成不溶性沉淀，故可在中药的水提取液中加入氢氧化钙，使鞣质沉淀析出；或在中药原料中拌入石灰乳，使鞣质与钙离子结合为不溶性产物，再用水或其他溶剂提取有效成分。

3.（1）中药总提取物，加水分散后用乙醚萃取，得到乙醚萃取液和水溶液二部分。

（2）乙醚萃取液用硼酸水溶液萃取后回收乙醚得山柰酚。硼酸水溶液加酸酸化，用乙醚萃取，乙醚萃取物用聚酰胺柱色谱分离，氯仿-甲醇混合溶剂洗脱，先洗脱得到槲皮素，后洗脱得到杨梅素。

（3）水溶液用葡聚糖凝胶柱色谱分离，甲醇-水混合溶剂洗脱，先洗脱得到芦丁，后洗脱得到槲皮素-3-*O*-葡萄糖苷。

4.（1）pH 梯度萃取法的原理：根据亲脂性混合物各组分碱性强弱不同进行分离。

对不同碱性（或酸性）的亲脂性混合物，将其溶于亲脂性有机溶剂，依次用酸性由弱至强的酸性缓冲液（或碱性由弱至强的碱性水溶液）萃取，各萃取液分别碱化（或酸化）后，再用有机溶剂萃取出碱性（或酸性）成分。

（2）将生物碱溶于氯仿等亲脂性有机溶剂中，用酸性由弱至强的酸性水溶液依次萃取，则生物碱依次由强渐弱，溶于相应的酸水中，不同的酸水萃取液依次碱化，再分别用亲脂性有机溶剂萃取，回收有机溶剂后就得到不同碱性强弱的生物碱。

**四、结构推测题**

1. 由化学反应和光谱数据确定该化合物为 5,7,4′-三羟基-8-甲氧基黄酮：

理由如下：

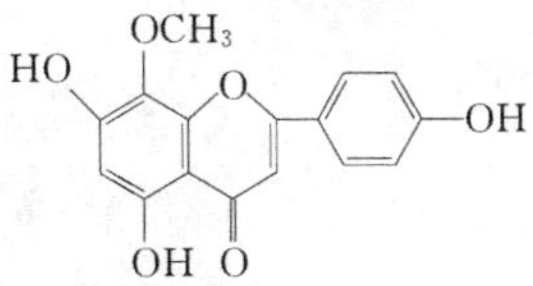


黄色结晶，Mg-HCl 反应、$FeCl_3$ 反应阳性，提示为黄酮类化合物。

Molish 反应阴性，提示为黄酮苷元。

$SrCl_2$ 反应阴性，提示无邻二羟基。

Gibbs 反应阴性，提示酚羟基对位无活泼氢。

$ZrOCl_2$ 反应黄色，加枸橼酸黄色消失，提示有 5-OH，无 3-OH。

UV 光谱：MeOH 带Ⅰ为 328nm 提示无 3-OH。

NaOAc 带Ⅱ为 284nm，红移 7nm，提示有 7-OH。

NaOMe 带Ⅰ红移 72nm，提示有 4′-OH。

$^1$H-NMR $\delta$：3.82（3H，s）提示有甲氧基。6.20：3-H（单峰，无偶合，在高场，为 3-H）。

6.68：6-H（单峰，无偶合，在高场，为 6-H）。

12.35：5-OH（处于最低场，可被重水交换而消失，只有 5-OH）。

7.81：2′，6′-H（$J$=8.5Hz，与 3′,5′-H 发生偶合）。

6.87：3′，5′-H（$J$=8.5Hz，与 2′,6′-H 发生偶合）。

MS：300 为该化合物的分子离子峰。

118 为苷元由裂解方式Ⅰ得到 $B_1^+$ 碎片峰。

285 为苷元失去甲基得到的碎片峰。

2.

A：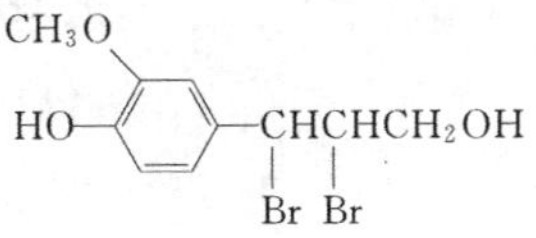


B：OCH　$CH_2OH$

C：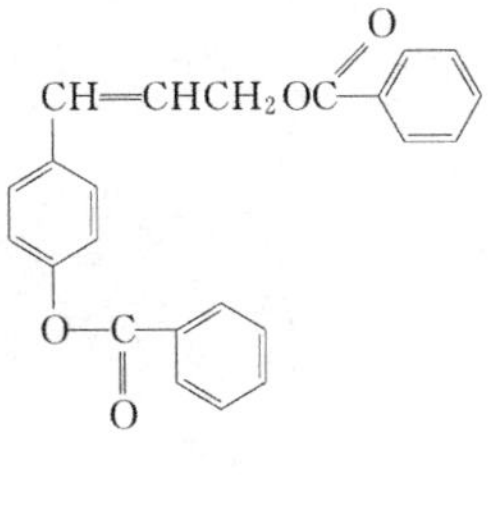

D：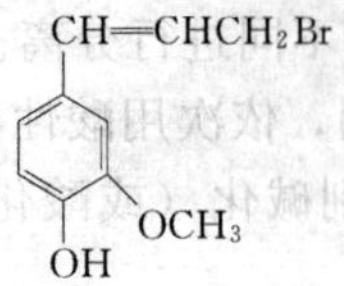
CH═CHCH₂Br
OCH₃
OH

E：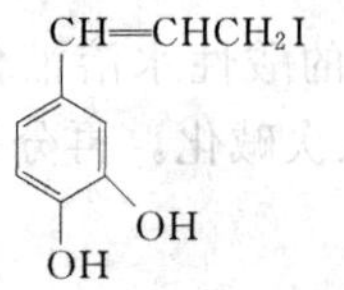
CH═CHCH₂I
OH
OH

F：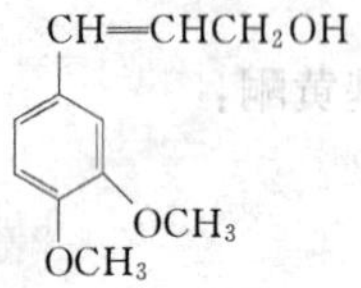
CH═CHCH₂OH
OCH₃
OCH₃

松柏醇：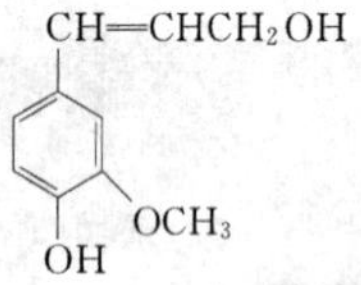
CH═CHCH₂OH
OCH₃
OH

# 参 考 文 献


[1] 徐任生. 天然产物化学. 北京：科学出版社，2004.
[2] 姚新生. 天然药物化学. 北京：人民卫生出版社，2001.
[3] 巨勇，度婵娟，赵国辉. 有机合成化学与路线设计. 北京：清华大学出版社，2007.
[4] 吴立军等. 中药化学. 北京：中国医药科技出版社，2001.
[5] 荣国斌. 高等有机化学基础. 上海：华东理工大学出版社，2009.
[6] R. H. Thomson (ed.). The Chemistry of Natural Products. Lodon：Blackie Academic and professional，1993.
[7] Richard J. P. Cannell (ed.). Natural Products Isolation. Totowa：Humana Press，Inc，1998.
[8] 刘成梅，游海. 天然产物有效成分的分离与应用. 北京：化学工业出版社，2003.
[9] 陈业高. 植物化学成分. 北京：化学工业出版社，2004.
[10] K. R. Markham. 酮类化合物结构鉴定技术. 张宝琛，唐崇实译. 北京：科学出版社，1990.
[11] 尤康候等. 萜类化学. 北京：高等教育出版社，1984.
[12] 王世勤，李勤生. 天然类胡萝卜素. 北京：中国医药科技出版社，1997.
[13] 周维善，庄治平. 甾体化学进展. 北京：科学出版社，2002.
[14] D. 莱德尼瑟，L. A. 米彻尔. 药物合成的有机化学. 翁玲玲等译. 北京：中国医药科技出版社，1992.
[15] 彭司勋. 药物化学. 北京：中国医药科技出版社，1999.
[16] 吴立军. 天然药物化学. 北京：人民卫生出版社，2007.
[17] 刘文英. 药物分析. 北京：人民卫生出版社，2007.
[18] 宁永成. 有机化合物结构鉴定与有机波谱学. 第2版. 北京：科学出版社，2000.
[19] 杜灿屏，刘鲁生，张恒. 21世纪有机化学发展战略. 北京：化学工业出版社，2002.
[20] 徐任生. 天然产物化学导论. 北京：科学出版社，2006.
[21] 杨世林，杨学东，刘江云. 天然产物化学研究. 北京：科学出版社，2009.